Adobe Dreamweaver CC
经典教程

〔美〕Adobe 公司 著　　陈宗斌 译

人 民 邮 电 出 版 社
北 京

图书在版编目（CIP）数据

Adobe Dreamweaver CC经典教程 / 美国Adobe公司著；
陈宗斌译. -- 北京 ：人民邮电出版社，2014.7(2020.3重印)
ISBN 978-7-115-35266-8

Ⅰ. ①A… Ⅱ. ①美… ②陈… Ⅲ. ①网页制作工具－技术培训－教材 Ⅳ. ①TP393.092

中国版本图书馆CIP数据核字(2014)第073166号

内容提要

本书由Adobe公司的专家编写，是Adobe Dreamweaver CC软件的官方指定培训教材。全书共包含14课和一个附录，每一课先提出要介绍的知识点，然后借助具体的示例进行讲解，步骤详细，重点明确，手把手教你进行实际操作。全书是一个有机的整体，涵盖了Dreamweaver CC的基础知识、HTML基础、CSS基础、创建页面布局、使用层叠样式表、使用模板、处理文本、处理图像、处理导航、创建交互式页面、使用Flash、处理表单、把创建的页面和站点发布到Web上以及为移动设备设计Web站点等内容，并在适当的地方穿插介绍了Dreamweaver CC中的最新功能。

本书语言通俗易懂，并配以大量图示，特别适合Dreamweaver新手阅读；有一定使用经验的用户也可以从本书中学到大量高级功能和Dreamweaver CC的新增功能。本书也适合作为相关培训班的教材。

◆ 著 [美] Adobe公司
译 陈宗斌
责任编辑 赵 轩
责任印制 彭志环 杨林杰

◆ 人民邮电出版社出版发行 北京市丰台区成寿寺路11号
邮编 100164 电子邮件 315@ptpress.com.cn
网址 http://www.ptpress.com.cn
北京中石油彩色印刷有限责任公司印刷

◆ 开本：800×1000 1/16
印张：23.75
字数：565千字 2014年7月第1版
印数：11 501 – 12 100册 2020年3月北京第14次印刷
著作权合同登记号 图字：01-2013-8460 号

定价：55.00元（附光盘）

读者服务热线：(010)81055410 印装质量热线：(010)81055316
反盗版热线：(010)81055315
广告经营许可证：京东工商广登字20170147号

前　言

Adobe Dreamweaver CC 是行业领先的 Web 内容制作程序。无论你是为了生活还是为了自己的事业而创建 Web 站点，Dreamweaver 都提供了你所需的所有工具，帮助你达到专业水平。

关于经典教程

本书是在 Adobe 产品专家的支持下开发的图形和出版软件的官方培训系列教材中的一本。

精心合理的课程设计，可使你按自己的进度来学习。如果你是 Dreamweaver 的初学者，将会学到使用这款软件的基础知识。如果你是经验丰富的用户，那么你将会发现经典教程讲解了许多高级特性，包括使用 Dreamweaver 最新版本的提示和技巧。

尽管每课都包括创建一个具体项目的逐步指导，但是你仍有余地进行探索和试验。你可以按课程的设计从头至尾通读本书，也可以只阅读你感兴趣或者需要的那些课程。每课最后的“复习”一节包含关于在这节课中所学习主题的问题和答案。

短 URL

在书中的几个位置，引用了 Internet 上提供的外部信息。这类信息的 URL（Uniform Resource Locator，统一资源定位地址）通常比较长，不方便使用，因此出于方便起见，我们在它们的位置提供了自定义的短 URL。不过，这些短 URL 有时会随着时间的推移而过期，不再起作用。如果你发现某个短 URL 失效，可以查找本书“附录”中提供的实际 URL。

必须具备的知识

在使用本书之前，你应该具备关于你的计算机及其操作系统的知识。确信你知道如何使用鼠标、标准菜单和命令，以及如何打开、保存和关闭文件。如果你需要复习这些技术，可以参见 Microsoft Windows 或 Apple Macintosh 操作系统提供的印刷文档或在线文档。

安装程序

在执行本书中的任何练习之前，先要验证你的计算机系统是否满足 Dreamweaver CC 的硬件需求，配置是否正确，并且安装了所有需要的软件。

Adobe Dreamweaver CC 软件必须单独购买，在本书配套的课程文件中不包括该软件。有关系统需求，可以访问 www.adobe.com/products/dreamweaver/tech-specs.html。

复制经典教程文件

为了完成本书中的项目，将需要从本书附带光盘中复制课程文件。可以只复制你需要学习的某课的文件，或者一次复制所有的课程文件夹。

要复制经典教程文件，操作如下。

1. 在 Mac 或 PC 上的光盘驱动器中插入本书附带光盘。
2. 导航到计算机上的 CD/DVD 驱动器。
3. 如果你打算按顺序完成本书中的所有课程，可以把 Lessons 文件夹拖到计算机的硬盘驱动器上。否则，就跳到第 5 步。

Lessons 文件夹包含所有课程的文件夹以及培训所需的其他资源。

4. 把 Lessons 文件夹重命名为 DW-CC。

该文件夹将是本地站点的根文件夹。

注意：不要把一个课程文件夹复制到任何其他的课程文件夹中。不能互换地使用每课的文件和文件夹。

建议的课程顺序

本书中的培训旨在引领你从初级水平过渡到具有中级 Web 站点设计、开发和制作技能的水平。每个新课程都构建在以前的练习之上，并且使用你创建用于开发整个 Web 站点的文件和资源。建议按顺序学习每个课程，以便获得成功的结果，并且最彻底地理解 Web 设计的各个方面。

理想的培训方案将是从第 1 课开始，并按顺序学习整本书。由于每一课都会为下一课构建必要的文件和内容，因此一旦你开始这个方案，就应该不会跳过任何课程，或者甚至不会跳过各个练习。虽然这种方法是理想的，但它对于每个用户可能并非都是实用的方案。因此，如果需要，可以使用下一节中描述的“跳跃式学习”方法完成各个课程。

设置工作区

Dreamweaver 包括两个主要的工作区，用于适应多种不同的计算机配置和各种工作流程。对于本书，建议使用“扩展”工作区。

1. 在 Dreamweaver CC 中，找到“应用程序栏”。它出现在程序的顶部。
2. 如果“扩展”工作区默认未显示，可以从屏幕右边的“工作区”弹出式菜单中选择它。
3. 如果修改了默认的“扩展”工作区（其中某些工具栏和面板不可见，就像本书中的图像中所显示的那样）——可以从“工作区”弹出式菜单中选择“恢复‘扩展’”来恢复工厂设置。

也可以从“窗口”菜单中访问这些“工作区布局”选项。

本书的大多数图像都会显示“扩展”工作区。完成本书各课之后，可以试试使用多种不同的工作区，看看你最喜欢哪种工作区，或者构建你自己的配置，并把布局保存在一个自定义的名称之下。

有关 Dreamweaver 工作区的更详尽的描述，参见第 1 课“自定义工作区”。

Windows 与 OS X 指导

在大多数情况下，Dreamweaver 在 Windows 与 OS X 中的操作方法完全相同。这两个版本之间存在细微的区别，这主要是由于不受软件控制的特定于平台的问题。其中大多数问题仅仅只是键盘快捷键、对话框的显示方式以及按钮的命名方式之间的区别。在整本书中交替出现了这两个平台中的截屏图。在具体命令有区别的地方，正文内都注明了。Windows 命令列在前面，其后接着对应的 OS X 命令，比如 Ctrl+C/Cmd+C。只要有可能，就会为所有命令使用常见的简写形式，如下所示：

Windows	OS X
Control = Ctrl	Command = Cmd
Alternate = Alt	Option = Opt

查找 Dreamweaver 信息

可以选择“帮助”>“Dreamweaver 帮助”命令，了解关于 Dreamweaver 面板、工具及其他应用程序特性的完整、最新的信息。“帮助”文件是在本地缓存的，使得甚至在你未连接到 Internet 时也可以访问它们。也可以通过 Adobe Help 应用程序下载“Dreamweaver 帮助”文件的 PDF 版本。

有关其他信息资源，比如提示、技巧和最新的产品信息，请访问 http://helpx. adobe. com/dreamweaver.html。

Adobe 认证

Adobe 培训和认证计划旨在帮助 Adobe 客户改进和提升他们的熟练水平，并提供了 4 种认证级别：

- Adobe 认证助理（Adobe Certified Associate，ACA）
- Adobe 认证专家（Adobe Certified Expert，ACE）
- Adobe 认证教师（Adobe Certified Instructor，ACI）
- Adobe 授权培训中心（Adobe Authorized Training Center，AATC）

Adobe 认证助理证书可以证明个人具备了入门级技能，可以使用多种不同形式的数字媒体计划、设计、构建和维持有效的通信。

Adobe 认证专家计划为专家级用户提供了一种升级其证书的方式。可以把 Adobe 证书用作一种获得晋升、寻找工作或者提升专业知识的催化剂。

如果你是 ACE 级别的教师，Adobe 认证教师计划将把你的水平提升一个层次，并允许你访问广泛的 Adobe 资源。

Adobe 授权培训中心提供了关于 Adobe 产品的教师引导的课程和培训，并且只雇佣 Adobe 认证教师。可以在 http://partners.adobe.com 上找到 AATC 的通信录。

有关 Adobe 认证计划的信息，请访问 www.adobe.com/support/certification/index.html。

目 录

第1课 自定义工作区

课程概述

在这一课中，你将熟悉 Dreamweaver CC（Creative Cloud）程序界面，并将学习如何执行以下任务：

- 切换文档视图
- 处理面板
- 选择工作区布局
- 调整工具栏
- 个性化首选项
- 创建自定义的键盘快捷键
- 使用“属性”检查器

完成本课程大约需要 30 分钟的时间。在开始前，请确定你已经如本书开头的“前言”中所描述的那样把用于第 1 课的文件从本书附带光盘上复制到了你的硬盘驱动器上的一个方便的位置。

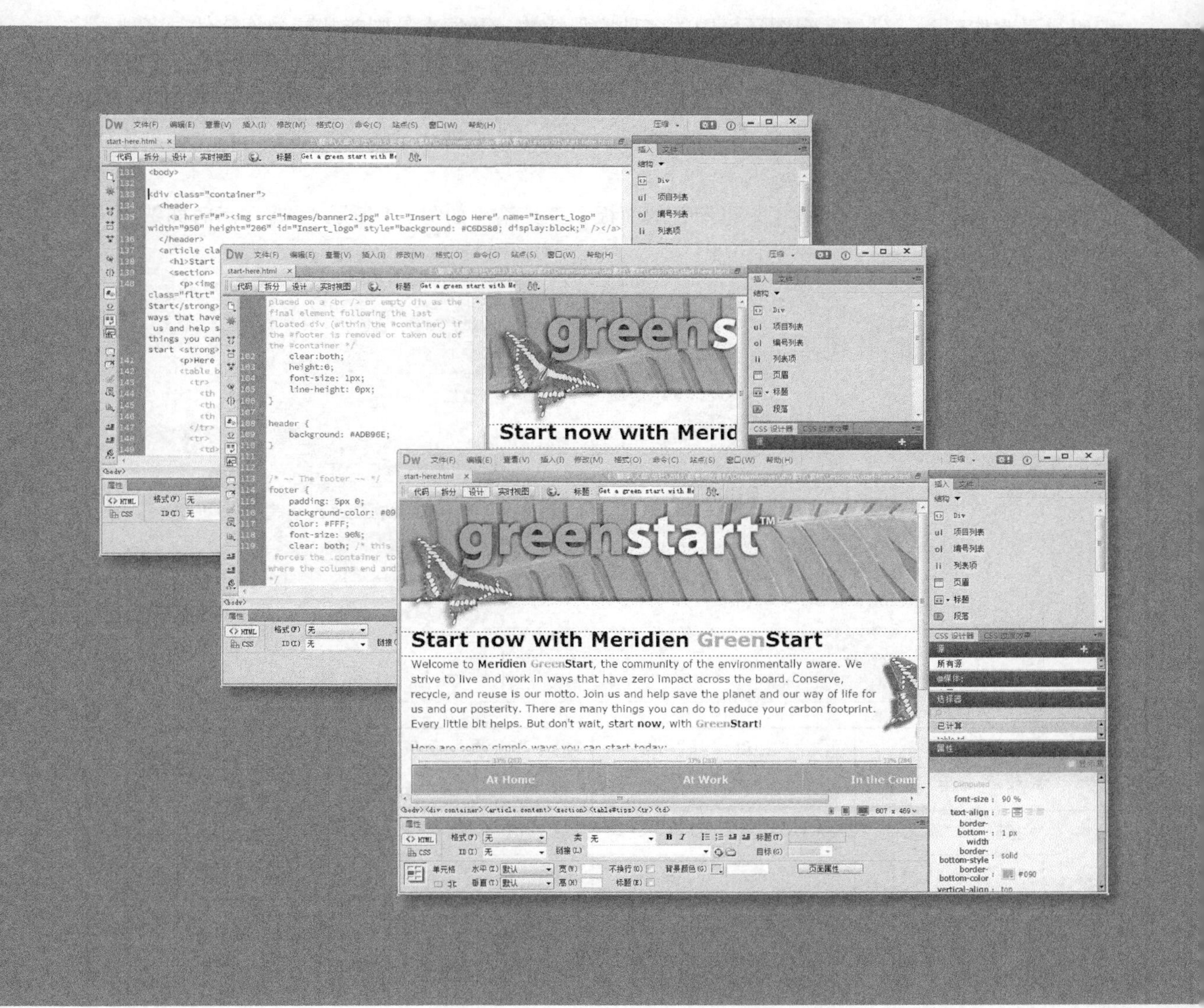

Dreamweaver提供了可自定义的、易于使用的所见即所得（WYSIWYG）HTML编辑器，同时又不会失去其强大能力和灵活性。你可能需要十多种程序来执行Dreamweaver可以完成的所有任务，但是它们使用起来都不像Dreamweaver那样有趣。

1.1 浏览工作区

Dreamweaver 是行业领先的 HTML（Hypertext Markup Language，超文本标记语言）编辑器，由于一些良好的原因而导致它非常普及。该软件提供了一批令人难以置信的设计和代码编辑工具。Dreamweaver 对于每一个人都多多少少是有价值的。

编码员喜欢构建到“代码”视图环境中的多种增强特性，开发人员则非常享受该软件对多种程序设计语言的支持。设计人员则惊异于在他们工作时看到他们的文本和图形出现在精确的所见即所得（What You See Is What You Get，WYSIWYG）环境中，从而节省在浏览器中预览页面的时间。初学者肯定欣赏该软件的易于使用并且功能强大的界面。不管你是哪种类型的用户，如果你使用 Dreamweaver，都不必做出妥协。

Dreamweaver 界面具有一大批用户可配置的面板和工具箱（如图 1-1 所示）。花一点时间熟悉一下这些组件的名称。

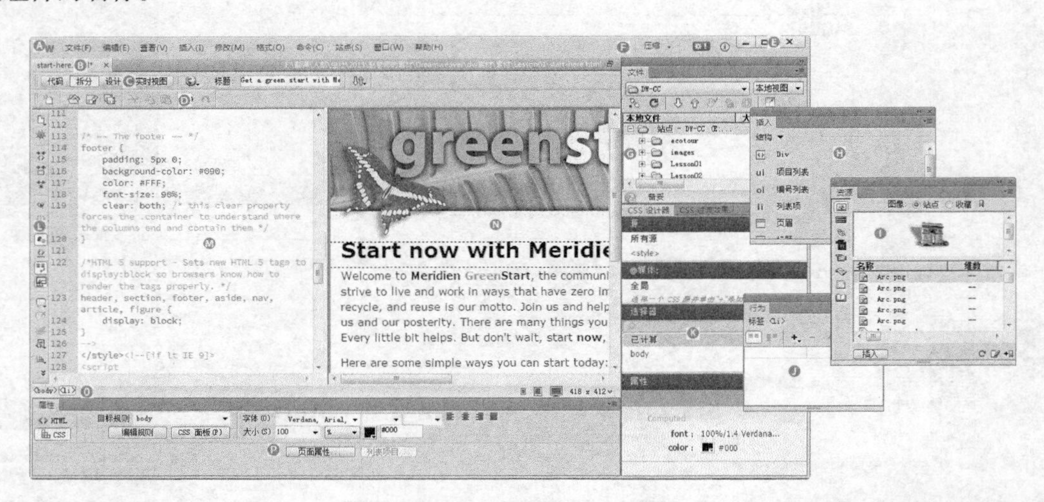

A：菜单栏	E：“应用程序”栏	I：“资源”面板	M：“代码”视图
B：文档选项卡	F：“工作区”菜单	J：“行为”面板	N：“设计”视图
C：“文档”工具栏	G：“文件”面板	K：CSS 设计器	O：标签选择器
D：“标准”工具栏	H：“插入”面板	L：“编码”工具栏	P：“属性”检查器

Dreamweaver界面具有大量用户可配置的面板和工具栏，花一点时间让自己熟悉这些组件的名称

图1-1

你可能认为要提供这么多功能的软件将显得十分臃肿，但是你错了。Dreamweaver 通过可停靠的面板和工具栏提供它的大部分能力，你可以显示或隐藏它们以及以无数种组合排列它们，以创建理想的工作区。在大多数情况下，如果没有看到想要的工具或面板，都可以在“窗口”菜单中找到它们。

本课程介绍了 Dreamweaver 界面，并且介绍了一些隐藏在底下的能力。如果你想按顺序学习，可选择“文件”>“打开”。导航到 Lesson01 文件夹，然后选择 start-here.html，并单击“打开”按钮。

1.2 切换和拆分视图

Dreamweaver分别为编码员和设计人员提供了专用的环境，还提供了一个把这二者混合在一起的复合选项。

1.2.1 “设计”视图

“设计”视图在Dreamweaver工作区中着重显示其所见即所得的编辑器，它非常接近（但并非完美）地描绘了Web页面在浏览器中的样子。要激活“设计”视图，可以单击“文档”工具栏中的“设计”按钮（如图1-2所示）。大多数HTML元素和CSS（cascading style sheet，层叠样式表）格式化效果都可以在“设计”视图内正确地呈现，而动态内容和交互性则有重大的差别，比如链接行为、视频、音频、jQuery构建、某些表单元素等。

图1-2

1.2.2 “代码”视图

“代码”视图在Dreamweaver工作区中只着重显示HTML代码以及各种提高代码编辑效率的工具。要访问“代码”视图，可以单击“文档”工具栏中的“代码”按钮（如图1-3所示）。

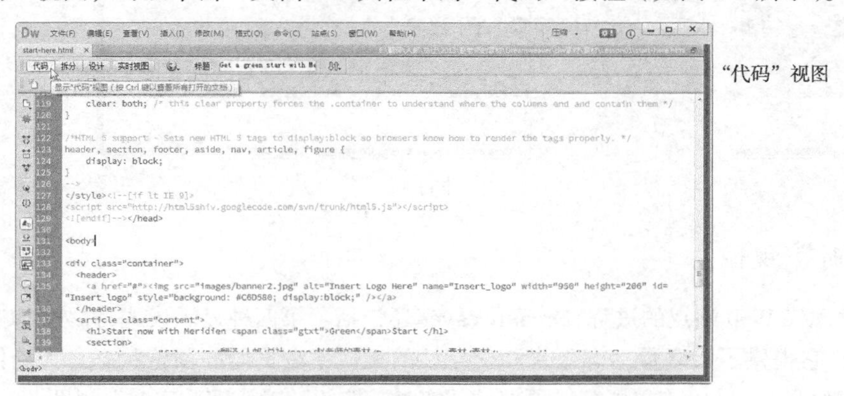

图1-3

1.2.3 “拆分”视图

“拆分”视图提供了一个复合工作区，允许同时访问设计和代码。在其中一个窗口中所做的更改都会即时在另一个窗口中进行更新。要访问“拆分”视图，可以单击“文档”工具栏中的“拆分”按钮（如图 1-4 所示）。Dreamweaver 默认将垂直拆分工作区。

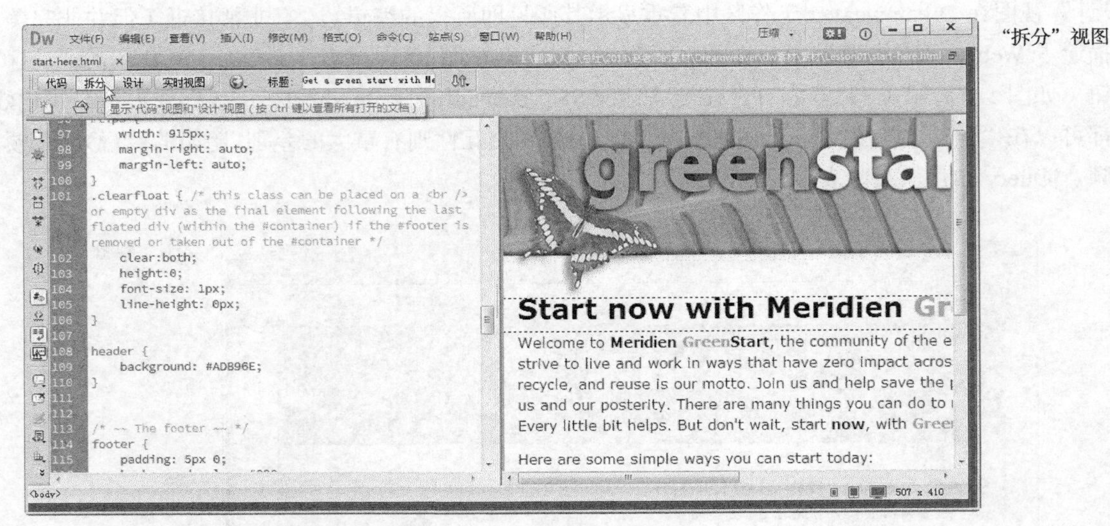

图1–4

也可以通过在“查看”菜单中禁用“垂直拆分”选项，水平地拆分屏幕（如图 1-5 所示）。

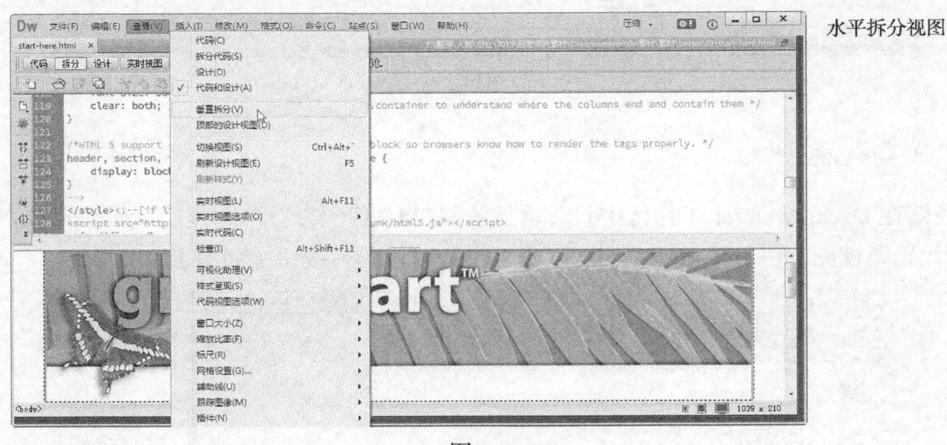

图1–5

1.2.4 “实时”视图

为了加快开发现代 Web 站点的进程，Dreamweaver 还包括了第四种显示模式，称为“实时”视图（如图 1-6 所示），它提供了大多数动态效果和交互性的类似于浏览器的预览状态。无论何时打开一个 HTML 文件，都可以通过单击文档窗口顶部的“实时”按钮随时访问“实时”视图。当激活“实时”

视图时，大多数 HTML 代码将像在实际的浏览器中那样工作，从而允许预览和测试大多数应用程序。当“实时”视图处于活动状态时，将不能编辑“设计”视图窗口中显示的内容。此时，仍然可以修改“代码”视图窗口中的内容和层叠样式表。要查看任何修改，必须使用出现在文档窗口顶部的“刷新”（ C ）图标或者按下 F5 键刷新“设计”视图窗口。

图1-6

1.2.5 “实时代码”

“实时代码”是只要激活“实时”视图就可用的 HTML 代码查错显示模式。要访问“实时代码”，可以激活“实时”视图，然后单击文档窗口顶部的“实时代码”按钮。当激活时，“实时代码”将会显示 HTML 代码，就像它出现在 Internet 上真实的浏览器中一样（如图 1-7 所示）。“代码”窗口将交互式地呈现对元素、属性和样式所做的修改。

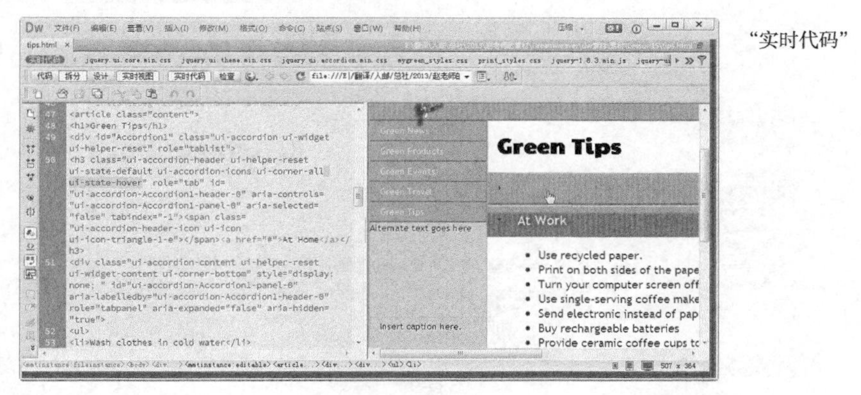

图1-7

1.2.6 “检查”模式

“检查”模式是只要激活了“实时”视图就可用的 CSS 查错显示模式。它与“CSS 设计器”集成在一起，可以通过把鼠标光标移到 Web 页面内的元素上，识别应用于页面内的内容的 CSS 样式。“设计”视图窗口将高亮显示目标元素，并会显示应用于该元素或者被它继承的相关CSS规则。无论何时打开了一个HTML文件，都可以单击“实时”按钮，然后单击文档窗口顶部的“检查”按钮，随时访问“检查”模式（如图1-8所示）。

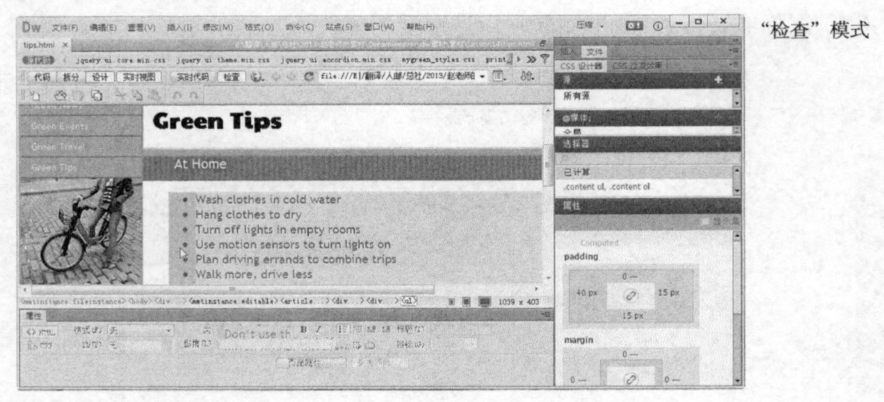

图1–8

1.3 处理面板

尽管可以从菜单访问大多数命令，Dreamweaver还是把它的大量功能散布在用户可选择的面板和工具栏中。你可以在屏幕四周随意显示、隐藏、排列和停靠面板（如图1-9所示）。如果你愿意，甚至可以把它们移到第二个或第三个视频显示界面上。

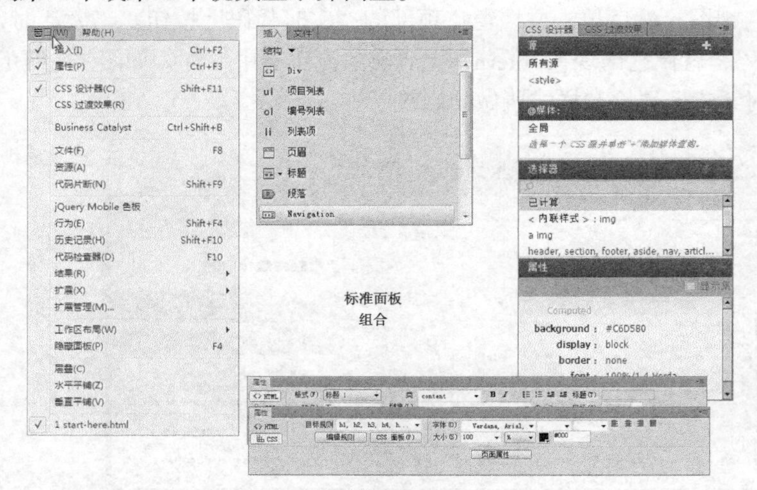

图1–9

“窗口”菜单列出了所有可用的面板。如果你在屏幕上没有看到特定的面板，可以从“窗口”菜单中选择它。菜单中出现的勾号指示面板是打开的。偶尔，一个面板可能在屏幕上位于另一个面板后面，并且难以定位。在这些情况下，只需在“窗口”菜单中简单地选择想要的面板，它将提升到面板组的顶部。

1.3.1 最小化

要为其他面板创造空间或者访问工作区的隐藏区域，可以最小化或者在适当的位置展开各个面板。要最小化一个面板，可以双击包含面板名称的标签。要展开面板，可以再次单击该标签（如图 1-10 所示）。也可以通过双击一个面板的标签，单独最小化面板组内的一个面板（如图 1-11 所示）。要打开那个面板，可再次单击该标签。

要恢复更多的屏幕空间，可以通过双击标题栏把面板组最小化为图标；也可以通过单击面板标题栏中的双箭头（▶▶）图标把面板最小化为图标。当把面板最小化为图标时，可以通过单击面板的图标或按钮来访问任何一个面板。在空间允许的情况下，所选的面板将出现在布局的左边或右边（如图 1-12 所示）。

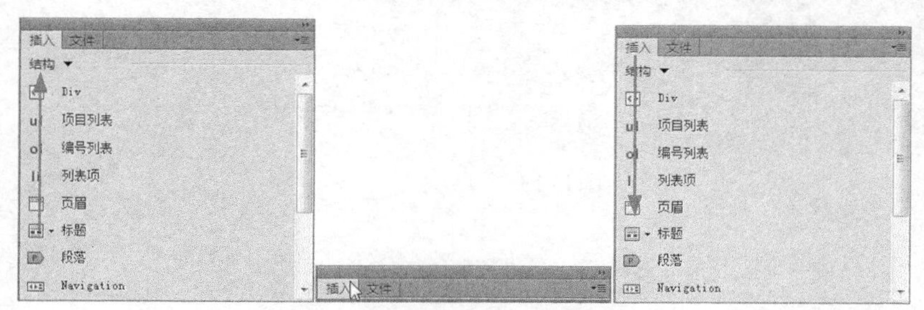

通过双击标签最小化面板

图1–10

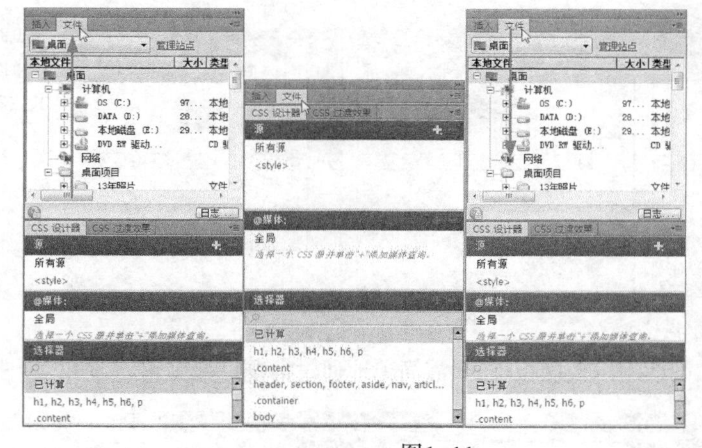

使用面板的标签最小化面板组中的一个面板

图1–11

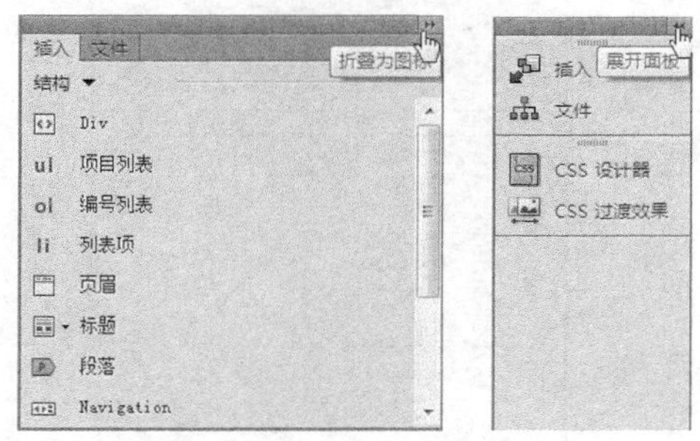

把面板折叠为图标

图1–12

1.3.2 浮动

与其他面板组合在一起的面板可以单独浮动。要浮动一个面板，可以通过其标签从面板组中单击并拖曳它（如图 1-13 所示）。

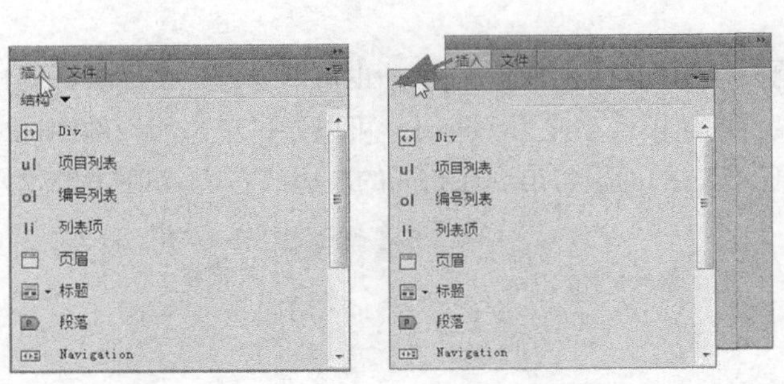

通过面板的标签拖出一个面板

图1–13

1.3.3 拖曳

可以通过拖曳面板的标签在面板组内把面板标签重新排列到想要的位置（如图 1-14 所示）。

拖曳面板的标签以改变其位置

图1–14

要在工作区内重新定位面板、面板组以及面板堆，只需简单地通过标题栏拖曳它们即可（如图 1-15 所示）。

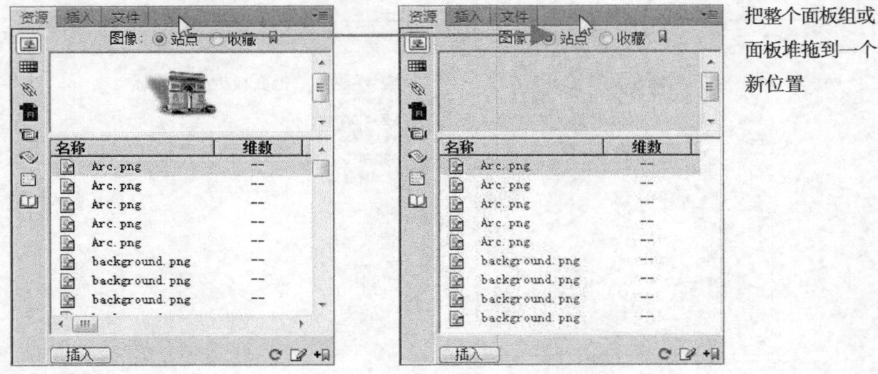

图1–15

1.3.4 组合、堆叠和停靠

可以通过把一个面板拖到另一个面板中来创建自定义的面板组。在把面板移到正确的位置时，Dreamweaver将以蓝色突出显示一个区域，称为释放区（如图1-16所示）。释放鼠标即可创建新的面板组。

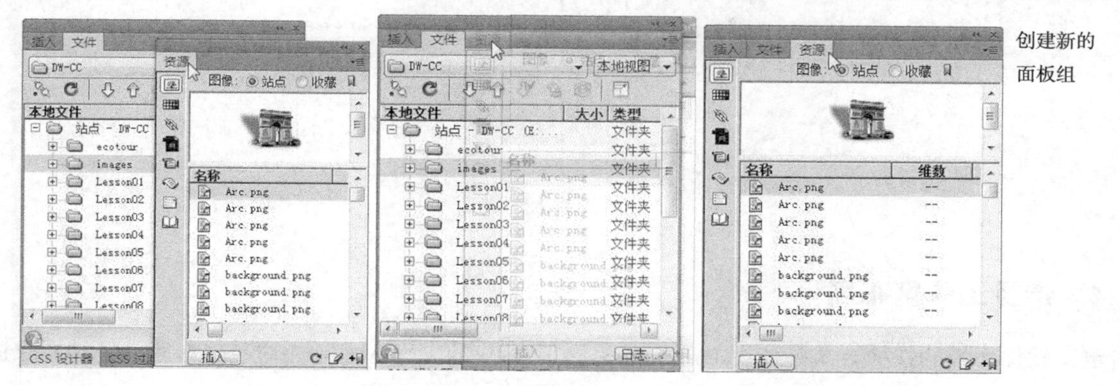

图1–16

在一些情况下，你可能希望同时保持两个面板可见。要堆叠面板，可以把想要的标签拖到另一个面板的顶部或底部。在看到蓝色释放区出现时，即可释放鼠标（如图1-17所示）。

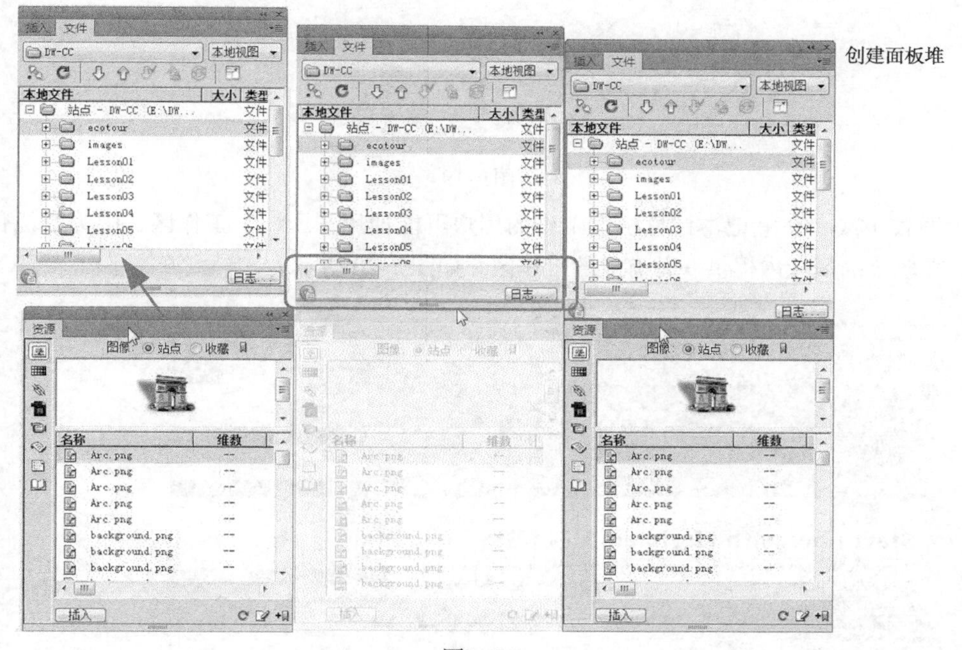

图1–17

可以把浮动的面板停靠到Dreamweaver工作区的右边、左边或底部。要停靠一个面板、面板组或面板堆，可以把它的标题栏拖到你希望停靠的边缘。当看到蓝色释放区出现时，即可释放鼠标（如图1-18所示）。

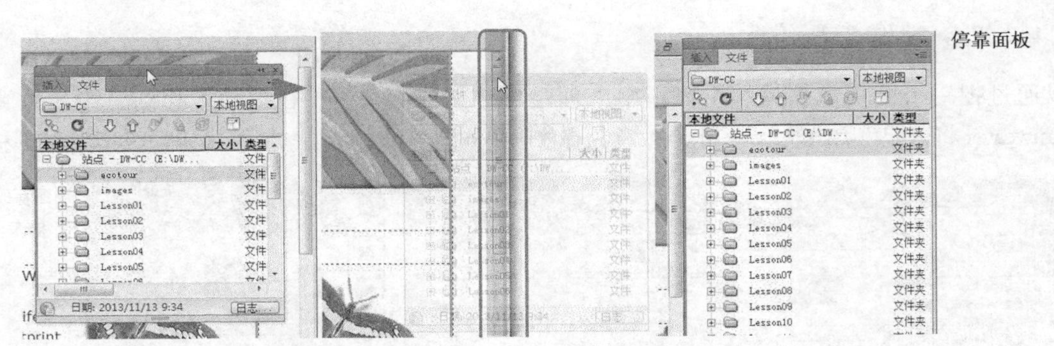

图1–18

1.4 选择工作区布局

自定义软件环境的快捷方式是使用 Dreamweaver 中预建的工作区之一。这些工作区已经被专家进行了优化，以使你所需的工具唾手可得。

Dreamweaver CC 包括两种预建的工作区:“扩展” 和 “压缩”。要访问这些工作区，可以从位于 “应用程序” 栏中的 “工作区” 菜单中选择它们（如图 1-19 所示）。

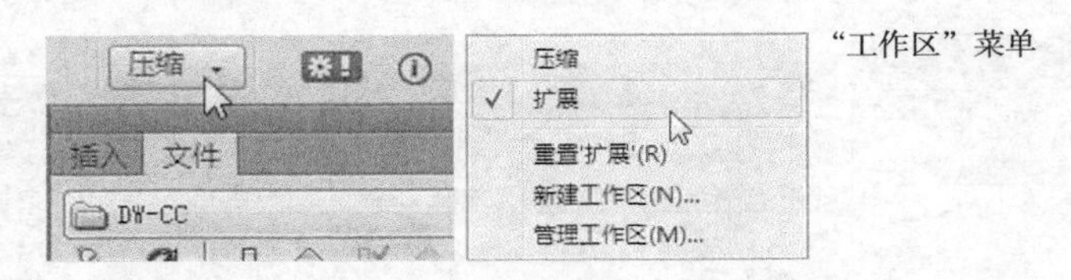

图1–19

对于显示器较小或者在笔记本计算机上工作的用户可能使用 “压缩” 工作区，因为它优化了面板和窗口，在较小的区域内提供一种有效的工作区（如图 1-20 所示）。

图1–20

“扩展” 工作区利用了较大的计算机显示器上可用的屏幕空间。它将打开面板并提供更大的窗口，给你提供最大的空间，尽情挥洒自己的创意（如图 1-21 所示）。

“扩展”工作区

图1–21

1.5 调整工具栏

一些软件特性是如此便利，以至于你想以工具栏的形式随时使用它们。两个工具栏——“文档”和“标准”——水平显示在文档窗口顶部。不过，“编码”工具栏是垂直显示的，但是只出现在“代码视图”窗口中（如图 1-22 所示）。你将在后面的练习中探索这些工具栏的能力。通过从“查看”菜单中选择想要的工具栏来显示它。

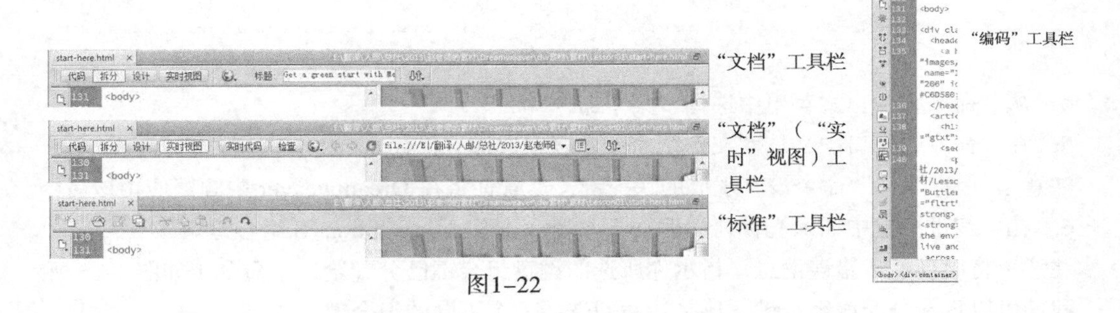

“文档”工具栏

“文档”（“实时”视图）工具栏

“标准”工具栏

“编码”工具栏

图1–22

1.6 个性化首选项

在你继续使用 Dreamweaver 时，你将为每种活动设计你自己最佳的面板和工具栏的工作区。你可以在你自己命名的自定义的工作区中存储这些配置。

要保存自定义的工作区，可以从“工作区”菜单中选择“新建工作区”（如图 1-23 所示），然后给它提供一个自定义的名称。

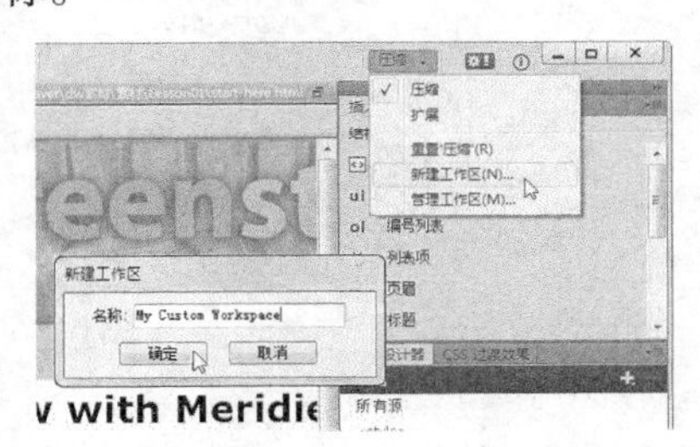

保存自定义的工作区

图1–23

1.7 创建自定义的快捷键

Dreamweaver 的另一个强大特性是创建你自己的快捷键以及更改现有的快捷键的能力。快捷键是独立于自定义的工作区加载和保存的。

如果你必须通过快捷键使用某个命令，而该命令又没有快捷键，就可以自己创建它。试试下面的操作。

1. 选择“编辑”>“快捷键”（Windows）或 Dreamweaver >“快捷键”（Mac）。

2. 单击“复制副本”（ ）按钮，创建一组新的快捷键。

3. 在“复制副本名称”框中输入一个名称，然后单击“确定”按钮（如图 1-24 所示）。

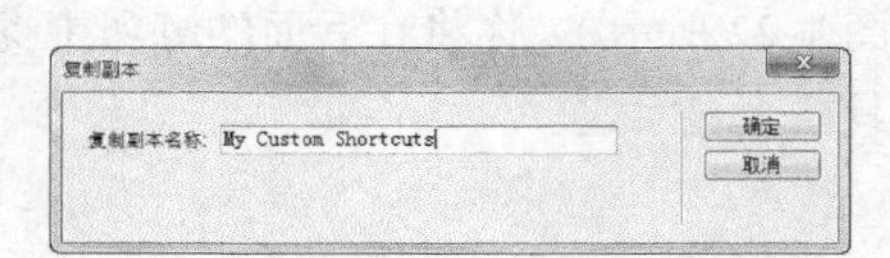

图1–24

4. 从“命令”弹出式菜单中选择“菜单命令”。

5. 在“命令”窗口中，从“文件”命令列表中选择“保存全部”。

注意：“保存全部”命令没有现成的快捷键，尽管你将在 Dreamweaver 中频繁使用该命令。

6. 在“按键”框中插入光标，然后按下 Ctrl+Alt+S/Cmd+Option+S 组合键。

注意：将出现一条错误消息，指示你所选的键盘组合键已分配给一个命令（如图 1-25 所示）。尽管我们可以重新分配该组合键，还是让我们选择一个不同的组合键。

7. 按下 Ctrl+Alt+Shift+S/Ctrl+Cmd+S 组合键。

这个组合键当前未使用，因此让我们把它分配给“保存全部”命令。

8. 单击“更改”按钮。

将把新的快捷键分配给“保存全部”命令（如图 1-26 所示）。

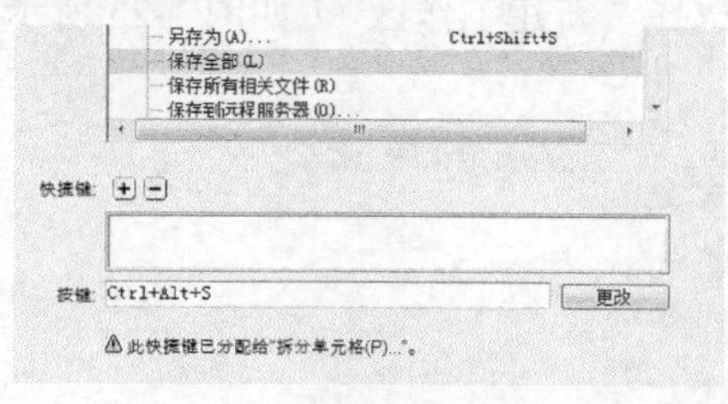

图1–25

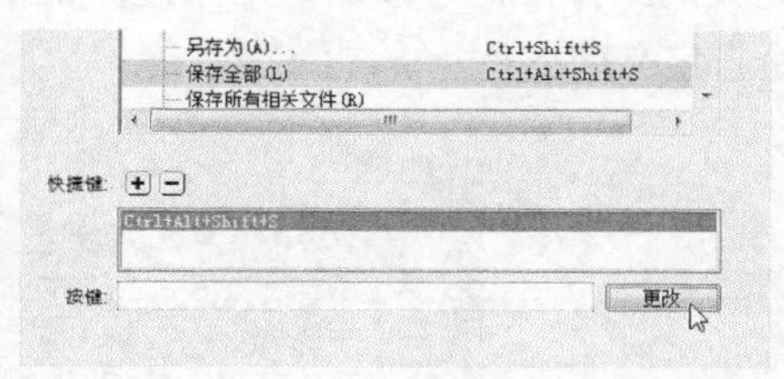

图1–26

9. 单击“确定”按钮，保存所做的更改。

你已经创建了自己的快捷键，并将在后面的课程中使用这个快捷键。

1.8 使用“属性”检查器

一个对你的工作流程至关重要的工具是“属性”检查器。这个面板通常出现在工作区的底部。“属性”检查器是上下文驱动的，并且会适应所选元素的类型。

1.8.1 使用 HTML 选项卡

把光标插入到页面上的任何文本内容中，“属性”检查器将提供一种快速分配一些基本的 HTML 代码和格式化效果的方式。当选择 HTML 按钮时，可以应用标题或段落标签，以及粗体、斜体、项目列表、编号列表和缩进及其他格式化效果和属性（如图 1-27 所示）。

HTML“属性”检查器

图1–27

1.8.2 使用 CSS 选项卡

单击 CSS（层叠样式表）按钮，可以快速访问用于分配或编辑 CSS 格式化效果的命令（如图 1-28 所示）。

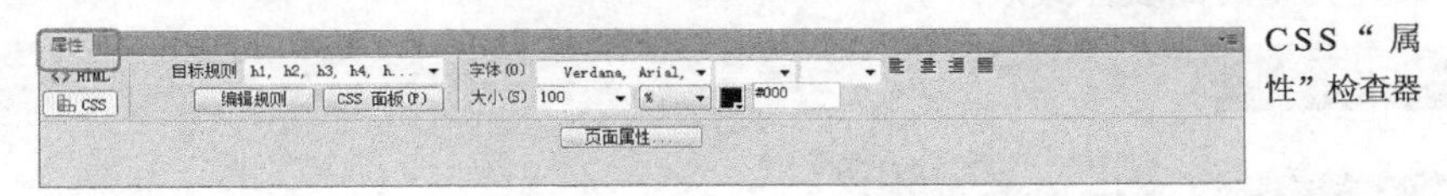

CSS“属性”检查器

图1–28

1.8.3 图像属性

在 Web 页面中选取一幅图像，可以访问“属性”检查器中的基于图像的属性和格式化控制（如图 1-29 所示）。

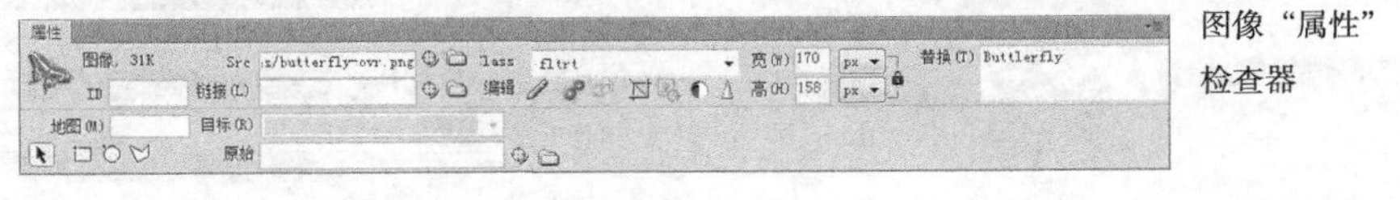

图像“属性”检查器

图1–29

1.8.4 表格属性

要访问表格属性，可以把光标插入到表格中，然后单击文档窗口底部的表格标签选择器（如图 1-30 所示）。

表格“属性”检查器

图1–30

1.9 使用“CSS 设计器”

“CSS 设计器”是 Dreamweaver Creative Cloud 中的新增功能。它提供了一种以更加可视化的方式创建、编辑 CSS 样式并进行查错的新方法。

“CSS 设计器”面板包含 4 个窗格：“源”、“@ 媒体”、“选择器”和“属性”（如图 1-31 所示）。“源”

窗格允许创建、附加、定义和删除内部和外部样式表。“@ 媒体”窗格用于定义媒体查询，以支持多种类型的媒体和设备。“选择器”窗格用于创建和编辑 CSS 规则，格式化页面上的组件和内容。一旦创建了选择器或规则，就定义了希望在“属性”窗格中应用的格式化效果。

除了允许创建和编辑 CSS 样式之外，“CSS 设计器”还可用于识别已经定义和应用的样式，以及查找与这些样式相冲突的问题。为此，只需把光标插入到任何元素中。“CSS 设计器”内的窗格然后将显示应用于所选元素或者被其继承的所有相关的样式表、媒体、查询、规则和属性（如图 1-32 所示）。

“CSS 设计器”具有两种基本模式。默认情况下，“属性”窗格将在列表中显示所有可用的 CSS 属性，它们被组织在 5 个类别中：“布局”、“文本”、“边框”、“背景”和“其他”。可以向下滚动该列表，并根据需要应用样式效果。还可以从窗口的右上角选中“仅显示已设置属性”复选框，“属性”窗格然后将过滤列表，只显示那些实际应用的属性。在任何一种模式下，都可以添加、编辑或删除样式表、媒体查询、规则和 / 或属性。

“选择器”窗格还具有一个“已计算”选项，显示应用于所选元素的样式的聚合列表（如图 1-33 所示）。无论何时在页面上选择一个元素或组件，都会显示“已计算”选项。在创建任何类型的样式效果时，Dreamweaver 创建的代码都将遵从行业标准和最佳实践。Dreamweaver 甚至会根据需要自动把供应商前缀应用于某些类型的高级样式效果。

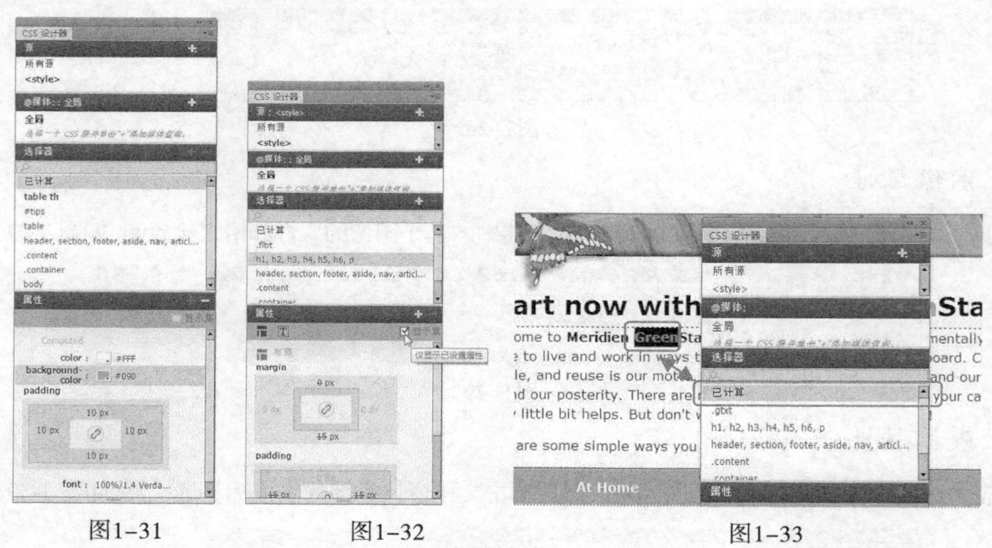

图1-31　　图1-32　　图1-33

除了“CSS 设计器”之外，还可以在“代码”视图内手动创建和编辑 CSS 样式，同时利用许多可以提高生产率的特性，比如代码提示和自动完成。

1.10　探索、试验和学习

多年来，Dreamweaver 界面经过了精心设计，使 Web 页面设计和开发的工作变得快速和容易。可以随心所欲地探索和试验不同的菜单、面板和选项，创建理想的工作区，根据自己的需要创建最高效的环境。你将发现这款软件具有无止境的适应能力，可以处理任何任务。享受它吧！

复习

复习题

1. 在什么地方可以访问用于显示或隐藏任何面板的命令？
2. 在什么地方可以找到“代码”、“设计”、“拆分”和“实时视图”按钮？
3. 在工作区中可以保存什么内容？
4. 工作区也会加载快捷键吗？
5. 在把光标插入到 Web 页面上的不同元素中时，“属性”检查器中会发生什么事情？

复习题答案

1. 在“窗口”菜单中列出了所有的面板。
2. 这些按钮是“文档”工具栏的组成部分。
3. 工作区可以保存文档窗口、打开的面板、面板大小以及它们在屏幕上的位置的配置。
4. 否。快捷键是独立于工作区加载和保存的。
5. “属性”检查器会适应所选的元素，并且显示相关的信息和格式化命令。

第2课 HTML基础

课程概述

在这一课中，你将熟悉 HTML，并将学习如何执行以下任务：

- 手工编写 HTML 代码；
- 了解 HTML 语法；
- 插入代码元素；
- 格式化文本；
- 添加 HTML 结构；
- 利用 Dreamweaver 创建 HTML。

完成本课大约需要 60 分钟的时间。本课没有支持文件。

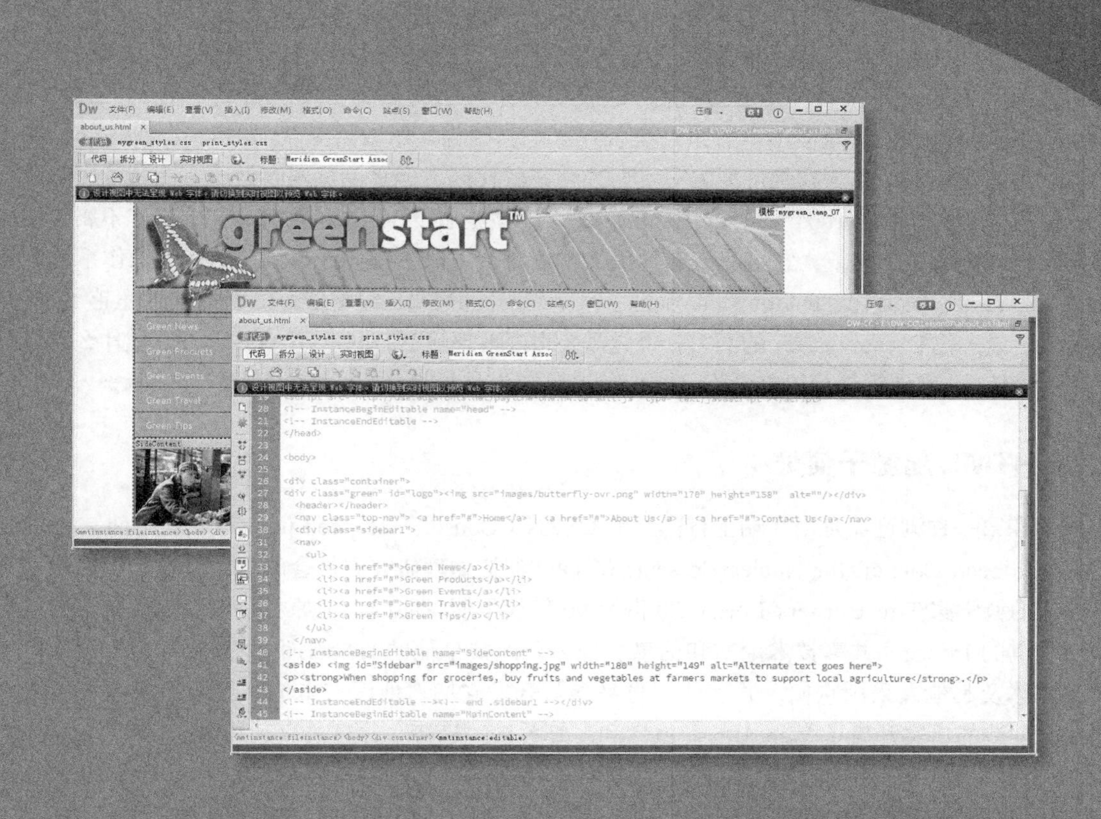

HTML是Web的支柱，也是Web页面的骨架。像你身体里的骨骼一样，它是Internet的结构组织和实质内容，尽管除了Web设计师之外其他人通常看不到它。如果没有它，Web将不会存在。Dreamweaver具有许多特性，可以帮助你快速、有效地访问、创建和编辑HTML代码。

2.1 什么是 HTML

“其他软件可以打开 Dreamweaver 文件吗？”

在 Dreamweaver 课堂上，一个学生问到这个问题；尽管这个问题的答案对于经验丰富的开发人员来说可能是显而易见的，但它阐释了讲授和学习 Web 设计时的一个基本问题。大多数人都会把软件与技术混为一谈。他们认为扩展名 .htm 或 .html 属于 Dreamweaver 或 Adobe。设计师习惯于处理以 .ai、.psd、.indd 等结尾的文件。这些扩展名是由具有特定能力和局限性的软件创建的专有文件格式。大多数情况下的目标是创建最终的打印部分。创建文件的软件提供了解释用于产生打印页面的代码的能力。随着时间的推移，设计师认识到在不同的软件中打开这些格式的文件可能产生无法接受的结果。

另一方面，Web 设计师的目标是创建用于在浏览器中显示的 Web 页面。原始软件的能力和 / 或功能几乎不会对得到的浏览器显示效果产生任何影响，因为显示效果完全与 HTML 代码以及浏览器解释它的方式相关。尽管软件可能编写良好或糟糕的代码，但是浏览器会做所有困难的工作。

Web 基于 HTML（Hypertext Markup Language，超文本标记语言）。该语言和文件格式不属于任何单独的软件或公司。事实上，它是非专有的纯文本语言，可以在任何计算机上的任何操作系统中的任何文本编辑器中编辑它。Dreamweaver 的一部分是一种 HTML 编辑器，尽管它远远超越了这一点。但是为了最大化 Dreamweaver 的潜力，首先需要很好地理解 HTML 是什么，它可以做什么，以及它不可以做什么。本课程打算简要介绍 HTML 的基础知识及其能力，以此作为理解 Dreamweaver 的基础。

2.2 HTML 起源于何处

HTML 和第一种浏览器是由在瑞士日内瓦的 CERN（Conseil Européen pour la Recherche Nucléaire，它是 European Council for Nuclear Research，即欧洲核物理研究委员会的法语形式）粒子物理实验室工作的科学家 Tim Berners-Lee 于 20 世纪 90 年代早期发明的。他原本打算使用该技术通过当时刚刚问世的 Internet 共享技术论文和信息。他公开地共享他的 HTML 和浏览器发明，尝试使整个科学团体及其他人采用它们，并使他们自身参与开发它们。他没有申请版权保护或者尝试出售他的发明创造的事实开启了 Web 上的开放性和友好关系的趋势，并且一直延续至今。

Berners-Lee 在 20 多年前创建的语言比我们现在使用的语言的构造要简单得多，但是 HTML 仍然极其容易学习和掌握。在编写本书时，HTML 的版本是 4.01，它是在 1999 年由官方采用的。实质上，HTML 由 90 个左右的**标签**（tag）组成，比如 html、head、body、h1、p 等。标签写在尖括号（<>）之间，比如 <p>、<h1> 和 <table>。这些标签用于封闭或**标记**（mark up）文本和段落，以便使浏览器可以用特定的方式显示它们。当标签同时具有开始标签和封闭标签时，就认为 HTML 代码被正确地**平衡**（balanced），比如 <h1>…</h1>。当两个匹配的标签像这样出现时，就称之为**元素**（element），它们也会限定包含在两个标签内的任何内容。

一些元素用于创建页面结构，另外一些元素用于组织和格式化文本，还有一些元素用于支持交互性和可编程性。即使 Dreamweaver 消除了手动编写大部分代码的需要，对于任何成长中的 Web 设计师，阅读和解释 HTML 代码的能力仍然是一种建议具备的技能。并且，有时它是查找 Web 页面中的错误的唯一方式。

> **注意**：如果你非常抵触学习如何阅读和编写良好的 HTML，就应该检查 Adobe Muse。这个软件允许在与 Adobe InDesign 类似的图形用户界面中使用指向和单击技术创建具有专业外观效果的 Web 页面，同时永远也不会把你暴露在幕后运行的代码面前。

下面将看到 Web 页面的基本结构。

正确结构化或平衡的 HTML 标记由一个开始标签和一个封闭标签组成。标签封闭在尖括号(<>)内。通过重复输入原始标签并在开始尖括号后面输入一个斜杠（/）来创建封闭标签。可以用简写形式书写空标签（如水平标线），如图 2-1 所示。

图2–1

你可能感到奇怪的是，这段代码只会在 Web 浏览器中显示文本 “Welcome to my first webpage”。代码的余下部分用于创建页面结构和文本格式化效果。像冰山一样，实际 Web 页面的大部分内容都是看不到的。

2.3 编写你自己的 HTML 代码

编写代码的思想听起来可能很困难，但是创建 Web 页面实际上要比你所想的容易得多。在下面几个练习中，你将通过创建一个基本的 Web 页面以及添加并格式化一些简单的文本内容，来学习 HTML 的工作方式。

> **注意**：在这些练习中可以使用任何文本编辑器。但是，一定要将文件另存为纯文本文件。

1. 启动记事本（Windows）或 TextEdit（Mac）。

> **注意**：TextEdit 可能默认将文件保存为副文本文件（.rtf）；在这种情况下，在可以把文件另存为 .html 之前，将需要选择 Format > Format As Plain Text。

2. 在空白文档窗口中输入以下代码：

```
<html>
<body>
Welcome to my first webpage
</body>
</html>
```

3. 把文件保存到桌面，并把它命名为 firstpage.html。

> **注意**：一些文本编辑器可能尝试更改 .html 扩展名，或者提示你确认所做的选择。

4. 启动 Chrome、Firefox、Internet Explorer、Safari，或者安装的另一个 Web 浏览器。
5. 选择“文件” > “打开”。导航到桌面并选择 firstpage.html，然后单击“确定” / “打开”按钮。

祝贺，你刚才创建了第一个 Web 页面。如你所见，创建一个有用的 Web 页面并不需要太多的代码（如图 2-2 所示）。

图2–2

2.3.1 了解 HTML 语法

接下来，将通过向新的 Web 页面中添加内容，学习 HTML 代码语法的一些重要方面。

1. 在不关闭浏览器的情况下切换回文本编辑器。
2. 在文本“Welcome to my first webpage”的末尾插入光标，并按下 Enter/Return 键插入一个段落回车符。
3. 输入“Making webpages is fun”，然后按下空格键 5 次，插入 5 个空格。最后，在同一行上输入“and easy!”。
4. 保存文件。
5. 切换到浏览器。

尽管保存了所做的更改，你将注意到新文本没有出现在浏览器中。这是由于你从未看到 Web 页面存在于 Internet 上。必须先把它下载到计算机上，并且保存或**缓存**（cache）到硬盘驱动器上。在最初下载页面时，浏览器将实际地显示它。要查看 Web 页面的最新版本，将不得不重新加载它，这一点很重要，必须记住。人们常常遗忘 Web 站点中的变化，因为他们正在查看页面的缓存版本，而不是最新版本（如果你的 Web 站点将会频繁更新，可以插入一段 JavaScript 代码，每次浏览器窗口访问页面时，它都会自动重新加载该页面）。

6. 刷新窗口，加载更新过的页面（如图 2-3 所示）。

> **注意**：在大多数浏览器中，都可以按下 Ctrl+R/Cmd+R 组合键刷新页面视图。在 Internet Explorer 中，则可按下 F5 键来执行该操作。

图2-3

可以看到，浏览器显示的是新文本，但是它忽略了两行之间的段落回车符以及额外的空格。事实上，你可以在行之间添加数百个段落回车符以及在每个单词之间添加数十个空格，但是浏览器显示将不会有什么不同。这是由于浏览器被编写成忽略额外的空白，并且只注重 HTML 代码元素。通过在各处插入标签，可以轻松地创建想要的文本显示效果。

2.3.2 插入 HTML 代码

在这个练习中，将插入 HTML 标签，以产生正确的文本显示。

1. 切换回文本编辑器。
2. 给文本添加加粗的标签，如下所示：

```
<p>Making webpages is fun and easy!</p>
```

为了在一行文本内添加字母间距或其他特殊字符，HTML 提供了称为**实体**（entity）的代码元素。实体以不同于标签的方式输入进代码中。例如，用于插入非间断空格的方法是通过输入以下实体： 。

3. 利用非间断空格替换文本中的 5 个空格，使得文本看上去如下所示：

```
<p>Making webpages is fun     and easy!</p>
```

4. 保存文件。切换到浏览器，并重新加载或刷新页面显示。

浏览器现在将显示段落回车符和想要的间距（如图 2-4 所示）。

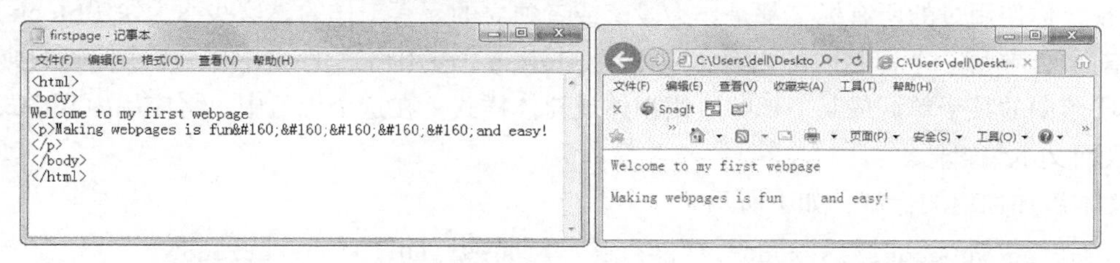

图2-4

在添加标签和实体时，浏览器可以显示想要的段落结构和间距。

尽管换行符、间距甚至缩进效果会被浏览器忽略，Web 设计师和编码员还是会频繁使用这样的空白，以使代码更容易阅读和编辑。但是，不要疯狂。尽管空白不会影响页面在浏览器中的显示，但它可能影响页面下载和呈现的总时间。空白和不必要的代码会影响 Web 开发人员所说的页面的总**负重**（weight）。当页面具有太多的负重时，它将以不是最佳的方式下载、呈现和工作。在本书后面，我们将探讨如何最小化这种负重，使页面更快地加载，并以更令人满意的速度工作。

2.3.3　利用 HTML 格式化文本

标签通常服务于多个目的。除了如前面所解释的那样创建段落结构和创建空白之外，它们还可以影响基本的文本格式化效果，以及标识页面内容的相对重要性。例如，HTML 提供了 6 个标题标签（<h1> ～ <h6>），可以使用它们设置与正常段落区分开的标题。标签不仅以与段落文本不同的方式格式化标题文本，它们还透露了额外的含义。标题标签自动以粗体进行格式化，通常具有相对较大的尺寸。标题的编号（1 ～ 6）也会起作用：使用 <h1> 标签默认把标题标识为具有最高级别的重要性。在这个练习中，将向第一行中添加标题标签。

1. 切换回文本编辑器。

2. 给文本添加加粗的标签，如下所示：

```
<h1>Welcome to my first webpage</h1>
```

3. 保存文件。切换到浏览器，并重新加载或刷新页面显示。

注意文本如何变化。它现在的格式将变得更大并且是加粗的（如图 2-5 所示）。

图2-5

Web 设计师使用标题标签标识特定内容的重要性，以提升他们在 Google、Yahoo 及其他搜索引擎上的站点评级。

2.3.4　应用内联格式化

迄今为止，你使用过的所有标签都是作为段落或者独立的元素工作的。这些称为**块**（block）元素。还可以对包含在另一个标签内的内容（或**内联**，inline）应用格式化和结构。内联代码的典型应用将是对段落中的某个单词或某一部分应用粗体或斜体样式。在这个练习中，将应用内联格式化。

1. 切换回文本编辑器。

2. 给文本添加加粗的标签，如下所示：

```
<p>Making webpages is fun$#160;$#160;$#160;$#160;$#160;<strong>
<em>and easy!</em></strong></p>
```

3. 保存文件。切换到浏览器，并重新加载或刷新页面显示（如图 2-6 所示）。

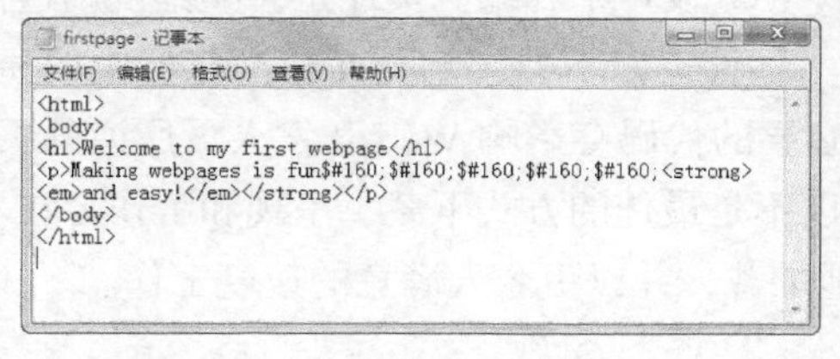

图2-6

加重和强调（em）用于代替粗体标签 <b> 和斜体标签 <i>，因为它们为具有视力障碍的人提供了丰富的语义含义，但是结果基本上完全相同。

大多数格式化（包括内联及其他格式化）都是使用 CSS（Cascading Style Sheet，层叠样式表）正确应用的。<strong> 和 <em> 标签是少数几种仍然可接受的使用特定的 HTML 代码元素应用内联格式化的方式。从技术上讲，这些元素旨在给文本内容添加语义含义，但是效果仍然是相同的——在大多数应用程序中，文本默认仍然显示为粗体和斜体。

不过，在不久的将来，这种情况可能会改变。过去十年出现了一种行业支持的转变，即把内容与其表示（或格式化）分隔开。尽管大多数浏览器和 HTML 阅读器目前都基于特定的标签应用默认的格式化效果，但是可能并非总是如此。参见第 3 课“CSS 基础”，了解关于在基于标准的 Web 设计中的 CSS 的策略和应用的详尽解释。

2.3.5 添加结构

大多数 Web 页面都具有至少 3 种基本元素：根（通常是 <html>）、<head> 和 <body>。这些元素创建了 Web 页面的必不可少的底层结构。根元素包含 Web 页面的所有代码和内容，并用于声明浏览器、任何浏览器应用程序以及期望在页面内包含什么类型的代码元素。<head> 元素存放用于执行至关重要的后台任务的代码，包括样式、外部链接及其他信息。<body> 元素存放所有的可见内容，比如文本、表格、图像、影片等。

你创建的示例页面没有 <head> 元素。Web 页面可以没有这个区域，但是如果没有它，将很难向这个页面中添加任何高级功能。在这个练习中，你将向 Web 页面中添加 <head> 和 <title> 元素。

1. 切换回文本编辑器。
2. 给文本添加加粗的标签和内容，如下所示：

```
<html>
<head>
<title>HTML Basics for Fun and Profit</title>
</head>
<body>
```

3. 保存文件。切换到浏览器，并重新加载或刷新页面显示。

你注意到什么变化了吗？它最初可能不明显。看看浏览器窗口的标题栏。单词“HTML Basics for Fun and Profit”现在魔术般地出现在 Web 页面上方（如图 2-7 所示）。通过添加 <title> 元素，你创建了这种显示效果。但是，它并不只是一种很酷的技巧，它对你的业务也是有益的。

图2-7

在刷新页面时，<title> 标签的内容将出现在浏览器的标题栏中。

Google、Yahoo 及其他搜索引擎编目了每个页面的 <title> 元素并使用它以及其他条件，对 Web 页面建立索引并进行评级。标题的内容是通常会在搜索的结果内显示的项目之一。具有良好标题的页面可以得到更高的评级。使标题保持短小，但是要有意义。例如，标题“ABC Home Page”实际上不会传达任何有用的信息。更好的标题可能是“Welcome to the Home Page of ABC Corporation”。检查其他 Web 站点（特别是同行或竞争对手的 Web 站点），看看他们是怎样给页面创建标题的。当访问者在他们的浏览器中收藏你的页面时将会使用标题，知道这一点也很重要。

2.3.6 在 Dreamweaver 中编写 HTML 代码

那么，一个必然会被问到的问题是：“如果我可以在任何文本编辑器中编写 HTML 代码，为什么还需要使用 Dreamweaver 呢？”尽管要等到你学完了后面的课程之后才能得到完整的答案，但是可以先给该问题提供一个快速解释。在这个练习中，你将使用 Dreamweaver 重新创建相同的 Web 页面。

1. 启动 Dreamweaver CC。

2. 选择“文件”>“新建”。

3. 在“新建文档”窗口中，从第一列中选择“空白页”。

4. 从“页面类型”区域中选择 HTML。

5. 从“布局”区域中选择“< 无 >”。

6. 从“文档类型”弹出式菜单中选择 HTML5（如图 2-8 所示）。

Dreamweaver 允许创建不同类型的 Web 兼容的文件。在后面的课程中将学到关于这个对话框的更多知识。

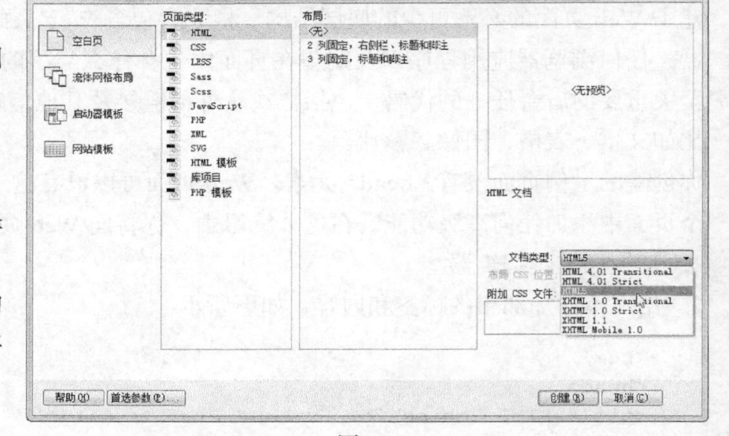

图2-8

7. 单击“创建”按钮。

在 Dreamweaver 中打开新文档窗口。

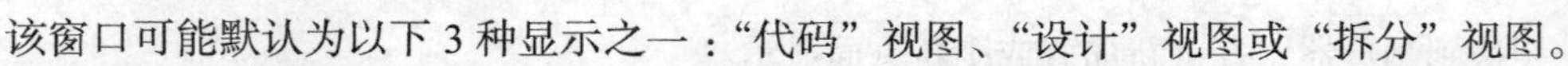

该窗口可能默认为以下 3 种显示之一：“代码”视图、“设计”视图或“拆分”视图。

8. 如果还没有选择“拆分”视图，可以单击“拆分”视图按钮（如图 2-9 所示）。

使用 Dreamweaver 创建 HTML 的优点从一开始就很明显：大部分页面结构都已经创建好了。

注意：“代码”窗口提供的优点远远超过了使用文本编辑器。页面的基本结构已经编写好了，包括根、头部、主体，甚至还包括标题标签等。Dreamweaver 需要你做的唯一一件事是添加内容本身。

9. 在 <body> 开始标签后面插入光标，并在标签后面输入“Welcome to my second page”。

Dreamweaver 使得可以轻而易举地把第一行格式化为标题 1。

10. 把光标移到文本“Welcome to my second page”的开始处，输入“<h”以打开代码提示功能。

注意 Dreamweaver 怎样自动提供兼容的代码元素的列表。

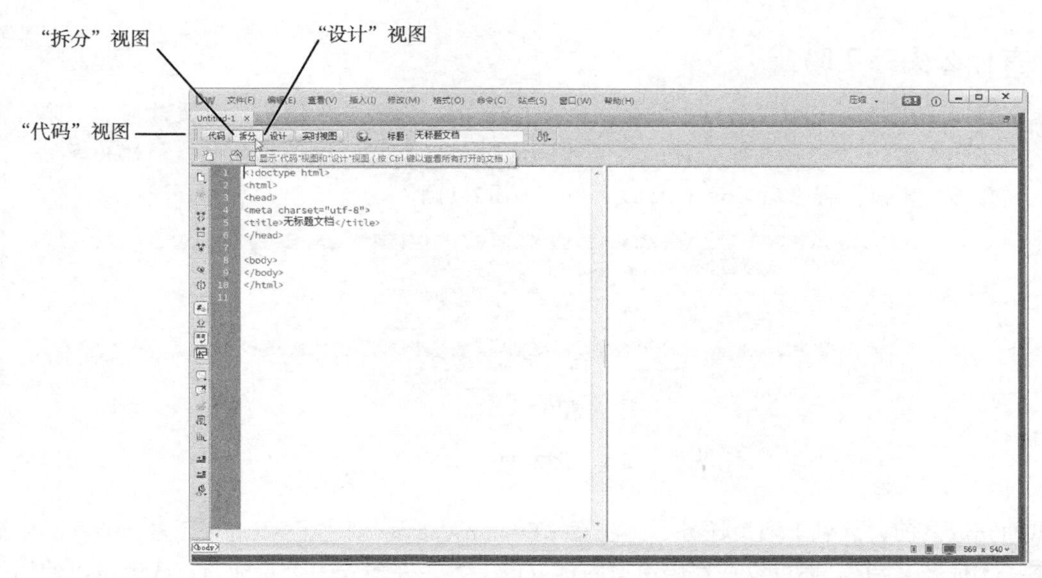

图2-9

在激活时，代码提示提供了兼容的 HTML、CSS、JavaScript 元素以及另外一些语言的下拉列表（如图 2-10 所示）。

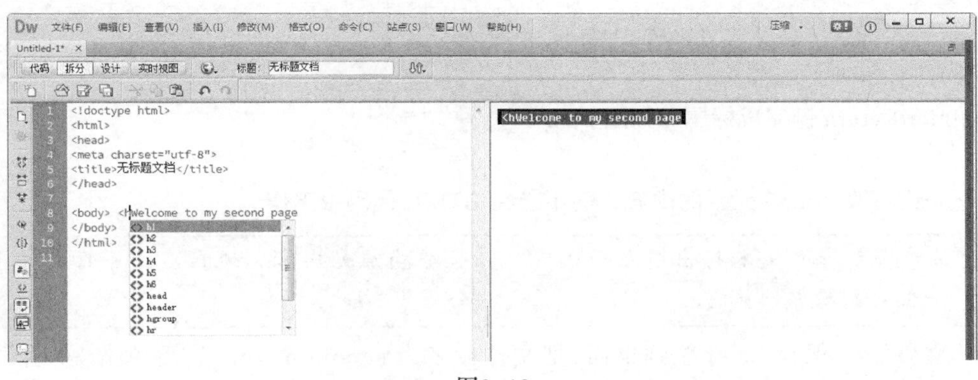

图2-10

11. 从列表中双击 h1，在代码中插入它。然后输入“>”关闭标签。

12. 把光标移到文本的末尾。在句子末尾输入“</”。

注意 Dreamweaver 怎样自动关闭 <h1> 标签。但是许多编码员会在编写代码时添加标签。

13. 按下 Enter/Return 键，插入一个换行符。输入“<p”，并按下 Enter/Return 键插入元素。然后输入“>”关闭元素。

14. 输入“Making webpages in Dreamweaver is even more fun!”，然后输入“</”关闭 <p> 元素。

手工编码还是会使人疲劳吧？ Dreamweaver 提供了多种方式用于格式化你的内容。

15. 选取单词“more”。在“属性”检查器中，单击 B 和 I 按钮，对文本应用 <strong> 和 <em> 标签。这些标签将对所选文本产生粗体和斜体格式化外观。

有什么失踪了吗？

在第15步中单击B和I按钮时，它们失踪了吗？在“代码”视图中执行更改时，“属性”检查器偶尔需要进行刷新，以便可以访问那里具有的格式化命令。简单地单击“刷新”按钮，将重新显示格式化命令（如图2-11所示）。

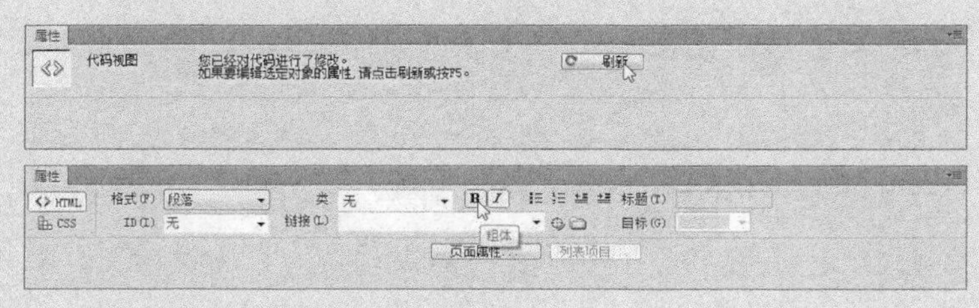

图2–11

在新页面完成之前，只剩下两个任务了。注意：Dreamweaver 创建了 <title> 元素，并在其中插入了文本“无标题文档”。你可以在代码窗口内选取该文本，并输入一个新标题，或者可以使用另一种内置特性更改它。

16. 找到文档窗口顶部的“标题”框，并选取“无标题文档”文本。

17. 在“标题”框中输入“HTML Basics, Page 2”。

18. 按下 Enter/Return 键完成标题（如图 2-12 所示）。

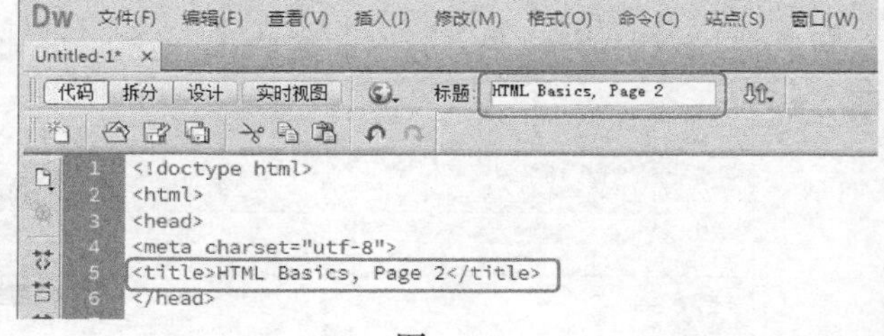

图2–12

“标题”框允许更改 <title> 元素的内容，而不必在 HTML 代码中工作。

> **注意**：新标题文本将出现在代码中，并且替换原始内容。现在应该保存文件，并在浏览器中预览它。

19. 选择“文件”>“保存”。导航到桌面，把文件命名为 secondpage。然后单击“保存”按钮。Dreamweaver 将自动添加适当的扩展名（html）。

20. 选择“文件”>“在浏览器中预览”。

完成的页面将出现在浏览器窗口中（如图 2-13 所示）。

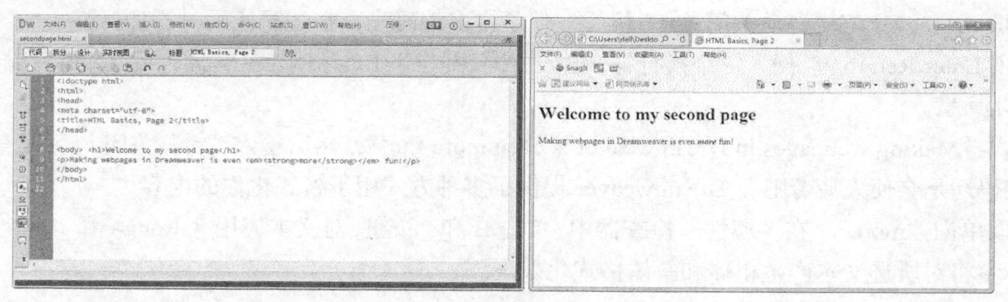

图2–13

与手动完成该任务相比，使用 Dreamweaver 所花的时间要少得多。

你刚才完成了两个 Web 页面——一个是用手工完成的，另一个是使用 Dreamweaver 完成的。在这两种情况下，都可以看到 HTML 是怎样在整个过程中起着中心作用的。要学习关于这种技术的更多知识，可以转到 www.w3schools.com 上的万维网联盟（W3 Consortium）的 Web 站点。

2.4　常用的 HTML 4 代码

HTML 代码元素服务于特定的目的。标签可以创建结构、应用格式化效果、标识合乎逻辑的内容，或者生成交互性。创建独立结构的标签称为**块**（block）元素，在另一个标签的主体内执行其工作的标签称为**内联**（inline）元素。

2.4.1　HTML 标签

表 2.1 显示了一些最常用的 HTML 标签。为了最大限度地利用 Dreamweaver 和你的 Web 页面，了解这些元素的本质以及如何使用它们是有帮助的。记住，一些标签可以服务于多个目的。

表 2.1　常用的 HTML 标签

标签	说明	结构	块	内联
<!--...-->	指定 HTML 注释。允许在 HTML 代码内添加注释，当用浏览器查看页面时，将不会显示它们	●		
<a>	锚记。创建超链接			●
<blockquote>	引文。创建独立的缩进段落		●	
<body>	指定文档主体。包含 Web 页面内容的可见部分	●		
 	换行。插入一个换行符，而不会创建一个新段落	●	●	
<div>	页面划分。用于把页面内容分成容易辨别的组，广泛用于模拟分栏式布局	●	●	
<em>	强调。增加语义强调。在大多数浏览器和阅读器中默认显示为斜体			●
<form>	指定 HTML 表单	●		
<h1> ～ <h6>	标题。创建加粗的标题。隐含语义值		●	
<head>	指定文档头部。包含执行后台功能的代码，比如元标签、脚本、样式、链接及其他信息	●		
<hr />	水平标线。生成水平线的空元素	●	●	
<html>	大多数 Web 页面的根元素。包含整个 Web 页面，只不过在某些情况下必须在 <html> 开始标签之前加载基于服务器的代码	●		
<iframe>	内联框架。可以包含另一个文档的结构元素	●		●
<img />	图像	●		●
<input />	表单的输入元素，比如文本框	●		●
<li>	列表项		●	
<link />	指定文档与外部资源之间的关系	●		
<meta />	元数据	●		
<ol>	有序列表。创建编号列表。以编号顺序显示列表项	●	●	
<p>	段落。创建独立的段落		●	
<script>	脚本。包含脚本元素或者指向外部脚本	●		
<span>	指定文档区域。提供对文档的一部分应用特殊格式化或强调的方式			●
<strong>	增加语义强调。在大多数浏览器和阅读器中默认显示为粗体			●

续表

标签	说明	结构	块	内联
<style>	调用 CSS 样式规则	●		
<table>	指定 HTML 表格	●	●	
<td>	表格数据。指定表格单元格	●		
<textarea>	用于表单的多行文本输入元素	●	●	
<th>	表格标题	●		
<title>	标题	●		
<tr>	表格行	●		
<ul>	无序列表。定义项目符号列表。利用项目符号显示列表项	●	●	

2.4.2 HTML 字符实体

实体为每个字母和字符而存在。如果不能直接从键盘输入某个符号，可以通过输入表 2.2 中列出的名称或数值来插入它。

表 2.2 HTML 字符实体

字符	说明	名称	数字
©	版权	©	©
®	注册商标	®	®
™	商标		™
•	项目符号		•
–	短划线		–
—	长划线		—
	非间断空格		

> Dw **注意：**一些实体（比如版权符号）可以使用名称或数字创建，但是命名的实体也许不能在所有的浏览器或应用程序中工作。因此，要么坚持使用实体数字，要么对你想使用的特定的命名实体进行测试。

2.5 HTML5 简介

HTML 的当前版本已经出现 10 多年了，像许多技术一样，它没有与 Web 上出现的许多进步（比如智能手机和其他移动设备）并驾齐驱。万维网联盟（World Wide Web Consortium，W3C）是一家负责维护和更新 HTML 及其他 Web 标准的标准化组织，它一直坚持不懈地致力于更新该语言，并于 2008 年 1 月发布了 HTML5（写作一个单词，即“HTML”与“5”之间没有空格）的工作草案，从那时起就定期进行更新，并在 2012 年 12 月发布了最新的版本。尽管新标准预期最早要到 2020 年才会被采纳，W3C 仍然加快推进该计划，并且现在希望不迟于 2014 年就使 HTML5 最终定稿。那么，这对于当前的或者即将出现的 Web 设计师意味着什么呢？一切尚无定论。

为什么呢？新语言的采纳不是一个强制性的过程。整个团体密切协作，开发和实现新技术。因此对于 HTML5 的采纳或正确使用没有最后期限，也没有相关的 Internet 政策。今天，目前开发 Web 浏览器的公司在努力纳入 HTML5 规范中概括的新特性，但是对它的支持还不完全，并且因浏览器而异。在一些情况下，浏览器制造商甚至就应该如何实现某些特性而意见不一。在规范最后定稿之前，HTML5 将处于一种不确定的状况，并且可能会持续一段时间。

一些设计师和开发人员采用“观望”的方法，他们会在觉得安全并且有意义时，维持良好的 Web 设计实践并实现 HTML5 的功能。其他人的态度则是“它一切都好”，并且开始极大地依赖于 HTML5 的工具和技术。这些设计师和开发人员觉得早期的采纳者将吸引用户对最新、最好的版本产生兴趣，而非 HTML5 兼容的旧浏览器将会被更快地弃用。无论如何，向后兼容 HTML 4.01 是 W3C 的首要目标，并且在将来也肯定如此。因此，不管你属于哪一类人，都不要担心；旧的 Web 页面和站点不会突然破灭或消失。

在本书中，我们将更多地关注“观望”方法。我们的课程和练习使用了具有广泛支持和效用的 HTML5 特性和技术，并在其他地方坚持使用经过检验是可靠的技术。此外，我们还探索了 HTML5 的一些更新的试验性特性，但是至于是否在你自己的站点上采纳它们，则完全取决于你自己。

2.5.1 HTML5 中的新增功能

HTML 的每个新版本都对构成语言的元素的数量和用途做了改变。HTML 4.01 包含大约 90 个元素。其中一些元素被完全删除了，并且采纳或提议了一些新元素。

对列表的改变通常涉及支持新技术或不同类型的内容模型，以及删除那些想法糟糕或者很少用到的特性。一些改变只是简单地反映了随着时间的推移在开发人员社区内流行的习俗或技术。还执行了其他一些改变，用以简化创建代码的方式，以使之更容易编写并能更快地传播。

2.5.2 HTML5 的标签

表 2.3 显示了 HTML5 中的一些重要的新标签。目前，它包含 100 个以上的标签。差不多 30 个旧标签被删除了，这意味着 HTML5 具有将近 50 个新元素。在本书的练习中，我们在合适时使用了许多新的 HTML5 元素，并且解释了它们打算在 Web 上所起的作用。花一点时间使自己熟悉这些标签以及它们的说明。

表 2.3 重要的 HTML5 新标签

标签	说明	结构	块	内联
<article>	指定独立的、自含式内容，可以独立于站点的其余内容分发它们	●	●	
<aside>	指定与周围内容相关的侧栏内容	●	●	
<audio>	指定多媒体内容、声音、音乐或其他音频流	●		●
<canvas>	指定使用脚本创建的图形内容	●		
<figure>	指定包含图像或视频的独立内容的区域	●	●	
<figcaption>	指定 <figure> 元素的图题	●		●
<footer>	指定文档或区域的脚注	●	●	
<header>	指定文档或区域的简介	●	●	
<hgroup>	当标题具有多个层次时，指定一组 <h1> ～ <h6> 元素	●		
<nav>	指定导航区域	●	●	
<section>	指定文档中的区域，比如章、标题、脚注或者文档中任何其他的区域	●	●	
<source>	指定媒体元素的资源文件、视频或音频元素的子元素。可以为不支持默认资源的浏览器定义多个源	●		●

续表

标签	说明	结构	块	内联
<track>	指定媒体播放器中使用的文本轨道	●		
<video>	指定视频内容，比如影片剪辑或其他视频流	●		

2.5.3 语义 Web 设计

目前已经执行了对 HTML 的许多改变，以支持**语义 Web 设计**（semantic web design）的概念。这个运动会对 HTML 的未来、它的有用性以及 Internet 上的 Web 站点的互操作性产生重要的影响。目前，每个 Web 页面在 Web 上独立存在。内容可能链接到其他页面和站点，但是确实无法以一种清晰的方式把多个页面或多个站点上可用的信息结合或收集起来。搜索引擎会尽其所能对出现在每个站点上的内容建立索引，但是由于旧的 HTML 代码的性质和结构，大多数内容都会丢失。

HTML 最初被设计为一种表示语言。换句话说，它旨在以一种可读和可预测的方式在浏览器中显示技术文档。如果仔细查看 HTML 的原始规范，它基本上看起来像你将放入大学研究论文中的项目列表：标题、段落、引用的材料、表格、编号列表和项目符号列表等。

HTML 之前的 Internet 看起来更像是 MS DOS 或 OS X Terminal 应用程序——没有格式化、没有图形并且没有颜色。HTML 第一个版本中的元素列表基本上确定了内容将如何显示。这些标签没有传达任何内在的含义或意义。例如，使用标题标签以粗体显示特定的文本行，但是它没有指出标题与下面的文本或者整个故事之间具有什么关系。它是一个标题（title），或者只是一个子标题（subheading）？

HTML5 添加了许多重要的新标签，以帮助给标记（markup）添加含义。诸如 <header>、<footer>、<article> 和 <section> 之类的标签允许从一开始就确定特定的内容，而不必求助于额外的属性。最终的结果是更简单的代码，并且会减少代码量。但是，最重要的是，给代码添加语义含义将允许你和其他开发人员以令人兴奋的新方式把一个页面中的内容连接到另一个页面中，其中许多新方式还没有发明出来，它确实是一项正在进行中的工作。

2.5.4 新技巧和新技术

HTML5 还重新研究了语言的基本性质，收回了一些以前需要第三方插件应用程序和外部编程的功能。如果你是 Web 设计新手，将不会感到痛苦，因为不需要重新学习任何知识或者打破什么坏习惯。如果你已经具有构建 Web 页面和应用程序的经验，本书将指导你安全地涉水，并且以合乎逻辑的、直观的方式介绍了新的技术和技巧。但是，最重要的是，语义 Web 设计并不意味着抛弃所有的旧站点，并从头开始重新构建所有的一切。有效的 HTML 4 代码在可预见的将来仍将保持有效。HTML5 旨在使你能够更轻松地完成任务，它允许利用较少的工作做更多的事情。那么就让我们开始吧！

要学习关于 HTML5 的更多知识，可以检查 http://tinyurl.com/html5-info-1。

要查看 HTML5 元素的完整列表，可以访问 http://tinyurl.com/html5-Elements。

要了解关于 W3C 的更多信息，可以查看 www.w3.org。

复习

复习题

1. 什么软件可以打开 HTML 文件？
2. 标记语言可以做什么？
3. HTML 包含多少个代码元素？
4. 大多数 Web 页面的 3 个主要部分是什么？
5. 块元素与内联元素之间的区别是什么？
6. HTML5 是 HTML 的当前版本吗？

复习题答案

1. HTML 是一种纯文本语言，可以在任何文本编辑器中打开和编辑它，并且可以在任何 Web 浏览器中查看它。
2. 它把尖括号 <> 内包含的标签放在纯文本内容周围，把关于结构和格式化的信息从一个应用程序传递给另一个应用程序。
3. 在 HTML 4 规范中定义了不到 100 个代码元素。HTML5 则包含 100 个以上的代码元素。
4. 大多数 Web 页面都由 3 个区域组成：根、头部和主体。
5. 块元素创建独立的元素。内联元素可以存在于另一个元素内。
6. 不是。当前版本是 HTML 4.01。目前已经发布了 HTML5 的草稿版本，但是计划到 2014 年才能完成它。在 HTML5 完成后，完全采纳它可能还要花几年的时间。

第3课　CSS基础

课程概述

在这一课中，你将熟悉 CSS，并将学习：

- CSS（层叠样式表）的术语和术语学；
- HTML 格式化与 CSS 格式化之间的区别；
- 层叠、继承、后代与特征理论如何影响浏览器应用 CSS 格式化；
- CSS 如何格式化对象；
- CSS3 的新特性和能力。

完成本课大约需要 2 小时的时间。在开始前，请确定你已经如本书开头的“前言”中所描述的那样把用于第 3 课的文件复制到了你的硬盘驱动器上的一个方便的位置。如果你是从零开始学习本课，可以使用“前言”中的“跳跃式学习”一节中描述的方法。

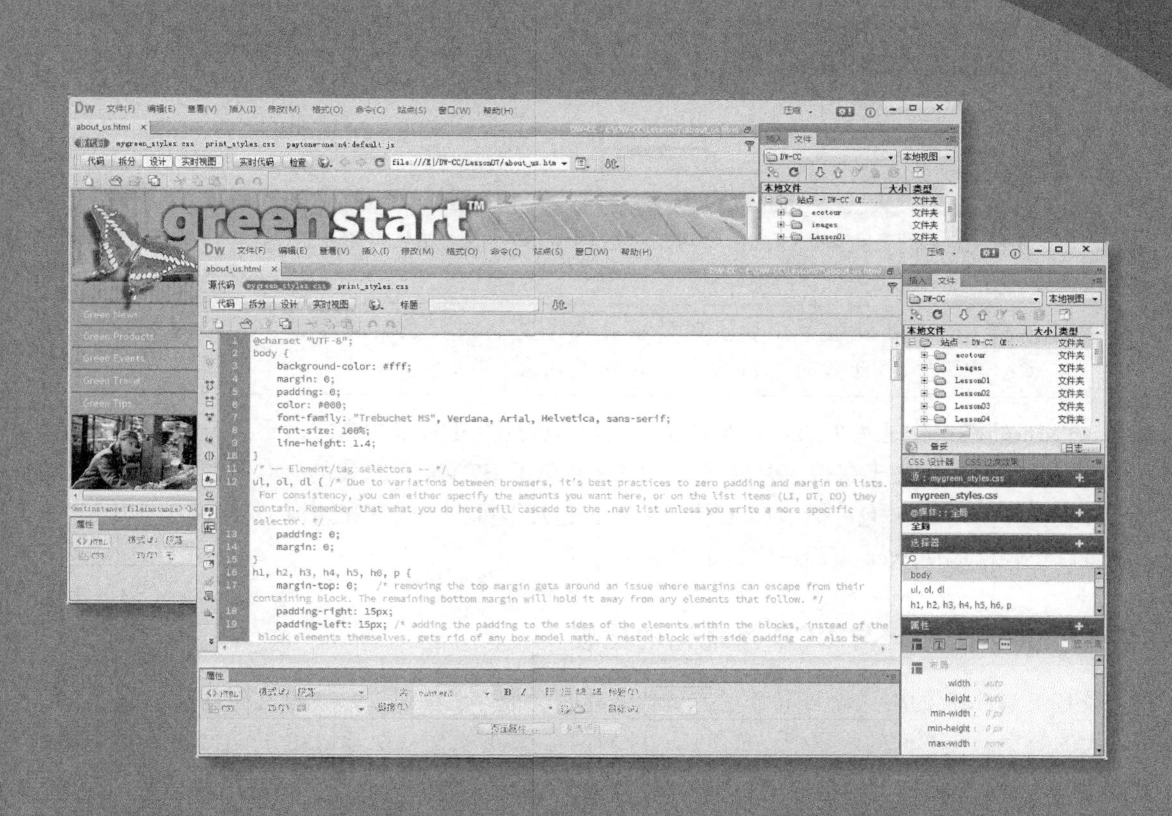

层叠样式表（CSS）控制着Web页面的外观和感觉。CSS语言和语法很复杂，但功能强大，并且可以进行无限的修改，要经过长时间的专门学习才能深入掌握它们。如果没有它们，现代的Web设计师将无立足之地。

3.1 什么是 CSS

HTML 从未打算成为一种设计媒介。除了粗体和斜体之外，版本 1 缺少一种标准化的方式来加载字体或者格式化文本。格式化命令直到 HTML 的版本 3 才逐渐添加进来，用于解决这些局限性，但是这些改变并不足够。设计师求助于各种技巧来产生想要的结果。例如，他们使用 HTML 表格来模拟文本和图形的多列和复杂布局，以及在他们需要非 Times 或 Helvetica 的字体时使用图像（如图 3-1 所示）。

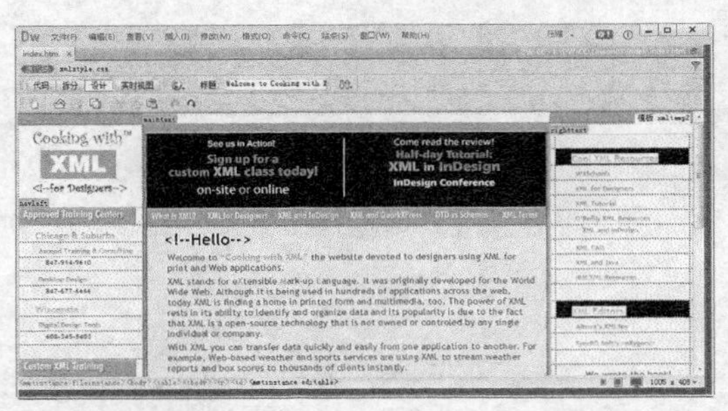

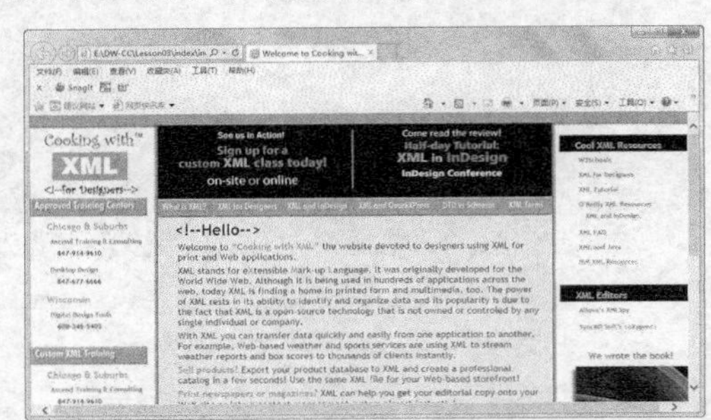

在Dreamweaver中使用扩展的表格模式（左图），可以查看这个Web页面怎样依靠表格和图像来产生最终的设计（右图）

图3-1

> Dw **注意：**如果还没有把用于本课的项目文件复制到硬盘驱动器上，现在就要这样做。参见本书开头的“前言”中的相关内容。

基于 HTML 的格式化是一个如此有误导性的概念，因此在正式采用它之后不到一年的时间就被建议从语言中删除，以便于支持层叠样式表。CSS 避免了 HTML 格式化的所有问题，同时也节省了时间和金钱。使用 CSS 允许把 HTML 代码剥离到其必不可少的内容和结构，然后单独应用格式化，因此可以更轻松地使 Web 页面适应特定的应用程序。

3.2 HTML 格式化与 CSS 格式化的比较

在比较基于 HTML 的格式化与基于 CSS 的格式化时，很容易看到 CSS 怎样在时间和工作量方面产生巨大的效率。在下面的练习中，你将通过编辑两个 Web 页面来探索 CSS 的能力和功效，其中一个页面通过 HTML 进行格式化，另一个页面则通过 CSS 进行格式化。

> **注意：**如果你是独立于本书的其余各课来完成本课，可以参见本书开头的“前言”中的“跳跃式学习”一节中的详细指导。然后，遵循本练习中的步骤即可。

1. 如果 Dreamweaver 当前没有运行，就启动它。
2. 选择“文件” > “打开”。
3. 导航到 Lesson03 文件夹，并打开 HTML_formatting.html 文件。
4. 单击“拆分”视图按钮。如果必要，可选择“查看” > “垂直拆分”，并排地垂直拆分“代码”视图窗口和“设计”视图窗口。

内容的每个元素都是使用不建议使用的 <font> 标签单独进行格式化的。注意每个 <h1> 和 <p> 元素中的属性 color="blue"（如图 3-2 所示）。

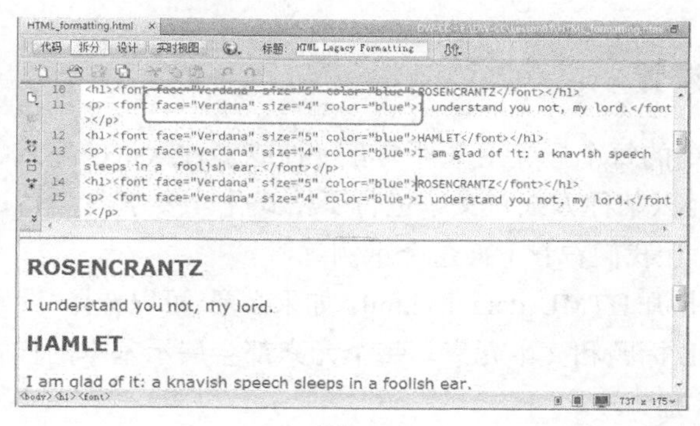

图3–2

5. 在每一行中用单词“green”替换出现的每个单词“blue”。然后在“设计”视图窗口中单击，以更新显示。

文本现在将显示为绿色。可以看到，使用过时的 <font> 标签进行格式化不仅缓慢，而且也容易出错。如果输入“greeen”或“geen”，浏览器将完全忽略颜色格式化。

6. 从 Lesson03 文件夹中打开 CSS_formatting.html 文件。

7. 如果当前没有选择“拆分”视图按钮，可单击该按钮。

文件的内容与前一个文档完全相同，只不过它是通过 CSS 格式化的。格式化 HTML 元素的代码出现在这个文件的 <head> 区域中。注意代码只包含两个 color: blue; 属性（如图 3-3 所示）。

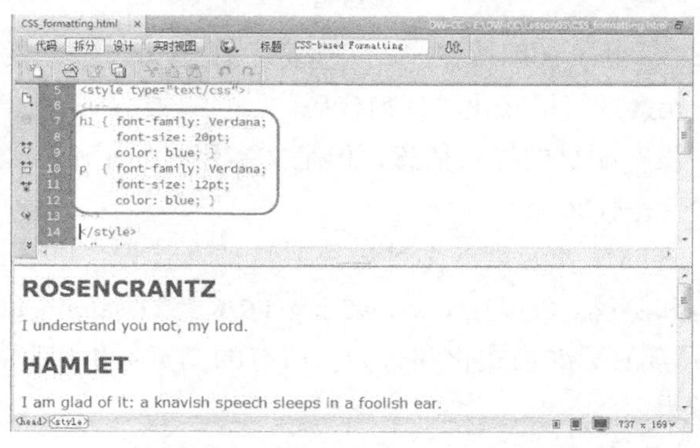

图3–3

8. 选取代码 h1 { color: blue; } 中的单词“blue”，并输入“green”替换它。然后在“设计”视图窗口中单击，以更新显示。

在“设计”视图中，所有的标题元素都将显示为绿色。段落元素将保持为蓝色。

9. 选取代码 p { color: blue; } 中的单词“blue”，并输入“green”替换它。然后在“设计”视图窗口中单击，以更新显示。

在“设计”视图中，段落元素将变成绿色。

在这个练习中，CSS 利用两处简单的编辑就完成了颜色改变，而 HTML 的 <font> 标签要求编辑每一行代码。你开始理解了 W3C 为什么不建议使用 <font> 标签并且开发了层叠样式表的原因吗？这个练习只突出显示了 CSS 提供的格式化能力和效率增强的一个小示例，而单独使用 HTML 是做不到这些的。

3.3 HTML 的默认设置

将近 100 个 HTML 标签中的每个标签生来都具有一种或多种默认的格式、特征或行为。因此，即使你什么也不做，就已经以某种方式对文本进行了格式化。要掌握 CSS，最必须的任务之一是学习和理解这些默认设置。让我们看看下面这个示例。

1. 从 Lesson03 文件夹中打开 HTML_defaults.html。如果必要，可以选择“设计”视图，预览文件的内容。该文件包含完整的 HTML 标题和文本元素。每个元素都会展示基本的样式特点，比如大小、字体和间距等（如图 3-4 所示）。

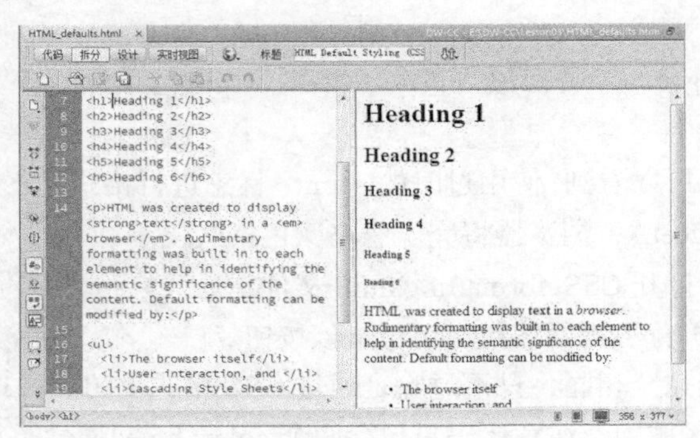

图3-4

2. 如果必要，可以单击“拆分”视图按钮。在“代码”视图窗口中，找到 <head> 区域，并尝试确定可能会对 HTML 元素进行格式化的任何代码。

快速看一下就知道文件中没有明显的样式信息，但是文本仍将显示不同类型的格式化效果。那么，它来自于何处？这些设置又是什么呢？

答案是：它视情况而定。HTML 4 元素从多种源提取特征。首先，查看 W3C 这个 Web 标准化组织，它建立了 Internet 规范和协议。可以在 www.w3.org/TR/CSS21/sample.html 上找到默认的样式表，它定义了所有 HTML 4 元素的标准格式化和行为。所有的浏览器供应商都基于这个样式表来定义 HTML 元素的默认呈现效果。

HTML5 的默认设置

过去十年，在 Web 上出现了创建单独的“内容”和“样式”的一致运动。在编写本书时，HTML 中的“默认”格式化的概念被官方正式宣布死亡了。从技术上讲，对于 HTML5 元素，没有默认的样式标准。如果在 w3.org 上寻找用于 HTML5 的默认样式表，那么将一无所获。但是，目前浏览器制造商仍然对 HTML 4 的默认样式怀有敬意，并将其应用于基于 HTML5 的 Web 页面。糊涂了吧？这意味着在将来，HTML 元素默认可能根本不会显示任何格式化效果，但是至少在目前，HTML5 Web 页面仍然会显示与用于 HTML 4 的相同的默认样式，即使忘记了应用 CSS 格式化也会如此。

为了节省时间并给予你一点优越感，表 3.1 列出了一些最常用的默认设置。

表 3.1　常用的 HTML 默认设置

项目	说明
背景	在大多数浏览器中，页面背景颜色是白色。<div>、<table>、<td>、<th> 及其他大多数标签的背景都是透明的
标题	标题 <h1> ～ <h6> 都是加粗的并且左对齐。6 个标题标签应用不同的字体大小属性（<h1> 最大，<h6> 最小）
正文	在表格单元格外面，文本与页面的左上角对齐
表格单元格文本	表格单元格 <td> 内的文本与左边水平对齐并与中心垂直对齐
表格标题	表格标题单元格 <th> 内的文本与中心水平和垂直对齐
字体	文本颜色是黑色。由浏览器（或者由制造商指定的浏览器首选参数，可以被用户撤消）指定和提供默认的字形和字体
边距	元素边框 / 边界的外部间距。许多 HTML 元素都具有某种形式的边距
填充	方形边框与内容之间的间距。依据默认的样式表，没有元素具有默认的填充

另一个重要的任务是确定当前正在显示 HTML 的浏览器（及其版本）。这是由于自从 Web 开始出现起，浏览器解释或呈现（render）HTML 元素和 CSS 格式化效果的方式往往有所区别。不幸的是，甚至相同浏览器的不同版本对于完全相同的代码也可能产生很大的差别。

最佳实践是构建并测试 Web 页面，确保它们在绝大多数 Web 用户使用的浏览器中（尤其是你自己的访问者首选的浏览器中）正确地工作。2013 年 1 月，W3C 发布了以下统计数据，确定了最流行的浏览器（如图 3-5 所示）。

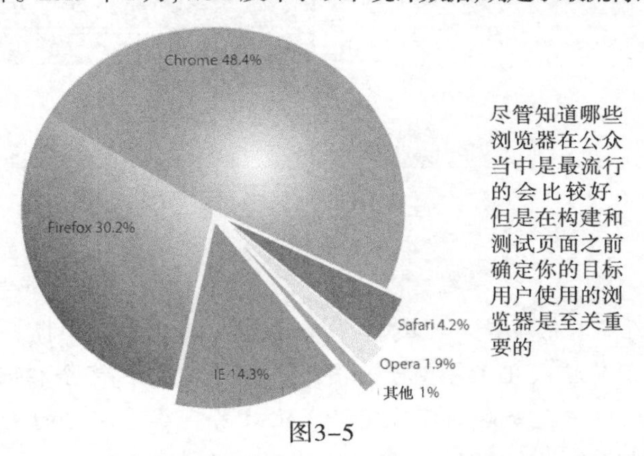

尽管知道哪些浏览器在公众当中是最流行的会比较好，但是在构建和测试页面之前确定你的目标用户使用的浏览器是至关重要的

图3–5

不过，要知道的是，每种浏览器仍有多个版本在使用，知道这一点很重要，因为较老的浏览器不太可能支持最新的 HTML 和 CSS 特性和效果。虽然这些统计数据在总体上对于 Internet 是有效的，但是针对你自己的站点的统计数据可能有所区别，而这会使事情变得更复杂。

3.4　CSS 方框模型

浏览器正常读取 HTML 代码，解释其结构和格式化，然后显示 Web 页面。CSS 通过在 HTML 与浏览器之间游走来执行其工作，并且重新定义应该怎样呈现每个元素。它在每个元素周围强加了一个假想的**方框**（box），然后允许你格式化怎样显示这个方框及其内容的几乎每个方面（如图 3-6 所示）。

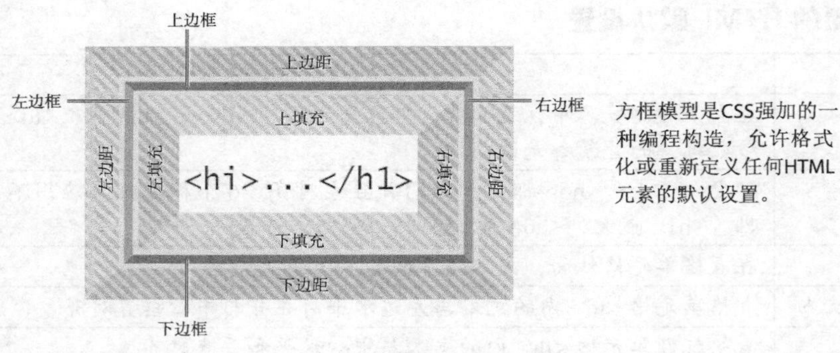

方框模型是CSS强加的一种编程构造，允许格式化或重新定义任何HTML元素的默认设置。

图3–6

CSS 允许指定字体、行间距、颜色、边框、背景阴影和图形，以及边距和填充等。在大多数情况下，这些方框都是不可见的，尽管 CSS 提供了格式化它们的能力，但它不需要你这样做。

1. 如果需要，可以启动 Dreamweaver，并从 Lesson03 文件夹中打开 boxmodel.html。
2. 单击“拆分”视图按钮，在“代码”视图窗口与“设计”视图窗口之间划分工作区（如图 3-7 所示）。

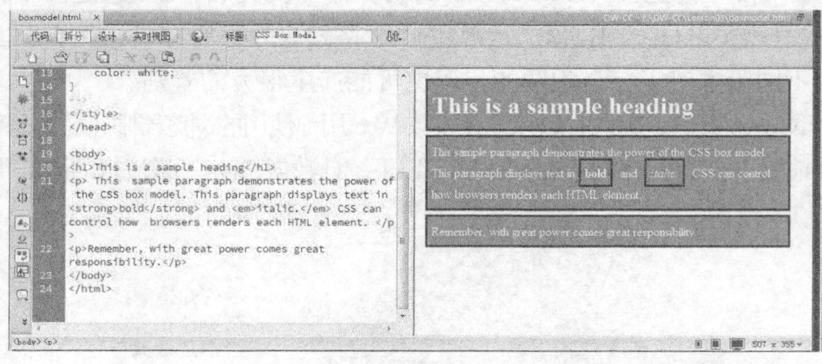

图3–7

内容与呈现

今天的Web标准的基本信条是：把内容（content）（文本、图像、列表等）与其呈现（presentation）（格式化）分割开。图3-8中并排显示了完全相同的HTML内容，并从左边所示的文件中完全删除了CSS格式化效果。尽管左边的文本现在完全没有进行格式化，但很容易看出CSS转换HTML代码的威力。

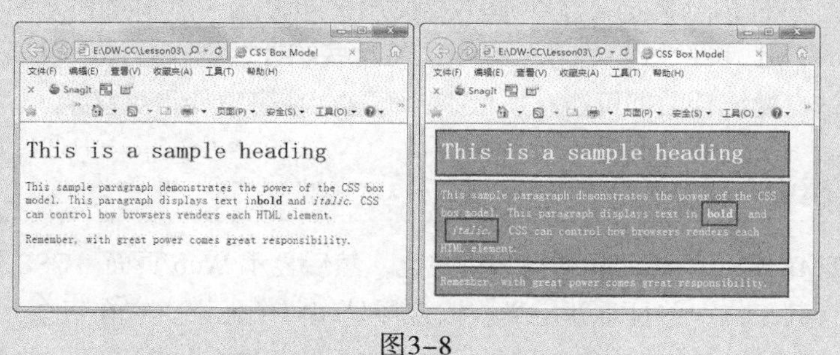

图3–8

文件的示例 HTML 代码包含一个标题和两个段落，其中带有一些示例文本，对它们进行了格式化，以阐释 CSS 方框模型的一些属性。文本显示了可见的边框、背景颜色、边距和填充。

www.w3.org/TR/css3-box 上提供的工作规范描述了方框模型被期望如何在多种媒体中呈现文档。

3.5 多重、类和 ID

利用层叠、继承、后代和特征理论，可以对 Web 页面上任意位置的几乎任何元素进行格式化。但是，CSS 提供了另外几种方式，用于进一步优化和自定义格式化效果。

3.5.1 对多个元素应用格式化

为了加快工作速度，CSS 允许同时对多个元素应用格式化，只需在选择器中列出每个元素，并用逗号隔开它们即可。例如，下面这些规则中的格式化：

```
h1 { font-family: Verdana; color: blue; }
h2 { font-family: Verdana; color: blue; }
h3 { font-family: Verdana; color: blue; }
```

也可以表达如下：

```
h1, h2, h3 { font-family: Verdana; color: blue; }
```

从而可以节省 3 行不必要的代码。

3.5.2 创建类属性

你往往希望创建独特的格式化效果，以应用于对象、段落、短语和单词，甚至是出现在 Web 页面内的字符。为了执行这种任务，CSS 允许创建你自己的名为类（class）和 **ID** 的自定义属性。

类属性可以应用于页面上的任意数量的元素，而 ID 属性只可能在每个页面上出现一次。对于印刷物设计师，可以把类视作与 Adobe InDesign 的段落、字符、表格和对象样式的组合相似。类和 ID 名称可以是单个单词、简写、字母和数字的任意组合或者几乎任何内容，但是不能以数字开头，也不能包含空格。虽然并不是严格禁止的，但是应该避免使用 HTML 标签和属性名称作为类和 ID 名称。

> Dw **注意**：在输入不合适的名称时，Dreamweaver 将发出警告。

要声明 CSS 类选择器，可以在样式表内的名称前面插入一个句点，如下所示：

```
.intro
.copyright
```

然后，将 CSS 类作为属性应用于整个 HTML 元素，如下所示：

```
<p class="intro">Type intro text here.</p>
```

或者以内联方式应用于各个字符或单词，如下所示：

```
Here is <span class="copyright">some text</span> formatted
differently.
```

3.5.3 创建 ID 属性

HTML 把 ID 指定为唯一的属性。因此，在每个页面上不应该把特定的 ID 分配给多个元素。在过去，许多 Web 设计师使用 ID 属性指向页面内的特定成分，比如标题、脚注或文章。随着 HTML5 元素（标题、脚注、旁白、文章等）的出现，为此目的使用 ID 和类属性的必要性不像过去那样强烈了。但是 ID 仍然可以用于标识特定的文本元素、图像和表格，以帮助在页面和站点内构建强大的超文本导航。在第 9 课“处理导航”中将学习关于这样使用 ID 的更多知识。

要在样式表中声明 ID 属性，可以在名称前面插入一个数字符号或磅标记（#），如下所示：

```
#contact_info
#disclaimer
```

可以将 CSS ID 作为属性应用于整个 HTML 元素，如下所示：

```
<div id="contact_info"></div>
<div id="disclaimer"></div>
```

3.6 格式化文本

可以用以下 3 种方式应用 CSS 格式化：**内联**（inline）、**嵌入**（embed）（在内部样式表中），或**链接**（link）（通过外部样式表）。CSS 格式化指令称为**规则**（rule）。规则由两部分组成——**选择器**（selector）和一个或多个**声明**（declaration）。选择器确定要格式化什么元素或者哪些元素的组合，而声明则包含格式化规范。CSS 规则可以重新定义任何现有的 HTML 元素，以及定义“类”和“ID”属性。

规则也可以组合选择器，同时把多个元素作为目标，或者把其中的元素以独特方式出现的页面内的特定实例作为目标，比如当一个元素嵌套在另一个元素内时。

示范性的 CSS 规则构造

CSS 规则构造如图 3-9 所示。这些示范性的规则演示了选择器和声明中使用的一些典型的构造。如所解释的那样，编写选择器的方式决定了如何应用样式，以及规则相互之间如何交互。

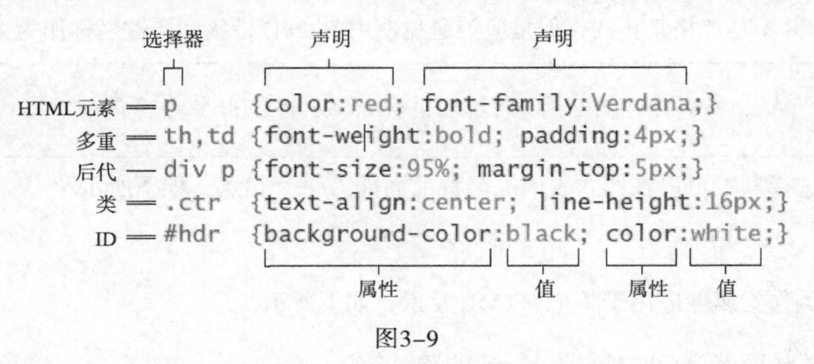

图3-9

应用 CSS 规则不是像在 Adobe InDesign 或 Adobe Illustrator 中那样选取一些文本并应用段落或字符样式那样简单的事情。CSS 规则可以影响单个单词、文本的段落或者文本和对象的组合。单个规则可以影响整个 Web 页面。可以把规则指定成突然开始和终止，或者持续不断地格式化内容，直到被后面的规则改变为止。

在 CSS 规则如何执行其工作方面，有许多因素在起着作用。为了帮助你更好地理解所有这些是如何工作的，下面几节中的练习阐释了 4 个主要的 CSS 概念，我们将其称为理论：层叠、继承、后代和特征。

CSS规则的语法：书写或者错误

CSS是HTML的一个强大的助手。它具有对任何HTML元素编排样式和进行格式化的能力，但是该语言对于甚至最小的打字或语法错误也很敏感。即使丢失一个句点、逗号或分号，也可能意味着页面将完全忽略整段代码。

例如，考虑下面的简单规则：

```
p { padding: 1px;
    margin: 10px; }
```

将对段落<p>（段落）元素应用填充和边距。

也可以把这个规则正确地写成以下形式（不带间距）：

```
p{padding:1px;margin:10px;}
```

第一个示例中使用的空格和换行符是不必要的，它们只是为了给那些可能编写和阅读代码的人提供方便。处理代码的浏览器及其他设备不需要它们。但是，对于散布在整个CSS中的多种不同的标点符号则不是这样。

使用圆括号( )或方括号[ ]代替大括号{ }，那么规则（也许是整个样式表）将是无用的。对于代码中使用的冒号“:”和分号“;”也是如此。

你能捕获下面的示例规则中的所有错误吗?

```
p { padding; 1px: margin; 10px: }
p { padding: 1px; margin: 10px; ]
p { padding 1px, margin 10px, }
```

在构造复合选择器时也可能出现类似的问题。例如，把一个空格放在错误的位置可能完全改变选择器的含义。

这个article.content { color: #F00 }规则在下面这种代码结构中用于格式化<article>元素及其所有的子元素：

```
<article class="content"><p>…</p></article>
```

而article .content { color: #F00 }规则（在article元素后面带有一个空格）将完全忽略以前的HTML结构，并且在下面的代码中只会格式化<p>元素：

```
<article><p class="content">…</p></article>
```

可以看到，微小的错误都可能产生显著的影响。优秀的Web设计师将始终关注搜索出任何微小的错误、错误放置的空格或者标点符号，以使他们的CSS和HTML正确地工作。

3.6.1 层叠理论

层叠理论描述了规则在样式表中或者页面上的顺序和位置如何影响样式的应用。换句话说，如果两个规则相冲突，哪个规则将胜出？让我们看看层叠如何影响 CSS 格式化。

1. 从 Lesson03 文件夹中打开 cascade.html。

该文件包含由默认的 HTML 样式格式化的 HTML 标题和文本。

2. 如果必要，可以单击“拆分”视图按钮，并且在“代码”视图窗口中观察用于任何 CSS 规则的 <head> 区域（如图 3-10 所示）。

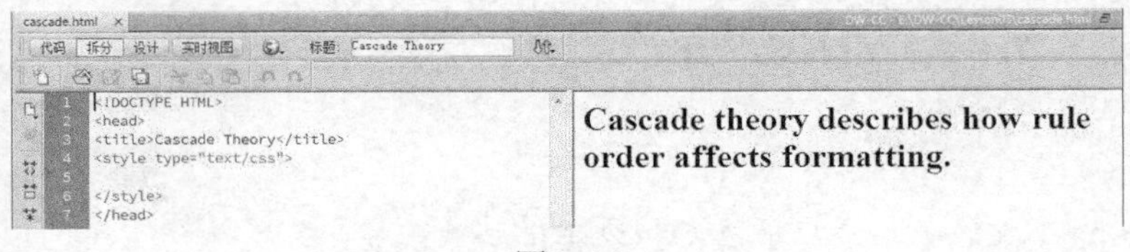

图3–10

注意：代码包含 <style> 区域，但是不包含 CSS 规则。

3. 把光标插入在 <style> 开始标签与 </style> 结束标签之间。

4. 输入“h1 { color:blue; }”，并在“设计”视图窗口中单击，刷新显示的内容。

> **注意:** CSS 不需要在规则之间插入换行符，但是换行确实可以使代码更容易阅读。

h1 标题现在将以蓝色显示（如图 3-11 所示）。其余的文本将继续进行默认的格式化。祝贺，你编写了自己的第一个 CSS 规则。

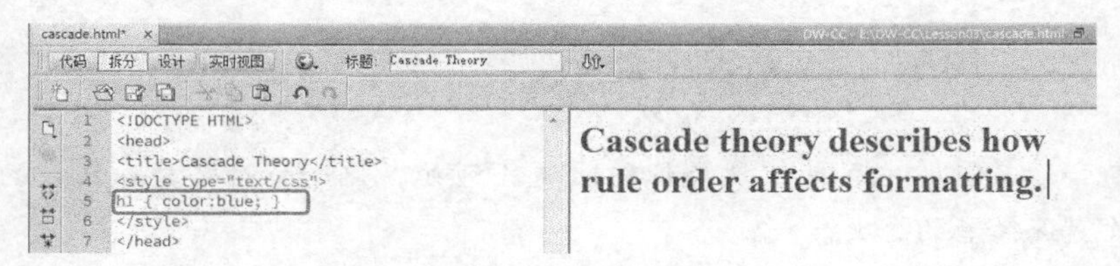

图3–11

> **注意：** 每个声明都必须以分号（;）结尾。如果遗漏了分号，该规则现在根本不会起作用，并且可能会破坏后面的规则。

5. 在“代码”视图中，在新的 CSS 规则末尾插入光标。然后按下 Return/Enter 键创建一个新行。

6. 输入“h1 { color:red; }”，并在“设计”视图窗口中单击，刷新显示的内容（如图 3-12 所示）。

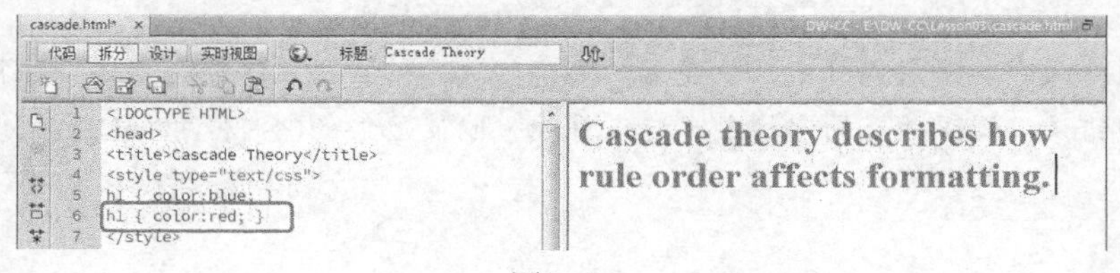

图3–12

h1 标题现在以红色显示。新规则的样式将被第一个规则所应用的格式化取代。要认识到两个规则是相同的，只不过它们应用的是不同的颜色：红色或蓝色。两个规则都想格式化相同的元素，但是只有一个会胜出。

显然，第二个规则会胜出。为什么？因为第二个规则是最后声明的规则，这使之成为最接近实际内容的规则。在 CSS 中，由一个规则应用的样式可以被后面声明的命令覆盖。

7. 选取 { color: blue; } 规则。
8. 选择“编辑” > “剪切”命令。
9. 把光标插入在 h1 { color: red; } 规则的末尾。
10. 选择“编辑” > “粘贴”命令。

这样就交换了规则的顺序。

11. 在“设计”视图窗口中单击，刷新预览显示（如图 3-13 所示）。

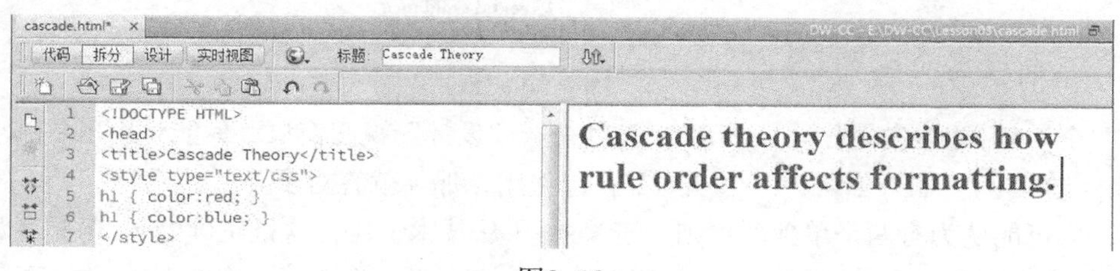

图3–13

标题现在以蓝色显示。

规则出现在标记内的**接近度**（proximity）和**顺序**（order）是决定如何应用 CSS 的强大因素。在尝试确定哪个 CSS 规则将胜出以及会应用哪种格式化时，浏览器通常会使用以下层级顺序，其中第 3 级是最强大的。

1. 浏览器默认设置。
2. 外部或嵌入式（在 <head> 区域中）样式表。如果两者都存在，在发生冲突时，最后声明的样式表将取代前面的条目。
3. 内联样式（在 HTML 元素内）。

3.6.2 继承理论

继承理论描述了一个规则怎样被一个或多个以前声明的规则所影响。继承可以影响同名的规则，以及格式化父元素或者彼此嵌套的元素的规则。

1. 从 Lesson03 文件夹中打开 inheritance.html。在“拆分”视图中，观察 HTML 代码（如图 3-14 所示）。

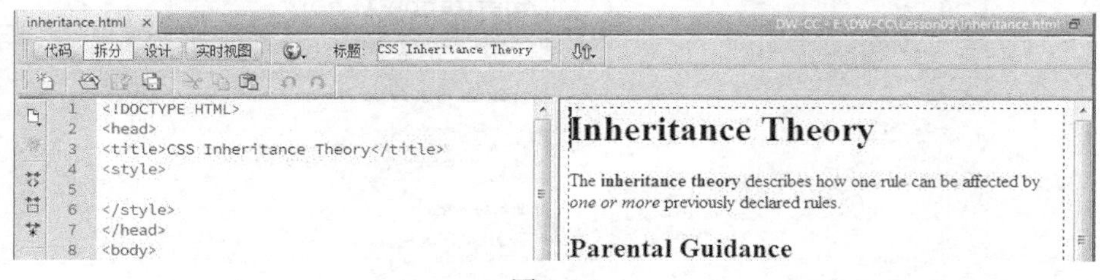

图3–14

Web 页面包含多个标题和段落元素，以及内部的粗体和斜体格式，它们都是 HTML 默认设置。该页面不包含 CSS 规则。

2. 把光标插入在 <style> 开始标签与 </style> 结束标签之间。

3. 输入“h1 { font-family: Arial; }”，并在“设计”视图窗口中单击，刷新显示的内容。

h1 标题将以 Arial 字体显示，其他内容仍将保持通过默认的样式进行格式化。

4. 在“代码”视图中，在 h1 规则末尾插入光标。然后按下 Enter/Return 键，创建一个新行。

5. 输入“h1 { color: blue; }”，并刷新“设计”视图显示的内容（如图 3-15 所示）。

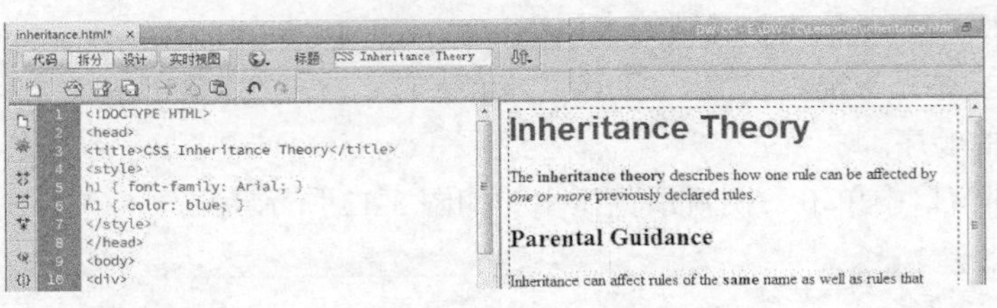

图3–15

现在，有两个 CSS 规则格式化 <h1> 元素。通过查看“设计”视图窗口，你能辨别出是哪个规则在格式化 <h1> 文本吗？如果你认为两个规则都在起作用，那你就答对了。

初看上去，你可能认为有两个单独的规则用于 <h1>（从技术上讲，这是正确的）。但是，如果更仔细地观察，将会看到第二个规则与第一个规则并不矛盾。它没有像在第一个练习中那样**重置**（reset）color 属性，它声明了另外一个新属性。换句话说，由于两个规则所做的事情不同，它们二者都会被 <h1> 元素执行或**继承**（inherit）。所有的 <h1> 元素都将被格式化为蓝色和 Arial 字体。

使用多个规则构建丰富的、精心设计的格式化效果的能力绝非一个错误或者不想要的结果，它是层叠样式表的最强大、最复杂的方面之一。

6. 在最后一个 h1 规则后面插入光标，并在代码中插入一个新行。

7. 输入“h2 { font-family: Arial; color: blue; }”，并在“设计”视图窗口中单击，刷新显示的内容。

h2 元素以 Arial 字体和蓝色显示。规则通常包含多个声明。

8. 在 h2 规则后面，输入以下代码（如图 3-16 所示）：

```
h3 { font-family: Arial; color: blue; }
p { font-family: Arial; color: blue; }
```

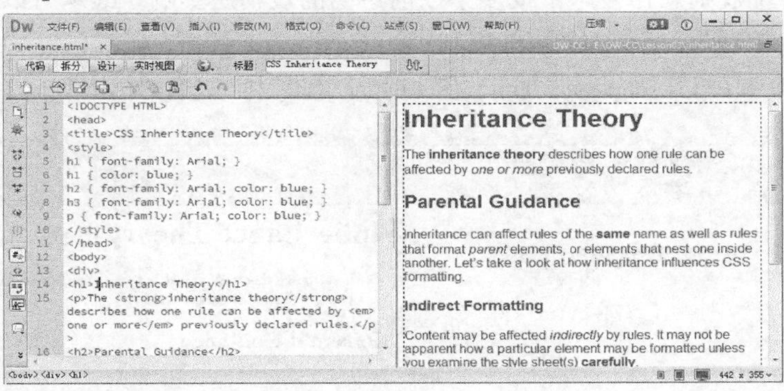

图3–16

9. 刷新“设计”视图窗口显示的内容。

所有的元素现在都显示相同的格式化效果——包括粗体和斜体文本，但是需要 5 个规则来格式化整个页面。尽管 CSS 格式要比旧式的基于 HTML 的方法高效得多，继承仍然可以帮助你优化编排样式的琐碎工作。例如，所有的规则都包括语句 {color: blue; font-family: Arial; }。只要有可能，就要避免像这样的冗余代码。它会增加每个 Web 页面的大小，从而会延长下载和处理时间。通过使用继承，有时可以利用单个规则产生相同的效果。一种方式是对父元素（而不是对元素本身）应用样式。

10. 在 <style> 区域中创建一个新行，并输入以下代码：

```
div { font-family: Arial; color: blue; }
```

这个规则对包含大量内容的元素应用样式。如果继承像描述的那样工作，应该能够删除一些 CSS 规则。

11. 选择并删除以下规则：h2 { font-family: Arial; color: blue; }。然后刷新“设计”视图窗口中显示的内容（如图 3-17 所示）。

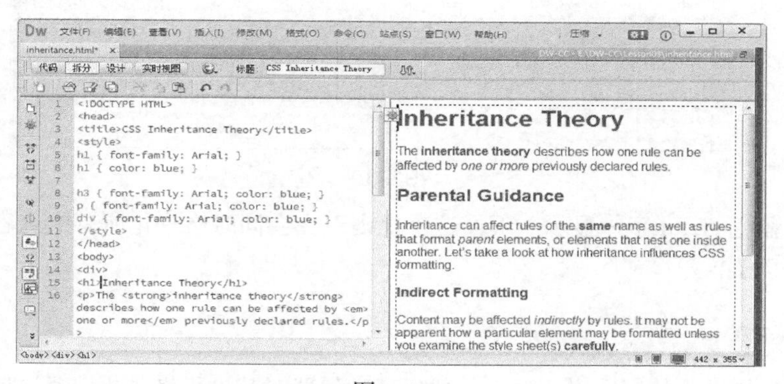

图3–17

h2 元素仍然被格式化为蓝色 Arial 字体。格式化 <div> 元素的规则甚至可以替代两个格式化 h1 的规则。

12. 选择并删除两个 h1 规则，然后刷新“设计”视图显示的内容。

样式没有变化。h1 和 h2 元素都包含在一个 <div> 元素内，并且正确地继承了格式化。但是页面中还包括一些位于 <div> 之外的内容。如果删除用于格式化 h3 和 p 元素的规则，你能猜猜会发生什么事情吗？

13. 选择并删除 h3 和 p 规则，然后刷新“设计”视图显示的内容（如图 3-18 所示）。

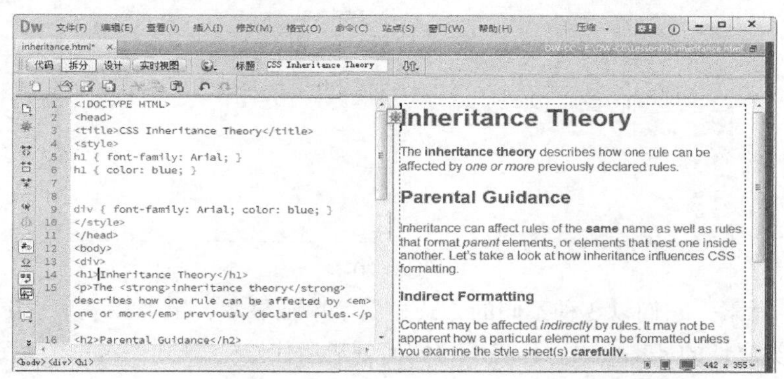

图3–18

<div> 中包含的内容仍会被格式化；位于 <div> 之外的文本将恢复为默认的格式化效果，这是继承的工作方式。可以简单地重建规则，格式化所有的 h3 和 p 元素，但是有一种替代方法。你可以找到一种方法仍然使用继承以相同的方式格式化页面上的所有内容吗？仔细查看 Web 页面的整个结构。

如果考虑使用 <body> 元素，那你就再次做出了正确的选择。<body> 元素包含 Web 页面上的所有可见内容，因此是它们的父元素。

14. 把规则选择器从 div 改为 body，然后刷新“设计”视图显示的内容（如图 3-19 所示）。

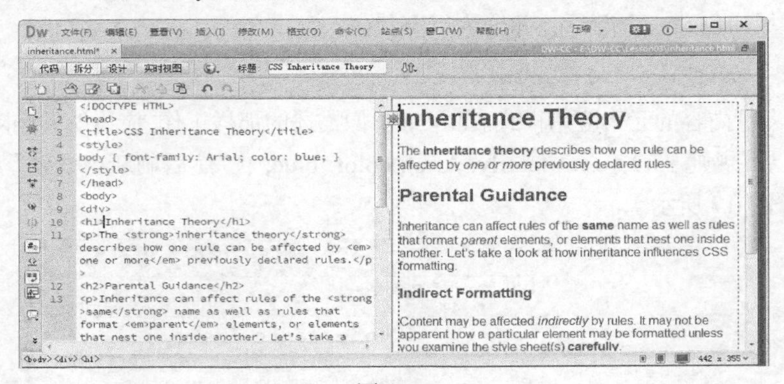

图3-19

所有的文本都以蓝色 Arial 字体显示。下面这个规则现在会同时格式化所有的内容：body { color: blue; font-family: Arial; }。

3.6.3 后代理论

后代理论描述了怎样基于特定元素相对于其他元素的位置对其进行格式化。通过使用多个元素（以及 ID 和类属性）构建选择器，可以对 Web 页面内的文本的特定实例进行格式化。让我们看看后代选择器如何影响 CSS 格式化。

1. 从 Lesson03 文件夹中打开 descendant.html。在“拆分”视图中，观察 HTML 内容的结构（如图 3-20 所示）。

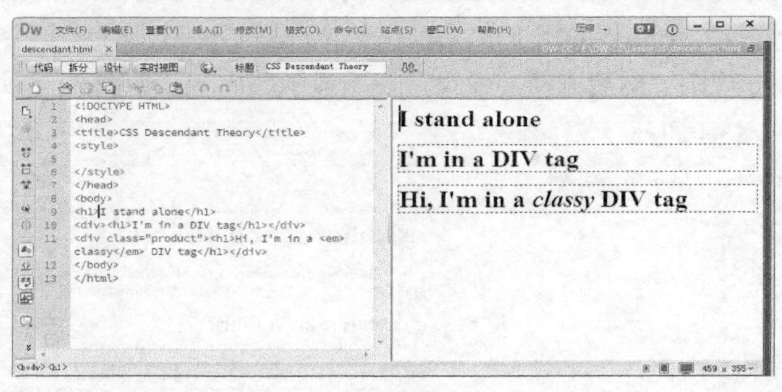

图3-20

页面包含 3 个 h1 元素，它们以 3 种不同的方式显示：单独显示、出现在一个 <div> 内以及出现在一个具有应用的类属性的 <div> 内。你将学习如何创建后代 CSS 规则，对每个元素应用样式。

2. 在“代码”视图中，在 <style> </style> 元素内插入光标。

3. 输入以下代码：h1 { font-family: Verdana; color: blue; }，然后刷新“设计”视图显示的内容（如图 3-21 所示）。

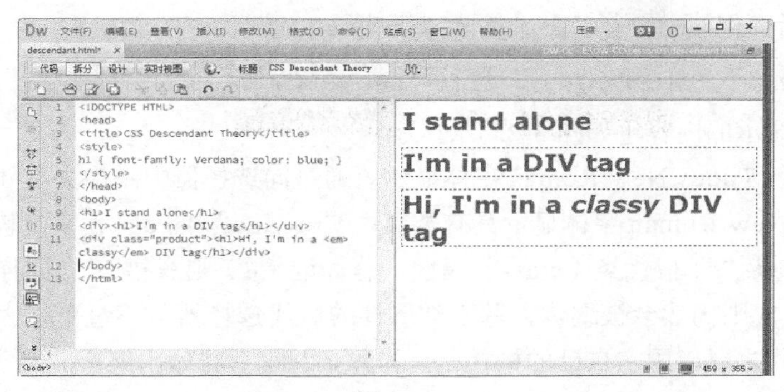

图3–21

全部 3 个 h1 元素都以蓝色 Verdana 字体显示。尽管其中两个标题出现在不同的独立 <div> 元素内，它们仍然会响应通过 h1 规则应用的 CSS 样式。换句话说，格式化 h1 元素的规则将格式化页面上的所有这类元素，而不管它们出现在什么位置。但是，通过使用后代选择器，可以使用真正的 HTML 结构将 CSS 样式应用于特定的关系。

4. 在新的 h1 规则后面创建一个新行，并输入以下代码：

```
div h1 { font-family: Impact; color: red; }
```

紧接在选择器中的 <div> 元素后面插入 h1，告诉浏览器格式化作为 <div> 元素的子元素或**后代**（descendant）的 h1 元素。记住，**子**（child）元素是包含或嵌套在另一个元素内的元素。

5. 刷新“设计”视图显示的内容（如图 3-22 所示）。

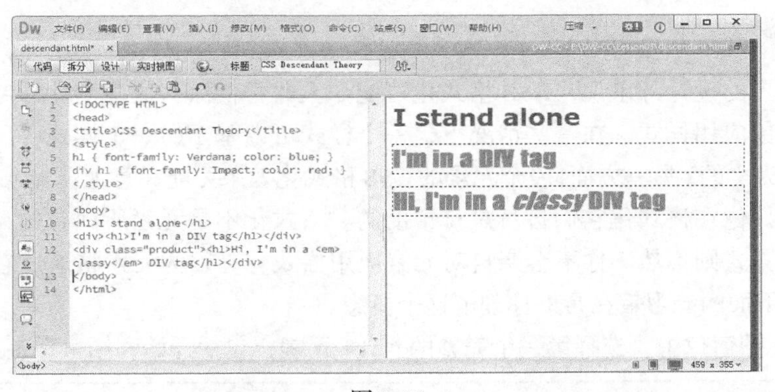

图3–22

出现在 <div> 元素内的两个标题现在将以红色 Impact 字体显示。通过把文本 div 添加到选择器中，告诉浏览器以红色 Impact 字体显示 div 元素内包含的所有 h1 元素。第一个规则仍然会被继承，但是在两个规则发生冲突的任何地方，后代规则将胜出，并代之以覆盖和应用它的格式化效果。

迄今为止，你学习了可以创建用于格式化特定 HTML 元素的 CSS 规则，以及可以把特定的 HTML 结构或关系作为目标的规则。在一些情况下，你可能希望对由现有规则格式化的元素应用独特的格式化。在这种情况下，可以使用 CSS 类或 ID 属性来区分元素。在我们的示例中，给最后一个 h1 分配一个类属性 product；通过向选择器名称中添加属性值，可以对特定的元素应用 CSS 样式。

6. 在 div h1 规则后面创建一个新行，并输入以下代码：

```
div.product h1 { font-family: "Times New Roman"; color: green; }
```

刷新“设计”视图显示的内容（如图 3-23 所示）。

最后一个标题以绿色 Times New Roman 字体显示。通过向选择器中添加文本 div.product，告诉浏览器以绿色 Times New Roman 字体显示具有类属性“product”的 div 元素内包含的所有 h1 元素。在 CSS 语法中，句点“.”指代类（class）属性，磅标记（#）则意指 ID。同样，在这里重要的是理解另外两个 CSS 规则仍然会被继承，基于类属性的后代选择器只不过更强大而已。它会覆盖任何冲突的命令，并代之以应用它自己的格式化。为什么？稍后将做出解释。

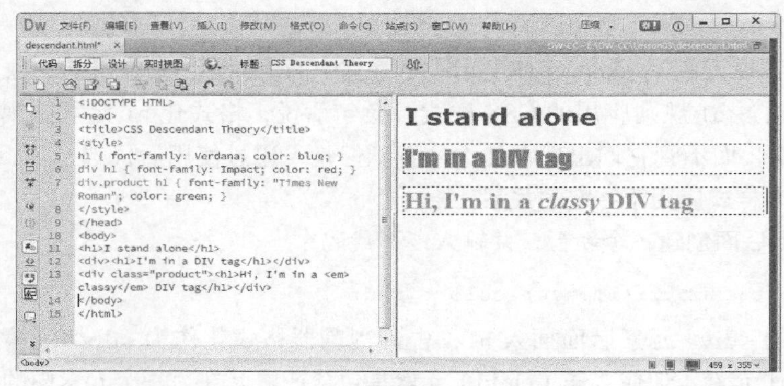

图3-23

理解后代选择器

对于来自印刷世界的设计师来说，CSS 格式化可能令人非常糊涂。这些设计师习惯于一次一个地直接对文本和对象应用样式。在一些情况下，一个样式可以基于另一个样式，反之亦然，但是这种关系是有意而为之的。另一方面，一个元素的 CSS 格式化效果可能无意地覆盖或影响另一个元素。把这看成是元素好像在格式化它们自身是有帮助的。格式化不是元素所固有的，但是对于整个页面和代码的组织方式则不然。你不会亲自对元素应用格式化，因为元素将通过它们在代码内的位置来采用样式。下面的练习旨在帮助你理解这个概念。

1. 在“代码”视图窗口中，选择第一个完整的 <h1> 元素，包括开始和结束标签。

> Dw **注意**：选择 HTML 元素的最佳方式是使用出现在文档窗口底部的标签选择器。

2. 选择“编辑”>“复制”命令。

3. 在代码 <h1>I'm in a DIV tag</h1> 的封闭标签后面插入光标。

4. 选择“编辑”>“粘贴”命令。然后在“设计”视图窗口中单击，刷新显示的内容（如图 3-24 所示）。

新的 <h1> 元素将出现，并被格式化为红色 Impact 字体，与相同 <div> 内的另一个 <h1> 元素完全一样。蓝色 Verdana 字体发生了什么？ CSS 自动把独立的 h1 元素与那些出现在 <div> 内的 h1 元素区分开。换句话说，不必应用特殊的格式或者更改现有的格式，只需把元素移入代码内的正确结构或位置即可，它自己会进行格式化。真酷，让我们再试试它！

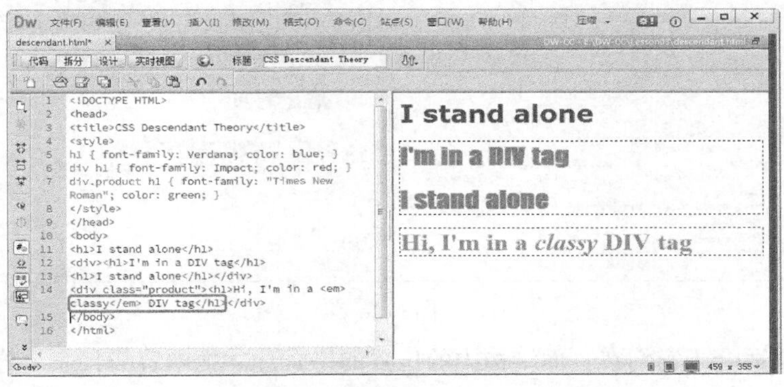

图3–24

5. 在“代码”视图窗口中，在 <h1>Hi, I'm in a <em>classy</em> DIV tag</h1> 的封闭标签后面插入光标。
6. 选择“编辑”>“粘贴”命令。然后在“设计”视图窗口中单击，刷新显示的内容（如图 3-25 所示）。

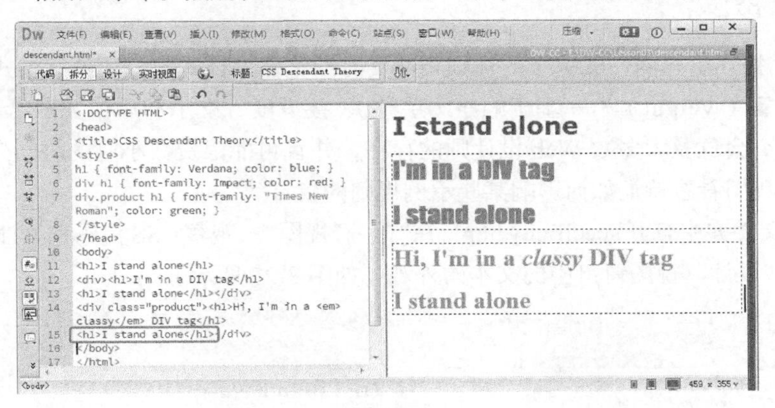

图3–25

<h1> 元素将出现，并被格式化为绿色 Times New Roman 字体。同样，粘贴的文本将与对 <div> 内的另一个 h1 元素应用的格式化匹配，并且将完全忽略它的原始样式。但是这种行为是可逆的。可以复制 div 元素内的文本，并把它粘贴到别的位置；它将自动采用适合于那个结构或位置的样式。

7. 选取代码 <h1>Hi, I'm in a <em>classy</em> DIV tag</h1>，并复制它。
8. 把该代码粘贴两次，一次是在第一个 h1 元素后面，另一次是把它粘贴进第二个 <div> 内。然后刷新“设计”视图显示的内容（如图 3-26 所示）。

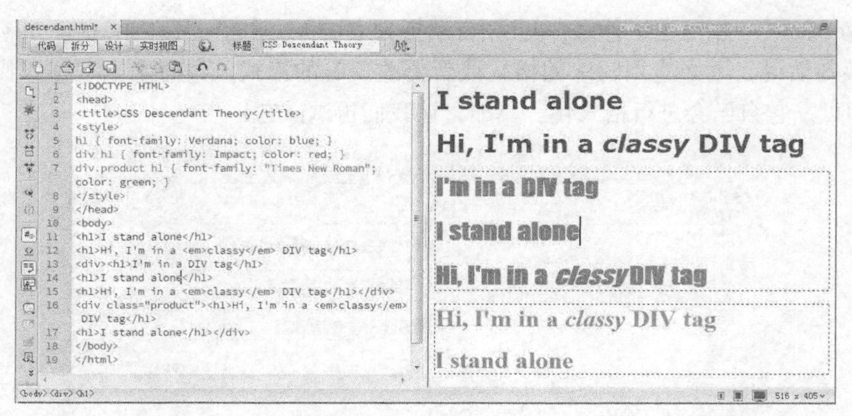

图3–26

h1 元素会自动采用适合于它们在页面结构内的位置的格式化。把内容与其表示分隔开的能力是现代 Web 设计中的一个重要概念。它允许非常自由地把内容从一个页面移到另一个页面中以及从一种结构移到另一个结构中，而不必担心残留的或潜藏的格式化的影响。由于格式化不会依附在元素自身上，它可以自由地即时适应周围的新环境。

3.6.4 特征理论

特征（specificity）描述了当两个或更多的规则相冲突时浏览器怎样确定应用什么格式化效果的概念。一些人称之为**权重**（weight）——基于顺序（层叠）、接近度、继承和后代关系给予某些规则更大的权重。这些冲突会危及大多数 Web 设计师的存在，并且可能浪费数小时的时间来查找 CSS 格式化中的错误。让我们看看特征如何影响某些示例规则的权重。

1. 从 Lesson03 文件夹中打开 specificity.html。在“拆分”视图中，观察 CSS 代码和 HTML 内容的结构。然后，注意“设计”视图窗口中的文本的外观（如图 3-27 所示）。

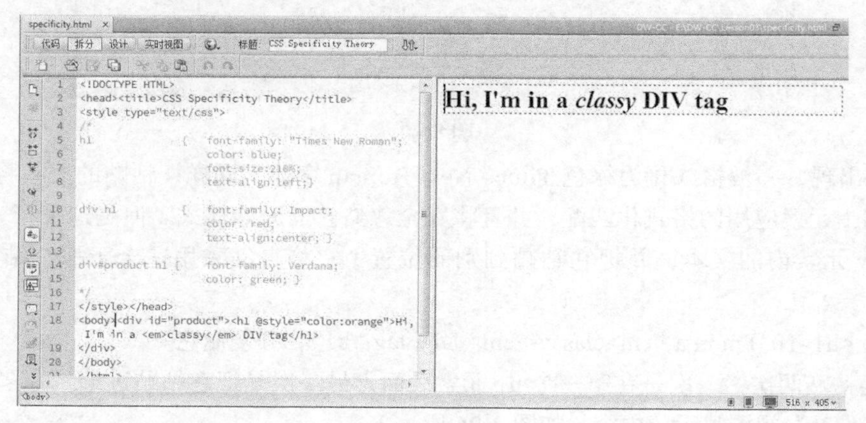

图3–27

文件的 <head> 区域具有 3 个 CSS 规则。它们全都可能潜在地格式化页面上的 <h1> 元素。但是，此刻，任何规则都没有实际地格式化文本。

你看到了 CSS 标记开始处的斜杠和星号（/*）吗？这种标记用于在 CSS 代码内创建注释，并且有效地禁用其后的规则。被注释掉的代码以类似的标记结尾，只不过要颠倒斜杠和星号的顺序（*/）。在 Dreamweaver 中，被注释掉的代码通常以灰色显示。

此外，还要注意 <h1> 元素的开始标签具有一个属性：@style。通过在单词的开头追加 @ 符号，禁用了这个内联 CSS 样式标记。只需删除 /* 和 */ 标记以及属性内的 @ 符号，即可重新启用所有的 CSS 样式。但是，在这样做之前，基于规则的语法和顺序，你能确定将对示例文本应用什么格式化吗？例如，文本将以 Times New Roman、Impact 还是 Verdana 字体显示？它是蓝色、红色、绿色还是橙色的？让我们看看。

2. 选取 CSS 代码开头的 /* 标记，并删除它。

3. 选取 CSS 代码末尾的 */ 标记，并删除它。

4. 选取 <h1> 属性内的 @ 符号，并删除它。

5. 在“设计”视图窗口中单击，刷新显示的内容。然后把文件另存为 myspecificity.html（如图 3-28 所示）。

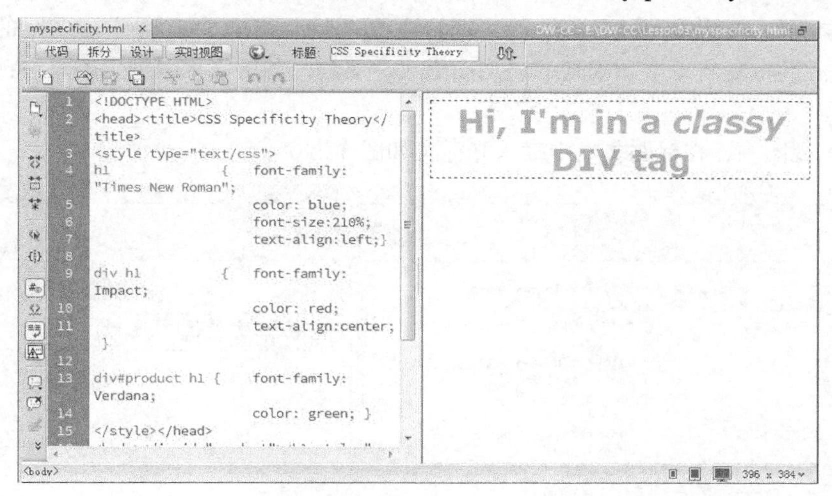

图3–28

你认为文本将被所有的规则格式化吗？如果是这样，那你就答对了，并将转到类的头部。事实上，每个规则都会影响最终的格式化的某个方面。当两个或更多的规则发生冲突时，特征可以详细说明哪个规则或者规则的哪个部分将胜出。

例如，内联样式通常会胜过由其他方式应用的格式化，但是内联样式属性只会给这段文本提供最终的颜色。div#product 规则是下一个最具体的规则，并提供最终的字体系列。div h1 规则然后提供文本对齐，h1 规则提供字体大小。如这个文件所演示的，CSS 规则通常不会单独工作。它们可能一次对多个 HTML 元素编排样式，并且可能彼此覆盖或继承样式。

这里描述的每种理论都对如何在整个 Web 页面中以及跨站点应用 CSS 样式起着各自的作用。在加载样式表时，浏览器将使用以下层级（第 4 级是最具体的）来确定如何应用样式，尤其是当规则相冲突时：

1. 层叠

2. 继承

3. 后代结构

4. 特征

当然，如果在具有数十种乃到上百种规则的页面上存在 CSS 冲突，对于这种情况，即使知道这种层级也不会有太大的帮助。在这些情况下，Dreamweaver 利用一个名为“代码浏览器”的奇妙特性伸出了援手。

3.6.5 代码浏览器

“代码浏览器”[1] 是一个 Dreamweaver 编辑工具，允许即时检查 HTML 元素并访问其基于 CSS 的格式化。当激活时，它将显示在格式化元素时具有某种作用的所有嵌入的和外部链接的 CSS，并将按它们的层叠应用和特征的顺序列出它们。“代码浏览器”可以同时在“代码”视图和“设计”视图中工作。

1. 如果必要，可以打开在上一个练习中修改过的 myspecificity.html。在“拆分”视图中，观察 CSS 代码和 HTML 内容的结构。

尽管这个文件本质上很简单，但它具有 3 个可能格式化<h1>元素的 CSS 规则。在实际的 Web 页面中，样式冲突的可能性将随着每个新规则的添加而增大。但是，利用“代码浏览器”，查明这类问题将变得轻而易举。

2. 在“设计”视图中，在标题文本中插入光标（如图 3-29 所示）。

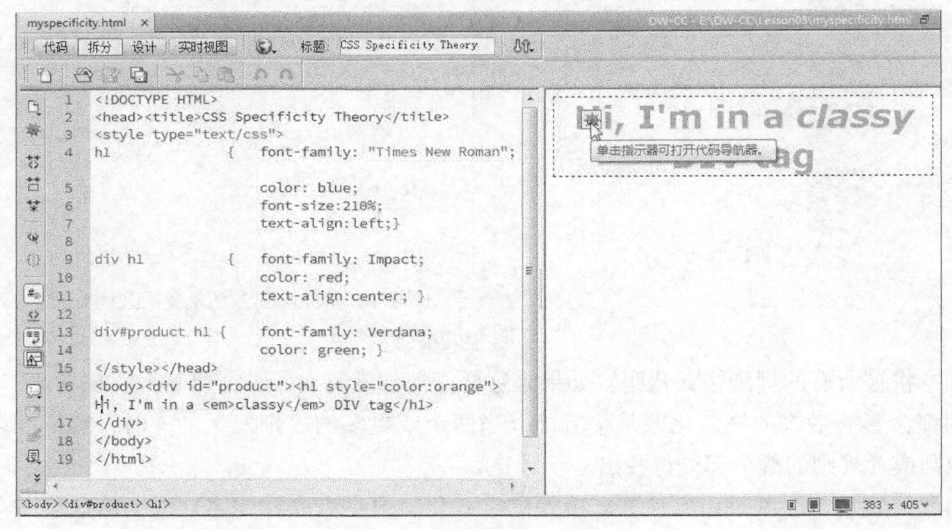

图3-29

“代码浏览器”（ ）图标可以提供对“代码浏览器”的即时访问。

3. 单击“代码浏览器”图标，或者按下 Ctrl+Alt+N/Cmd+Option+N 组合键。

---

1 在用于 Windows 的 Dreamweaver CC 的中文版中，有些地方使用“代码浏览器”，而另外一些地方则使用“代码导航器”，为统一起见，本书都使用“代码浏览器”。——译者注

> **注意：**也可以右击元素并从上下文菜单中选择“代码浏览器”或者选择“查看”>“代码浏览器”命令，来访问“代码浏览器”。

一个小窗口将显示应用于这个标题的3个CSS规则的列表（如图3-30所示）。如果把光标定位在每个规则上，Dreamweaver将显示格式化的任何属性以及它们的值。遗憾的是，它不会显示通过内联样式应用的样式，因此必须在大脑中计算内联样式的影响，否则，列表中的规则序列将指示它们的层叠顺序和它们的特征。当规则相冲突时，列表中越往下面的规则将覆盖更靠近列表上面的规则。记住，元素可能继承一个或多个规则的样式，默认样式（未被覆盖）仍然可能在最终的表示中起作用。“代码浏览器”不会显示哪些（如果有的话）默认的样式特征可能是有效的。

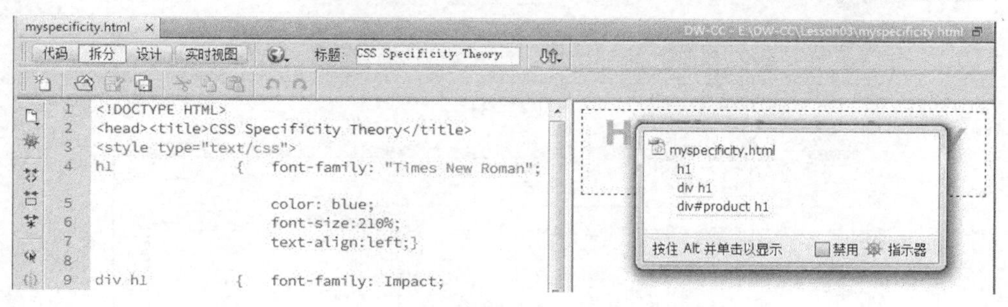

图3-30

> **注意：**“代码浏览器”不会显示内联CSS规则。由于大多数CSS样式都不会以这种方式应用，因此它不是一个多大的限制，但是在处理页面时，仍然应该知道这个盲点。

div#product h1规则出现在“代码浏览器”窗口的底部，指示它的规范是对这个元素编排样式的最强大的规则。但是，有许多因素可以影响哪个规则可能胜出。有时，只是样式表中声明规则的顺序（层叠）就决定了实际上应用的是哪个规则。如前所述，改变规则的顺序通常可能会影响规则的工作方式。下面是一个简单的练习，可以执行它来确定某个规则是否由于层叠或特征而胜出。

4. 在“代码”视图窗口中，选取整个div#product h1规则，并选择“编辑”>“剪切”命令。

5. 在h1规则前面插入光标。

6. 选择“编辑”>“粘贴”命令，如果必要，可以按下Enter/Return键，插入一个换行符。

7. 在“设计”视图窗口中单击，刷新显示的内容（如图3-31所示）。

样式没有变化。

8. 在“代码”视图中，在<h1>元素的文本中插入光标，并且激活“代码浏览器”（如图3-32所示）。

尽管规则移到了样式表的顶部，规则的显示仍然没有改变，因为div#product h1规则具有比另外两个规则更高的特征。在这种情况下，无论把它放在代码中的什么位置，它都将胜出，但是可以通过修改选择器轻松地改变它的特征。

9. 在“代码”视图中，在选择器中选取并删除#product ID标记。

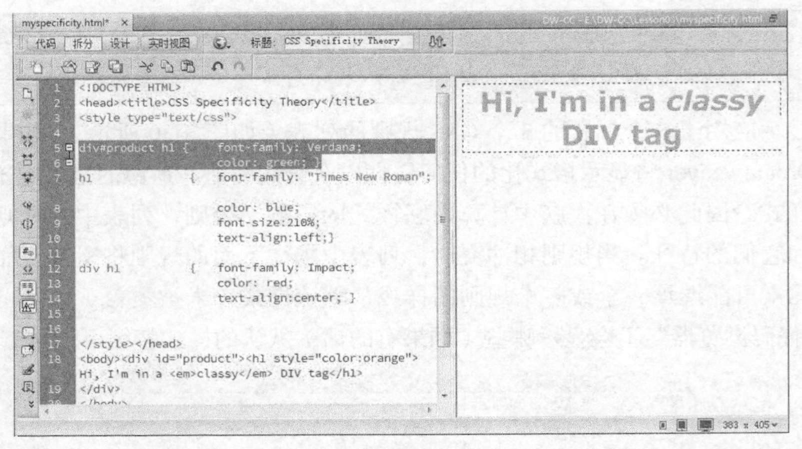

图3-31

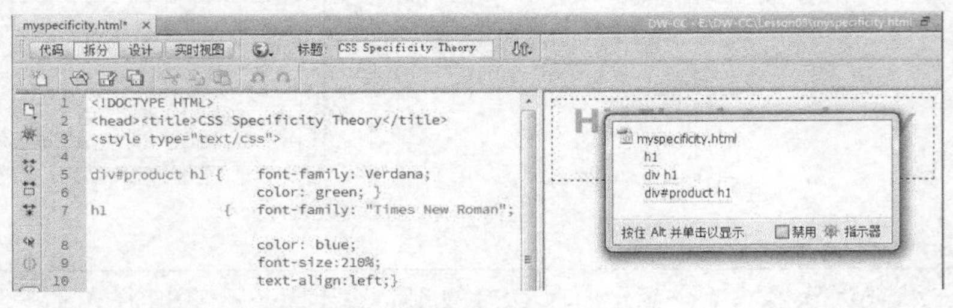

图3-32

10. 在“设计”视图窗口中单击，刷新显示的内容。

你注意到样式如何变化吗？

11. 在标题中插入光标，并激活“代码浏览器”（如图 3-33 所示）。

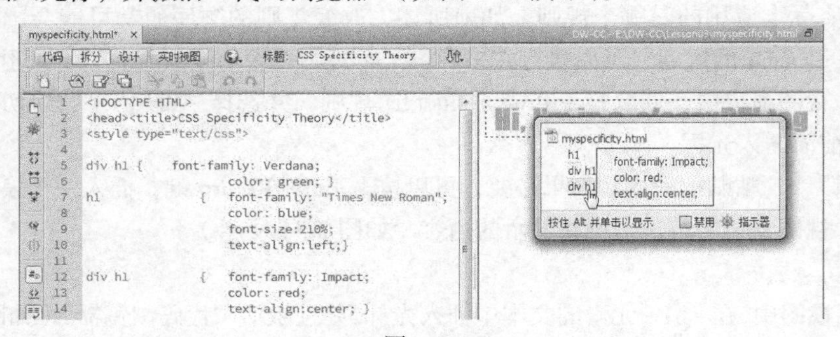

图3-33

通过从选择器中删除 ID 标记，该规则现在具有与另一个 div h1 规则相等的值，但是由于这个规则是代码中声明的最后一个规则，它现在将由于其层叠位置而获得优先级。它开始变得更有意义吗？不要担心，它将随着时间的推移而做到这一点。到那时，只需记住在“代码浏览器”中最后出现的规则将对任何特定的元素具有最大的影响。

3.6.6 CSS 设计器

代码浏览器是在 Dreamweaver CS4 中引入的，对于查找 CSS 格式化中的错误极有帮助。但是，在 Dreamweaver 信徒心中,深信有一个新工具可能取代它。CSS 设计器提供了代码浏览器的所有功能，并且还有两个额外的好处。

像代码浏览器一样，CSS 设计器可以显示所有与任何选择的元素相关的规则，并且允许查看受影响的所有属性，但是还具有几个关键的优点。利用代码浏览器，仍然必须访问和评估各个规则的效果，以确定实际的最终效果。由于一些元素可能受一些或更多的规则影响，甚至对于经验丰富的 Web 程序员，这可能都是一项令人望而却步的任务。“CSS 设计器”完全消除了这种压力，它提供了一个单独的“属性”面板，可以为你计算最终的 CSS 显示内容。它还会显示内联样式的效果，而这是“代码浏览器”完全忽略的。

如果这个特性自身还不够强大，“CSS 设计器”还允许逐一访问 CSS 规则，比以往更高效地编辑现有的属性或者添加新属性。它是对软件的极好的补充。

1. 打开 specificity.html，并把文件另存为 myspecificity2.html。
2. 如果必要，可以切换到“拆分”视图。
3. 在 <style> 区域中，删除 /* 和 */ 标记，从 CSS 代码中删除注释。然后从内联样式属性中删除 @ 符号，并保存文件。

通过删除注释标记，CSS 样式将再次变成活动的。

4. 如果必要，可以选择“窗口”>“CSS 设计器”命令（如图 3-34 所示）。

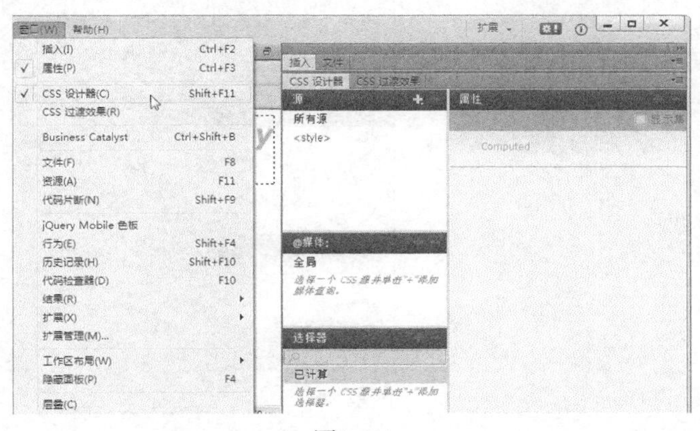

图3-34

“CSS 设计器”将出现。它将显示 4 个窗格 :“源”、“@ 媒体”、“选择器”和“属性”。此刻，窗口大部分都是空白的。

5. 在单词“Hi”中插入光标。

“CSS 设计器”的“选择器”窗格将显示应用于 h1 元素或者由其继承的规则和属性的列表。

6. 在“CSS 设计器”的“选择器”窗格中，单击 h1 规则（如图 3-35 所示）。

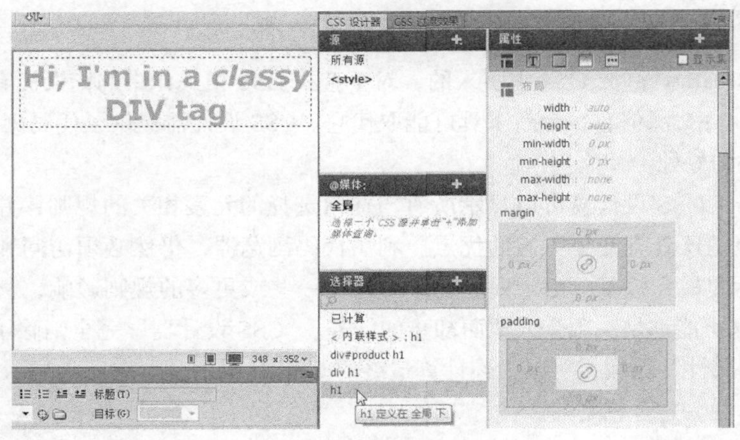

图3-35

“CSS 设计器”的“属性”窗格显示了可以为这个元素编排样式的所有属性的列表。这可能令人混淆并且效率低下。首先，将很难确定实际分配的属性。幸运的是，可以限制只显示那些应用的属性。

7. 在“属性”窗格顶部，单击“显示集”选项以启用它（如图 3-36 所示）。

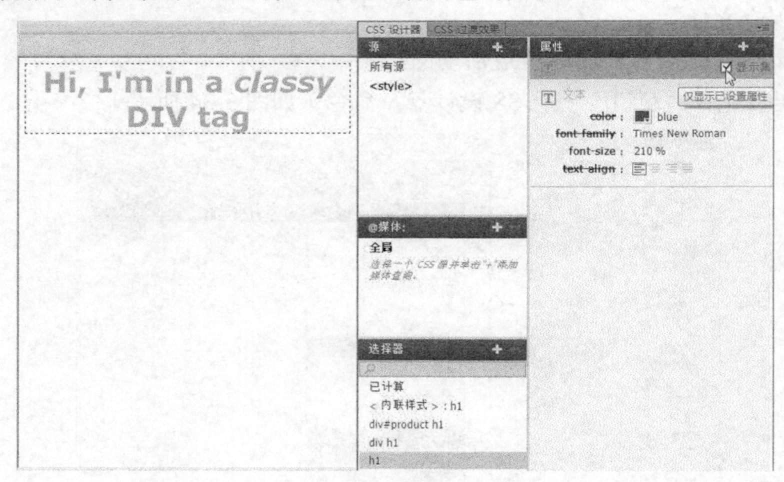

图3-36

> Dw | **注意**：“显示集”选项默认可能是选中的。

当启用“显示集”选项时，“属性”窗格将只会显示在 CSS 规则中设置过并且会影响所选元素的项目。

8. 选择出现在“CSS 设计器”的“选择器”窗格中的每个规则，并且观察由每个规则设置的属性。要查看所有规则结合起来的预期结果，可以选择“已计算”选项（如图 3-37 所示）。

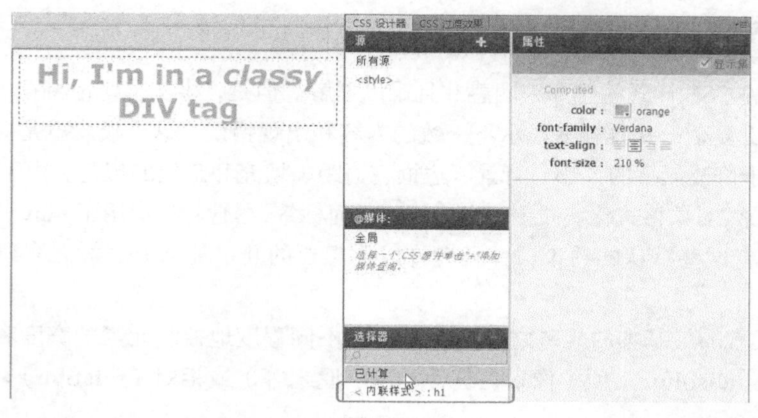

图3–37

> **Dw** **注意：**仅当把光标插入在页面上编排过样式的元素中时，“已计算”选项才会显示编排样式的结果，否则，它将显示空白内容。

“已计算”选项将分析所有的CSS规则，并生成应该会由任何浏览器或HTML阅读器显示的属性列表。通过显示相关CSS规则的列表然后计算CSS应该如何呈现，“CSS设计器”能够比“代码浏览器”做得更好。但是，它不会止步不前。虽然“代码浏览器”允许选择一个规则以在“代码”视图中编辑它，但是“CSS设计器”允许直接在面板自身内编辑CSS属性。并且，最好的是，它甚至还可以计算内联样式。

9. 在“CSS设计器”的“选择器”窗格中选择“已计算”选项。在“属性”窗格中，把color:属性从orange改为purple。然后按下Enter/Return键，完成所做的更改。

文本将以紫色显示。你可能没有注意到的是，改变实际上直接输入在影响样式的规则中。在这种情况下，颜色是由内联样式应用的。

10. 在“代码”视图中，观察内联样式属性（如图3-38所示）。

可以看到，颜色是在内联代码中改变的。“CSS设计器”就像是“代码浏览器”和老式的“CSS样式”面板的组合。在下面的练习中，随着对层叠样式表了解更多，将有机会试验“CSS设计器”的各项功能。

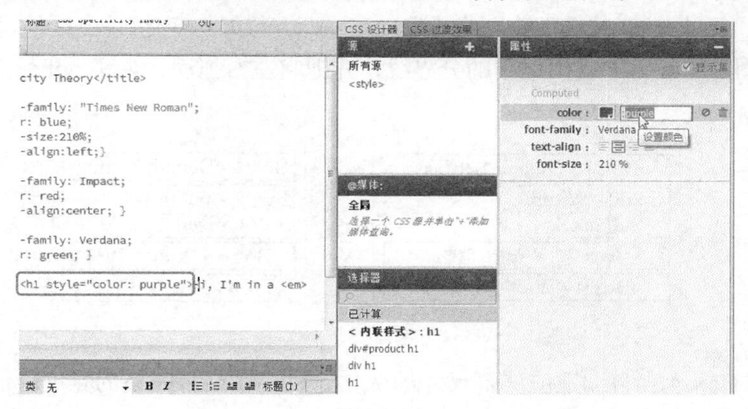

图3–38

3.7 格式化对象

你可能认为文本的CSS样式编排令人困惑并且难以理解。但是，事实上，你将在本课程中探索的最后一个概念甚至更复杂，并且容易显示不一致的内容和出现错误，这个概念就是对象格式化。把对象格式化视作用于修改元素的大小、背景、边框、边距、填充和定位的规范。由于CSS可以重新定义任何HTML元素，对象格式化实质上可以应用于任何标签，尽管它最常用于<div>元素及其他容器。CSS可以控制所有这些默认的约束，并且允许以你想要的几乎任何方式对元素调整大小、编排样式以及进行定位。

大小是HTML元素的最基本的规范之一。CSS可以不同程度地控制元素的宽度和高度。所有的规范都可以用**绝对**（absolute）项（像素、英寸、磅、厘米等）或**相对**（relative）项（百分比、em、ex）表达出来。

3.7.1 宽度

设置HTML元素的宽度很简单。让我们看看一个示例。

从Lesson03文件夹中打开width.html，并把该文件另存为mywidth.html。

在“拆分”视图中查看页面，并且观察CSS代码和HTML结构。

默认情况下，块元素将占据100%的浏览器窗口宽度。

1. 固定宽度

该文件包含4个<div>元素，并且应用了一些基本的CSS格式化，但是没有width或height规范。每个<div>元素都分配了一个自定义的类，因此可以单独格式化它们。作为块元素，它们目前默认占据100%的浏览器窗口宽度。CSS允许应用绝对（固定）或相对测量法来控制宽度。

如果必要，可以打开mywidth.html。在“代码”视图中，把光标插入在<style>区域中的现有div规则后面。

输入“.box2 { width: 200px; }”，并按下Enter/Return键，创建一个新行。然后保存文件。

如果必要，可以刷新“设计”视图显示的内容。

Box 2现在只占据200像素的宽度，另外几个方框没有变化。通过使用像素，把Box 2的宽度设置为绝对或**固定**（fixed）尺寸，这意味着无论浏览器窗口或屏幕方位如何变化，该方框的宽度都将保持不变。

选取“代码”视图与“设计”视图之间的分界线，并把它左右拖动，观察<div>元素如何反应（如图3-39所示）。

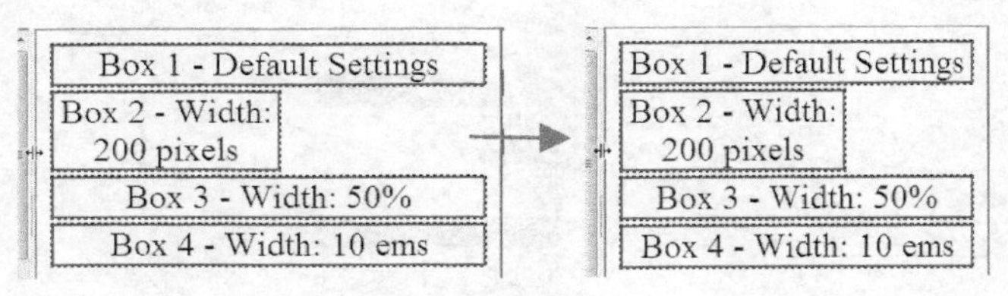

图3-39

Box 1、Box 3和Box 4会自动适应屏幕尺寸的变化，以自动显示完整的宽度。但是，不管屏幕具有什么尺寸，Box 2都将保持200像素的宽度。固定宽度在整个Internet上都非常流行，但是，在某些情况下，可能希望元素随着屏幕尺寸的改变而改变。CSS 提供了 3 种方法，使用相对测量法(em、ex 和百分比（%）) 设置宽度。

2. 相对宽度

由百分比（%）设置的相对测量法最容易定义和理解。宽度是相对于屏幕的尺寸设置的：100% 是屏幕的整个宽度，50% 则只有它的一半，依此类推。如果屏幕或浏览器窗口改变了，元素的宽度也会改变。基于百分比的设计很流行，因为它们可以即时适应不同的显示器和设备。但是，它们也有问题，因为显著改变页面布局的宽度也可能会给内容造成严重的混乱。为了响应这些问题，创建了新属性 min-width 和 max-width，用以限制允许的更改幅度。

如果必要，可以打开 mywidth.html。在 .box2 规则后面插入光标，并输入以下代码：.box3 { width:50%; }。

按下 Enter/Return 键，创建一个新行，并保存文件。然后刷新"设计"视图显示的内容(如图 3-40 所示)。

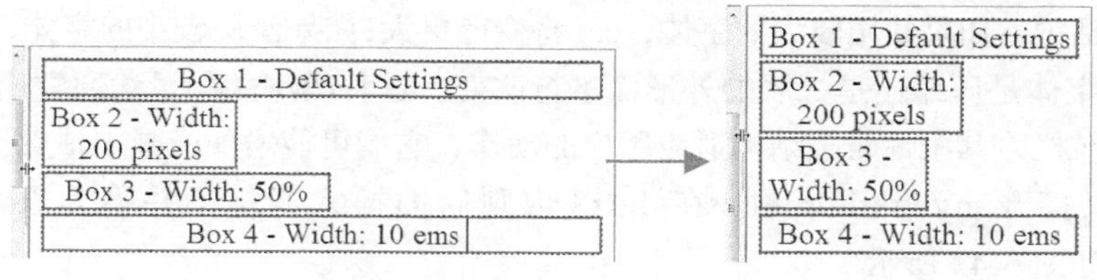

图3-40

Box 3 以 50% 的屏幕宽度显示，它将自动适应对屏幕尺寸的任何改变。

选取"代码"视图与"设计"视图之间的分界线并左右拖动，观察 <div> 元素如何反应。

Box 2 保持固定宽度。Box 3 将会按比例缩放，无论屏幕尺寸怎样变化，它都会继续占据 50% 的屏幕宽度，即使文本在元素内多次换行也会如此。注意当 <div> 收缩到最大的单词的大小时，它最终将如何停止按比例缩放。鉴于此，许多设计师摒弃了使用基于百分比的设置。尽管他们喜欢 <div> 按比例缩放以适应浏览器窗口，但是当它对内容产生了不利的影响时，他们更喜欢它停止按比例缩放，而这就是创建 min-width 属性的原因。

把光标插入在"width:50%;"标记后面，然后输入"min-width: 175px;"，并保存文件(如图 3-41 所示)。

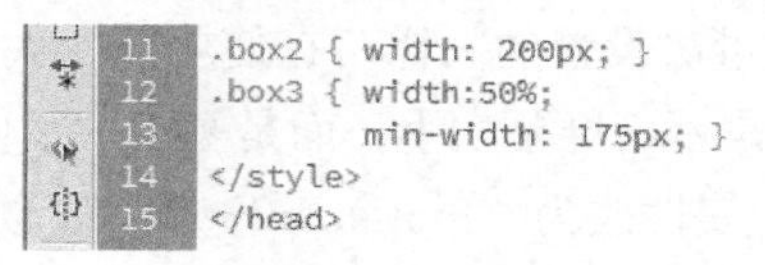

图3-41

通过设置 min-width，可以阻止元素缩放到 175 像素以下。注意 min-width 规范如何使用"像素"单位。当把 width 设置与 min-width 或 max-width 属性相结合时，建议使用不同的测量单位。

刷新"设计"视图显示的内容，左右拖动"代码"视图与"设计"视图之间的分界线，并且观察 <div> 元素如何反应。

Box 3 以 50% 的屏幕宽度显示，直至把它缩放到 175 像素以下。当屏幕变得比 175 像素更窄时，Box 3 将停止缩放，并且保持 175 像素的固定宽度。还可以添加属性 max-width，限制缩放的上限。在 min-width 属性后面插入光标，输入"max-width:500px;"，并保存文件（如图 3-42 所示）。

```
11  .box2 { width: 200px; }
12  .box3 { width:50%;
13          min-width: 175px;
14          max-width:500px; }
15  </style>
16  </head>
```

图3-42

> **注意**：可以把 CSS 声明输入在一行上，或者在属性之间插入换行符。不管采用哪种方式，样式的工作方式都相同。

刷新“设计”视图显示的内容，并左右拖动“代码”视图与“设计”视图之间的分界线。

Box 3 将以 50% 的屏幕宽度显示，它在 175 ～ 500 像素之间，当到达指定的尺寸时，它将停止缩放。

3. 它全都是相对的吗

em 和 ex 是固定系统与相对系统之间的混合测量法。印刷设计师更熟悉 em，它基于使用的字形和字体的大小。换句话说，如果使用较大的字体，em 将变得更大；如果使用较小的字体，em 将变得更小。它甚至可以基于字体是压缩还是扩展的外形而进行改变。这种类型的测量法通常用于构建基于文本的成分，比如导航栏，其中你希望结构适应用户的动作，它们可能增加或减小站点上的字体大小。

如果必要，可以打开 mywidth.html。在 .box3 规则后面插入光标，并输入以下代码：.box4 { width:10em; }（如图 3-43 所示）。

```
11  .box2 { width: 200px; }
12  .box3 { width:50%;
13          min-width: 175px;
14          max-width:500px; }
15  .box4 { width:10em; }
16  </style>
17  </head>
```

图3-43

按下 Enter/Return 键，创建一个新行，并保存文件。然后刷新“设计”视图显示的内容。

Box 4 将以 10 em 的宽度显示。尽管 em 被认为是一种相对测量法，但是它们的工作方式不同于以百分比设置的宽度。

左右拖动“代码”视图与“设计”视图之间的分界线，并且观察 <div> 元素如何反应。

Box 4 在显示时就像它是利用固定的测量法设置的一样：在使屏幕变大和变小时，方框 不会改变大小。这是由于测量法的“相对”性不是基于屏幕大小，而是基于“字体”大小。

在 body 规则中，把“font-size: 200%;”属性改为“font-size: 300%;”，并且刷新“设计”视图显示的内容（如图 3-44 所示）。

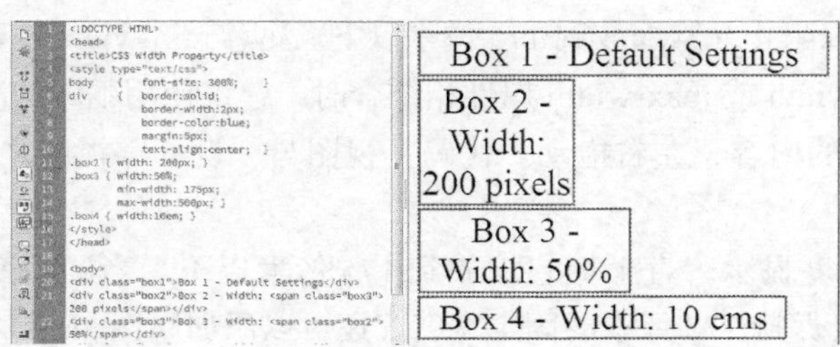

图3-44

以 em 指定的宽度允许页面元素适应用户对增加或减小字体大小的请求。

文本将放大。在 Box 2 和 Box 3 中，文本必须换行，以便能够放入每个 <div> 内。注意 Box 4 如何放大以容纳更大的文本。通过使用 em 测量法，可以构建自动缩放的容器，以适应用户通过浏览器控制选项对更大字体的请求。

但是，在使用 em 时有一个小小的警告。这种测量法基于最近的父元素的基本字体大小，这意味着每当元素的 HTML 结构内的字体大小改变时，它也可能会改变。em 的大小也可能会受到继承的影响。

在 div 规则中，添加以下标记：font-size:20px;。

保存文件，并且刷新“设计”视图显示的内容（如图 3-45 所示）。

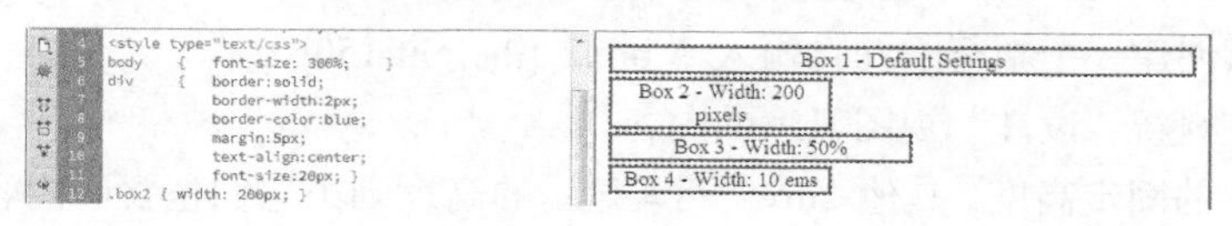

图3–45

所有 <div> 元素中的文本都显示为 20 像素的大小，但是只有 Box 4 会改变宽度，基于 20 像素反映 10 em 的大小。如果你想确保某个宽度，可以直接在该元素上设置 font-size。建议这样做，即使元素根本不包含任何文本。

在 .box4 规则中，添加“font-size:40px;”标记（如图 3-46 所示）。

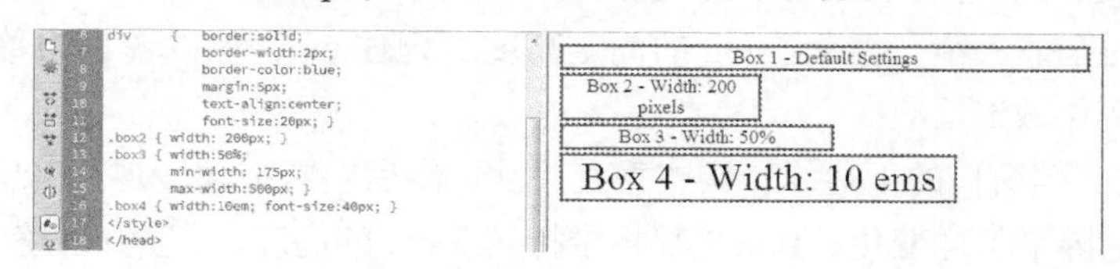

图3–46

Box 4 会放大，以适应更大的新字体规范。如果该规范使用固定的单位，宽度应该不会对其他元素中的其他变化做出反应。

3.7.2 高度

高度设置不像宽度那样频繁指定。这主要是由于元素或组件的宽度是由其内容以及可能分配的任何边距和填充确定的。在某些情况下，设置固定的高度可能导致不想要的结果，比如截短或裁剪文本或图片。大多数设计师实际上允许元素的高度随着其包含的内容的尺寸和类型自由地波动。有时，你可能想直接设置元素的高度，在这种情况下，可以使用固定或相对测量法。

理想情况下，应该能够以与宽度相同的方式指定所有元素的高度。不幸的是，真实情况并不是如此简单。过去对于 height 属性的浏览器支持并不一致，也不可靠。今天，如果引入绝对测量法，比如像素、磅、英寸等，现代浏览器应该不会表现出有多惊奇。利用 em 或 ex 的相对测量法可能也不会感到失望。但是百分比测量法需要一个小小的解决办法，以使大多数浏览器支持它们。

1. 从 Lesson03 文件夹中打开 height.html，并将该文件另存为 myheight.html。在“拆分”视图中显示文件，并且观察 CSS 和 HTML 代码（如图 3-47 所示）。

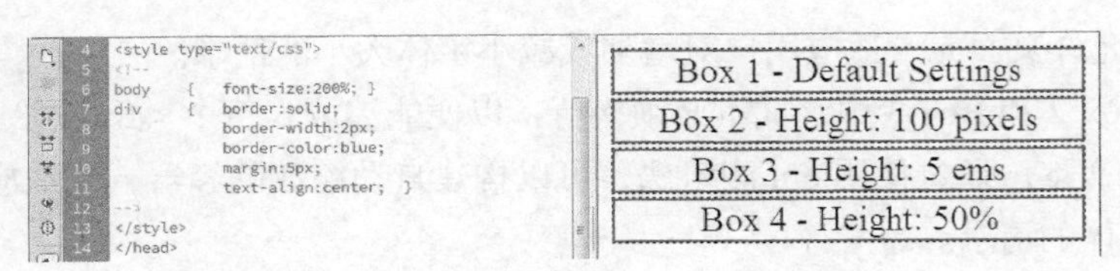

图3-47

该文件包含 4 个 <div> 元素，它们具有宽度规范，但是没有高度规范。以固定的单位设置高度是最容易预测的。

2. 在“代码”视图中，在 <style> 区域中的 div 规则后面插入光标。

3. 如果必要，可以创建一个新行，并且输入“.box2 { height:150px; }”。

4. 保存文件，并且刷新“设计”视图显示的内容。

Box 2 显示了 150px 的固定高度，其他 <div> 元素显示的高度则由它们包含的内容数量和尺寸确定。这些元素的高度不受浏览器窗口大小的影响。

5. 上下拖动软件或文档窗口的下边缘，调整垂直尺寸，然后左右拖动，观察 <div> 元素如何反应。

所有的元素都不会对窗口大小的改变做出反应。你将得到与使用 em 测量法相似的响应。

6. 在 .box2 规则后面插入光标。如果必要，可以创建一个新行，并输入“.box3 { height:5em; }”。

7. 保存文件，并刷新“设计”视图显示的内容。

Box 3 将基于默认的字体大小，显示 5 em 的固定高度。记住 em，像以像素为单位的测量法一样，不会对屏幕尺寸的变化做出反应。

8. 上下拖动软件或文档窗口的下边缘，调整垂直尺寸，然后左右拖动，观察 <div> 元素如何反应。

像 Box 2 一样，无论屏幕怎样变化，Box 3 都将维持其 5 em 的高度。但是 em 确实会对字体大小的变化做出反应。

9. 在 body 规则中，把“font-size: 200%;”属性改为“font-size: 300%;”。然后保存文件，并刷新“设计”视图显示的内容（如图 3-48 所示）。

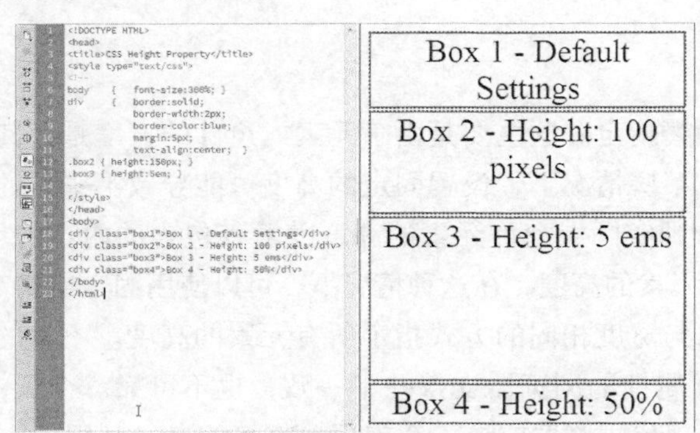

图3-48

Box 3 将扩展其高度，以反映基本字体大小的变化。与宽度一样，无论何时在元素的结构内改变了 font-size，以 em 设置的高度也会发生变化。

它是相对的吗

迄今为止，一切都好。height 属性似乎非常直观，并且在前 3 个元素中像期望的那样工作。但是，Box 将引发所有的麻烦。让我们把它设置为 50% 的高度，并且看看会发生什么事情。

1. 如果必要，可以打开 mywidth.html。在 body 规则中，把“font-size: 300%;”属性改为“font-size: 100%;”，然后保存文件，并刷新“设计”视图显示的内容。

方框将调整大小，以适应新的基本字体大小。

2. 把光标插入在 .box3 规则后面。如果必要，可以创建一个新行，并输入“.box4 { height:50%; }”。
3. 保存文件，并且刷新“设计”视图显示的内容。

什么也没有改变。你可能期望它占据一半的屏幕高度，对吗？但是，在“设计”视图窗口中可以看到，它并不比 Box 1 高。问题出在哪里？

大多数浏览器（甚至包括 Dreamweaver 的“设计”视图窗口）都会忽略以百分比设置的高度，其原因涉及浏览器计算页面窗口大小的方式。基本上，浏览器会计算宽度，但是不会计算高度。这种行为不会影响固定的测量法或者以 em 或 ex 设置的测量法，但它会把百分比弄得一团糟。为了使 Dreamweaver 和大多数浏览器支持基于百分比的高度，可以使用一个简单的 CSS 技巧。

4. 在 CSS <style> 区域的开始处插入光标。
5. 输入“html, body { height: 100%; }”，并保存文件。

给 Web 页面的 root 和 body 元素添加 height 属性可以给浏览器提供以下信息：它需要计算以百分比设置的任何高度。但是，为了查看结果，必须使用“实时”视图，或者在实际的浏览器中预览页面。

6. 单击“实时视图”按钮，启用“实时”视图（如图 3-49 所示）。

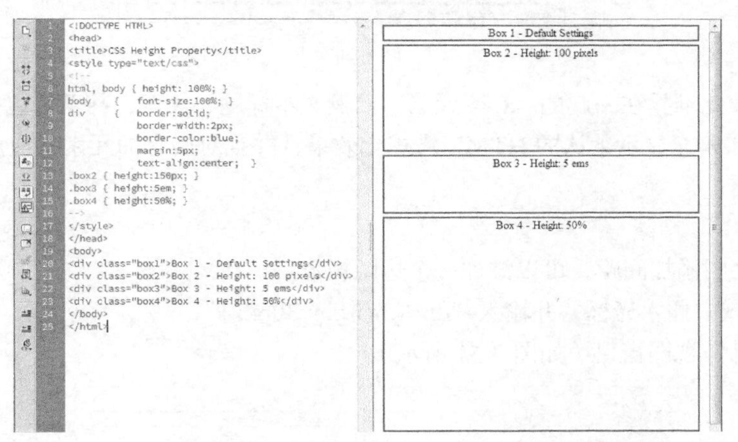

图3-49

> Dw **注意：**在大多数应用程序中，高度不会被任何元素严格遵守。默认情况下，它打算作为一种不确定的规范，允许元素自动适应其内容的空间需求。

Box 4 现在将占据“设计”视图窗口的 50% 的高度。

尽管今天的浏览器支持要好得多，在所有流行的浏览器中说明所有的设计设置仍然是至关重要的，以确保页面正确地显示。

3.7.3 边距和填充

边距在元素外面创建空间——在一个元素与另一个元素之间；填充在元素的内容与其边框之间增加间距，而不管边框是否可见。有效使用这种间距在 Web 页面的总体设计中是至关重要的。

1. 从 Lesson03 文件夹中打开 margins_padding.html。
2. 将文件另存为 mymargins_padding.html。
3. 在“拆分”视图中显示文件，并且观察 CSS 和 HTML 代码（如图 3-50 所示）。

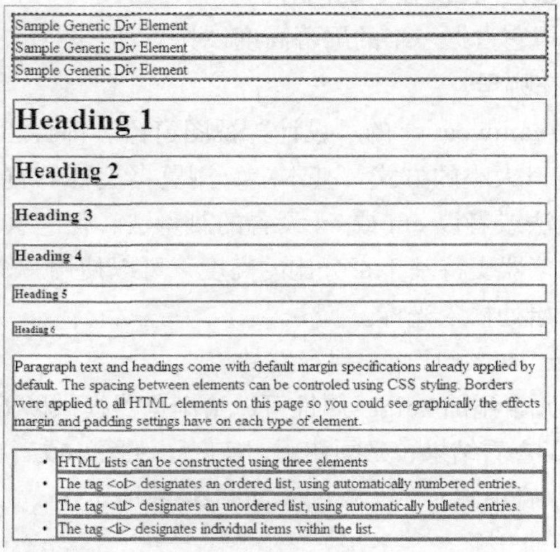

图3-50

该文件包含几个彼此堆叠在一起的 <div> 元素、示例文本标题、段落，甚至还包括列表元素。所有的元素都为边距和填充显示默认的 HTML 格式化效果，并且对所有的元素都应用了边框，以使间距效果更容易查看。

1. 添加边距

要在 <div> 元素之间添加间距，可以添加一个边距规范。

在代码的 CSS 区域中插入光标，并输入“div { margin: 30px; }”。

单击以刷新“设计”视图窗口（如图 3-51 所示）。

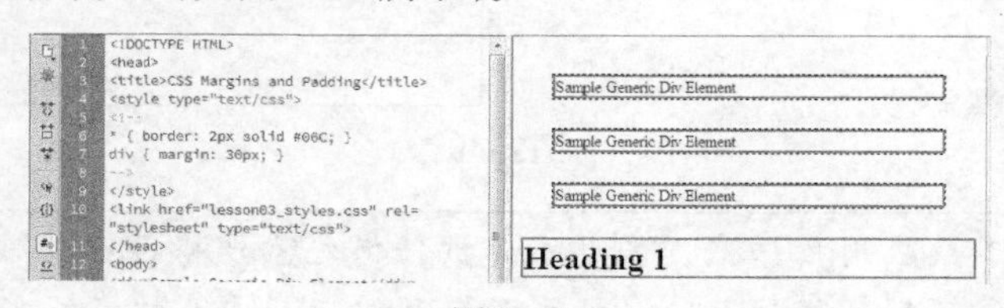

图3-51

<div> 元素现在彼此相距 30 像素。

通过使用 margin: 30px 标记，在全部 4 边都增加了 30 像素，但是不期望在元素之间看到 60 像素的间距。间距并不总会相加。当两个相邻的元素都具有边距时，不会把它们的设置结合起来；作为替代，浏览器将只使用任何两个设置中那个较大的设置。Dreamweaver 可以提供新设置的可视化显示。

在“设计”视图中，单击其中一个 <div> 元素的边缘以选取它（如图 3-52 所示）。

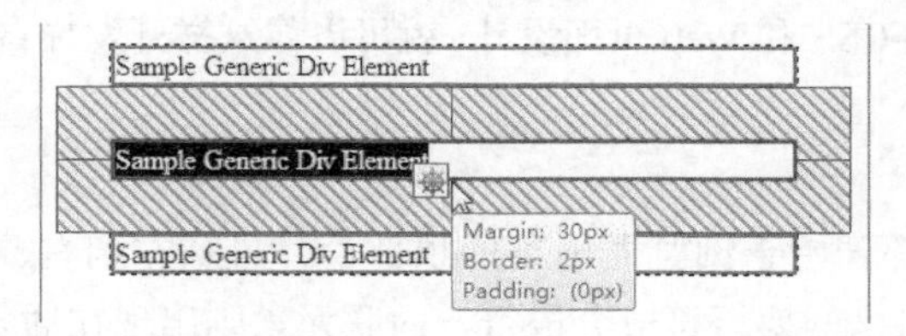

图3–52

“设计”视图将突出显示该元素，并且会显示 # 号图案，以显示边距规范。

2. 添加填充

填充用于在元素的内容与其边框之间设置间距。

在 div 规则中，在“margin: 30px;”后面插入光标。

输入“padding: 30px;”，并保存文件。

刷新“设计”视图窗口（如图 3-53 所示）。

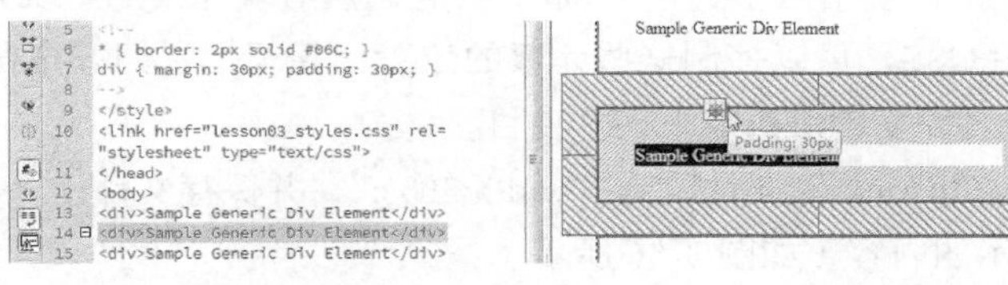

图3–53

可以看到 30 像素的填充出现在每个 <div> 元素内。

由于填充是在元素的边界内应用的，它将与边距设置结合起来，影响出现在元素之间的总间距。填充也可以影响元素的指定宽度，并且必须纳入页面成分的设计中。

从页面内的示例文本可以看到，与 <div> 元素不同，文本元素（比如 <p>、<h1> ～ <h6>、<ol> 和 <ul>）已经对它们应用了边距设置。许多设计师憎恨这些默认的规范，尤其是由于它们因浏览器的不同而有所变化。作为替代，他们在着手处理大多数项目时，有意在一种称为**规范化**（normalization）的技术中删除了这些设置。换句话说，他们声明了常用元素的列表，并把它们的默认规范重置为更合乎需要的、一致的设置，你现在就会这么做。

在 CSS 区域中，在 div 规则后面创建一个新行。

输入“p, h1, h2, h3, h4, h5, h6, li { margin: 0px }”并保存文件。

在 CSS 语法中，逗号意指“和”，意味着想格式化列出的所有标签。

刷新“设计”视图窗口（如图 3-54 所示）。

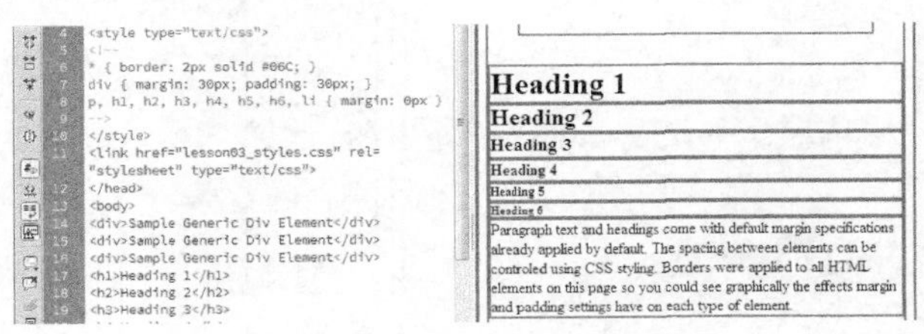

图3–54

现在显示的文本元素将没有默认的间距。使用 0 边距对你自己来说可能有点极端，但是可以让你了解相关情况。随着你更熟悉 CSS 和 Web 页面设计，就可以像这样开发你自己的默认规范并实现它们。

3.7.4　定位

默认情况下，所有的元素都开始于浏览器屏幕的顶部，并且从左到右、从上到下一个接一个地连续出现。块元素生成它们自己的换行符或分段符，内联元素则出现在插入的位置。

CSS 可以打破所有这些默认的约束，允许把元素放置在你想要的几乎任何位置。可以相对地（比如左、右或中心等）或者通过以像素、英寸、厘米或其他标准度量系统度量的绝对坐标指定定位。使用 CSS，甚至可以把一个元素放在一堆元素中的另一个元素的上面或下面，以创建令人惊异的图形效果。通过小心地使用定位命令，可以创建各种 Web 布局，包括流行的多列设计。

1. 从 Lesson03 文件夹中打开 positioning.html，并将文件另存为 mypositioning.html。在“拆分”视图中显示该文件，并且观察 CSS 和 HTML 代码（如图 3-55 所示）。

该文件包含 3 个 <div> 元素；它们彼此堆叠在一起，并且以所有块元素的默认方式占据“设计”视图窗口的完整宽度。使用 CSS，可以控制这些元素的位置，甚至把它们并排摆放。但是，首先必须减小元素的宽度，使得可以在同一排放下多个项目。

2. 在 div 规则中，把“width:auto;”属性改为“width:30%;”，并保存文件。
3. 刷新“设计”视图显示的内容（如图 3-56 所示）。

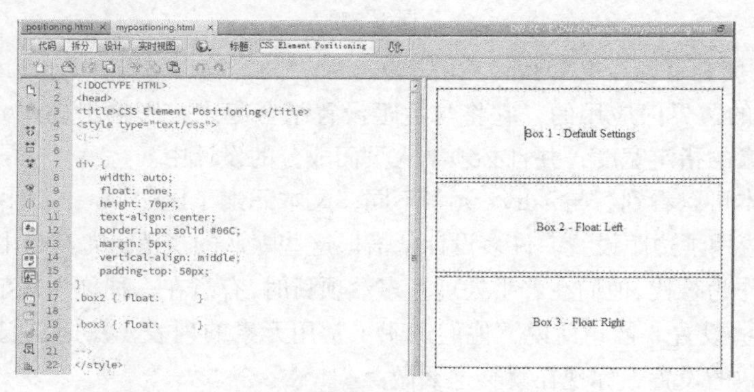

图3-55

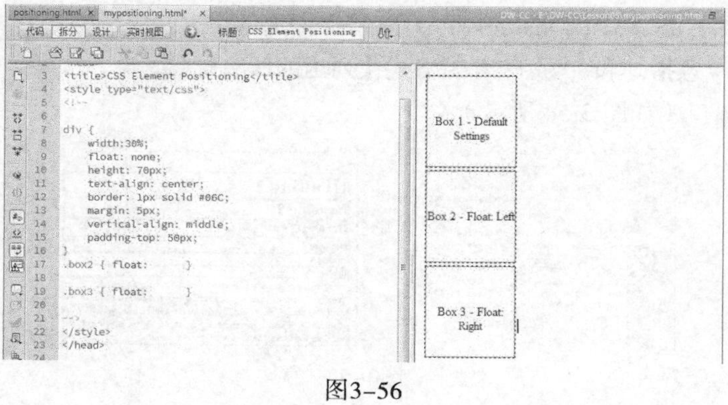

图3-56

<div> 元素将调整大小，但是将保持堆叠在一起。记住，块元素不管多么小，总会堆叠在一起。有几个方法可以改变这种行为，不过**浮动**（float）方法是迄今为止最流行的。

4. 在 div 规则中，把"float:none;"属性改为"float:left;"，并保存文件。

5. 刷新"设计"视图显示的内容（如图 3-57 所示）。

> Dw **提示：** 如果方框没有并排显示，可以把"设计"视图窗口加宽一些，以提供更多的空间。

全部 3 个 <div> 元素现在都并排出现在单独一排中。使用类属性，可以单独控制每个 <div>。

6. 在 div 规则中，把属性"float:left;"改为"float:none;"。

7. 在 .box2 规则中，把属性"float:none;"改为"float:left;"。

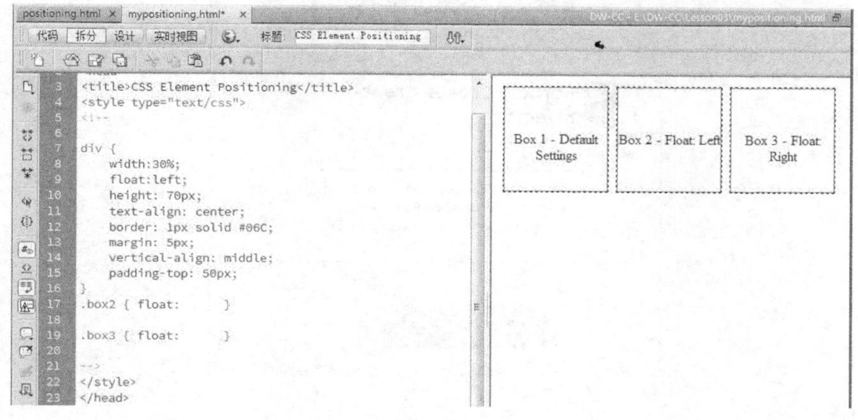

图3-57

8. 在 .box3 规则中，把属性"float:none;"改为"float:right;"。

9. 保存文件，并且刷新"设计"视图窗口。

页面现在混合使用了默认规范和浮动规范。Box 1 以默认的方式显示在它自己的那一排上；Box 2 出现在下一排，并像指定的那样对齐屏幕的左边；Box 3 出现在屏幕的右边，但是与 Box 2 位于同一排。

在后面的课程中，你将学习如何把不同的浮动属性与不同的 width、height、margin 和 padding 设置结合起来，为 Web 站点设计创建先进的布局。

不幸的是，尽管 CSS 定位技术非常强大，但它也是今天使用的不同浏览器最容易错误地解释的 CSS 的一个方面。在一个浏览器中工作得很好的命令和格式化，可能会在另一个浏览器中以不同的方式加以解释或者完全被忽略——通常会导致悲惨的结果。事实上，在 Web 站点的一个页面上工作得很好的规范在另一个混合有不同代码元素的页面上可能会失败。

3.7.5 边框和背景

每个元素都可以具有 4 条单独格式化的边框（上、下、左、右）。这些不仅便于创建方框式元素，而且可以把它们放在段落的上面和 / 或下面，用于代替 <hr />（水平标线）元素分隔文本区。

1. 从 Lesson03 文件夹中打开 borders.html，然后在“拆分”视图中显示文件，并且观察 CSS 和 HTML 代码（如图 3-58 所示）

该文件包含 4 个文本元素的示例，它们是利用不同的边框规范格式化的。可以看到，边框可用于创建方框及其他效果。在这里，你将看到它们用于以图形方式强调段落，甚至用于模拟三维按钮效果。

> **注意**：在实际的内容内没有无关的标记，所有的效果都是由 CSS 代码单独生成的。这意味着可以快速调整、打开和关闭效果，并且可以轻松地移动内容，而不必担心图形元素会把代码弄乱。

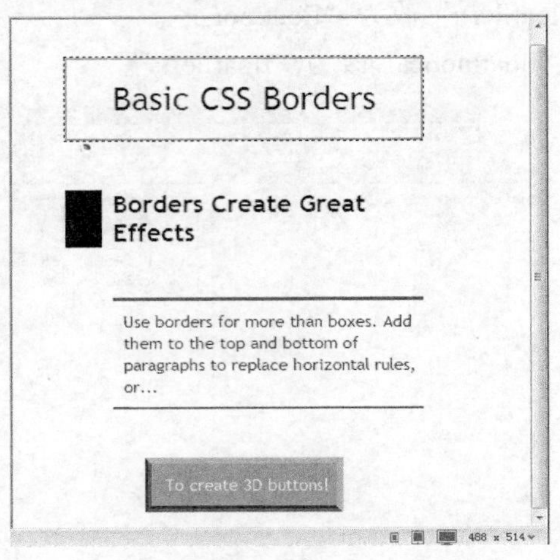

图3-58

默认情况下，所有元素的背景都是透明的，但是 CSS 允许利用颜色、图像等格式化它们。如果两者都使用，那么图像将出现在颜色上面或前面。这种行为允许使用具有透明背景的图像，创建分层的图形效果。如果图像填充了可见空间或者被设置为重复，它可能会完全遮挡颜色。

2. 从 Lesson03 文件夹中打开 backgrounds.html，然后在“拆分”视图中显示文件，并且观察 CSS 和 HTML 代码（如图 3-59 所示）。

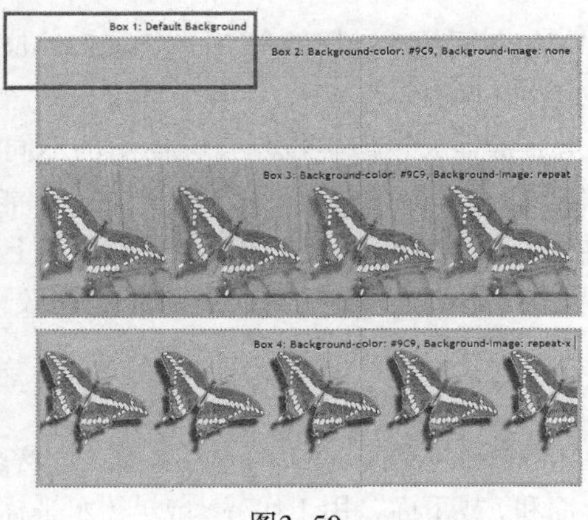

图3-59

该文件包含几个 CSS 背景效果的示例。其中给 <div> 元素添加了边框，使效果更容易查看。

Box 1 显示默认的 HTML 透明背景。Box 2 描绘了一个纯色背景。Box 3 显示了一幅背景图像，并且它沿着 *x* 轴和 *y* 轴在两个方向上重复；它还具有一种背景颜色，但它完全被重复的图像所遮挡。Box 4 也显示了一幅背景图像，但它的透明度和阴影效果允许查看图像边缘周围的背景颜色。

一定要彻底测试任何背景处理。在一些应用程序中，CSS 背景规范没有得到完全支持，或者以不一致的方式提供支持。

3.8 CSS 概述和支持

Internet 没有长时间停滞不前，技术和标准在不断演进和变化。W3C 的成员一直在勤奋地工作，以使 Web 适应最新的现实情况，包括功能强大的移动设备、大平板显示器和 HD（高清）视频。这种紧迫感目前驱动着 HTML5 和 CSS 的开发。

尽管这些标准还没有被官方采纳，但是浏览器供应商竞相实现其中的许多特性和技术。W3C 目前的计划是在 2014 年的某个时间正式采纳 HTML5 和 CSS3。与此同时，如果你感觉有些冒险并且喜欢标新立异，Dreamweaver 将不会把你置于一种尴尬的境地。虽然行业中的采纳一直在继续，但是 Dreamweaver 没有等待它们。最新版本基于这些正在演进的标准提供了许多新特性，包括对 HTML5 元素与 CSS3 格式化的当前混合的充分支持。随着新特性和新能力的开发，可以期望 Adobe 将尽可能快地把它们添加到软件中。

在学习下面的课程时，将了解其中许多令人兴奋的新技术，并且在你自己的示例页面内实际地实现许多更稳定的 HTML5 和 CSS3 特性。

3.8.1 CSS3 的特性和效果

CSS3 中提供了 20 多种新特性。其中有许多新特性现在已做好了准备，并且在所有现代的浏览器中都实现了它们；另外一些新特性仍然处于试验阶段，还没有得到充分支持。在这些新特性当中，你将发现：

- 圆角和边框效果；
- 方框和文本阴影；
- 透明度和半透明度；
- 渐变填充；
- 多列文本元素。

所有这些特性以及一些其他的特性今天都可以通过 Dreamweaver 实现。在必要时，该软件甚至可以帮助你构建特定于供应商的标记。为了让你快速感受一些最酷的特性和效果，我们将提供一个 CSS3 样式编排的示例文件。

1. 从 Lesson03 文件夹中打开 css3_demo.html，在“拆分”视图中显示该文件，并且观察 CSS 和 HTML 代码。

许多新效果不能直接在“设计”视图中预览，因此将需要使用“实时”视图，或者在实际的浏览器预览页面。

2. 单击“实时”视图按钮，预览所有的 CSS3 效果（如图 3-60 所示）。

图3-60

该文件包含一大堆特性和效果，它们可能使你感到惊奇甚至高兴，但是不要兴奋过度。尽管 Dreamweaver 已经支持其中许多特性，并且它们在现代浏览器中也工作得很好，但是许多较老的硬件和软件可能把你的梦幻般的站点变成一场噩梦。并且，至少还有另外一种麻烦。

一些新的 CSS3 特性还没有标准化，并且某些浏览器可能不识别 Dreamweaver 生成的默认标记。在这些情况下，可能不得不包括特定的供应商命令，以使它们正确地工作。在这些命令前面加上供应商前缀，比如 –ie、–moz 和 –webkit。如果仔细查看示范文件的代码，将能够在 CSS 标记内找到它们的示例（如图 3-61 所示）。

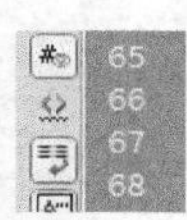

```
65  -moz-column-count: 2;
66  -webkit-column-count: 2;
67  -moz-column-gap: 20px;
68  -webkit-column-gap: 20px;
```

图3-61

额外的 CSS 支持

CSS 格式化和应用非常复杂和强大，本课短短的内容无法覆盖该主题的所有方面。关于 CSS 的完整解释，参见以下图书。

- *Bulletproof Web Design: Improving Flexibility and Protecting Against Worst-Case Scenarios with HTML5 and CSS3 (3rd edition)*, Dan Cederholm (New Riders Press, 2012) ISBN: 978-0-321-80835-6
- *CSS: The Missing Manual*, David Sawyer McFarland (O’Reilly Media, 2009) ISBN: 978-0-596-80244-8
- *Stylin’ with CSS: A Designer’s Guide (3rd edition)*, Charles Wyke-Smith (New Riders Press, 2012) ISBN: 978-0-321-85847-4
- *The Art & Science of CSS*, Jonathan Snook, Steve Smith, Jina Bolton, Cameron Adams, and David Johnson (SitePoint, 2007) ISBN: 978-0-975-84197-6

复习

复习题

1. 你仍然应该使用基于 HTML 的格式化吗？
2. CSS 把什么强加给每个 HTML 元素？
3. 判断题。如果你什么也不做，HTML 元素将没有格式化效果或者结构。
4. 哪 4 种“理论”在影响 CSS 格式化的应用？
5. 块元素与内联元素之间的区别是什么？
6. 判断题。CSS3 特性都处于试验阶段，根本不应该使用它们。

复习题答案

1. 不应该。1997 年，在采用 HTML 4 时，就不建议使用基于 HTML 的格式化。行业最佳实践建议代之以使用基于 CSS 的格式化。
2. CSS 给每个元素强加了一个假想的方框，然后可以应用边框、背景颜色和图像、边距、填充及其他类型的格式化。
3. 错误。即使你什么也不做，许多 HTML 元素也具有内置的格式化效果。
4. 影响 CSS 格式化的 4 种“理论”是层叠、继承、后代和特征。
5. 块元素创建独立的结构，内联元素出现在插入点处。
6. 错误。许多 CSS3 特性已经受到现代浏览器支持，并且今天已经可以使用了。

第4课　创建页面布局

课程概述

在这一课中，你将学习：

- Web 页面设计的基础知识；
- 怎样创建设计缩略图和线框（wireframe）；
- 怎样向预先定义的 CSS 布局中插入新成分并格式化它们；
- 怎样使用“CSS 设计器”确定所应用的 CSS 格式化效果；
- 怎样检查浏览器兼容性。

完成本课需要大约 1 小时 30 分钟的时间。在开始前，请确定你已经如本书开头的“前言”中所描述的那样把用于第 4 课的文件复制到了你的硬盘驱动器上的一个方便的位置。如果你是从零开始学习本课，可以使用“前言”中的“跳跃式学习”一节中描述的方法。

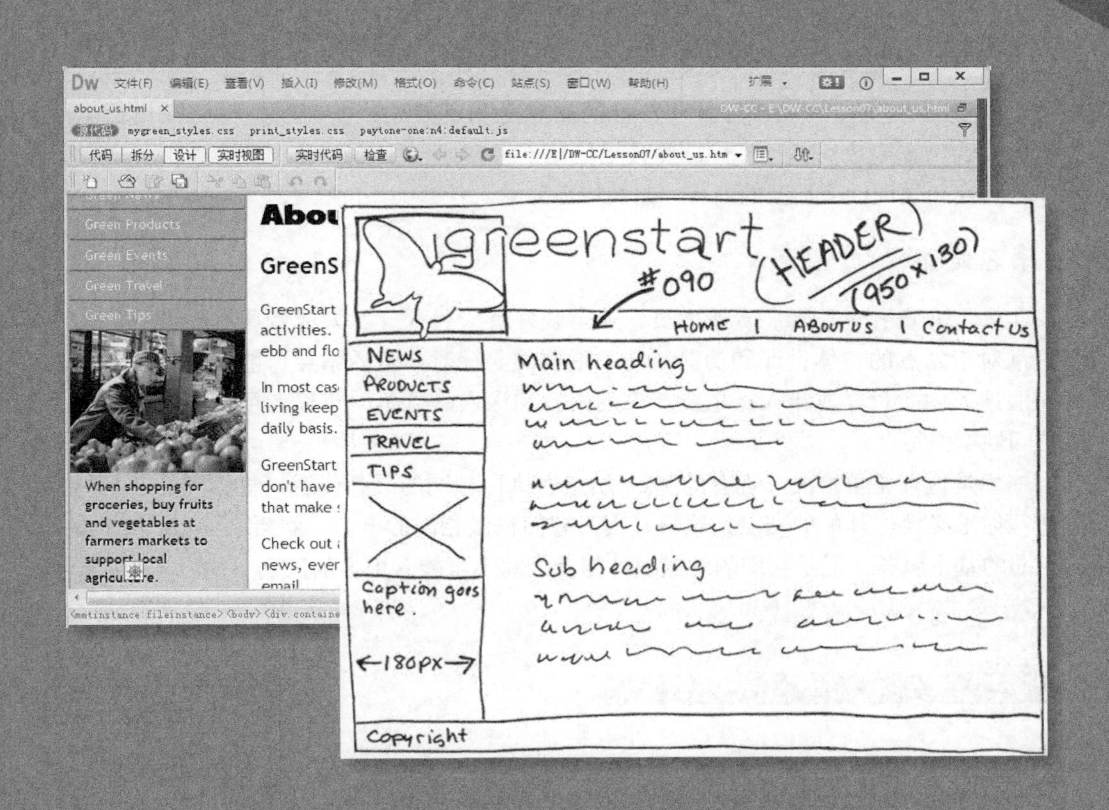

无论你是使用缩略图和线框，还是只凭借逼真的想象，Dreamweaver 都可以快速把设计概念转变成完整的、基于标准的 CSS 布局。

4.1 Web 设计基础

在你为自己或者客户开始任何 Web 设计项目之前，首先需要回答三个重要的问题：

- Web 站点的目的是什么？
- 顾客是谁？
- 他们怎样到达这里？

注意：如果你还没有把用于本课的文件复制到计算机硬盘上，那么现在一定要这样做。参见本书开头的“前言”中的相关内容。

4.1.1 Web 站点的目的是什么

Web 站点将销售或者支持产品或服务吗？你的站点是用于娱乐或游戏吗？你将提供信息或新闻吗？你将需要购物车或数据库吗？你需要接受信用卡付款或电子转账吗？知道 Web 站点的目的可以指示你将开发和处理什么类型的内容，以及将需要纳入什么类型的技术。

4.1.2 顾客是谁

顾客是成年人、儿童、年长者、专业人员、业余爱好者、男人、女人或者所有的人吗？知道你的顾客将是谁对于站点的整体设计和功能是至关重要的。针对儿童的站点可能需要更多的动画、交互性和亮丽迷人的颜色。成年人将想要严肃的内容和深入的分析。年长者可能需要较大的字体及其他可访问性增强特性。

良好的第一步是检查竞争情况。现有的 Web 站点在执行相同的服务或者销售相同的产品吗？它们是否成功？你不必模仿其他的站点，这只是因为它们在做相同的事情。看看 Google 和 Yahoo，它们执行相同的基本服务，但是它们的站点设计相互之间不可能有更多的区别（如图 4-1 所示）。

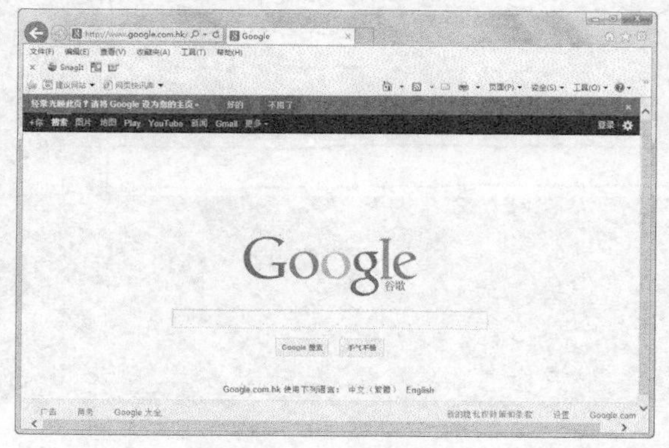

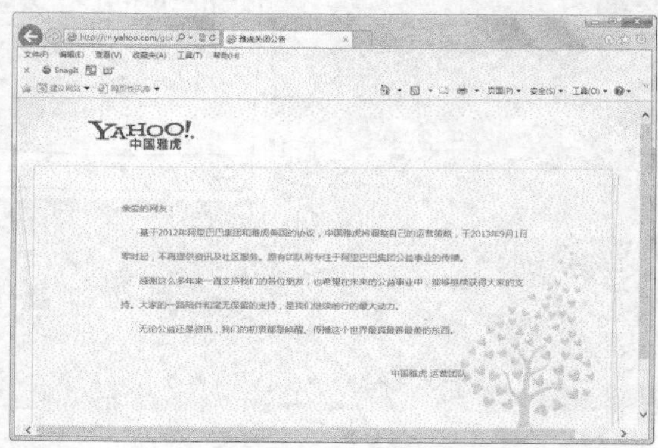

图4–1

4.1.3 他们怎样到达这里

在谈论 Internet 时，这听起来像是一个奇怪的问题。但是，像实体业务一样，你的在线顾客可以利用各种不同的方式到达你的站点。例如，他们是在台式机、笔记本计算机、PDA 或手机上访问你的站点吗？他们是使用高速 Internet、无线或拨号服务吗？他们最喜欢使用什么浏览器以及显示器的大小和分辨率是多少？这些答案将告诉你，你的顾客将期望什么类型的体验。拨号用户和手机用户可能不希望看到许多图形或视频，而具有较大的平板显示器和高速连接的用户可能需要你可以发送给他们大量的内容和信息。

那么，你在哪里获得这些信息呢？为了获得其中一些信息，你将不得不进行辛苦的调查研究和人口统计分析。另外一些信息将基于你自己对市场的品味和理解，并通过有根据的猜测而获得。但是，许多信息实际上可以从 Internet 自身上获得。例如，W3C 记录了大量关于访问和使用的统计数据，它们全都是定期更新的。

- w3schools.com/browsers/browsers_stats.asp：提供了关于浏览器统计数据的更多信息。
- w3schools.com/browsers/browsers_os.asp：提供了关于操作系统的细目分类。2011 年，它们开始跟踪 Internet 上的移动设备的使用。
- w3schools.com/browsers/browsers_display.asp：可以让你查找关于 Internet 上使用的屏幕分辨率或大小的最新信息。

如果你重新设计现有的站点，你的 Web 托管服务本身可能提供关于历史通信量图案（甚至包括访问者本身）的有价值的统计数据。如果你宿主自己的站点，就可以使用第三方工具，如 Google Analytics 和 Adobe Omniture，把它们纳入你的代码中，以便为你免费执行跟踪任务，或者只需支付很少的费用即可。

2013 年初，Windows（80% ～ 90%）仍然在 Internet 上处于支配地位，其中大多数用户青睐 Google Chrome（48%），接着是 Firefox（30%），Internet Explorer 的各种版本的用户数量（13%）则屈居第三。绝大多数浏览器（90%）的分辨率被设置为 1024 像素 ×768 像素以上。如果不考虑访问 Internet 的平板电脑和智能手机的使用量的快速增长，这些统计数据对于大多数 Web 设计师和开发人员将是极有意义的消息。但是，为平板显示器和手机设计外观良好并且能够有效工作的 Web 站点仍然是一个苛刻的要求。

响应性Web设计

每天都有更多的人使用手机和其他移动设备访问Internet。与使用台式机相比，一些人可能更频繁地使用它们访问Internet。这给Web设计师提出了一个挑剔的问题。首先，即使与最小的平板显示器相比，手机屏幕的大小也只是它的一小部分。怎样把两列或三列式页面设计勉强塞入不足200～300像素的空间中去呢？另一个问题是：大多数设备制造商决定追随Adobe的决策，在他们的移动设备上放弃对基于Flash的内容的支持。

直到最近，Web设计通常需要把Web页面的最佳尺寸（以像素计算的高度和宽度）作为目标，然后在这些规范上构建整个站点。今天，这种方案正变得很少见。现在，你需要决定是构建一个可以适应多种不同尺寸的显示器的站点，还是构建两个或更多单独的Web站点，以同时支持桌面和移动用户。

你自己的决定部分基于你想提供的内容，部分基于访问页面的设备的能力。即使不考虑大量不同的显示器尺寸和设备能力，构建支持视频、音频和其他动态内容的有吸引力的Web站点也非常困难。术语**响应性Web设计**（responsive web design）是一位以波士顿为基地的名叫Ethan Mercotte的Web开发人员在一本同名图书中提出的（2011年），其中描述了设计可以自动适应多种屏幕尺寸的页面的理念。在学习后面的课程时，将学到许多用于响应性Web设计的技术。在学完第14课“为移动设备设计Web站点”之后，你将完全准备好应付这个重要的主题（如图4-2所示）。

图4-2

印刷设计的许多概念并不适用于Web，因为你不能控制用户的体验。为典型的平板显示器认真设计的页面在手机上基本无用

4.1.4 方案

出于本书的目的，你将为 Meridien GreenStart 开发 Web 站点，它是一家虚拟的基于社区的组织，致力于绿色调查研究和行动。这个 Web 站点将提供各种不同的产品和服务，并且需要广泛的 Web 页面类型，包括使用基于服务器的技术（比如 PHP）的动态页面。

你的顾客涵盖了广泛的人群，包括各种年龄和教育水平。他们是关注环境状况以及致力于保护、再生和重用自然和人力资源的人。

你的市场营销调查研究指示大多数顾客使用台式机或笔记本计算机，通过高速 Internet 服务连接，但是你可以预期有 10% ～ 20% 的访问者通过手机或其他移动设备访问 Internet。为了简化学习 Dreamweaver 的过程，我们将重点关注创建固定宽度的站点设计。在第 14 课“为移动设备设计 Web 站点”中，你将学习如何使固定宽度的设计适应智能手机和平板设备。

4.2 使用缩略图和线框

在明确了关于 Web 站点的目的、顾客统计和访问模型这 3 个问题的答案之后，下一步是确定你将需要多少个页面，这些页面将做什么，以及它们最终看起来将是什么样子的。

4.2.1 创建缩略图

许多 Web 设计师通过利用铅笔和纸绘制缩略图来开始。可以把缩略图视作是你需要为 Web 站点创建的页面的图形式购物清单。缩略图也可以帮助你设计出基本的 Web 站点导航结构。在缩略图之间绘制线条显示了你的导航将如何连接它们（如图 4-3 所示）。

HOME
ABOUT US
CONTACT US
NEWS
PRODUCTS
EVENTS
TRAVEL
TIPS
PRODUCTS DETAIL
TRAVEL DETAIL

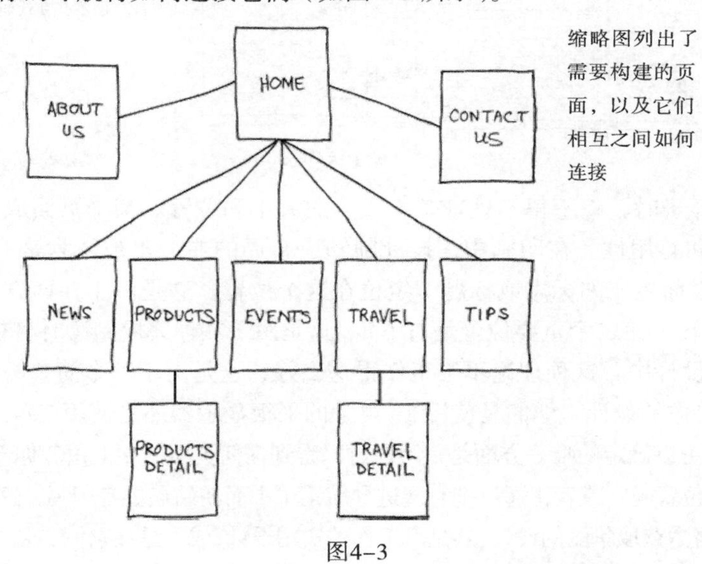

缩略图列出了需要构建的页面，以及它们相互之间如何连接

图4–3

大多数站点都会划分层级。通常，第一级包括主导航菜单中的所有页面，访问者可以直接从主页到达这些页面。第二级包括你只能通过特定的动作或者从特定的位置到达的页面，比如购物车或者产品详细信息页面。

4.2.2 创建页面设计

一旦你搞清楚了站点在页面、产品和服务方面的需要，就可以转向考虑这些页面将是什么样子的。制作你希望每个页面上所具有的成分列表，比如标题和脚注、导航，以及用于主要内容和侧栏的区域（如果有的话），如图 4-4 所示。撇开每个页面上将不需要的任何项目。你还需要考虑其他什么因素吗？

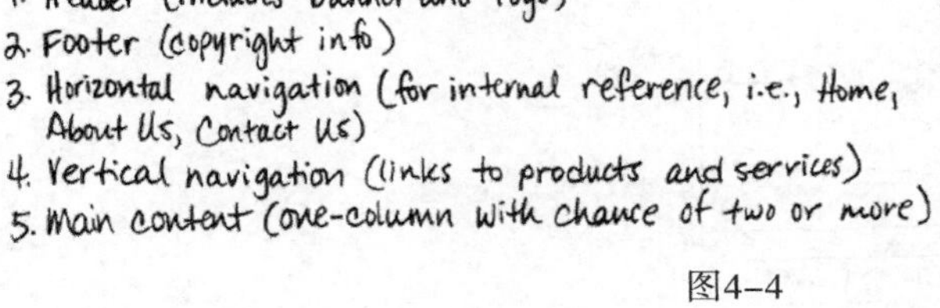

1. Header (includes banner and logo)
2. Footer (copyright info)
3. Horizontal navigation (for internal reference, i.e., Home, About Us, Contact Us)
4. Vertical navigation (links to products and services)
5. Main content (one-column with chance of two or more)

确定每个页面的必要成分有助于创建可以满足你的需要的有效页面

图4–4

你具有希望强调的公司标志、商业身份、照片或颜色模式吗？你具有希望仿真的出版物、小册子或者广告吗？它有助于把所有这些收集在一个位置，使得你可以在办公桌或者会议桌上同时看到所有的一切。如果你很幸运，站点的主题就可以从这种拼贴画中有机地浮出水面。

一旦你创建了页面上所需成分的检查表，就可以为这些成分开发几种粗略的布局。大多数设计师通常会确定一种折衷了灵活性与华丽性的基本页面设计。把页面设计的数量减至最少可能听起来像是一个主要的限制，但它是制作具有专业外观的站点的关键。这就是为什么一些专业人员（比如医生和飞行员）穿制服的原因。使用一致的页面设计可以给你的访问者一种专业、自信的感觉（如图 4-5 所示）。

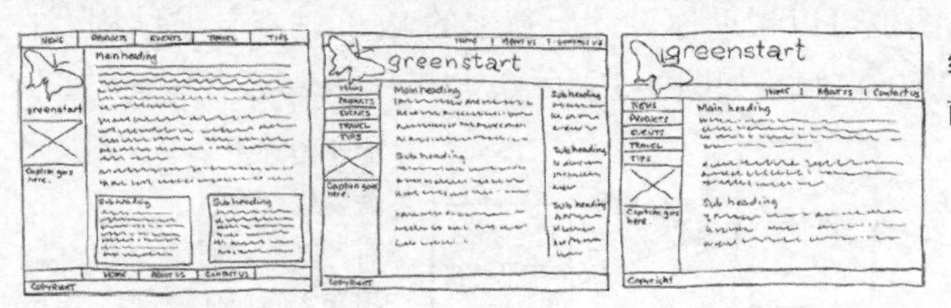

线框允许你快速、容易地试验页面设计，而不必在代码上浪费时间

图4–5

当你搞清楚页面的样子时，将不得不处理基本成分的大小和位置。某个页面成分所在的位置可能显著影响它的效果和有用性。在印刷中，设计师知道布局的左上角被认为是“重要位置”之一，你想把设计的重要方面（比如标志或标题）定位在这个位置。这是由于在西方文化中，我们是从左到右、从上往下阅读。第二个重要位置是右下角，这是由于在你完成阅读时将在这里看最后一眼。

不幸的是，在 Web 设计中，这种理论不会工作得这么好，这是由于一个简单的原因：你永远无法确定用户将怎样查看你的设计。他们是使用 20 英寸的平板显示器还是使用 2 英寸的手机？

在大多数情况下，你可以确定的唯一方面是：用户可以看到任何页面的左上角。你希望通过在这里旋转公司标志而浪费这个位置吗？或者，通过把它塞进导航菜单中而使站点更有用吗？这是 Web 设计师的关键难题之一。你是在努力获取华丽的设计，还是可工作的实用设计，或者是在它们二者之间寻找一种平衡？

4.2.3 创建线框

在挑选了迷人的设计之后，线框就是设计出站点中每个页面的结构的快速方式。线框就像是缩略图，但是更大，用于草拟每个页面并填充关于各个成分的更详细的信息，比如实际的链接名称和主标题（如图 4-6 所示）。在代码中工作时，这个步骤有助于在发现问题之前捕获或预见它们。

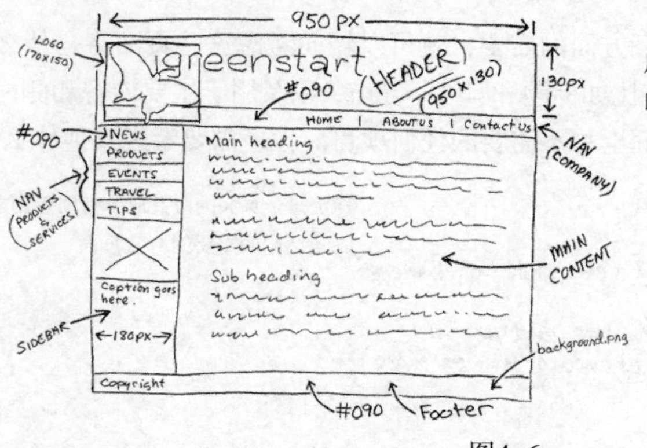

用于最终设计的线框应该标识成分以及内容、颜色和尺寸的特征标记

图4–6

一旦设计出了基本的概念，许多设计师就会采取一个额外的步骤，并使用像 Fireworks、Photoshop 或者甚至是 Illustrator 这样的软件创建全尺寸的实体模型或者“概念证明”（如图 4-7 所示）。因为你将发现一些客户并不仅仅基于铅笔草图就对设计表示认同。这里的优点是：所有这些软件都允许你把结果导出为可以在浏览器中查看的全尺寸的图像（JPEG、GIF 或 PNG）。这种实体模型与看到的真实情况一样好，但是制作它们只需花很少的时间。

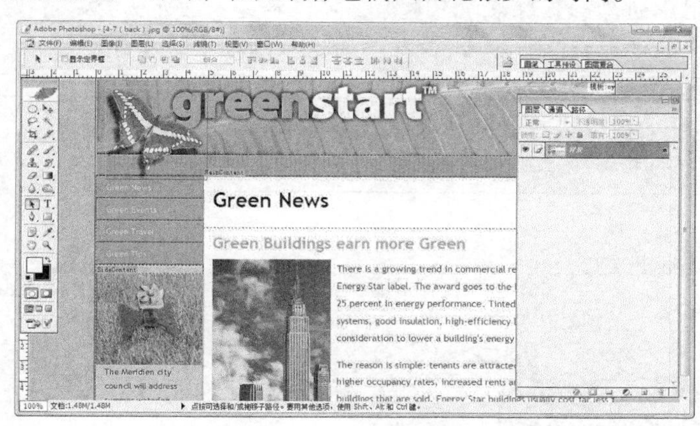

在一些情况下，在Photoshop、Fireworks或者Illustrator中创建实体模型可以节省冗长的编码时间，以获得所需的认可

图4–7

> **提示：**多年来，设计师已经在 Fireworks 开始了设计过程，他们可以在该软件中创建全功能的实体模型，然后可以导出为基于 CSS 的 HTML 布局，并在 Dreamweaver 中编辑它。

跳跃式学习方法

我们建议的用于学习如何使用Dreamweaver以及如何构建本书中描述的Web站点页面和成分的方法是连续地依次学习每个课程，直到成功地完成了所有的练习为止。对于遵循这种模型的读者，将为本书中的所有课程使用上一个练习中定义的站点。

对于不能按顺序学习每个课程的读者，或者那些需要重点关注特定课程主题的读者，开发了一种跳跃式学习方法，允许不按顺序开始学习某个课程，只需在为该课程提供的文件夹上定义站点即可。在那个文件夹内，已经创建了一些页面成分和部分完成的文件，以允许这种类型的工作流程。在本书的“前言”中详细描述了这种方法。

跳跃式学习方法需要你定义一个站点，使用前面定义的步骤，把想要的课程文件夹本身确定为站点的根文件夹。在这种情况下，将把光盘上提供的Lesson04文件夹作为目标，然后相应地命名站点，比如Lesson04。

4.3 定义 Dreamweaver 站点

从本节开始，本书中的课程都是以 Dreamweaver 站点为工作环境。你将从头开始创建 Web 页面，并且使用存储在硬盘驱动器上的现有文件和资源，它们结合在一起构成了所谓的**本地**（local）站点。当你准备好把站点上传到Internet上时（参见第13课“发布到Web上”），将把完成的文件发布到Web托管服务器上，然后它将变成你的**远程**（remote）站点。本地站点和远程站点的文件夹结构和文件通常是彼此之间的镜像。

> Dw **注意**：如果你是独立于本书中的其余各课来学习本课，可以参见本书开头的“前言”中给出的“跳跃式学习”的详细指导。然后，遵循下面这个练习中的步骤即可。

> Dw **注意**：如果还没有把用于本课的项目文件复制到硬盘驱动器上，现在就要这样做。参见本书开头的“前言”中的相关内容。

首先，建立本地站点。

1. 如果必要，就启动Adobe Dreamweaver CC。

2. 打开“站点”菜单（如图4-8所示）。

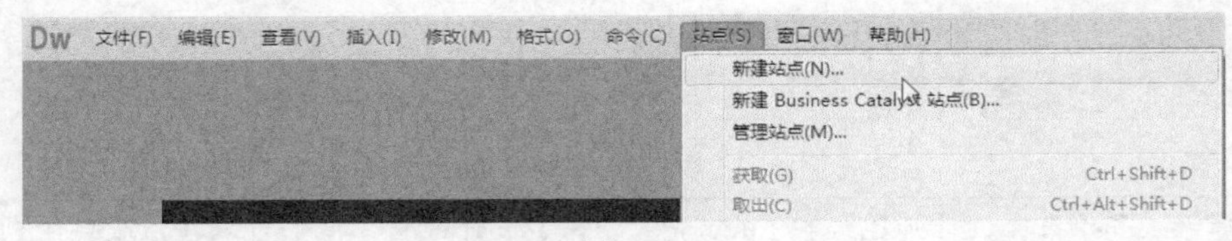

图4-8

“站点”菜单提供了一些选项，用于创建和管理标准的Dreamweaver站点，或者创建Business Catalyst站点。Business Catalyst是一个在线的托管应用程序，允许构建和管理丰富的、动态的基于Web的业务。要了解关于Business Catalyst的能力的更多信息，可以检查www.BusinessCatalyst.com。

3. 选择“新建站点”命令。

要在Dreamweaver CC中创建标准的Web站点，并需要命名它并选择本地站点文件夹。站点名称通常与特定的项目或客户相关，并将出现在“文件”面板中。这个名称打算为你自己所用，因此对你可以选择的名称没有什么限制。可以使用一个清楚描述了Web站点的目的的名称。

4. 在“站点名称”框中输入“DW-CC”。

> Dw **注意**：如果遵循跳跃式学习方法，就把站点命名为Lesson04。对于后面的每课，都将创建一个新站点，并且为站点名称使用课的编号。

5. 单击“本地站点文件夹”框旁边的文件夹（📁）图标。当“选择根文件夹”对话框打开时，导航到DW-CC文件夹，其中包含从本书附带光盘中复制的文件。

此时，可以单击“保存”按钮，开始在新的Web站点上工作，但是我们将添加另一份方便的信息。

6. 单击“高级设置”类别旁边的箭头（▶），呈现出其中列出的选项卡。然后选择“本地信息”类别。

尽管不是必须如此，但是站点管理的良好策略是把不同的文件类型存储在单独的文件夹中。例如，许多Web站点为图像、PDF文件、视频等提供了单独的文件夹。Dreamweaver通过包括一个用于默认图像文件夹的选项给这种努力提供帮助。以后，当你从计算机上的其他位置插入图像时，

Dreamweaver 将使用这个设置自动把图像移入站点结构中。

7. 单击“默认图像文件夹”框旁边的文件夹（ ）图标。当对话框打开时，导航到 DW-CC>images 文件夹，其中包含从本书附带光盘中复制的文件。

> Dw | **注意**：在跳跃式学习方法中，将把出现在课程文件夹自身内的 images 文件夹作为目标。

你已经输入了开始新站点所需的所有信息。在后面的课程中，将添加更多的信息，以允许把文件上传到远程站点，并且能够测试动态 Web 页面。

8. 在“站点设置”对话框中，单击“保存”按钮。

站点名称 DW-CC 现在出现在“文件”面板中的站点列表弹出式菜单中。

建立站点是在 Dreamweaver 中开始任何项目的至关重要的第一步。知道站点根文件夹所在的位置有助于 Dreamweaver 确定链接路径，并且支持许多站点级选项，比如孤立文件检查以及“查找和替换”。

4.4 使用“欢迎”屏幕

Dreamweaver“欢迎”屏幕允许快速访问最近的页面、轻松创建广泛的页面类型以及直接连接到多个关键的帮助主题。在第一次启动软件或者没有打开其他的文档时，就会显示“欢迎”屏幕。让我们使用“欢迎”屏幕探讨创建和打开文档的几种方式。

1. 在“欢迎”屏幕的“新建”栏中，单击 HTML，立即创建一个新的空白 HTML 页面（如图 4-9 所示）。

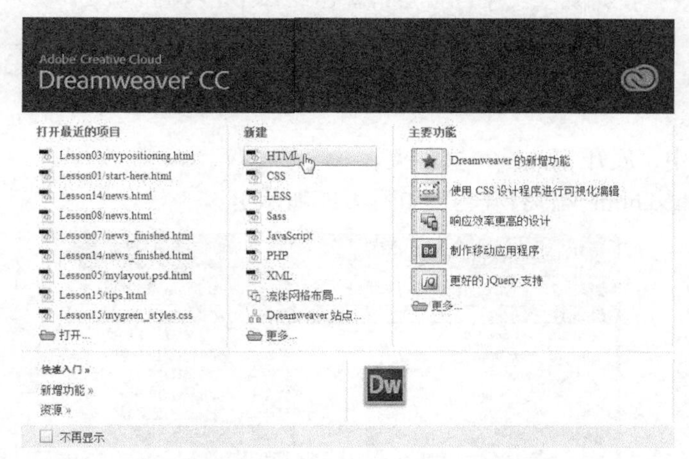

图4–9

2. 选择“文件”>“关闭”。

将重新显示“欢迎”屏幕。

3. 在“欢迎”屏幕的“打开最近的项目”区域中，单击“打开”按钮（如图 4-10 所示）。

这个特性允许浏览要在 Dreamweaver 中打开的文件。

4. 单击“取消”按钮。

“欢迎”屏幕将显示最近打开的最多 9 个文件的列表，不过，此时你安装的软件可能不会显示任何

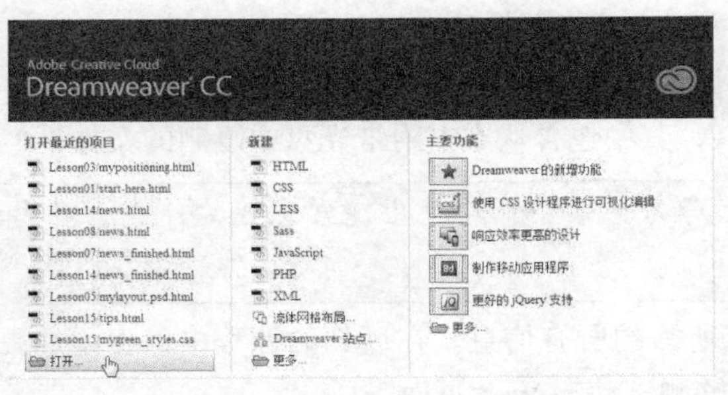

图4-10

使用过的文件。当你想编辑现有的页面时，可以不选择“文件”>“打开”命令，一种快速的替代方法是从这个列表中选择文件。

在学习本书的过程中，可能随时使用“欢迎”屏幕。当你完成了本书中的课程时，可能不喜欢使用“欢迎”屏幕，或者甚至不想看到它。如果是这样，可以通过选择窗口左下角的“不再显示”选项来禁用它。要重新启用“欢迎”屏幕，可以访问 Dreamweaver“首选项”面板的“常规”类别。

4.5 预览已完成的文件

要了解你将在本课程中使用的布局，可以在 Dreamweaver 中预览已完成的页面。

> Dw **注意：**如果你使用跳跃式学习方法，就已经位于 Lesson04 文件夹中。

1. 在 Dreamweaver 中，可以按下 F8 键打开“文件”面板，并从站点列表中选择 DW-CC 或“跳跃式学习”名称。
2. 在“文件”面板中，展开 Lesson05 文件夹。
3. 双击 layout_finished.html 文件打开它（如图 4-11 所示）。

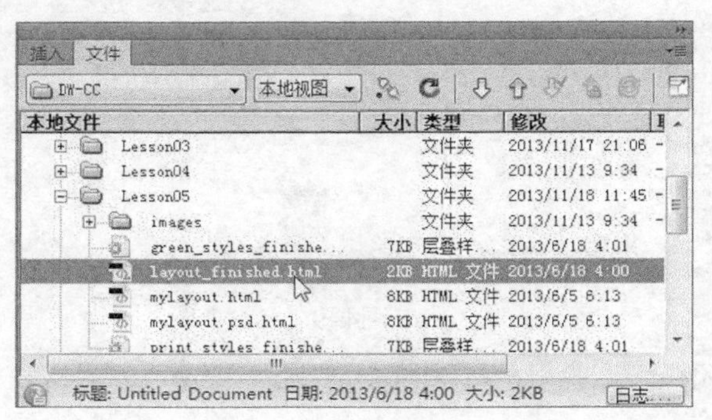

图4-11

这个页面代表你将在本课程中创建的已完成的布局。它基于在本课程前面制作的线框图画，并且使用了新的 Dreamweaver HTML5 CSS 布局之一。花一点时间使自己熟悉一下页面上的设计和成分。你能确定是什么使这个布局不同于现有的基于 HTML 4 的设计吗？在学习本课程的过程中，你将了解它们之间的区别。

> **注意：**如果出于某种原因你不能或者不想使用一种基于 HTML5 的布局，可以参见本课后面的框注“替代的 HTML 4 工作流程”。

4. 选择“文件”>“关闭”。

4.6 修改现有的 CSS 布局

由 Dreamweaver 提供的预先定义的 CSS 布局总是一个良好的起点。它们很容易修改并且可以适应大多数项目。使用 Dreamweaver 的 CSS 布局，你将创建一个概念证明页面，以匹配最终的线框设计。这个页面然后将用于在后面的课程中创建主项目模板。让我们查找最佳地匹配线框的布局。

1. 选择“文件”>“新建”。

2. 在“新建文档”对话框中，选择“空白页”>HTML（如图 4-12 所示）。

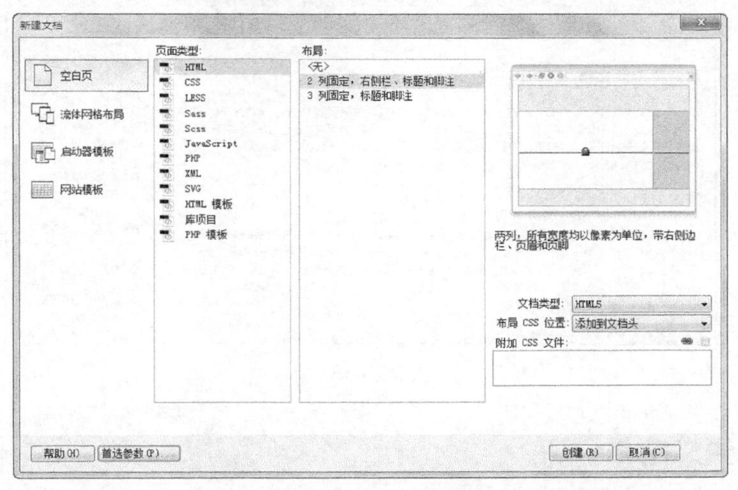

图4–12

在编写本书时，Dreamweaver CC 提供了两种基于 HTML5 的 CSS 布局。这些布局的实际数量和特性可能随着时间的推移而改变，它们将通过 Creative Cloud 进行自动更新。对这个列表的改变可能悄无声息地进行，因此要始终关注这个对话框中的新选项。

特点鲜明的 HTML5 布局使用了一些新的语义内容元素，并且帮助你获得一些对这个不断演进的标准的经验。除非需要支持老式浏览器（比如 IE5 和 IE6）的安装基础，否则在使用更新的布局时几乎没有什么要担心的。让我们选择最适合新站点需要的 HTML5 布局之一。

> **注意：**如果出于某种原因你不能或者不想使用一种基于 HTML5 的布局，可以参见本课后面的框注“替代的 HTML 4 工作流程”。

“HTML：2 列固定，右侧栏、标题和脚注”这种布局与目标设计具有最多的共同之处。唯一区别是：侧栏元素对齐到布局的右边，而不是左边。在本课程后面，将把该元素对齐到左边。

3. 从布局列表中选择“HTML：2 列固定，右侧栏、标题和脚注”。然后单击“创建”按钮。
4. 如果必要，切换到“设计”视图。
5. 在页面内容中的任意位置插入光标，并且观察文档窗口底部的标签选择器的名称和顺序（如图 4-13 所示）。

标签选择器中的元素的显示顺序直接与页面的代码结构相关。出现在左边的元素是右边的所有元素的父元素或容器。位于左边最远的元素是页面结构中最高级别的元素。可以看到，<body> 元素是最高级别的元素，<div.container> 则次之。

在页面区别周围单击时，就能够确定 HTML 结构，根本不必进入“代码”视图窗口。标签选择器界面在许多方面使确定 HTML 骨架的工作变得要容易得多，尤其是在复杂的页面设计中。

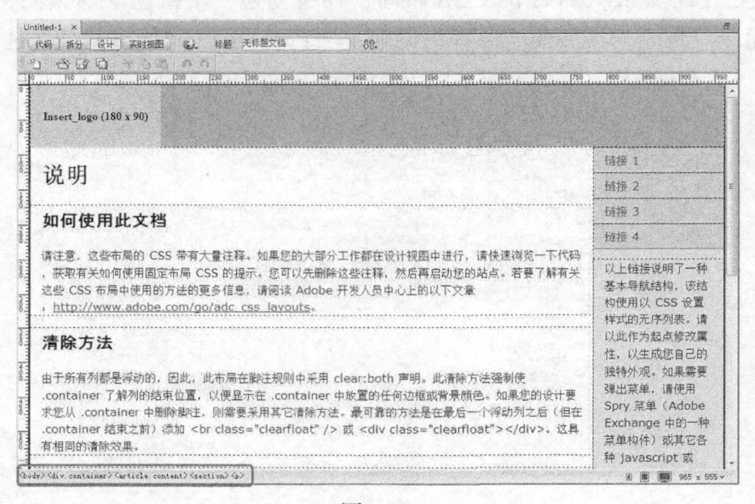

图4–13

名称中的语义就是一切

在HTML5中，将会看到几个你可能还不熟悉的新语义（semantic）元素，比如<section>、<article>、<aside>和<nav>。在过去，你看到了利用class或id属性标识和区分的<div>元素，比如<div class="header">或<div id="nav">，使得有可能应用CSS样式。HTML5把这种构造简化到<header>和<nav>。通过使用为特定任务或内容指定的元素，可以简化代码构造，同时还能实现其他的好处。例如，在为HTML5优化搜索引擎（比如Google和Yahoo）时，它们将能够更快地定位和确定每个页面上特定的内容类型，从而使站点更有用并且更容易浏览。

这个页面上包含 4 个主要内容元素、3 个子区域以及一个包装所有其他元素的元素。其中除了一个元素之外，所有其他的元素都是新的 HTML5 元素，包括 <header>、<footer>、<nav>、<aside>、<article> 和 <section>。这个布局中唯一的 <div> 元素用于保存侧栏内容以及把所有的一切都保留在一起。使用这些新元素意味着可以应用复杂的 CSS 样式，同时在整体上减小代码的复杂度。仍然可以使用 class 和 id 属性，但是新的语义元素降低了对这种技术的需要。

要了解这种设计在多大程度上依赖于 CSS5，关闭 CSS 样式有时是一个好主意。

6. 选择“查看”>“样式呈现”>“显示样式”,在“设计”视图中禁用 CSS 样式（如图 4-14 所示）。样式显示通常默认是打开的（在菜单中显示一个勾号）。通过在菜单中单击这个菜单项，将临时关闭 CSS 样式。

7. 注意每个页面成分的标识和顺序（如图 4-15 所示）。

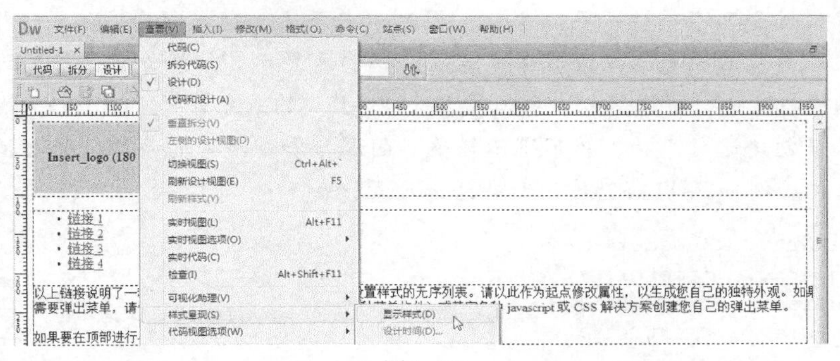

图4–14

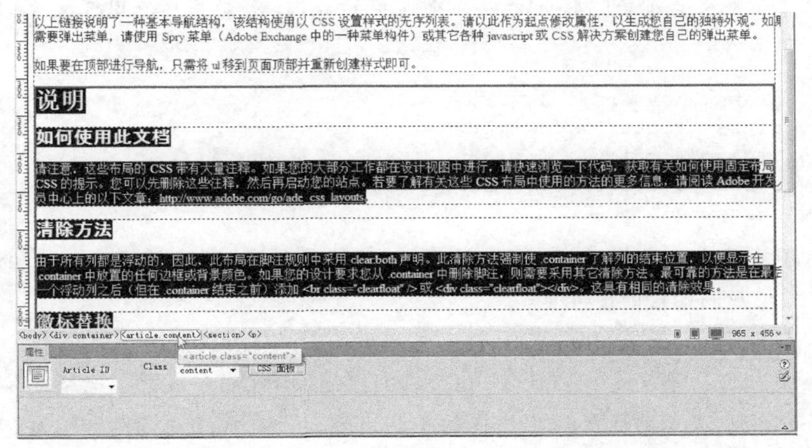

图4–15

如果没有 CSS，HTML 骨架将一览无遗。如果以某种方式禁用了层叠样式表或者特定的浏览器不支持它，那么知道页面的样子是有益的。现在，更容易确定页面成分及其结构。尽管并非严格需要，出现在页面上方的项目（如 <header>）通常是在出现在下方的其他元素（如 <footer>）之前插入的。你应该注意的另外一个重要方面是导航菜单。如果不进行 CSS 样式编排，导航菜单将恢复为具有超链接的简单的项目列表。不久前，这种菜单是利用表格、图像和复杂的悬停效果动画构建的。如果图像无法加载，菜单通常将变得乱七八糟并且没有什么用。尽管超链接会继续工作，但是如果没有图像，将没有文字告诉用户他们单击的是什么。但是，另一方面，构建在基于文本的列表上的导航系统总是有用的，即使没有进行样式编排也是这样。

8. 选择“查看”>“样式呈现”>“显示样式”，再次打开 CSS 样式。

在修改任何设置或者添加内容之前养成保存文件的习惯总是一个好主意。Dreamweaver 没有提供备份或者恢复文件特性；如果它在保存文件之前崩溃，那么你在任何打开的、未保存的文件中所做的全部工作都将丢失。要定期保存文件，以防止数据丢失以及对文件做出重要改变。

替代的HTML 4工作流程

HTML5正在整个Internet上给人留下强烈的印象，并且对于大多数应用程序，建议的工作流程将会工作得非常好。但是，HTML5并不是当前的Web标准，一些页面或成分在某些老式的浏览器或设备上可能不会正确地显示。如果你宁愿与经过证明的代码和结构打交道，那么可以自由地用基于HTML 4的成分替代HTML5元素。

不过，如果创建这种布局，将不得不修改后面课程和练习内的步骤，使之适应新的成分和结构。例如，HTML5使用新的语义元素，如下：

```
<header>...</header>
<footer>...</footer>
<section>...</section>
<article>...</article>
<nav>...</nav>
```

对于HTML 4兼容的布局，将代之以一个通用的<div>元素并且使用class属性，像下面这样标识成分：

```
<div class="header">...</div>
<div class="footer">...</div>
<div class="section">...</div>
<div class="article">...</div>
<div class="nav">...</div>
```

你还不得不修改或重新构建基于HTML5的选择器名称（header、footer、nav等），使CSS样式适应新的HTML 4元素。

这样，CSS规则header {color:#090}将变成.header { color:#090 }。

要事先说明一点，事实是：即使使用标准的HTML 4代码和成分，老式的浏览器和某些设备仍然无法正确地呈现它们中的一些内容。一些Web设计师相信我们坚持使用旧代码的时间越长，旧式的软件和设备将保留的时间也会越长，从而使我们的生活变得困难，并且会推迟HTML5的采纳。这些设计师认为我们应该放弃旧标准，并强制用户尽可能快地升级。

最终的决策由你或者你的公司做出。在大多数情况下，你在使用HTML5时所经历的问题将是微小的缺陷——字体太大或太小，而不会是完全的崩溃。

要更多地了解HTML 4与HTML5之间的区别，可以检查以下链接：

- http://tinyurl.com/html-differences
- http://tinyurl.com/html-differences-1
- http://tinyurl.com/html-differences-2

9. 选择“文件”>“保存”。在“另存为”对话框中，如果必要，可导航到站点根文件夹。然后把文件命名为 mylayout.html，并单击“保存”按钮（如图 4-16 所示）。

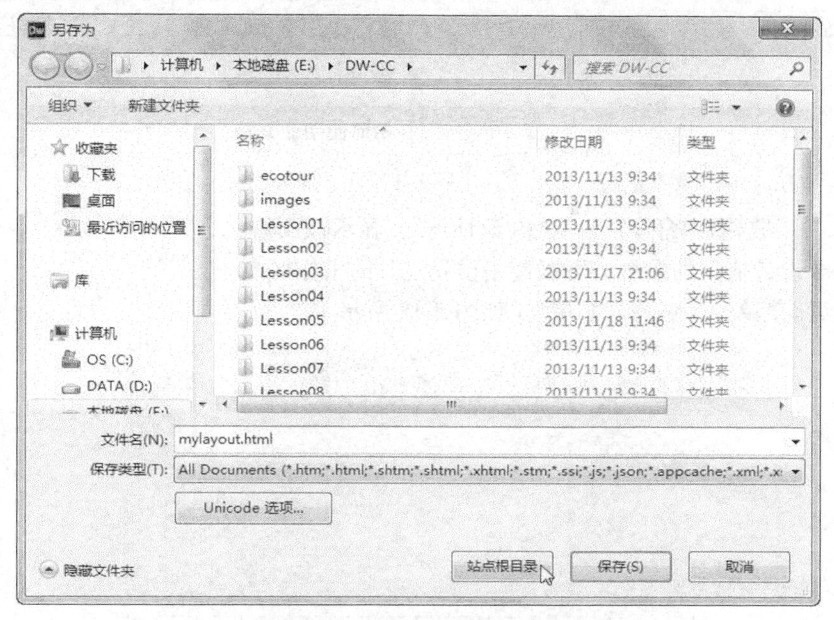

图4-16

> **注意**：Dreamweaver 可能尝试把这个文件保存回 Lesson04 文件夹中；如果它不是站点根文件夹，可以单击“站点根目录”按钮，导航到正确的位置。

Dreamweaver 通常把 HTML 文件保存到在站点定义中指定的默认文件夹中，但是要复查保存的位置，以确保你的文件最终位于正确的位置。为最终的站点创建的所有 HTML 页面都将保存在站点根文件夹中。

4.7 给标题添加背景图像

CSS 样式是所有 Web 样式和布局的当前标准。在下面的练习中，将对某个页面区域应用背景色和背景图像，调整元素对齐方式和页面宽度，以及修改几个文本属性。所有这些改变都将使用 Dreamweaver 的“CSS 设计器”面板（Dreamweaver CC 新增的）来完成。

如果从页面顶部开始并向下进行，第一步将是插入会出现在最终设计中的图形横幅。可以直接在标题中插入横幅，但是把它添加为背景图像具有以下优点：使该元素保持为其他内容开放。它还允许设计更适应其他设备，比如手机和其他移动设备。

1. 如果必要，可以切换到“设计”视图。然后选取标题中的图像占位符“Insert_logo (180x90)”，并按下 Delete 键（如图 4-17 所示）。

在删除图像占位符后，空标题将折叠成只有其以前大小的一小部分，因为它没有 CSS 高度规范。可以使用新的“CSS 设计器”确定分配给布局成分的所有格式化效果。

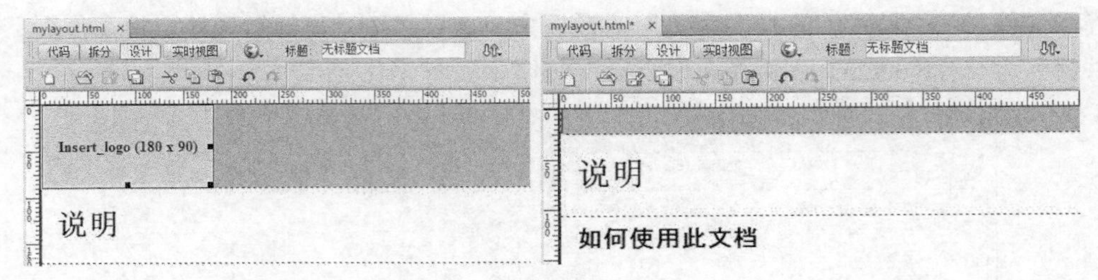

图4–17

2. 如果必要，可以选择“窗口”>“CSS 设计器”，显示该面板。

要最大化“CSS 设计器”的效果，可以使用预先定义的工作区之一。

3. 从“工作区”菜单中，选择“扩展”（如图 4-18 所示）。

图4–18

Dreamweaver 的工作区将会改变，在一个两列式布局显示“CSS 设计器”。这种设计可以提供额外的空间来处理 CSS 样式。如果想增加“CSS 设计器”的宽度，可以把文档窗口的边缘向左拖动（如图 4-19 所示）。

从标签选择器中，可以看到图像占位符中包含的元素。检查“CSS 设计器”面板，你能确定可能格式化 header 元素的任何 CSS 规则吗？

4. 在“CSS 设计器”面板中，在“选择器”窗格中选择 header 规则。检查应用于元素的 CSS 属性（如图 4-20 所示）。

“CSS 设计器”的“属性”窗格将显示任何现有的规范。对于 header，其中只会显示分配给它的背景色。该窗格还允许创建新的规范，它在两种基本的模式下工作。如果你熟悉 CSS 语法，就可以直接输入规范来创建它们。否则，可以在面板中显示可用的 CSS 属性的完整列表，并根据需要定义它们。在本课程中将试验这两种方法。

图4-19

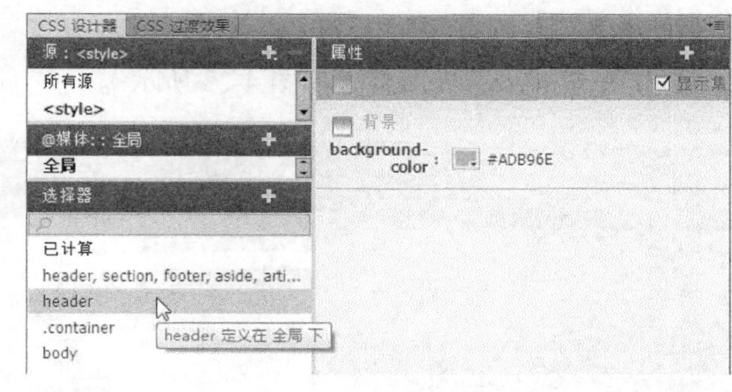

图4-20

首先，将给 header 元素添加一幅背景图像，然后调整它的大小。要查看 CSS 属性的完整列表，确保没有启用“显示集”选项。

5. 如果必要，在“属性”窗格中取消选中“显示集”选项（如图 4-21 所示）。

图4-21

当取消选中“显示集”选项时，“属性”窗格将显示可用 CSS 规范的列表。这个列表被组织为 5 个类别：“布局”、“文本”、“边框”、“背景”和“其他”。要关注特定类别上显示的内容，可以使用“属性”窗格顶部的导航图标。

6. 单击“背景”（ ）类别图标。在 background-image 区域中，单击 URL 属性旁边的文本“输入文件路径”，然后单击 URL 字段旁边的“浏览”按钮（如图 4-22 所示）。

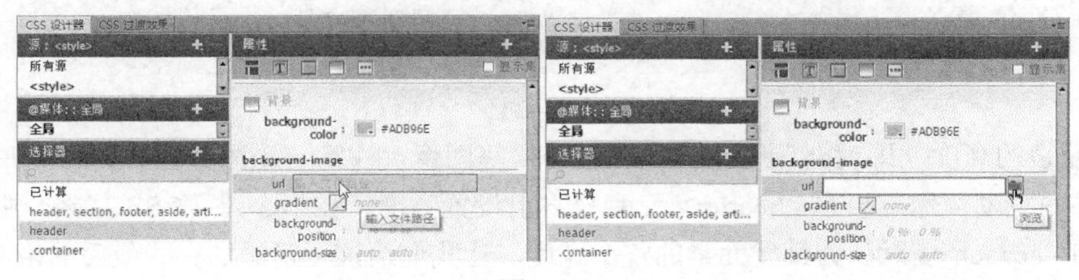

图4-22

7. 在“选择图像源文件”对话框中，导航到默认的图像文件夹并选择 banner.jpg，注意预览中的图像的尺寸。

该图像的尺寸为 950×130 像素。

> Dw **注意：**你可能需要修改文件夹显示，以查看图像的像素尺寸。在 Windows 中，可以将鼠标指针悬停在图像上，以显示它的大小。在 Mac 上，可以在对话框内选择列视图。

8. 单击“确定”/“打开”按钮，选择背景图像。

背景图像默认会在垂直和水平两个方向上重复。目前，这不是一个问题，但是为了确保这种行为不会在将来导致任何不想要的效果，将需要更改重复规范。

9. 在 background-repeat 选项中单击 no-repeat 图标（如图 4-23 所示）。

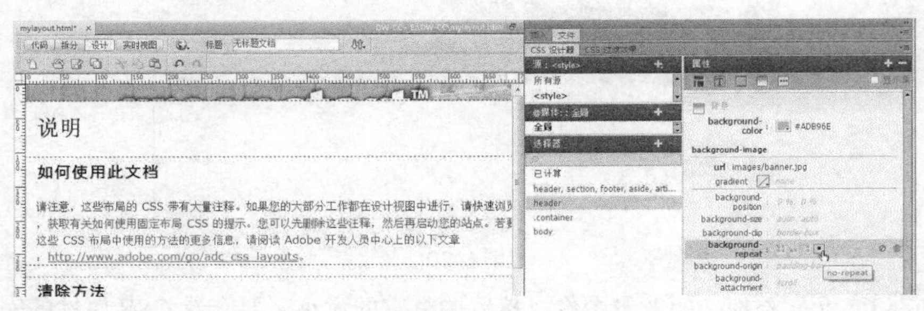

图4-23

背景图像将出现在 <header> 元素中。该元素足够宽，但是其高度不足以显示完整的背景图像。由于背景图像并不是真正插入在元素中，它们不会对容器的大小产生好或坏的影响。为了确保 <header> 足够大以显示整幅图像，需要给 header 规则添加高度规范。

10. 如果必要，可以在“选择器”窗格中选择 header 规则。然后在“属性”窗格中，单击“布局”（▇）图标。

“属性”窗格将提供可以设置的 CSS 布局规范的列表。

11. 在“布局”类别的 height 框中，从度量单位弹出式列表中选择 px。然后输入 130，并按下 Enter/Return 键（如图 4-24 所示）。

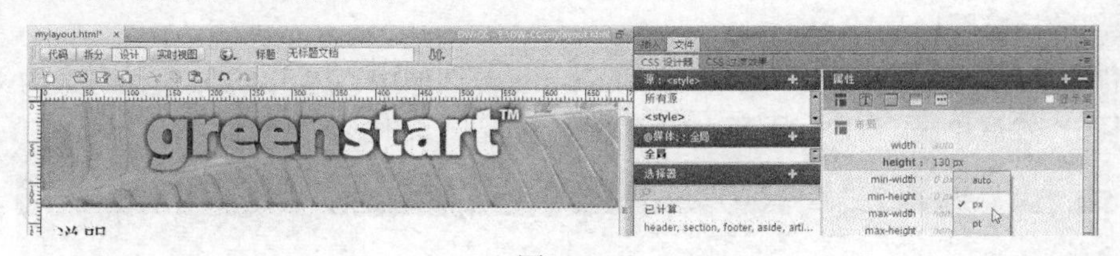

图4-24

<header> 元素的高度立即就会调整，显示完整的横幅图像。注意：该图像比容器稍窄一些，以后将调整布局的宽度，你不想在 <header> 元素自身上设置宽度。在第 3 课“CSS 基础”中学到，块元素（比如 <header>）默认为其父元素的整个宽度。让我们给该元素添加一些最后的格调。

你可能注意到 <header> 元素已经包含一种与站点配色方案并不真正匹配的背景色，让我们应用一种相配的背景色。

12. 在“属性”窗格中，单击“背景”类别图标。利用“#090”替换现有的 background-color 规范，并按下 Enter/Return 键完成更改（如图 4-25 所示）。

图4–25

从横幅的右边缘提取一点背景色，但是一旦调整了布局的宽度，根本就不会看到该颜色，除非背景图像无法加载。像这样添加背景色是一种常见的预防措施，因为某些设备或浏览器默认可能不会加载图像和 / 或背景图形。

13. 选择“文件”>“保存”。

4.8　插入新成分

线框设计显示了在当前布局中不存在的两个新元素。第一个包含蝴蝶图像,第二个包含水平导航栏。你注意到蝴蝶如何实际地叠盖住标题和水平导航栏吗？可以使用多种方式实现这种效果。在这里，绝对定位（absolutely positioned，AP）的 <div> 将工作得很好。

> **注意：**为了更好地理解这种技术是如何工作的，可以在“拆分”视图中试验这个步骤。

1. 如果必要，可以在标题中插入光标。然后选择 <header> 标签选择器，并按下向左的箭头键一次。这个过程将在 HTML 代码中的 <header> 开始标签之前插入光标。如果按下向右的箭头键，光标将移到 </header> 封闭标签的外面。记住这种技术——在 Dreamweaver 中，当你想在某个代码元素的前面或后面的特定位置插入光标时，将频繁使用它，而不必求助于“代码”视图。总是要记得 Web 页面实际上是由通过 HTML 代码和 CSS 定义的元素创建的。知道如何以正确的方式创建、编辑和插入元素将导致干净、无错的代码。

绝对定位的 div（AP-div）过去在 Dreamweaver 的以前版本中是一个流行的特性，但是在最新版本中不建议使用内置的工作流程。这种变化主要是为了响应行业范围的从固定宽度和绝对定位的成分向灵活、流畅设计的转变。但是，对于当前站点内的这个应用程序，AP-div 仍然是一个有效的选项。我们将在后面探讨为移动设备处理这个元素的方式。

2. 选择“插入”> Div。

出现“插入 Div”对话框。AP-div 将是这个页面上的唯一一个 div，它的定位和格式化将是独特的。让我们使用一个 ID 来命名元素。

> **注意：**在过去，广泛使用 AP-div 创建高度结构化的、固定布局的 Web 设计。近年来，由于支持手机和其他移动设备的需求日益增加，这种技术的使用显著减少了。对于某些应用程序，AP-div 仍然很方便。

3. 在 ID 框中输入“apDiv1”。

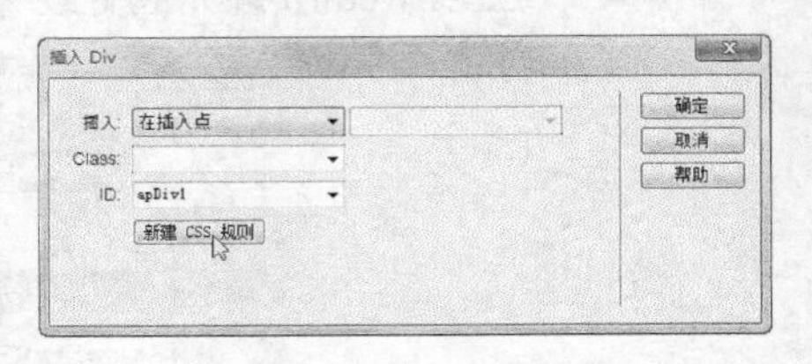

图4–26

“插入 Div”对话框允许立即创建 CSS 规则，格式化 AP-div。

4. 单击“新建 CSS 规则”按钮（4-26 所示）。

出现“新建 CSS 规则”对话框。ID“apDiv1”将自动出现在“选择器名称”框中。基于 ID 的选择器具有最高的特征，因此在这个对话框中创建的格式化将不会影响任何其他的元素。

5. 单击“确定”按钮，创建 CSS 规则。

显示“#apDiv1 的 CSS 规则定义”对话框。这个对话框允许快速创建 AP-div 所需的 CSS 规范。

6. 选择“方框”类别。在 Width 框中输入 170，并选择 px 作为度量单位。然后在 Height 框中输入 158（如图 4-27 所示）。

这些设置用于设置将保存蝴蝶标志图像的 div 的宽度和高度。

7. 取消选中用于 Margin 的“全部相同”复选框。

8. 在 Top 和 Left 边距框中输入 15 px。

这些设置有助于相对于布局的上边和左边在正确的位置定位 AP-div。但是，所有设置中最重要的设置是在“定位”类别中。

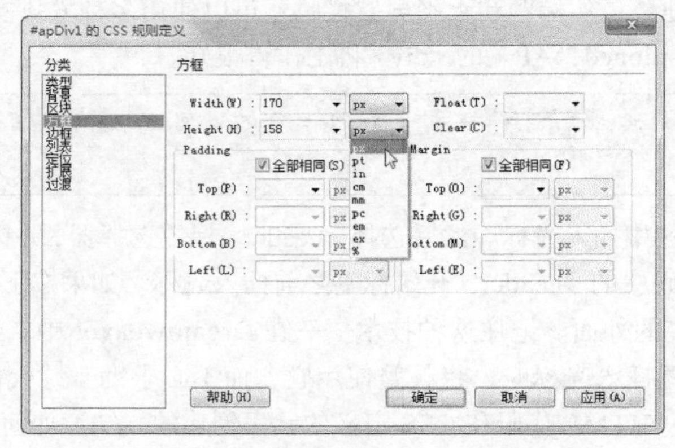

图4–27

9. 选择“定位”类别，并从 Position 弹出式菜单中选择 absolute。

通过选择 absolute 选项，将从常规的文档流中有效地删除元素。绝对定位的元素可以放在其父结构内的几乎任何位置，而不管页面上还有其他什么元素。

一旦绝对地定位了 div，就必须决定它是出现在其他元素的上面还是下面。控制这个特性（attribute）的属性（property）是 **Z 索引**（z-index）。通常，布局中的所有元素都出现相同的层级中，它们的 Z 索引都为零（0）。但是，AP-div 需要浮动在其他元素之上。通过给 AP-div 提供一个大于 0 的 Z 索引，可以确保它出现在其他元素的上面。

10. 在 Z-Index 框中输入 1，然后单击“确定”按钮，完成规则定义。

这将会关闭“CSS 规则定义”对话框，并且再次显示“插入 Div”对话框。

11. 单击“确定”按钮，插入 AP-div（如图 4-28 所示）。

AP-div 出现在布局中，并且显示占位符文本“此处显示 id‘apDiv1’的内容”，它处于选取状态，并且准备好被替换。

12. 按下 Delete 键，删除占位符文本。

13. 选择“插入”>“图像”>“图像”。导航到默认的图像文件夹，并且选择 butterfly-ovr.png。

14. 单击“确定”/“打开”按钮（如图 4-29 所示）。

图4-28

图4-29

蝴蝶标志出现在 AP-div 中。由于绝对定位和 Z 索引，蝴蝶出现在横幅和其他布局元素上面。

出于可访问性的目的，最佳的 Web 实践要求使用替换文本描述图像。可以直接在“属性”检查器中输入这个属性。

15. 在“属性”检查器中，在“替换”文本框中输入“GreenStart Logo”，然后保存文件。

<div#apDiv1> 完成了。现在，让我们添加另一个新成分，它将保存站点设计规范中所示的水平导航系统。垂直导航菜单将保存指向组织的产品和服务的链接；水平导航系统则将用于链接回组织的主页、使命宣言和联系信息。

4.9 插入导航成分

在 HTML 4 中，你可能把链接插入到另一个 <div> 元素中，并且使用 class 或 id 属性将其与文件中的其他 <div> 元素区分开。作为替代，HTML5 提供了一个专用于这类成分的新元素：<nav>。

1. 在标题中插入光标，单击 <header> 标签选择器，然后按下向右的箭头键。

光标现在应该出现在 </header> 结束标签之后。

2. 选择“插入”>“结构”>Navigation。

显示“插入 Navigation”对话框。

3. 在 Class 框中输入“top-nav”，然后单击“新建 CSS 规则”按钮。

显示“新建 CSS 规则”对话框。

4. 单击“确定”按钮，创建 top-nav 类。

显示“.top-nav 的 CSS 规则定义”对话框。

5. 在“类型”类别中，在 Font-size 框中输入 90，并从弹出式列表中选择百分号（%）。然后在

Color 框中输入 #FFC，并从 Font-weight 弹出式列表中选择 bold（如图 4-30 所示）。

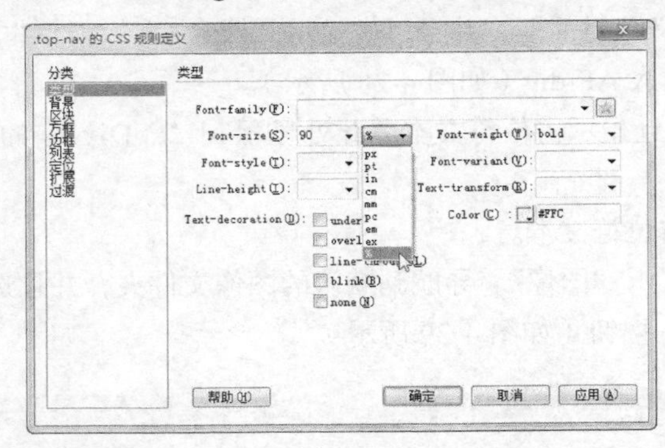

图4–30

6. 选择“背景”类别，并在 Background-color 框中输入 #090。
7. 在“区块”类别中，从 Text-align 弹出式列表中选择 right。
8. 在“方框”类别中，取消选中用于 Padding 的“全部相同”复选框。然后在 Top 填充框中输入 5 px；在 Right 填充框中输入 20 px；并在 Bottom 填充框中输入 5 px。
9. 在“边框”类别中，取消选中用于 Style、Width 和 Color 的“全部相同”复选框。然后只在相应的 Bottom 边框文本框中分别输入以下值：solid、2 px、#060。

> Dw **提示：**为了在 Bottom 框中输入不同的值，记住首先要在每个区域中取消选中“全部相同”复选框。

10. 在“CSS 规则定义”对话框中单击“确定”按钮，然后在“插入 Navigation”对话框中单击“确定”按钮。

此时将出现一个 <nav> 元素，其中显示占位符文本“此处显示 class‘top-nav’的内容”。新元素和占位符文本已经基于你在 CSS .top-nav 规则中创建的规范进行了格式化。

> Dw **注意：**<nav> 元素是 HTML5 中新增的。如果需要使用 HTML 4，参见本课程前面的框注“替代的 HTML 4 工作流程”。

11. 输入“Home | About Us | Contact Us”替换占位符文本。在“属性”检查器中，从“格式”弹出式菜单中选择“段落”，如图 4-31 所示）。

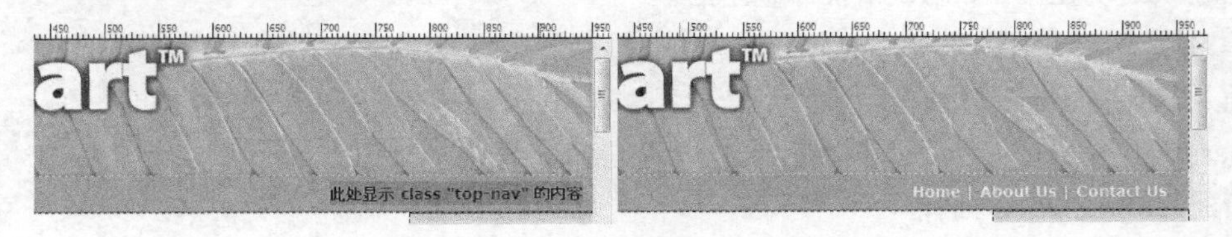

图4–31

在第 9 课“处理导航”中将把这些文本转换为实际的链接。目前，让我们创建一个新的 CSS 规则，格式化这个元素。

12. 按下 Ctrl+S/Cmd+S 组合键保存文件。

可以看到，向 CSS 布局中添加新成分相当容易，这使它们成为新项目的良好起点。在下面的练习中，将探讨用于自定义一种预定义的布局的其他方式。

4.10 更改元素对齐方式

提议的设计要求侧栏出现在页面的左侧，但是这种布局将把它放在右侧。不过，调整布局比你可能所想的要容易许多。第一步是确定现有的什么 CSS 规则负责当前的对齐方式。

1. 如果必要，可以选择“窗口”>“CSS 设计器”，以显示该面板。

“CSS 设计器”通过创建和编辑 CSS 规则，提供了格式化 HTML 成分的能力。但是，也可以使用它来检查现有的样式。如果单击列表中的选择器，“属性”窗格将显示规则中包含的格式化。

2. 在“设计”视图中，在右边的侧栏中的任意位置插入光标。

3. 检查“CSS 设计器”的“选择器”窗格（如图 4-32 所示）。

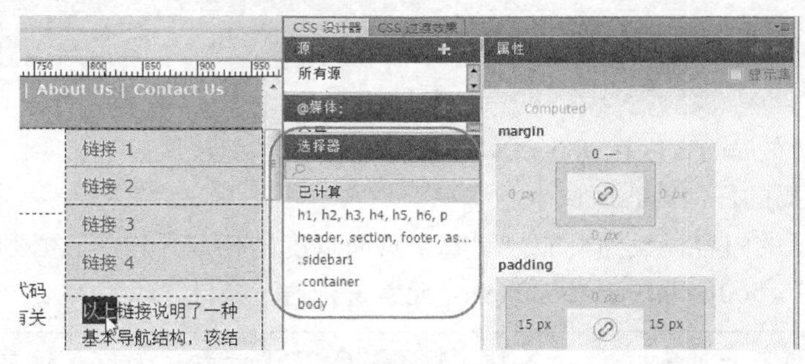

图4-32

“选择器”窗格将显示所有（甚至最低限度地）对目标元素起作用的 CSS 规则的列表，并且位于列表顶部的规则将具有最强烈的影响。该列表还具有“已计算”选项，选择这个选项将显示列表中所有规则的聚合格式化。

4. 在“选择器”窗格中，选择 body 规则。然后在“属性”窗格中，选中“显示集”选项。

“显示集”选项将限制“属性”窗格只显示通过所选的规则设置的属性。

5. 单击列表中的每个规则，直至找到一个控制浮动属性的规则为止（如图 4-33 所示）。

.sidebar1 规则应用 float:right 属性。

6. 选择 .sidebar1 规则，并且把 float 属性从 right 改为 left。

侧栏将移到布局的左边。

7. 保存文件。

每一次修改都会使布局更接近于站点设计。

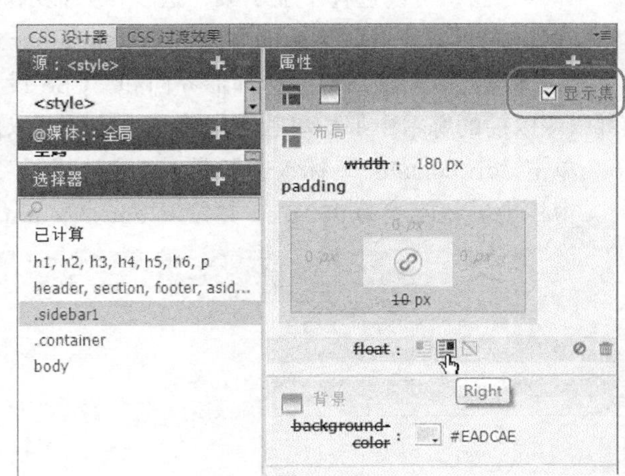

图4-33

4.11 修改页面宽度和背景色

在把这个文件转换成项目模板之前，让我们缩紧格式化效果和占位符文本。例如，必须修改页面宽度以匹配横幅图像。但是，首先必须确定控制页面宽度的 CSS 规则。

1. 如果必要，可以选择“查看” > “标尺” > “显示”，或者按下 Alt+Ctrl+R/Option+Cmd+R 组合键，在“设计”窗口中显示标尺。

可以使用标尺度量 HTML 元素或图像的宽度和高度。标尺的方位默认为“设计”窗口的左上角。为了提供更大的灵活性，可以把这个零点设置为“设计”窗口中的任意位置。

2. 把光标定位在水平和垂直标尺的轴点上，然后把十字线拖到当前布局中的标题元素的左上角，并且注意布局的宽度。（如图 4-34 所示）。

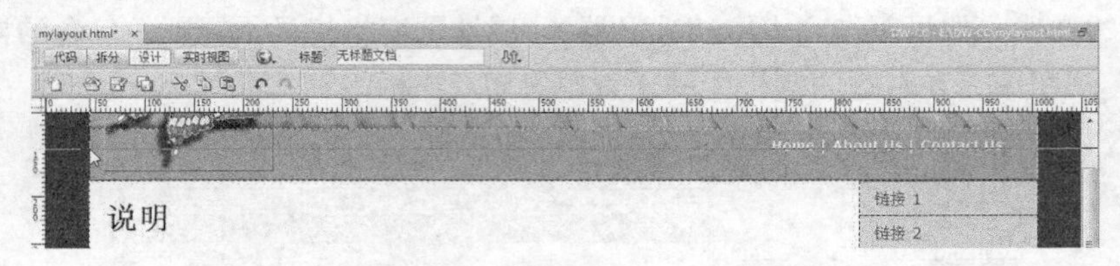

图4–34

使用标尺，可以看到布局的宽度在 960 ～ 970 像素之间。

3. 把光标插入到布局的任何内容区域中。

观察标签选择器显示的内容，找到可能控制整个页面宽度的任何元素；它必须是一个包含所有其他元素的元素。只有 <body> 和 <div.container> 元素符合这个条件。

> Dw **注意**：在选择每个标签选择器时，观察“CSS 设计器”如何显示更新信息，以显示任何应用的样式。

4. 单击文档窗口底部显示的每个标签选择器，检查“CSS 设计器”中为每个元素显示的“属性”窗格。如果必要，可以选择“显示集”选项，只显示应用的属性。

你能确定控制整个页面宽度的规则吗？ .container 规则似乎匹配描述；它包含 width: 960px 描述。目前，你应该擅长使用标签选择器界面和“CSS 设计器”来应用 CSS 样式。

可以像以前的练习中那样单独编辑规则，或者可以使用“已计算”选项内显示的信息。

5. 单击 <div.container> 标签选择器。在“选择器”窗格中，选择“已计算”选项。然后在“属性”窗格中把宽度改为 950 px，并按下 Enter/Return 键，完成规范（如图 4-35 所示）。

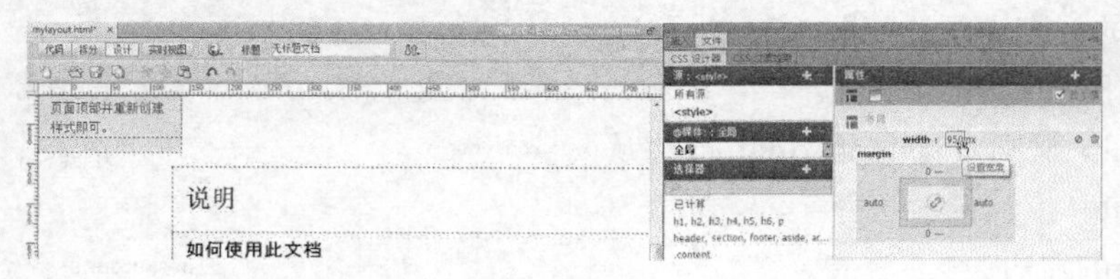

图4–35

<div.container> 元素现在将匹配横幅图像的宽度，但是你可能注意到在你更改总宽度时出现了未预

料到的后果。在我们的示例中，主要内容区域移到了侧栏下面。为了理解所发生的事情，你将不得不做一个快速的调查。

6. 在“CSS 设计器”面板的“源”窗格中，选择 <style>。

这将显示当前页面中定义的所有 CSS 规则。此时，所有的规则都嵌入在 <head> 区域中。

7. 单击 .content 规则，并检查其属性。注意它的宽度：780 像素。

8. 单击 .sidebar1 规则，并检查其宽度：180 像素。

结合起来，两个 <div> 元素的总宽度是 960 像素，与布局的原始宽度相同。元素太宽了，以至于在主容器中无法并排放在一起，从而会引起意想不到的偏移。这种类型的错误在 Web 设计中很常见，并且很容易通过调整任何一个子元素的宽度来加以修复。

9. 在“CSS 设计器”面板中，单击 .content 规则。然后在面板的“属性”区域中，把宽度改为 770 px。

<div.container> 元素将移回其计划的位置。这很好地提示页面元素的大小、位置和规范具有重要的相互作用，它们可能会影响元素和整个页面的最终设计和显示。

当前的页面背景色无益于总体设计，让我们删除它。

10. 在“CSS 设计器”中，选择 body 规则。在“背景”类别中，把 background-color 改为 #FFF，并按下 Enter/Return 键。

> Dw **注意**：删除背景色将给人留下页面的内容区域渐渐扩展得很宽的印象。你可以给 <div.container> 提供一种不同的背景色，或者只是简单地添加边框，给内容元素提供明确的边缘。让我们给元素添加一条细边框。

11. 在“CSS 设计器”中，选择 .container 规则。如果必要，可以在“属性”窗格中选中“显示集”选项。

> Dw **提示**：在输入时，可以随时从提示列表中选择想要的属性。可以使用鼠标双击或者利用向下的箭头键选择列表中的属性，然后按下 Enter/Return 键。

12. 单击“添加 CSS 属性”（+）图标。

此时，“属性”窗格中将出现一个空框。

13. 输入“border”，并按下 Enter/Return 键，创建新属性。

出现一个空值框。

14. 输入“solid 2px #090”，并按下 Enter/Return 键，创建新值（如图 4-36 所示）。

图4-36

> Dw **提示**：在许多情况下，可以像显示的那样手动输入值，或者从“属性”窗格内显示的选项中选择它们。

在 <div.container> 周围将出现一条深绿色边框。

15. 保存文件。

4.12 修改现有的内容和格式化效果

可以看到，CSS 布局已经具有垂直的导航菜单。普通超链接只是占位符，等待你输入最终内容。让我们更改菜单中的占位符文本以匹配前面创建的缩略图中简述的页面，以及修改颜色以匹配站点的配色方案。

1. 选取第一个菜单按钮中的占位符文本“链接 1”，并输入“Green News”。然后把“链接 2”改为“Green Products”，把“链接 3”改为“Green Events”，并把“链接 4”改为“Green Travel”。

使用项目列表作为导航菜单的优点之一是很容易插入新的链接。

2. 仍然把光标定位在单词“Green Travel”的末尾，按下 Enter/Return 键。然后输入“Green Tips”（如图 4-37 所示）。

新文本出现在类似于按钮的结构中，但是背景色不匹配，并且文本也没有与其他菜单项对齐。你可能在“设计”视图中查明是什么出错了，但是在这里，可以在“代码”视图中更快地确定问题。

图4–37

3. 单击新链接项目的 <li> 标签选择器，并选择“代码”视图。观察菜单项，并且比较前 4 项与最后一项。你可以看出它们之间的区别吗（如图 4-38 所示）？

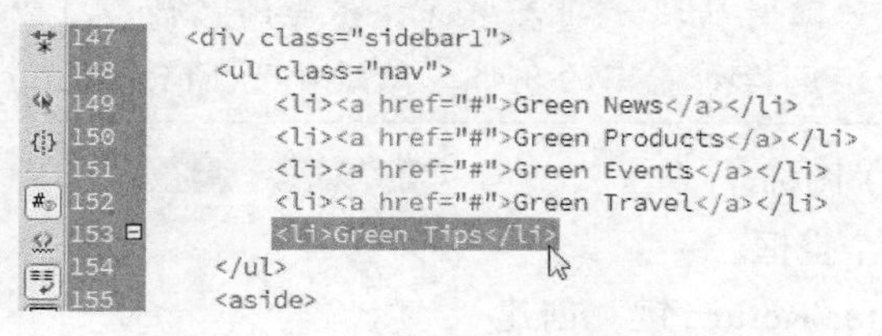

图4–38

“代码”视图中的区别很明显。最后一项像其他项一样是利用 <li> 元素格式化的——作为项目列表的一部分，但是它没有在其他项目中用于创建超链接占位符的 <a href="#"> 标记。为了使“Green Tips”看起来像其他菜单项一样，必须添加一个超链接，或者至少要添加类似的占位符。

4. 选取文本“Green Tips”。在 HTML“属性”检查器中的“链接”框中，输入 # 并按下 Enter/Return 键。

所有菜单项中的代码现在将完全相同。

5. 切换到“设计”视图。

所有的菜单项现在都完全相同地进行了格式化。在第 5 课“使用层叠样式表”中，你将学习关于如何利用 CSS 格式化文本以创建动态 HTML 菜单的更多知识。

当前的菜单颜色与站点的配色方案不匹配。为了更改颜色，让我们使用“CSS 设计器”找出哪个

CSS 规则控制这种格式化效果。

6. 在任何菜单项中插入光标。如果必要,可以在“CSS 设计器”的“选择器”窗格中选择“已计算”选项。如果必要，可以在“属性”窗格中选择“显示集”选项（如图 4-39 所示）。

“属性”窗格将显示分配给导航菜单的属性。通过使用“已计算”选项，将可以在一个位置看到所有适用规则的聚合样式，使得可以轻松地执行想要的改变。

但是要小心，在某些情况下，显示的样式可能不会直接影响元素，而是通过继承施加影响。如果改变“已计算”选项内的规范，所做的改变将会影响适用的规则。要知道的是，这样的修改可能产生不想要的结果，并且可能会改变页面上的其他元素。要注意观察任何意想不到的后果。

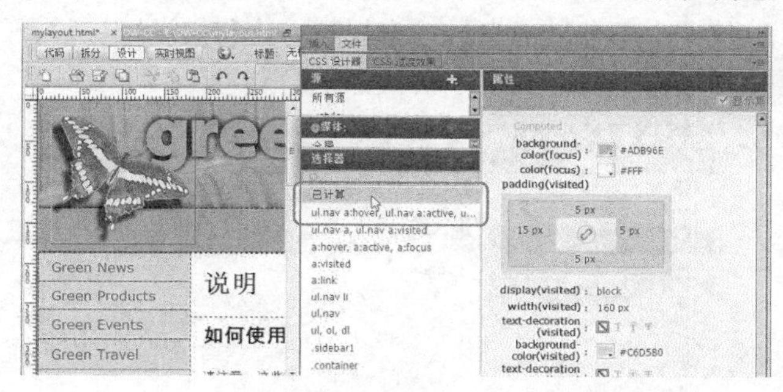

图4-39

在执行任何更改之前，了解将如何把一些规则应用于页面元素是重要的。如果仔细查看“属性”窗格中的“已计算”选项,将会注意到对元素应用了多种背景色（如图 4-40 所示）。怎么能这样呢?

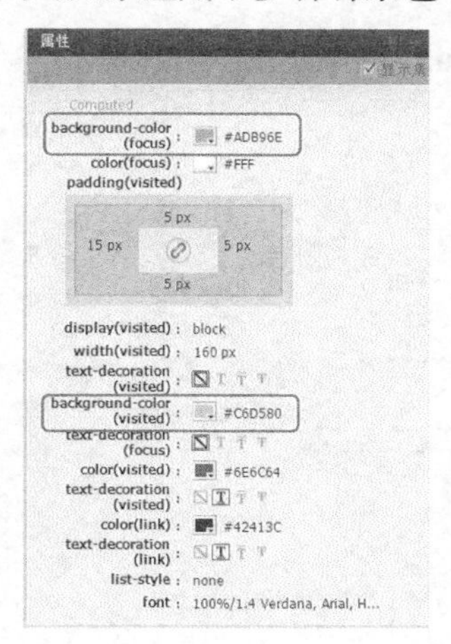

图4-40

你将看到两种背景色的原因是：因为项目是一个超链接，它将实际地改变格式化效果，以响应用户交互。当用户把他的鼠标移到菜单项上时，背景色将改变。当用户访问一个链接时，它也可以改变。尽管在这里，菜单会为访问过的或者未被访问的链接显示相同的颜色。在第 5 课“使用层叠样式表”中，将会探讨如何应用这些不同的效果。目前，我们只改变链接的默认状态。

7. 在“属性”窗格中，把 background-color (visited) 改为 #090，并按下 Enter/Return 键。

菜单项的背景色现在将匹配水平的 <nav> 元素。但是，黑色文本在绿色的背景色上难以阅读。在水平菜单中可以看到，较淡的颜色将更合适。让我们也改变链接的文本颜色。

如果检查 <li> 的“已计算”属性，将会注意到为它设置了 4 个不同的“颜色”属性。每个属性都会应用于菜单项中的文本，并且在某些情况下会被它们所继承。不过，在改变其中任何属性的颜色之前，应该检查各个规则，以确定正确的规则。

在这个示例中，最重要的规则是列表中的第 1 个和第 2 个规则。它们都应用于垂直菜单中的链接文本。目前，只需要改变链接本身的默认颜色。

8. 选择 nav a, nav a:visited 规则，并且检查分配给它的属性。

该规则没有颜色规范。链接文本颜色继承自另一个规则。让我们设置一种新的颜色规范。

9. 单击“添加 CSS 属性”（■）图标（如图 4-41 所示）。

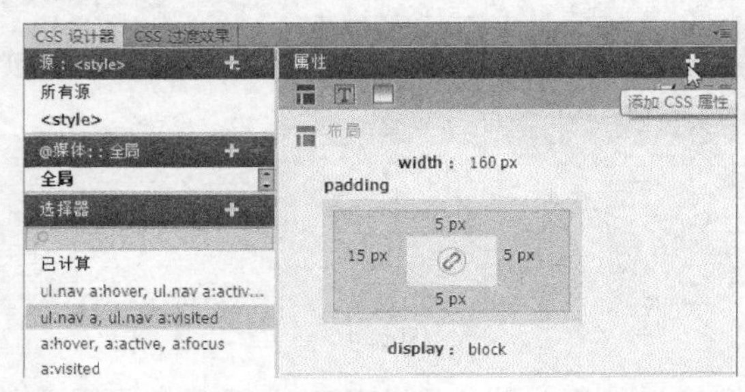

图4–41

出现一个新属性框。

10. 输入“color”，并按下 Enter/Return 键（如图 4-42 所示）。

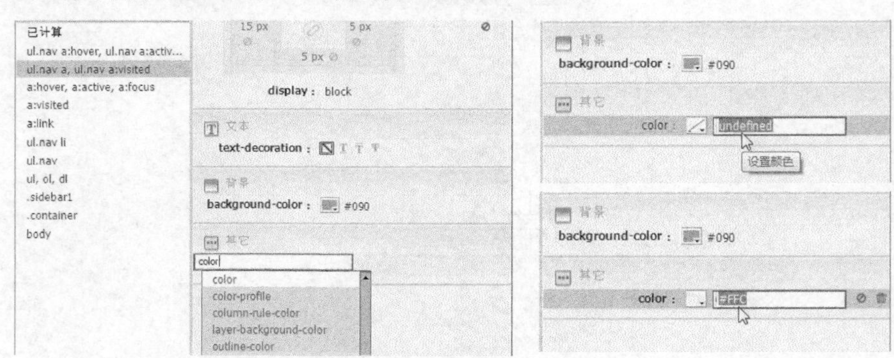

图4–42

此时，将出现一个新的颜色属性，它具有一个空值。

11. 单击“*undefined*”标签，然后输入“#FFC”，并按下 Enter/Return 键。

链接文本没有像期望的那样改变颜色。不幸的是，Dreamweaver 忽略了样式表中的一个问题。“设计”视图中显示的超链接目前支持 a:link 规则中的格式化，该规则对页面上的超链接应用默认的格式化。但是，“CSS 设计器”在列表中的较高位置显示 nav a, nav a:visited，而它会关闭文本修饰。觉得糊涂吗？选择器 a 和 a:link 被指望是等价的，它们都会格式化超链接的默认状态。然而，在 a 与 a:link 之间的战争中，后者总会胜出。那么，为什么 nav a, nav a:visited 规则在列表中的顺序要高于 a:link 呢？这是由于该规则结合了两个选择器：nav a 和 nav a:visited。尽管属性 a:visited 的特征值等于 a:link，但是结合两个选择器使该规则的评级将高于只具有一个选择器的规则（即使规则的一部分实际上具有较低的特征值）。无论出于什么原因，链接仍然会被错误地格式化。幸运的是，很容易修正它。

12. 在“CSS 设计器”中，在“源”面板中选择 <style>。在“选择器”窗格中，单击 nav a, nav a:visited 规则。如果再次单击该选择器，它的名称将变成可编辑的。

> **注意：**CSS 标记 a:link 是用于格式化多种默认的超链接行为的 4 种伪选择器之一。在第 5 课“使用层叠样式表”中，将学到关于这些伪选择器的更多知识。

13. 把 nav a 改为 nav a:link，并且按下 Enter/Return 键，完成选择器（如图 4-43 所示）。

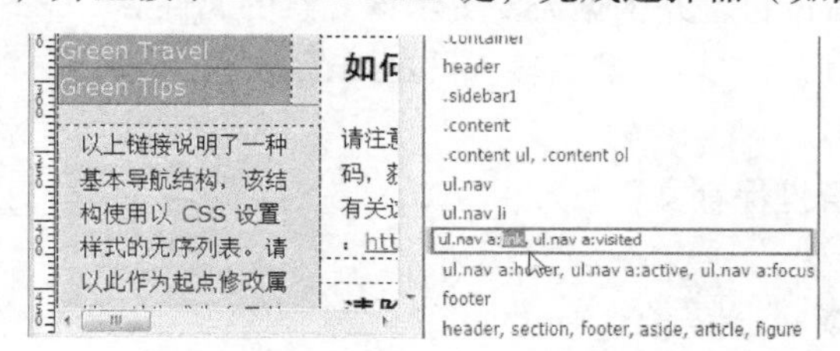

图4-43

现在将以想要的颜色显示垂直菜单中的链接文本，并且下画线会消失。

14. 保存文件。

4.13 插入图像占位符

侧栏将具有关于环境主题的照片、文字说明以及简短的介绍。让我们在垂直菜单下面插入占位符图像和文字说明。Dreamweaver 不再提供一种内置的特性用于创建图像占位符，但是可以使用“快速标签编辑器”或者直接在“代码”视图窗口中插入代码来创建它。这里将使用下面的步骤创建图像占位符。

1. 在垂直菜单下面的文字中插入光标。然后单击 <p> 标签选择器。

不应该把占位符图像插入在 <p> 元素内。如果这样做的话，它将继承应用于段落的任何边距、填充及其他格式化效果，这可能导致它破坏布局。

2. 按下向左的箭头键。

在前面的练习中看到，光标将移到代码中的 <p> 开始标签的左边，但是会保留在 <aside> 元素内。

> **提示：**每当你不确信光标插入在哪里时，都可以使用“拆分”视图。

3. 按下 Ctrl+T/Cmd+T 组合键，打开“快速标签编辑器”。

显示“快速标签编辑器”，并将文本光标插入在标签的尖括号内。

4. 输入 img，并按下空格键。

5. 输入 id="Sidebar" src="" width="180" height="150" alt="Alternate text goes here"，并按下 Enter/Return 键，完成图像占位符（如图 4-44 所示）。

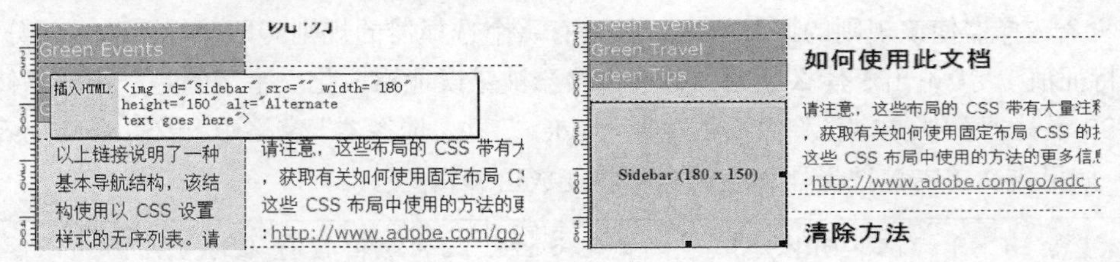

图4-44

图像占位符将出现在垂直菜单下面的 <div.sidebar1> 中。当使用这种布局为实际的站点创建页面时，将用实际的图像替换图像占位符，并根据需要更新该元素的属性。

6. 选取图像占位符下面的所有文本，然后输入“Insert caption here”。

文字说明占位符将替换文本。

7. 按下 Ctrl+S/Cmd+S 组合键保存文件。

4.14 插入占位符文本

让我们通过替换主要内容区域中现有的标题和文本来简化布局。

1. 双击以选取标题“说明”，然后输入“Insert main heading here”替换该文本。
2. 选取标题“如何使用此文档”，然后输入“Insert subheading here”替换该文本。
3. 选取同一个 <section> 元素中的占位符文本，然后输入“Insert content here.”替换它（如图 4-45 所示）。

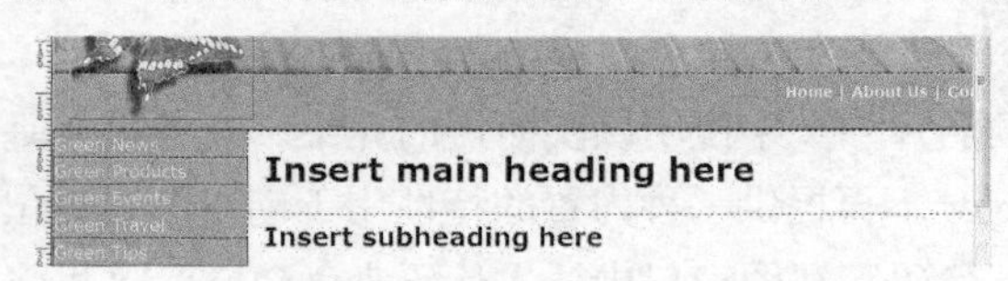

图4-45

4. 在下一个区域中插入光标，单击 <section> 标签选择器，并按下 Delete 键。然后选取并删除其余两个 <section> 元素及其内容。
5. 按下 Ctrl+S/Cmd+S 组合键保存文件。

4.15 修改脚注

让我们重新格式化脚注，并插入版权信息。

1. 在“CSS 设计器”面板的“源”窗格中选择 <style>，然后在“选择器”窗格中选择 footer 规则。
2. 将 background-color 改为 #090。
3. 单击“添加 CSS 属性”（+）图标。输入“font-size”，并按下 Enter/Return 键。
4. 单击值框以编辑它。从弹出式菜单中选择 %，并在值框中输入“90”（如图 4-46 所示），然后按下 Enter/Return 键。

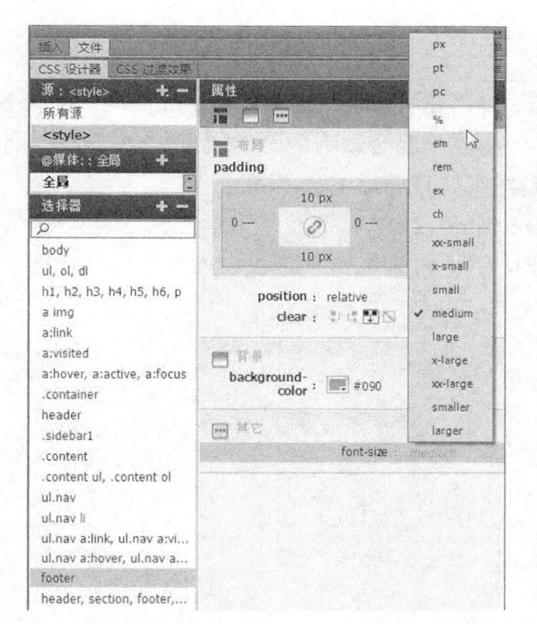

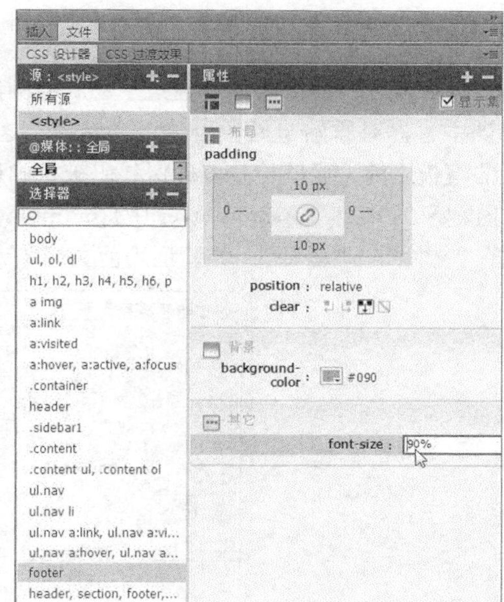

图4–46

5. 单击“添加 CSS 属性”图标。输入“color”，并按下 Enter/Return 键。
6. 单击值框以编辑它。在值框中输入“#FFC”，并按下 Enter/Return 键。
7. 选取脚注中的占位符文本，并输入“Copyright 2013 Meridien GreenStart. All rights reserved.”。
8. 删除脚注底部的 <address> 元素。
9. 按下 Ctrl+S/Cmd+S 组合键保存文件（如图 4-47 所示）。

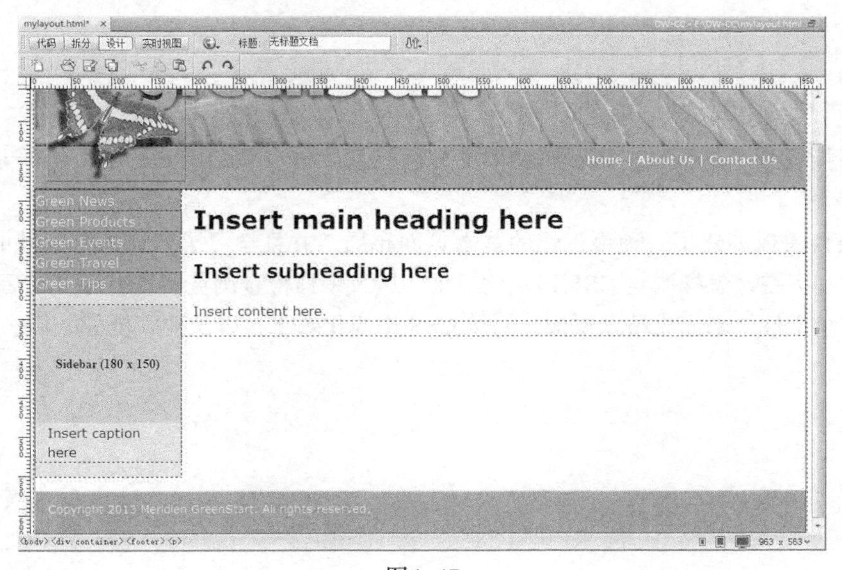

图4–47

这样就完成了基本的页面布局。

4.16 验证 Web 页面

Dreamweaver 包括的 CSS 布局都经过了彻底的测试,可以在所有现代的浏览器中完美地工作。不过，在这一课中，你对原始布局做出了重大修改。这些修改可能会影响代码的质量。在把这个页面用作项目的模板之前，应该检查以确保代码被正确地组织并且满足 Web 标准。

1. 如果必要，可以在 Dreamweaver 中打开 mylayout.html 文件。
2. 选择“文件” > “验证” > “验证当前文档（W3C）”（如图 4-48 所示）。

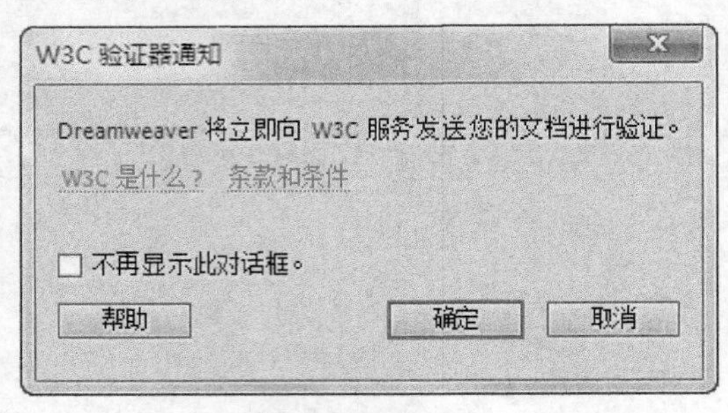

图4-48

显示“W3C 验证器通知”对话框，指示将把文件上传给 W3C 提供的在线验证器服务。在单击“确定”按钮前，将需要一条活动的 Internet 连接。

3. 单击“确定”按钮，上传文件以进行验证（如图 4-49 所示）。

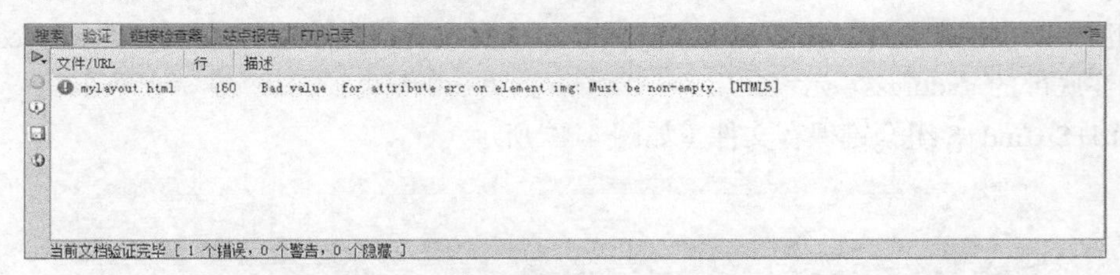

图4-49

稍等片刻，将接收到一份报告，指示布局中的任何错误。你应该会看到的唯一错误是用于图像占位符的空 src 属性。

祝贺！你为项目模板创建了一种可工作的基本页面布局，并且学习了怎样插入额外的成分、图像占位符、文本和标题，怎样调整 CSS 格式化效果，以及怎样检查浏览器兼容性。在后面的课程中，将继续处理这个文件，来完成站点模板，调整 CSS 格式化效果，以及建立模板结构。

复习

复习题

1. 在开始任何 Web 设计项目之前，你应该询问哪 3 个问题？
2. 使用缩略图和线框的目的是什么？
3. 插入横幅作为背景图像的优点是什么？
4. 在不使用“代码”视图的情况下，怎样在元素的前面或后面插入光标？
5. “CSS 设计器”怎样帮助设计 Web 站点的布局？
6. 使用基于 HTML5 的标记提供了什么优点？

复习题答案

1. Web 站点的目的是什么？顾客是谁？他们怎样到达这里？这些问题以及它们的答案在帮助你开发站点的设计、内容和策略时是必不可少的。
2. 缩略图和线框是用于草拟出站点的设计和结构的快速技术，这样就不必浪费许多时间编码示例页面。
3. 通过插入横幅或其他较大的图形作为背景图像，使容器可以自由地存放其他内容。
4. 使用标签选择器选择一个元素，然后按下向左或向右的箭头键，把光标移到所选的元素之前或之后。
5. “CSS 设计器”可以担任 CSS 侦探的角色。它允许你调查哪些 CSS 规则在格式化所选的元素，以及怎样应用它们。
6. HTML5 引入了新的语义元素，有助于简化代码创建和样式编排。这些元素还允许搜索引擎（比如 Google 和 Yahoo）更快、更有效地对页面建立索引。

第5课 使用层叠样式表

课程概述

在这一课中，将在 Dreamweaver CC 中使用层叠样式表（CSS），并执行以下任务：

- 使用“CSS 设计器”管理 CSS 规则；
- 学习 CSS 规则设计的理论和策略；
- 创建新的 CSS 规则；
- 创建和应用自定义的 CSS 类；
- 创建后代选择器；
- 创建页面布局元素的样式；
- 把 CSS 规则移到外部样式表中；
- 为打印应用程序创建样式表。

完成本课将需要大约 2 小时的时间。在开始前，请确定你已经如本书开头的“前言”中所描述的那样把用于第 5 课的文件复制到了你的硬盘驱动器上。如果你是从零开始学习本课，可以使用“前言”中的“跳跃式学习”一节中描述的方法。

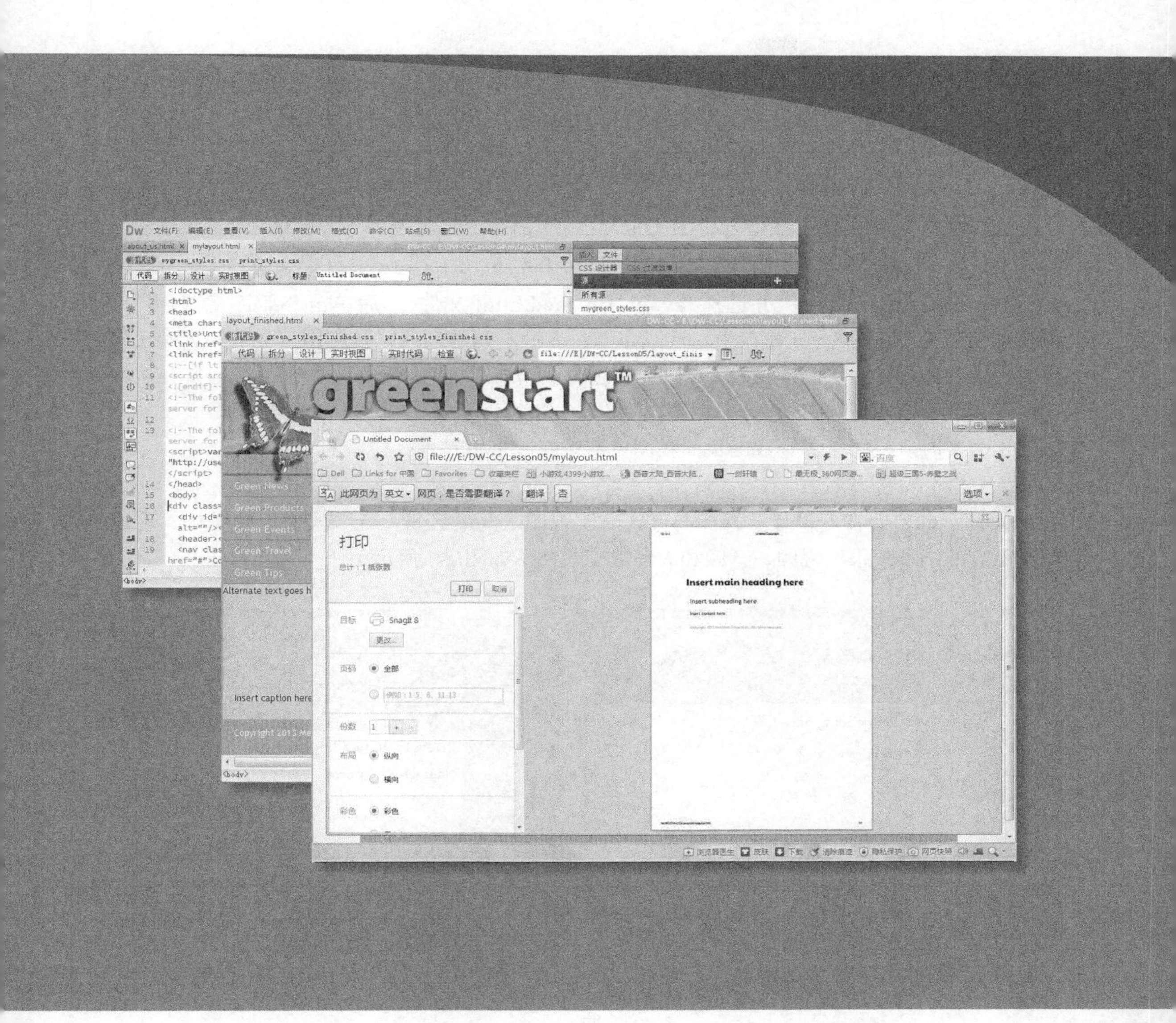

今天，依据 Web 标准设计的页面会把内容与格式化效果分隔开。格式化效果存储在层叠样式表（CSS）中，可以为特定的应用程序和设备快速更改和替换它们。

注意：如果你还没有把用于本课的文件复制到计算机硬盘上，那么现在一定要这样做。参见本书开头的“前言”中的相关内容。

5.1 预览已完成的文件

要查看你将在本课程中创建的完成的页面，可以在 Dreamweaver 中打开它。

注意：如果你是独立于本书中的其余各课来学习本课，可以参见本书开头的“前言”中给出的“跳跃式学习”的详细指导。然后，遵循下面这个练习中的步骤即可。

1. 启动 Dreamweaver，选择“文件”>“打开”或者按下 Ctrl+O/Cmd+O 组合键。

2. 导航到 Lesson05 文件夹，并选择 layout_finished.html 文件，然后单击“确定”/“打开”按钮。

页面将加载到 Dreamweaver 窗口中。注意布局、多种不同的颜色以及应用于文本和页面元素的其他格式——它们都是由层叠样式表（CSS）创建的。

3. 如果必要，可以切换到“设计”视图。

可以使用“实时”视图查看完成的页面在浏览器中看起来将是什么样子的。

4. 单击“实时视图”按钮。

注意页面显示的内容在“设计”视图与“实时”视图之间的区别。在“实时”视图中，可以测试和预览所有的图形效果、视频、音频和大多数交互性（如图 5-1 所示）。

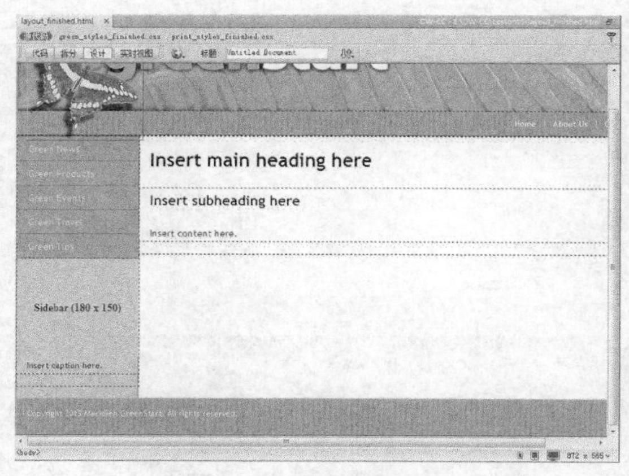

设计视图

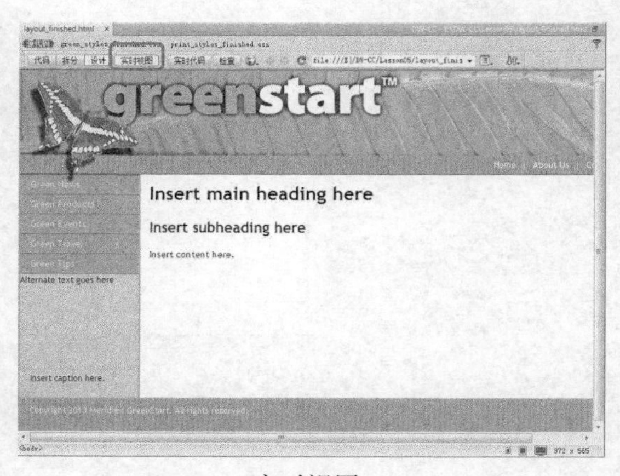

实时视图

图5–1

5. 把鼠标定位在垂直和水平菜单中的项目上，测试超链接的交互性。

当鼠标移到链接上以及离开链接时，菜单将显示不同的背景和文本颜色。

6. 关闭 layout_finished.html 文件。

5.2 使用“CSS 设计器”

在第 4 课“创建页面布局”中，你使用了 Dreamweaver 提供的 CSS 布局之一，开始构建项目站点的模板页面。这些布局具有底层结构和一整套预先定义的 CSS 规则，用于建立页面成分与内容的基本设计和格式化效果。

在本课程下面的练习中，你将修改这些规则，并添加新的规则，以完成站点设计。但是在你继续学习下面的内容之前，作为设计师，在可以有效地完成你的任务之前，理解现有的结构和格式化是一个至关重要的方面。此时，花几分钟的时间检查规则并了解它们在当前文档中所扮演的角色是很重要的。

1. 如果必要，从站点根文件夹中打开在第 4 课中创建的 mylayout.html。

> Dw | **注意**：如果你在这个练习中是从零开始的，可以参见本书开头的“前言”一节中的“跳跃式学习”中的指导。

2. 如果“CSS 设计器”面板不可见，可以选择“窗口” > “CSS 设计器”以显示它。如果必要，可以选择“窗口” > “工作区” > “扩展”（如图 5-2 所示）。

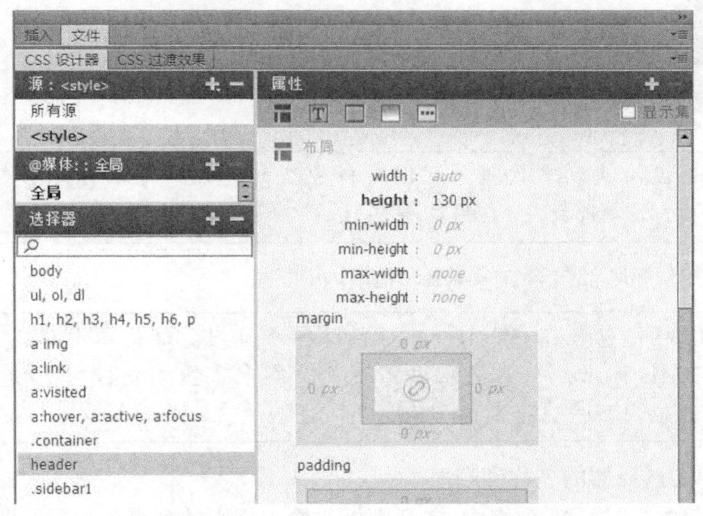

图5-2

“CSS 设计器”具有几个窗格，用于显示 CSS 结构和样式的不同方面。如果具有第二台显示器或者大量的屏幕空间，“扩展”工作区可以为“CSS 设计器”提供更多的空间来完成它的工作。在“源”窗格中，将会看到 <style> 标签，指示样式表嵌入在文档的 <head> 区域中。

3. 切换到“代码”视图，并定位 <head> 区域（开始于第 3 行）。定位元素 <style type="text/css">（第 6 行），并检查随后的代码条目（如图 5-3 所示）。

```
mylayout.html ×                                   DW-CC - E:\DW-CC\Lesson04\mylayout.html
代码 拆分 设计 实时视图   标题: Untitled Document
1  <!doctype html>
2  <html>
3  <head>
4  <meta charset="UTF-8">
5  <title>Untitled Document</title>
6  <style type="text/css">
7  <!--
8  body {
9      font: 100%/1.4 Verdana, Arial, Helvetica, sans-serif;
10     background-color: #fff;
11     margin: 0;
12     padding: 0;
13     color: #000;
14 }
15 /* ~~ Element/tag selectors ~~ */
16 ul, ol, dl { /* Due to variations between browsers, it's best practices to zero padding
   and margin on lists. For consistency, you can either specify the amounts you want here,
   or on the list items (LI, DT, DD) they contain. Remember that what you do here will
   cascade to the .nav list unless you write a more specific selector. */
17     padding: 0;
18     margin: 0;
19 }
20 h1, h2, h3, h4, h5, h6, p {
21     margin-top: 0;    /* removing the top margin gets around an issue where margins can
   escape from their containing block. The remaining bottom margin will hold it away from
   any elements that follow. */
22     padding-right: 15px;
23     padding-left: 15px; /* adding the padding to the sides of the elements within the
   blocks, instead of the block elements themselves, gets rid of any box model math. A
   nested block with side padding can also be used as an alternate method. */
24 }
25 a img { /* this selector removes the default blue border displayed in some browsers
   around an image when it is surrounded by a link */
26     border: none;
```

图5-3

Dw **提示**：如果没有看到“代码”视图窗口旁边的行号，可以选择“查看”>“代码视图选项”>“行数”，启用这个特性。

列表中显示的所有 CSS 规则都包含在 <style> 元素内。

注意：CSS 标记包含在 HTML <!-- --> 注释条目内。这是由于 CSS 不是技术上有效的 HTML 标记，在某些应用程序或设备中可能不支持它。使用注释结构允许这样的应用程序完全忽略 CSS。

4. 注意 CSS 代码内的选择器的名称和顺序。

5. 在“CSS 设计器”的“选择器”窗格中，展开面板并检查规则的列表。如果必要，可能需要在“源”窗格中选择 <style> 引用，以显示完整的规则列表。

该列表以与你在“代码”视图中看到的相同顺序显示相同的选择器名称。这是 CSS 代码与“CSS 设计器”之间的一对一的关系。在创建新规则或者编辑现有的规则时，Dreamweaver 将为你在代码中执行所有的更改，从而节省你的时间并减少代码输入错误的可能性。“CSS 设计器”只是你将在本书中使用和掌握的许多可以提高效率的工具之一。

此时，你应该具有 20 个规则——其中 18 个是 CSS 布局自带的，另外 2 个是你在前一课中创建的。规则的顺序可能与图 5-4 所示的有所不同，但是在“CSS 设计器”中可以很容易对列表重新排序。

Dw | **注意：**面板中的样式的名称和顺序可能与图中所示的有所不同。

在前一课中，你创建了 <div#apDiv1>，并把它插入到布局中。#apDiv1 规则应用于存放蝴蝶标志的 <div>，并且出现在 <div.container> 与 <header> 之间的代码中。但是在“CSS 设计器”中可以看到，规则引用出现在所有规则的下面。在这种情况下，在样式表内移动这个规则将不会影响它如何格式化元素，但是如果你以后需要编辑它，这将使得更容易找到它。

Dw | **注意：**在移动其他任何规则之前，应该先理解每个规则执行什么功能，以及它们彼此之间有什么关系。

6. 选择 #apDiv1 规则，并把它直接拖到 .container 规则下面（如图 5-4 所示）。

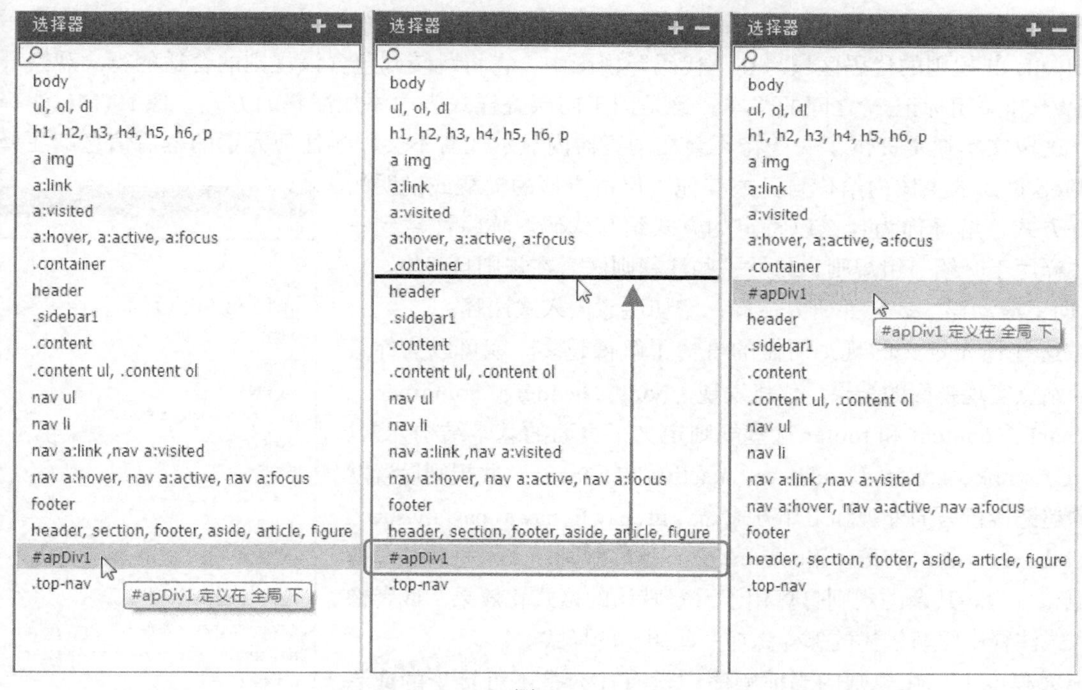

图5–4

Dreamweaver 在列表内移动规则，但是并不仅限于此。它还会重写嵌入式样式表中的代码，把规则移到它的新位置。当你需要格式化特定的元素或成分时，把相关的规则排列在一起可以在以后节省时间。但是要警惕意想不到的后果。在列表中移动规则可能颠覆你已经创建的层叠或继承关系。如果你需要回忆这些理论，可以查阅第 3 课“CSS 基础”。

7. 在“CSS 设计器”中选择 body 规则。观察出现在面板的“属性”窗格中的属性和值。

其中大多数设置都是布局自带的，尽管你在前一课中更改了背景色。注意怎样把边距和填充设置为 0。

8. 选择 ul, ol, dl 规则，并且观察显示的值。

与 body 规则中一样，这个规则把所有的边距和填充值都设置为 0。你知道为什么要这样做吗？经验丰富的 Web 设计师可以依次选择每个规则，并且可能搞清楚每种格式和设置的原因。但是，当 Dreamweaver 已经提供了你所需的大量信息时，你将不需要求助于雇佣一位顾问。

9. 右击 ul, ol, dl 规则，并从上下文菜单中选择“转至代码”（如图 5-5 所示）。

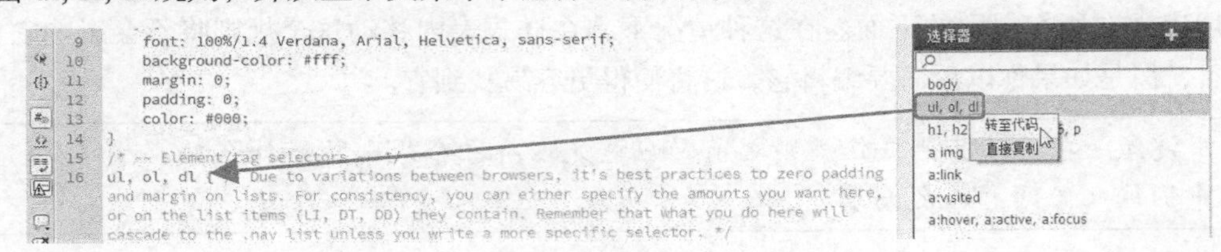

图5–5

如果你身处“设计”视图中，那么 Dreamweaver 将在“拆分”视图中显示文档，并且突出显示包含 ul, ol, dl 规则的代码区域。在“代码”视图中，它将跳转到包含该规则的合适的行。观察开始标记 /* 和关闭标记 */ 之间的文本，这是用于向层叠样式表中添加注释的方式。像 HTML 注释一样，这段文本通常提供了一些将不会在浏览器内显示或者不会影响任何元素的幕后信息。注释是在 Web 页面的主体内给你自己或其他人保留方便的提醒或说明的良好方式，解释你为什么以特定的方式编写代码。你将注意到一些注释用于介绍一组规则，另外一些注释则嵌入在规则自身中。

10. 向下滚动样式表，并研究注释，密切注意嵌入式注释。

你对这些预先定义的规则所做的事情了解得越多，就可以为你最终的站点实现越好的结果。你将发现：body、header、.container、.sidebar1、.content 和 footer 这些规则定义了页面的基本结构元素。a:img、a:link、a:visited、a:hover、a:active 和 a:focus 这些规则设置默认的超链接行为的外观和工作方式；nav ul、nav li、nav a、nav a:visited、nav a:hover、nav a:active 和 nav a:focus 这些规则定义了垂直菜单的外观和行为。其余的规则打算用于重置默认的格式化效果，或者像嵌入式注释中粗略描述的那样添加一些想要的样式。

在很大程度上，在规则的当前顺序中没有什么是不可接受的或者是致命的，但是当样式表变得更复杂时，把相关的规则保存在一起可以提高效率。这种类型的组织方式将帮助你快速找到特定的规则，以及提醒你已经在页面内对什么内容编排了样式。

11. 使用“CSS 设计器”中的“选择器”窗格，根据需要重排列表中的规则顺序，使它们匹配图 5-6 中所示的顺序。

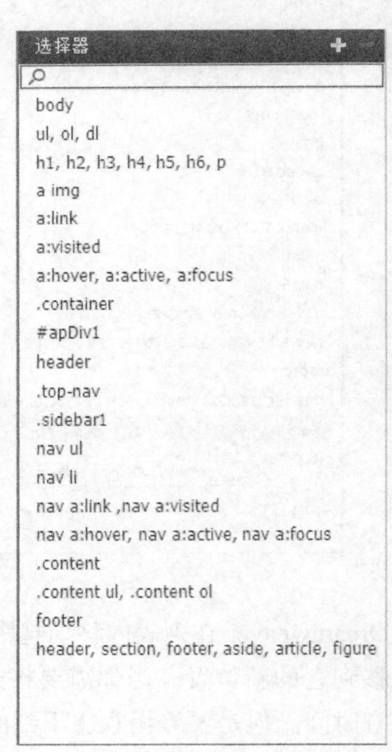

图5–6

> Dw | **注意：**在使用“CSS 设计器”移动规则时，可能不会保持未嵌入的注释的位置。

既然你更了解了 CSS 规则和规则顺序，记住：从此刻起，在你创建新样式时，特别注意规则顺序是一个良好的实践。

12. 保存 mylayout.html 文件。

5.3 处理文字

站点上的大多数内容都将以文本表示。文本是使用数字化的字形(typeface)在 Web 浏览器中显示的。基于为印刷机开发并且使用了几个世纪的设计，这些字形可以在访问者当中唤起各种感觉，从安全到优雅，再到纯粹的乐趣和幽默。

一些设计师可能出于不同的目的在整个站点中使用多种字形；另外一些设计师则选择单独一种可能与他们正常的公司主题或文化匹配的基本字形。CSS 允许极佳地控制页面外观和文本的格式化。在过去几年，对于在 Web 上使用字形的方式提出了许多创新。下面的练习描述和试验了这些方法。

首先，让我们看看对这种布局应用了哪些基本的设置。

1. 如果必要，可以打开 mylayout.html，并切换到“设计”视图。

2. 在“CSS 设计器”中，单击“源”窗格中的 <style>。

通过选择 <style> 源，“选择器”窗格将显示嵌入式样式表中包含的所有 CSS 规则。

3. 选择 body 规则。如果必要，在“属性”窗格中，选择“显示集”。

“显示集”选项将限制窗口只显示那些编排过样式的属性。

> Dw **注意：**在第 3 课学到，body 规则是所有可见的页面元素的父元素。当对 body 应用样式时，所有的子元素默认都将继承这些规范。

4. 观察为 font 属性显示的条目（如图 5-7 所示）。

这个设置是以一种 CSS 速记法书写的，它可能难以理解。font 框显示了以下特性：100%/1.4 Verdana, Arial, Helvetica, sans-serif。该特性（attribute）实际上由 3 个不同的属性（property）组成：font-size、line-height 和 font-family。许多 CSS 属性都可以像这样组合起来，以节省代码。

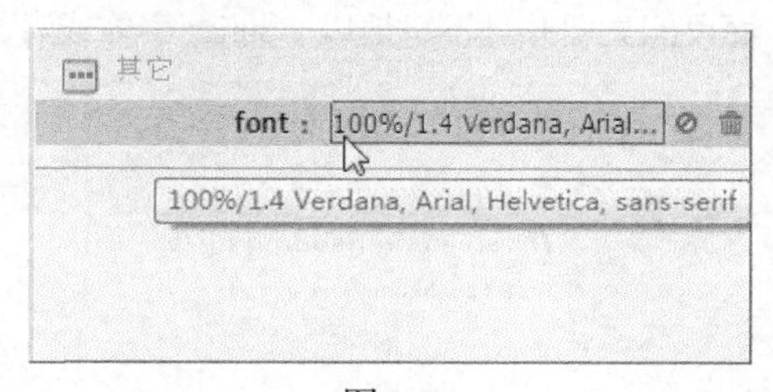

图5-7

> Dw **提示：**依赖于窗口的大小，可能不会看到用于 font 的完整特性。只需把鼠标悬停在字体值上，即可查看完整的引用。

第一个条目（100%）指字体大小，并把它设置为浏览器自身中设置的默认大小。如果你喜欢，可以使用特定的度量标准，比如 18pt、18px 或 .25in。但是，当在多种不同的设备（比如手机和平板电脑）上显示 Web 页面时，使用这种方法可能会遇到麻烦。固定尺寸还不会考虑设备的分辨率或用户偏好。一些用户喜欢较小的字体，另外一些则需要较大的尺寸。

通过使用 100%，该规则基于使用的设备或软件为 body 规则设置一个阈值。然后，通过为其他规则使用百分比（%），将创建与这个基本设置的关系，当用户调整浏览器的默认设置时，它将自动调整文字大小。换句话说，如果把标题设置为 body 尺寸的 200%，那么无论使用的设备或用户交互是什么，标题始终都将是 body 文本尺寸的两倍。

第二个条目（1.4）指行高，它被图形设计师称为**行距**（leading），指同一个段落中的文字行之间的间距。把它们写在一起（100%/1.4）就相当于：**字体大小 / 行高**（font-size/line height）。像这样书写时，它意指字体高度的 1.4 倍或 140%。大多数设计师更喜欢为大多数应用程序选用 1.2 ～ 1.6 之间的行高，这依赖于使用的字体。这些比率提供了良好的清晰可读性，而不会浪费太多的垂直空间（如图 5-8 所示）。

Line height set at 100%

Rum essi berum ut fuga. Nem harum quodite mporrum quis idunt quidit, quaes acest ent quam non pratene paritatibust quias apisti debitat hicium explis dignim denihic ieturis sequod minullaccus quis num quibeatemos am, tem volum ipsundu ciatempe dolorem voluptatur, ut explitatur rem fuga. Et eum quam, sit et il moditia pos eumquaspiet eicia nobitatet fuga. Bus exerovit,

Line height set at 120%

Rum essi berum ut fuga. Nem harum quodite mporrum quis idunt quidit, quaes acest ent quam non pratene paritatibust quias apisti debitat hicium explis dignim denihic ieturis sequod minullaccus quis num quibeatemos am, tem volum ipsundu ciatempe dolorem voluptatur, ut explitatur rem fuga. Et eum quam, sit et il moditia pos

Line height set at 140%

Rum essi berum ut fuga. Nem harum quodite mporrum quis idunt quidit, quaes acest ent quam non pratene paritatibust quias apisti debitat hicium explis dignim denihic ieturis sequod minullaccus quis num quibeatemos am, tem volum ipsundu ciatempe dolorem voluptatur, ut explitatur rem

图5-8

第三个条目（Verdana, Arial, Helvetica, sans-serif）指设置字体系列。但它称为 3 种字形和一种设计类别，即 sans-serif。为什么？ Dreamweaver 不能自己做决定吗？

答案是一个简单而又巧妙的解决方案，它针对的是从一开始就一直困扰 Web 的一个问题。直到最近，你在浏览器中看到的字体实际上不是 Web 页面或服务器的一部分；它们是由**浏览**（browse）站点的计算机提供的。尽管大多数计算机具有许多共同的字体，但是它们不会都具有完全相同的字体。因此，如果选择一种特定的字体，但是它没有安装到访问者的计算机上，那么你认真设计和格式化的 Web 页面可能立即并且不幸地以 Courier 字体或者另外某种同样不符合需要的字形显示（如图 5-9 所示）。

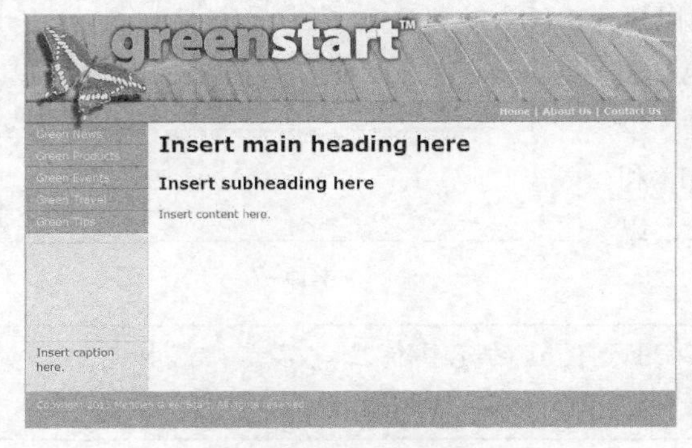

正常的浏览器显示

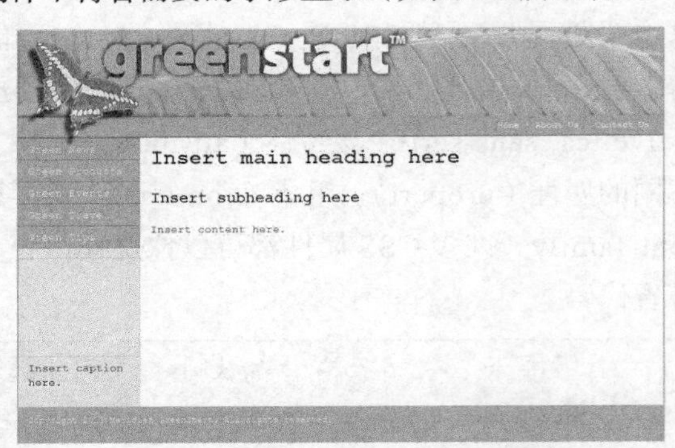

以Courier字体显示的相同页面

图5-9

对于大多数人来说，解决方案是以组或**堆栈**（stack）的形式指定字体；在浏览器自己做出选择之前，给它提供第二种、第三种也许还有第四种（或者更多的）默认选择。一些人把该技术称为**优雅地降级**（degrading gracefully）。Dreamweaver CC 提供了 9 个预定义的字体组。如果没有看到你喜欢的组合，可以单击“设置字体系列”弹出式菜单底部的“管理字体”选项，并创建你自己的字体（如

图 5-10 所示）。

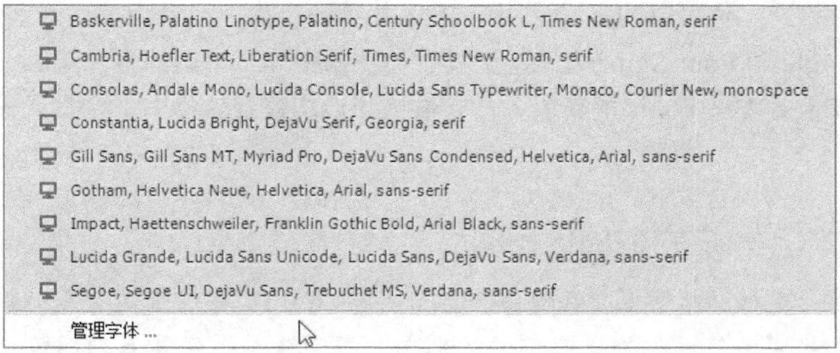

Baskerville, Palatino Linotype, Palatino, Century Schoolbook L, Times New Roman, serif
Cambria, Hoefler Text, Liberation Serif, Times, Times New Roman, serif
Consolas, Andale Mono, Lucida Console, Lucida Sans Typewriter, Monaco, Courier New, monospace
Constantia, Lucida Bright, DejaVu Serif, Georgia, serif
Gill Sans, Gill Sans MT, Myriad Pro, DejaVu Sans Condensed, Helvetica, Arial, sans-serif
Gotham, Helvetica Neue, Helvetica, Arial, sans-serif
Impact, Haettenschweiler, Franklin Gothic Bold, Arial Black, sans-serif
Lucida Grande, Lucida Sans Unicode, Lucida Sans, DejaVu Sans, Verdana, sans-serif
Segoe, Segoe UI, DejaVu Sans, Trebuchet MS, Verdana, sans-serif
管理字体 ...

图5-10

在开始构建你自己的字体组之前，要记住：继续前进并挑选你最喜爱的字体，但是以后要尽量搞清楚在访问者的计算机上安装了什么字体，并把它们也添加到列表中。例如，你可能更喜欢 Hoefelter Allgemeine Bold Condensed 字体，但是绝大多数 Web 用户不太可能在他们的计算机上安装它。当然可以把 Hoefelter 选作你的第一选择，只是不要忘记了加入一些经过证明的或者 Web 安全的字体，比如 Arial、Helvetica、Tahoma、Times New Roman、Trebuchet MS、Verdana，并且最终加入一个设计类别，比如 serif 或 sans serif。

在过去几年，一种新趋势越来越流行，即使用在站点上或者由第三方服务实际地托管的字体。它之所以会流行的原因很明显，你的设计选择将不再限制每一个人只能选择一打左右的字体。你可以从数千种设计中做出选择，并且开发一种独特的外观和个性化，这在过去几乎是不可能的。但是，这个选项也是有代价的（如图 5-11 所示）。

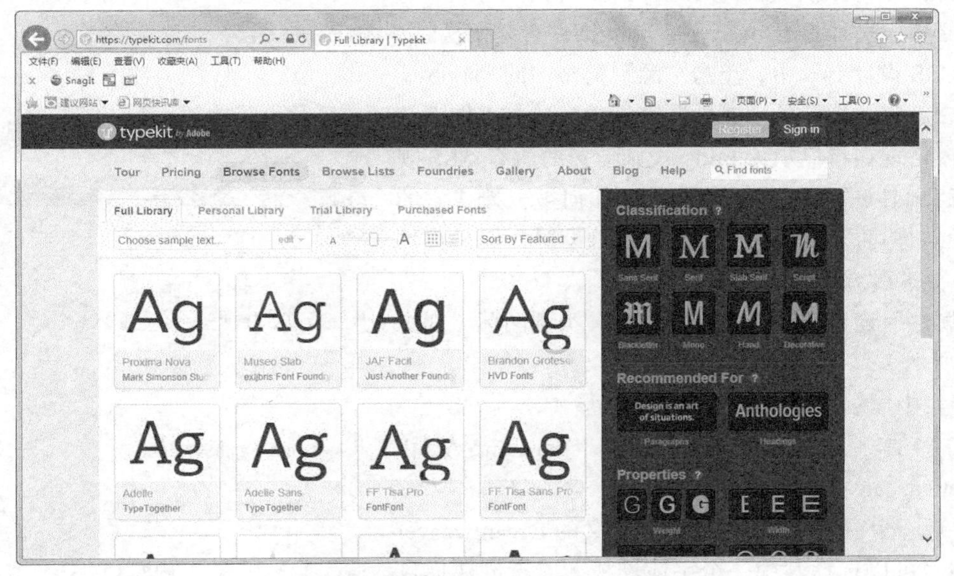

Web托管的字体提供了大量的设计选项

图5-11

许可限制在 Web 托管的应用程序内完全禁止了许多字体。一些免费的字体具有与某些手机和移动设备不兼容的文件格式。你可以购买设计用于 Web 托管的字体，或者为第三方字体托管服务付费。多个源（比如 Google 和 Font Squirrel）甚至具有免费的字体。幸运的是，Dreamweaver CC 具有一种称为 Adobe Edge Web Fonts 的新服务，它被恰当地构建到软件中。在本课程后面将探讨这个选项。

字形与字体：知道它们的区别吗?

人们无时无刻不把术语**字形**（typeface）与**字体**（font）挂在嘴边，就好像它们可以互换一样，其实不然。你知道它们的区别吗？字形指整个字体系列的设计；字体则指一种特定的设计。换句话说，字形通常由多种字体组成。通常，字形将具有4种基本的设计：常规、倾斜、加粗和加粗-倾斜。在CSS规范中选择一种字体时，通常默认会选择常规格式或字体。

当CSS规范要求倾斜或加粗时，浏览器通常会自动加载字形的倾斜或加粗版本。不过，你应该知道当这些字体不存在或者不可用时，许多浏览器实际上可以生成倾斜或加粗效果。

5.3.1 设置字体系列

大多数 Web 设计师首先会选择基本的字形，以显示他们的内容。在下面这个练习中，你将学习如何通过编辑单个规则来应用一种全局的站点字形。

1. 如果必要，可以打开 mylayout.html 文件，并切换到“设计”视图。
2. 在“CSS 设计器”中，单击“源”窗格中的<style>。
3. 在“CSS 设计器”的“属性”窗格中，单击以取消选择“显示集”选项。

“属性”窗格现在将显示为 body 规则设置的所有 CSS 规范。注意我们以前审阅过的字体设置如何被分摊成它的各个属性。你可以以任何一种方式编辑设置，但是你可能发现下面这种方法更容易并且更准确。

4. 在“属性”窗格顶部，单击“文本”类别图标（如图 5-12 所示）。

窗口中将集中显示用于文本的 CSS 属性。

5. 定位字体系列属性，并单击“Verdana, Arial, Helvetica, sans-serif”值。

此时将出现一个窗口，显示 9 个预先定义的 Dreamweaver 字体堆栈。可以选择其中一个字体堆栈，或者创建你自己的字体堆栈。

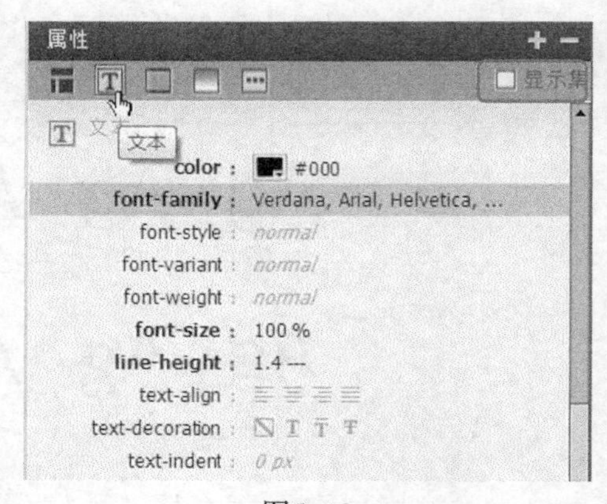

图5-12

6. 在字体堆栈窗口底部，单击“管理字体”选项（如图 5-13 所示）。

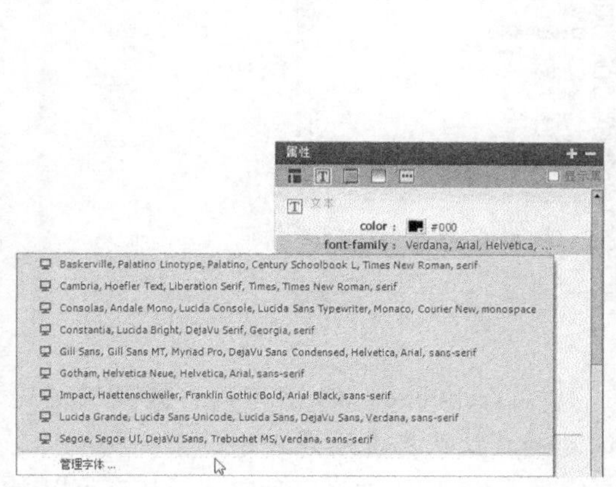

图5-13

“管理字体”对话框被分为 3 个选项卡：Adobe Edge Web Fonts、“本地 Web 字体”和“自定义字体堆栈”。前两个选项卡允许访问一种新技术，用于在 Web 上使用自定义的字体；在下一个练习中将试验 Web 字体。对于站点的基本字体，让我们创建一个自定义的字体堆栈。

7. 单击“自定义字体堆栈”选项卡。

这个选项卡将显示 9 个预先定义的字体堆栈以及计算机上可用字体的列表。创建你自己的字体堆栈很容易。

8. 在“可用字体”列表中，定位 Trebuchet MS 字体。要快速找到它，可以在列表底部的搜索框中输入名称（如图 5-14 所示）。

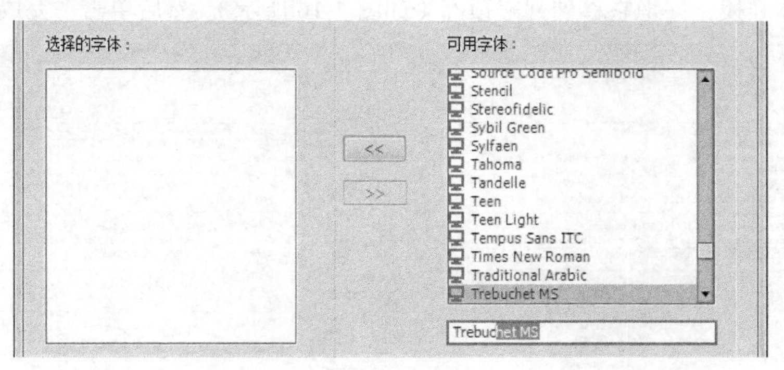

图5-14

9. 在定位 Trebuchet MS 字体时，可以选择它，并单击 << 按钮，把它添加到“选择的字体”列表中（如图 5-15 所示）。

10. 重复执行第 8 步和第 9 步，把 Verdana、Arial、Helvetica 和 sans-serif 字体添加到“选择的字体”列表中。

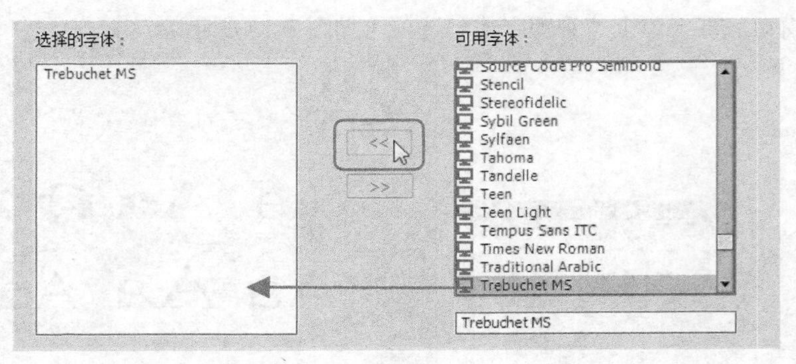

图5–15

添加到堆栈中的字体将以所选的顺序被浏览器使用，其中 Trebuchet MS 字体具有最高的优先级。如果 Trebuchet MS 字体在用户的计算机上不是活动的，默认将选用列表中的下一种字体：Verdana。如果指定的字体都不可用，浏览器将自动在 sans-serif 类别中选择一种字体。甚至可以为你自己的计算机上未安装的字体添加名称，只需在“可用字体”搜索框中输入它们即可。要确保正确地输入名称，否则浏览器将忽略指定的字体。

第 10 步中选择的所有字体通常都会安装在每一台使用 Windows 或 Mac 操作系统的计算机上，因此不太可能把它们全都遗漏了。使用除指定的字体以外的字体也不错，但是当用户访问你的站点时，无法保证其中任何字体将在用户的计算机上存在。如果这样做，只需记住把几种常见的 Web 安全的字体添加到字体堆栈的末尾即可。

自定义的新字体堆栈将出现在“字体列表”底部。可以单击上移（▲）或下移（▼）图标，重排列表中的项目。

11. 选择新的字体堆栈，并把它移到列表顶部（如图 5-16 所示）。然后单击“完成”按钮。

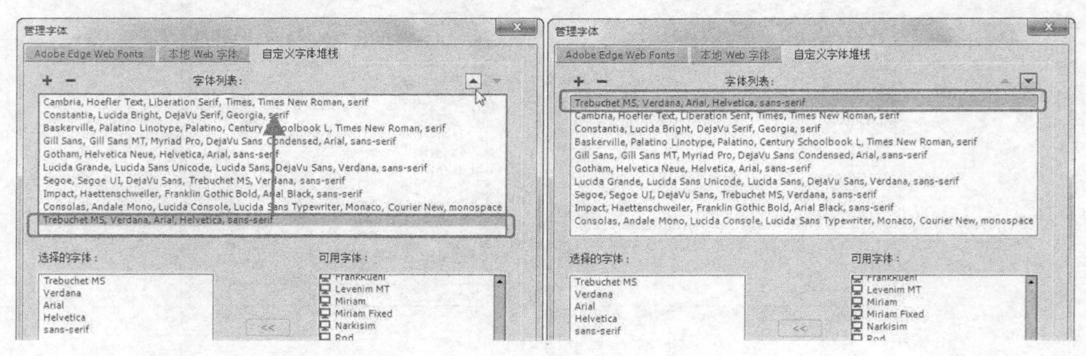

图5–16

“管理字体”对话框将关闭，但是字体系列规范没有改变。

12. 再次单击“Verdana, Arial, Helvetica, sans-serif”，并选择自定义的字体堆栈。

字体堆栈将作为 font-family 属性的值出现。布局中的文本现在将以 Trebuchet MS 字体显示。

你通过编辑一个规则，成功地更改了整个 Web 页面的基本字体。页面上的所有文本现在都以 Trebuchet MS 字体显示。如果该字体在访问者的计算机上不可用，页面默认将使用 Verdana 字体，然后是 Arial 字体，接着是 Helvetica 字体，最后是用户计算机上的 sans-serif 字体。

Adobe Edge Web Fonts简介

围绕Internet的最新趋势是人们越来越多地使用自定义的字形。多年来，我们坚持使用一些相同的Web安全的字体，来美化我们的Web站点，包括：Arial、Tahoma、Times New Roman、Trebuchet MS和Verdana等，这些字体我们都很熟悉，但是对它们的使用越日渐稀少。要使用另一种不太常见的字形，可能会进行字体替换，或者将自定义的字形呈现为图形（或者所需的所有内容）。

如果你对Web字体的概念感到陌生，那你并不孤独。5年多来，在编写本书时，“Web字体”只是偶露峥嵘，只在过去两年才开始获得广泛的普及。

基本概念相对比较简单：将想要的字体从常见的Web服务器复制或链接到你的Web站点，并且浏览器根据需要加载字体。简单吧？使用这种方法选择Web安全的字体将不再是一个考虑事项。长期的主要设计限制将会完全消失。但是，生活与Web设计并没有变得特别轻松。

像这样使用字体仍然有几个障碍。首先，许多字体具有许可证，禁止在自运行的应用程序中分发它们或者把它们托管在Web站点上，它们在这里可能很容易被访问者访问和窃取。因此，不要把本地字体文件夹中的内容上传到Web站点上。字体的所有者（只有你要向他们支付租金）可以控告你并且关闭你的站点。第二，一些字体格式与某些设备和浏览器不兼容，这意味着它们可能不会工作，或者甚至可能会使浏览器自身崩溃。第三，字体文件可能包含病毒；加载从供应商或第三方服务那里获得的字体可能把用户的计算机暴露给许多未知的问题。一些IT经理可能锁定他们公司的浏览器，完全限制它们加载基于Web的字体。

不过，所有这些及其他限制并没有延缓Web字体的使用。并且，通过使用Dreamweaver CC，已经处理了两个主要的障碍。Edge Web Fonts服务允许访问构建到软件中的大量高质量的免费和开源字体库。Adobe还提供了一种名为Typekit的付费服务，它提供了一个大得多的文字库和更多的设计选项。

下面给出了一些方便的链接，它们提供了关于Web字体的更多信息：

- Adobe Edge Web Fonts：http://html.adobe.com/edge/webfonts/
- Adobe Typekit：https://typekit.com/

下面列出了一些其他的字体服务：

- Extensis WebINK：www.webink.com/
- Google Web Fonts：www.google.com/fonts/
- Font Squirrel：www.fontsquirrel.com/
- MyFonts.com：www.myfonts.com/search/is_webfont:true/fonts/

5.3.2 使用 Edge Web Fonts

对于使用 Web 字体无需心存什么顾虑。实现这种技术所需的一切都已经恰当地构建到了 Dreamweaver CC 中。在下面这个练习中，你将看到在自己的站点上使用 Web 字体有多容易。

1. 如果必要，可以打开 mylayout.html。然后切换到“设计”视图，并显示“CSS 设计器”。

2. 在“Insert main heading here”文本中插入光标,并且检查“CSS 设计器”的“选择器”窗格（如图 5-17 所示）。

图5–17

选择“已计算”选项，在“属性”窗格中显示文本的当前格式化效果。主标题目前是以 Trebuchet MS 字体格式化的。让我们选择一种 Web 字体，使之与 GreenStart 标志和组织的使命更加保持一致。

第一步是决定把声明放在什么位置。要确保只对主要内容中的标题应用新字体，可以使用一个只针对 <h1> 元素的规则。当前文件中没有这个规则，因此我们将创建它。

3. 在“源”窗格中,单击 <style> 引用。然后在“选择器”窗格中选择 h1, h2, h3, h4, h5, h6, p 规则。这些步骤把“CSS 设计器”设置成直接在嵌入式样式表中的 h1, h2, h3, h4, h5, h6, p 规则后面插入新规则。

4. 在“选择器”窗格顶部，单击“添加选择器”（+）图标（如图 5-18 所示）。

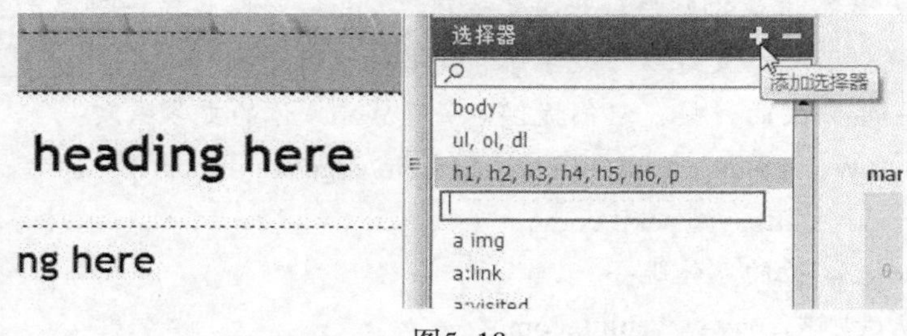

图5–18

出现新的选择器框。

5. 在新框中输入“h1”（如图 5-19 所示）。

提示窗口将重点显示以“h”开头的 HTML 标签。可以输入完整的标签名称，或者使用鼠标或按下向下的箭头键简单地选择它，然后按下 Enter/Return 键。这样就完成了选择器，并且只把 <h1> 元素作为目标。

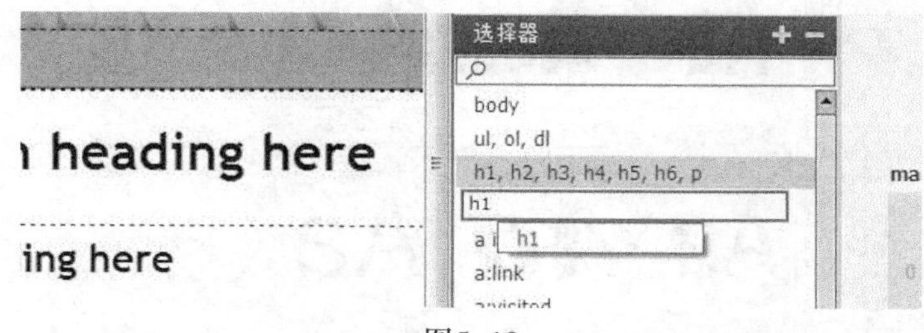

图5-19

6. 按下 Enter/Return 键，完成选择器。

在“选择器”窗格中，完成的 h1 选择器出现在 h1, h2, h3, h4, h5, h6, p 规则下面。如果该规则出现在一个不同的位置，可以把它拖到列表中的适当位置。

7. 在“属性”窗格中，选择文本（T）类别图标。然后单击 font-family 属性旁边的默认字体引用。显示“字体”列表弹出式窗口。

8. 选择“管理字体”选项。

“管理字体”对话框提供了两个使用 Web 字体的选项。你可以购买或者寻找许可用于这种目的的 Web 兼容的免费字体，并且自己托管它们，或者使用 Adobe Edge Web Fonts 服务访问软件内的多个设计类别中的上百种字体。对于主标题，让我们使用 Edge Web Fonts。

用于 Adobe Edge Web Fonts 的选项卡将显示来自该服务的所有可用字体的示例。可以对列表进行过滤，只显示特定的设计或字体类别。

9. 在“管理字体”对话框中，选择“建议用于标题的字体的列表”选项（如图 5-20 所示）。

图5-20

窗口将显示通常用于标题（heading）和页面标题（title）的字体列表。由于标志是一种无衬线字体设计，让我们进一步过滤列表。

10. 选择“无衬线字体的列表”选项（如图 5-21 所示）。

列表现在只会显示无衬线的标题字体。

11. 选择 Paytone-one 字体，并单击“完成”按钮。

Paytone-one 就已经添加到了字体列表中。

12. 在“属性”窗格中，单击 font-family 属性旁边的默认字体引用。然后从“字体”列表中选择 Paytone-one（如图 5-22 所示）。

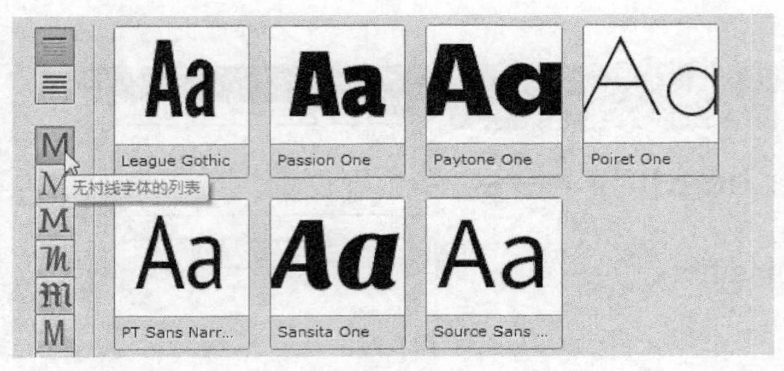

图5-21

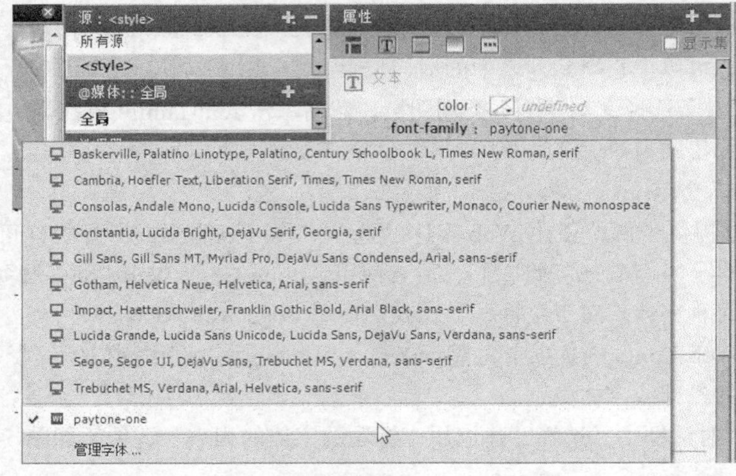

图5-22

Paytone-one 出现在用于 h1 规则的 font-family 属性中。显示的标题改变了，但它看起来不像对话框中的 Paytone-one 字体的预览。为什么呢？

由于 Adobe Edge Web Fonts 托管在 Internet 上，直到在实际的浏览器中显示页面之前，将不能查看它们，或者在这种情况下，可以做的另一件最好的事情是：在“实时”视图中查看它们。

13. 保存文件，并切换到“实时”视图（如图 5-23 所示）。

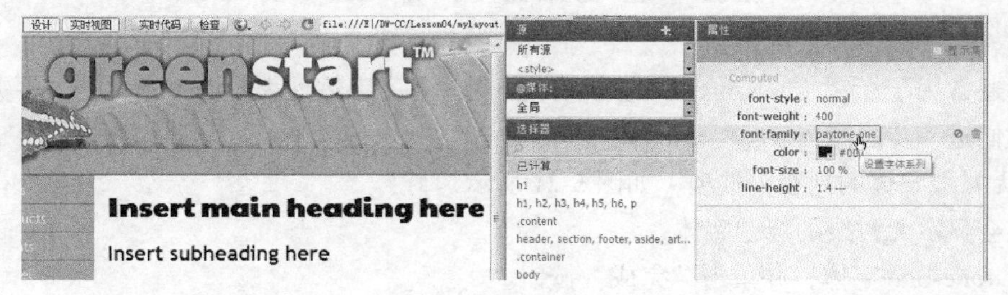

图5-23

再次呈现页面，这一次将使用 Paytone-one 字体编排主标题的样式。

可以看到，在 Web 站点上使用 Adobe Edge Web Fonts 确实很容易，但是不要愚蠢地认为他们比旧式的字体堆栈问题更少。事实上，如果你想使用 Adobe Edge Web Fonts，最佳实践将是把它们包括在它们自己的自定义字体堆栈中。

5.3.3 利用 Web 字体构建字体堆栈

如果你幸运，那么你的 Web 字体每一次都会为每一位用户显示出来。但是运气可能会用光，安全也要比遗憾更好。在前两个练习中，你创建了一个自定义的字体堆栈，并利用来自 Edge Web Fonts 的字体对主标题进行了格式化。在下面这个练习中，你将通过构建一个锚定在一种 Web 字体上的自定义字体堆栈来结合使用这两种技术。

1. 打开 mylayout.html 文件，如果必要，可切换到“设计”视图。
2. 在“CSS 设计器”中，选择 h1 规则。在“属性”窗格中，单击“文本”（T）类别图标，然后单击 font-family 的值规范。
3. 选择“管理字体”选项。
4. 在“管理字体”对话框中，单击“自定义字体堆栈”选项卡。
5. 单击加号（+）图标，创建新的字体堆栈。
6. 在“可用字体”列表中，定位 Paytone-one 字体。
7. 重复第 6 步，把 Trebuchet MS、Verdana、Arial、Helvetica 和 sans-serif 添加到“选择的字体”列表中（如图 5-24 所示），然后单击“完成”按钮。

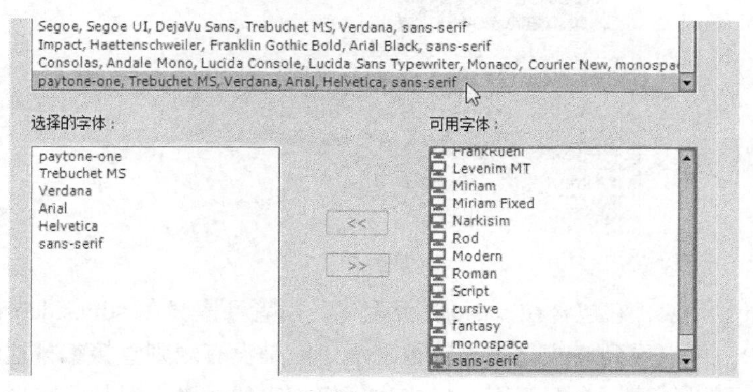

图5-24

> **提示：**如果没有一种或多种字体，可以手动输入名称，把它们添加到列表中。

可以根据需要自由地把更多的 Web 字体或者 Web 安全的字体添加到列表中。

8. 在“属性”窗格中，为 font-family 值选择新的字体堆栈（如图 5-25 所示）。

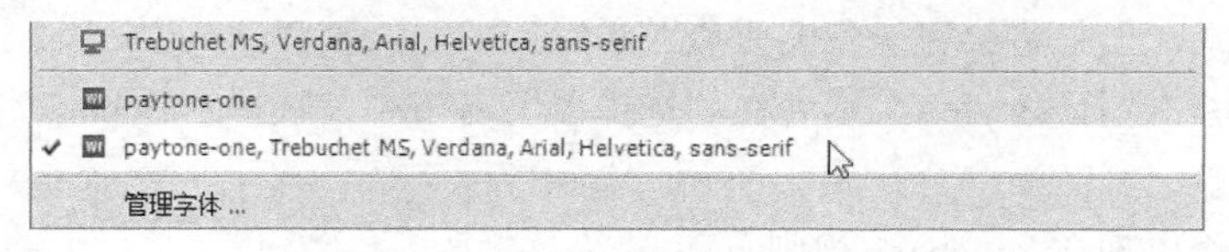

图5-25

显示的内容不会改变，但是基于 Adobe Edge Web Font 的新字体堆栈将确保标题在各种情况下都会被格式化。

9. 保存文件。

现在，你学习了如何指定文本内容的外观。接下来，你将学习如何控制文本的大小。

5.3.4 指定字体大小

字体大小可以传达页面上的内容的相对重要性。标题通常比它们介绍的文本要大一些。这个页面被分为两个区域：主要内容和侧栏。在下面这个练习中，你将增加主要标题的大小，并且减小垂直菜单下面的侧栏文本的大小，使主要内容更鲜明。

1. 打开 mylayout.html 文件，如果必要，可以切换到"设计"视图。

2. 在"选择器"窗格中，选择 h1 规则。然后在"属性"窗格中，单击"文本"（T）类别图标。

3. 在 font-size 属性中输入 220%，并按下 Enter/Return 键，完成规范。

主标题的大小将会增加。现在，让我们减小侧栏区域中的文本的大小。第一步是确定是否有任何现有的规则已经格式化了该区域。

4. 在垂直菜单下面的文字说明文本占位符中插入光标，并且观察文档窗口底部的标签选择器（如图 5-26 所示）。你能确定包含文字说明元素的 HTML 结构吗?

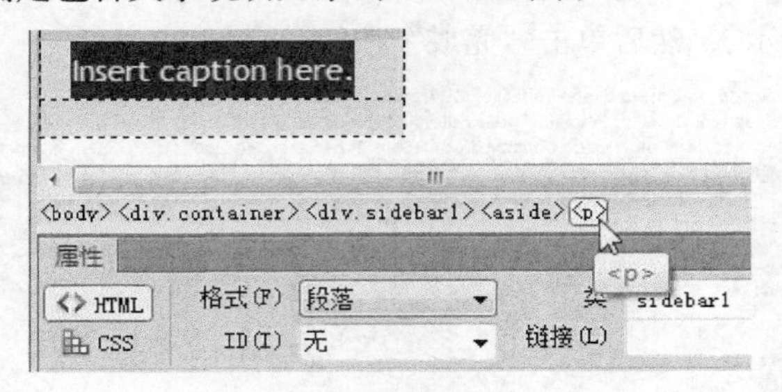

图5-26

文字说明是一个 <p> 元素，它包含在 <aside> 元素中，后者又嵌套在 <div.sidebar1> 中。从"属性"窗格显示的信息中，可以看到格式化效果将被继承，但是没有规则直接编排这些元素的样式。为了减小文本大小，可以创建一个新规则，格式化任何指定的元素。但是，在选择希望格式化哪个元素之前，让我们检查可能发生的任何潜在的冲突。

为 <p> 元素创建一个规则，它将把侧栏内的段落作为目标，但是会忽略你希望在其中插入的任何其他的元素。可以对 <div.sidebar1> 应用格式。这样的规范当然会影响标题和段落，但它也会应用于侧栏中的每个元素，包括垂直菜单。

在这种情况下，最佳的选择将是创建一个针对 <aside> 元素的新规则。这样一个规则将对其中包含的所有内容编排样式，但是将会完全忽略垂直菜单。

5. 在"源"窗格中，选择 <style>。然后在"选择器"窗格中，选择 .sidebar1，并单击"添加选择器"（+）图标。

一个新的选择器框将出现在 .sidebar1 规则下面。

> **注意：**通过使用一个复合选择器，可以只把出现在 <div.sidebar1> 中的 <aside> 元素作为目标，如果 <aside> 元素还存在于页面内的别的位置，它可以阻止任何不想要的继承问题。

6. 创建以下选择器：aside（如图 5-27 所示）。

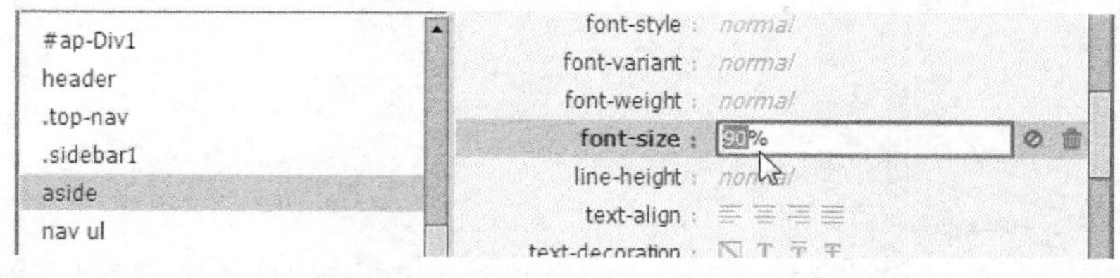

图5–27

7. 在“属性”窗格中，选择“文本”类别，为 font-size 属性输入 90%，然后按下 Enter/Return 键完成设置。

<aside> 元素中的文本现在将以其原始大小的 90% 显示。

8. 保存文件。

5.4 处理背景图形

当基于代码的技术可能有问题时，许多设计师求助于图像来添加图形天分。但是，大图像可能消耗太多的 Internet 带宽，并且使页面缓慢地加载和响应。在某些情况下，战略性地设计的小图像可用于创建有趣的形状和效果。在下面这个练习中，你将学习如何利用小图像和 CSS 的 background 属性的帮助来创建一种三维效果。

1. 如果必要，可以选择“设计”视图。
2. 在“CSS 设计器”中，选择 .top-nav 规则。
3. 在“属性”窗格中，单击“背景”（ ）类别图标。在 background-image 区域中，单击以编辑 URL 值，然后单击“浏览”图标（如图 5-28 所示）。

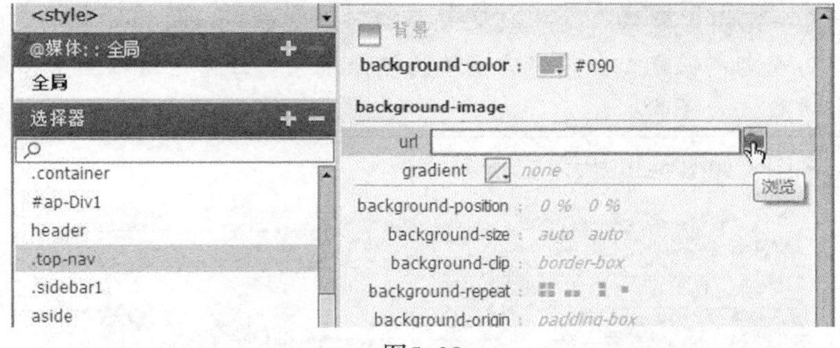

图5–28

4. 导航到默认的站点图像文件夹，并选择 background.png。观察图像尺寸和缩略图预览（如图 5-29 所示）。

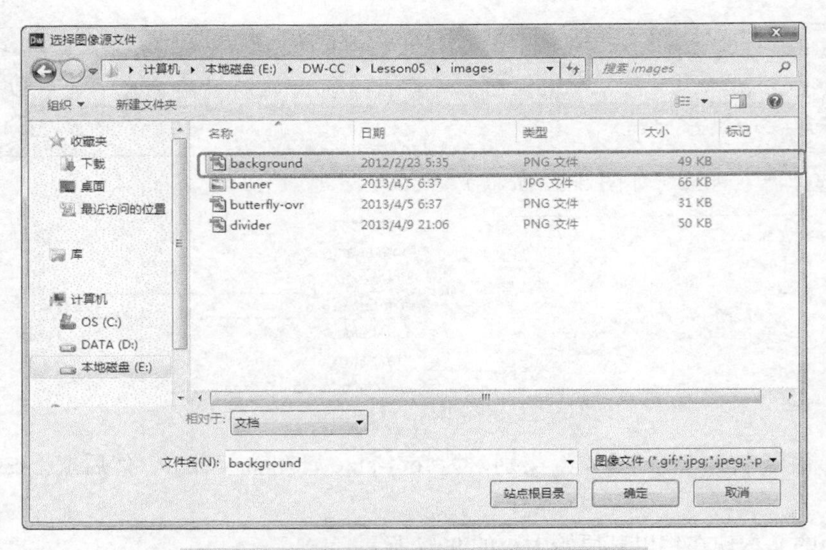

图5-29

> **提示：**在 Windows 中，可能需要右键单击图像文件，以获得图像尺寸。

图像的尺寸是 8 像素 ×75 像素，其大小大约是 50KB。注意图形顶部较淡的绿色阴影。由于页面的宽度是950像素，你知道通常这种图形永远也不会填满水平菜单，除非把它复制和粘贴几百次。但是，如果你知道如何使用 background-image 属性，将不需要求助于这种愚蠢的行为。

5. 单击“确定”/“打开”按钮，加载图像。

默认情况下，背景图像将会自动重复——在垂直和水平方向上。整个水平菜单被无缝地填满，但是不能在“设计”视图中查看最终的效果。要获得由这幅图形产生的真实印象，可能需要在“实时”视图中预览页面。

> **提示：**当一幅图形提供了纹理效果以及阴影（比如 background.png）时，它必须足够高或者足够宽，以根据需要填充整个元素。注意：这幅图形必须比要插入其中的元素高得多。

6. 选择“实时”视图（如图 5-30 所示）。

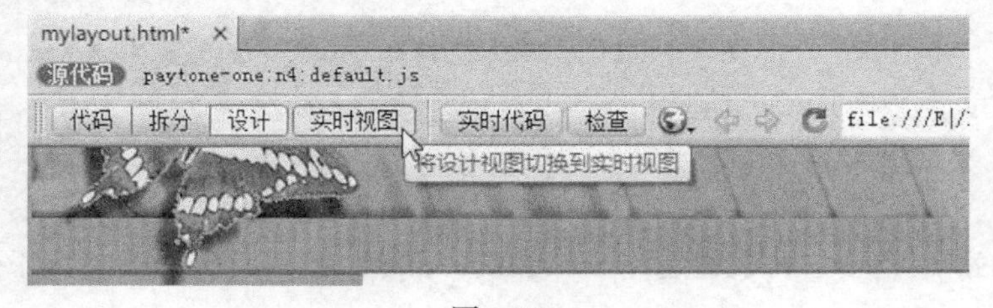

图5-30

背景图形和所选的设置给菜单提供了一种三维外观和有趣的纹理效果。一些图形（比如这一幅图形）并不是设计成在两个方向上重复。这幅图形打算为页面元素的顶边缘创建一种圆角 3D 效果，因此根本不应该让它在垂直方向上重复。CSS 允许控制重复功能，以及把它限制在垂直或水平轴上。

7. 单击 repeat-x（▪▪）图标（如图 5-31 所示）。

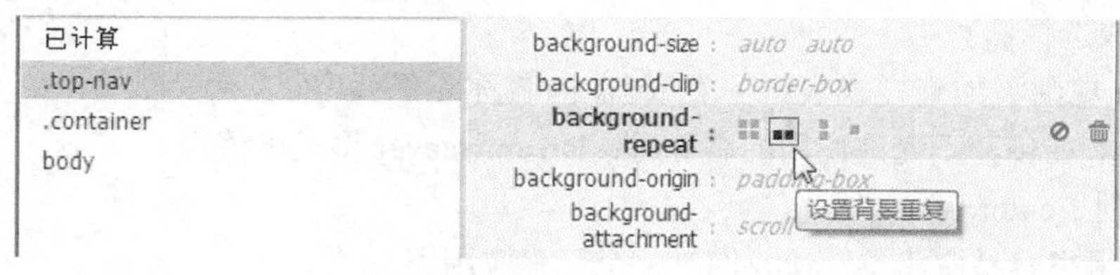

图5-31

图形现在只会在水平方向上重复，它默认将自动对齐 <nav> 元素的顶部。让我们给 <footer> 元素也添加相同的背景。

8. 在 <footer> 元素中插入光标。然后在“选择器”窗格中，选择 footer 规则。

9. 在 background-image URL 框中，浏览并选择 background.png，然后单击 repeat-x（▪▪）图标。

可能需要刷新显示的内容，查看背景图像也填满了 <footer> 元素。

10. 选择“文件” > “保存”。

5.5 处理类、ID 和后代选择器

你现在已经创建并编辑了几个 CSS 规则，用于格式化页面上的元素。其中一些规则格式化单独的元素，比如 <h1> 或 <p>，而另外一些规则格式化的是整个容器，比如 <aside> 和 <footer>。但是，像这样进行格式化就像尝试用大铁锤做外科手术一样，它可能引发混乱。

在第 3 课中学到，样式编排针对的不仅仅是特定元素，还可以针对出现在特定 HTML 结构中的元素。这是通过把两个或更多的标签结合在一起创建后代选择器来实现的。可以在其中加入类和 ID，这样就可以实际地微调样式。首先，你将学习如何处理自定义的类和 ID。

5.5.1 创建自定义的类

CSS 类属性允许对特定的元素或者特定元素的一部分应用自定义的格式化效果。让我们创建一个类，它允许对文件中的文本应用标志颜色。

1. 在“CSS 设计器”中，单击“源”窗格中的 <style> 引用。

在大多数情况下，class 属性都具有比应用于任何给定元素的默认样式更高的特征，并将覆盖它，因此属性在样式表中的位置不应该有什么要紧的。让我们在末尾插入一个新类。

2. 在“选择器”窗格中，选择列表中的最后一个规则。然后单击“添加选择器”（✚）图标。

新的选择器框出现在列表末尾。

3. 在新的选择器框中，输入“.”（句点）。

在提示窗口中将显示现有类的列表（如图 5-32 所示）。可以使用鼠标或者按下向下的箭头键并按下 Enter/Return 键来选择其中某个类。我们想创建的类还不存在，因此必须由你自己完全输入它。

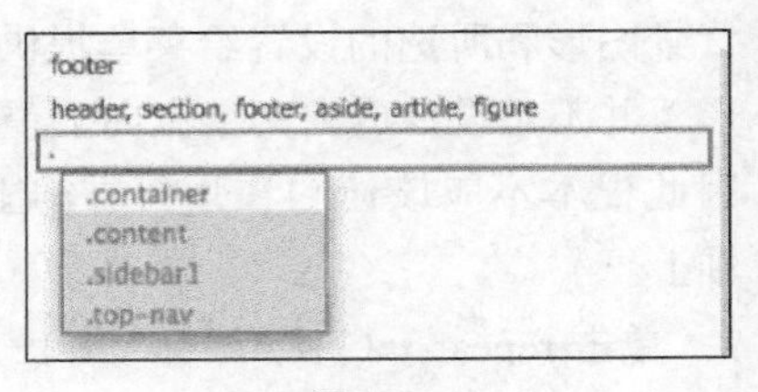

图5–32

4. 在“选择器”名称框中输入“green”，然后按下 Enter/Return 键完成选择器。

这样将把 .green 规则添加到样式表中。类或 ID 的名称几乎就是你想要的一切。在创建不允许使用的名称时，Dreamweaver 将提出警告。

5. 创建以下规则：color: #090。

Dreamweaver 使得很容易应用类，让我们对整个元素应用类。

6. 在 <article.content> 中的 <h1> 元素中的任意位置插入光标，确保光标在元素中闪烁，并且没有选取文本。
7. 在“属性”检查器中，从“类”菜单中选择 green。

现在将以颜色 #090（绿色）格式化 <h1> 元素中的所有文本。在文档窗口底部，<h1.green> 现在出现在标签选择器中（如图 5-33 所示）。

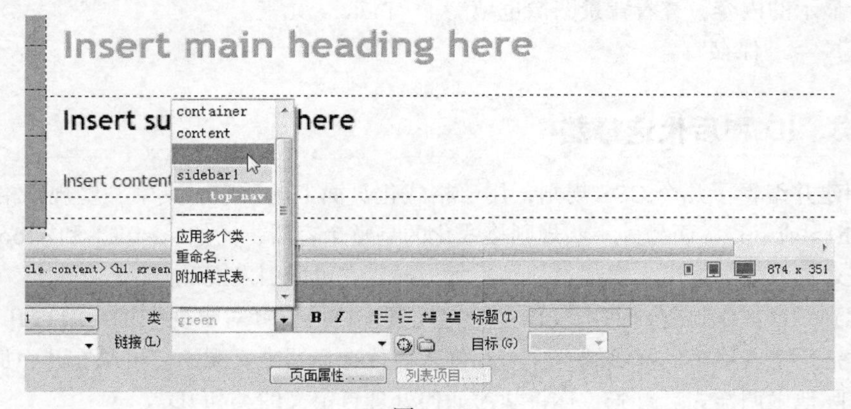

图5–33

Dw **注意**：可能需要刷新页面显示，以查看更新的标签选择器。

8. 切换到“代码”视图。检查 <h1> 元素的开始标签（如图 5-34 所示）。

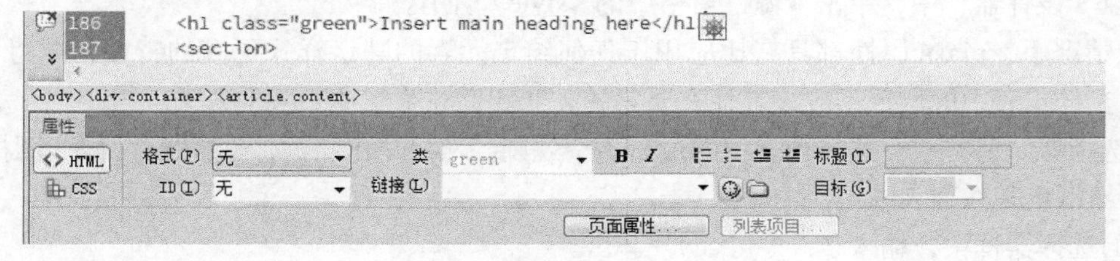

图5–34

将规则作为属性应用于标签，即 <h1 class="green">。当在现有的元素中插入光标时，Dreamweaver 假定你想对整个元素应用类。

现在让我们从元素中删除 CSS 类。

9. 在“代码”视图中格式化过的 <h1> 元素中的任意位置插入光标。

甚至当身处“代码”视图中时，标签选择器也会显示 <h1.green>，并且在“属性”检查器的“类”菜单中将显示 green。

> Dw **提示：**在某些情况下，在从“属性”检查器中选择类之前，可能必须单击合适的标签选择器。

10. 从“属性”检查器的“类”菜单中选择“无”（如图 5-35 所示）。

图5-35

这将从代码中删除 class 属性。标签选择器现在将显示朴素的 <h1> 标签。但是，奇怪的是，尽管应用了“无”,但是“类”菜单显示的是 content。不要担心。实际上没有对 <h1> 元素应用任何格式，“类”菜单只是指示分配给包含 <h1> 的父元素的 class 属性。无论何时觉得糊涂，只需查看标签选择器即可。它总会显示是将类还是将 ID 分配给特定的元素。

现在让我们只对一部分文本应用类。

11. 在 <h1> 元素中,选取单词“main heading”。然后从“属性”检查器的“类”菜单中选择 green（如图 5-36 所示）。

图5-36

这使用标记 <span class="green"> 对所选的文本应用类。<span> 标签是一个普通容器，类似于 <div>。它们之间的唯一区别是：<span> 是一个内联元素，而 <div> 则是一个块元素。此外，它还没有自己默认的格式化效果，并且通常用于像这样应用自定义的内联样式。

现在删除类。

> **Dw** | 提示：可以在“设计”视图或“代码”视图中应用和删除类属性。

12. 切换到“设计”视图。在格式化过的文本中的任意位置插入光标，然后从“类”菜单中选择“无”。

文本将恢复为原始的格式化效果。当在利用类格式化过的元素中插入光标时，Dreamweaver 假定你想从整个文本范围中删除格式化效果。

13. 保存文件。

5.5.2 处理自定义的 ID

在 CSS 样式编排中，CSS 的 id 属性具有更特殊的重要价值，因为它被用于标识 Web 页面上的唯一内容，并且应该优先于所有其他的样式。包含蝴蝶标志的 AP div 是唯一元素的良好示例。<div#apDiv1> 用于把蝴蝶标志定位在页面上精心选择的位置，并且你可以非常肯定每个页面上只有一个这样的 <div>。

由于其唯一性，Dreamweaver 提供了一些内置的特性，它们只会影响基于 ID 的格式化效果。让我们通过修改规则来试验 ID，以反映其在布局中的应用。

1. 在 mylayout.html 中选择 <div#apDiv1>。

可以单击蝴蝶图像以选取它，然后单击文档窗口底部的 <div#apDiv1> 标签选择器（如图 5-37 所示）。

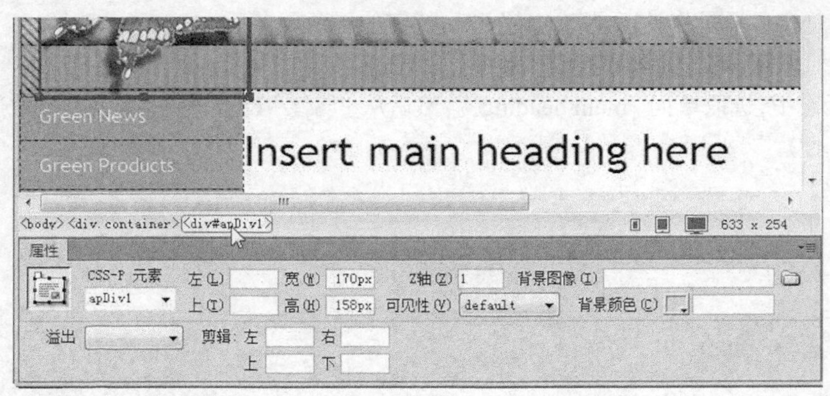

图5-37

第一个不同之处是“属性”检查器将显示只应用于 <div#apDiv1> 而没有应用于其他 <div> 元素的规范，比如宽度、高度和 Z 轴。还有一个特殊的技巧，Dreamweaver 将把它用于 ID 但是不会用于其他任何类型的选择器。注意“属性”检查器中的 ID 框。

2. 在“属性”检查器中，把 ID 改为“butterfly”。然后按下 Enter/Return 键，完成编辑过程。观察“CSS 设计器”中的选择器列表（如图 5-38 所示）。

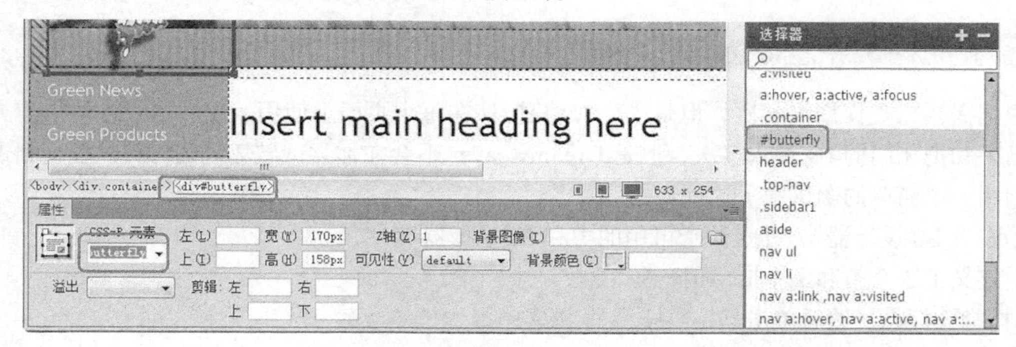

图5–38

注意规则名称也改变了，现在的名称是：#butterfly。在“属性”检查器中编辑名称时，无论元素的类型是什么，这种关系都适用于所有的 ID 引用。但是，反之则不然。如果在“CSS 设计器”中改变 ID 的名称，Dreamweaver 将不会更新布局中的元素。

3. 在“CSS 设计器”中，把选择器名称“#butterfly”改为“#logo”（如图 5-39 所示）。

图5–39

在“CSS 设计器”中更改选择器时，应用于 AP-div 的 ID 将不会改变。更重要的是，规则将不再格式化 <div#butterfly>。布局反映了未格式化的 <div> 元素的默认行为——没有应用高度、宽度及其他关键属性，并且它将扩展到 <div.container> 的整个宽度，从而把 <header> 元素下推到蝴蝶图像的高度以下。

要把布局恢复到其预期的外观，必须把最近重命名的 #logo 规则分配给 <div#butterfly>。这在 Dreamweaver 特性中也受到支持。

4. 在“属性”检查器中，打开 Div ID 弹出式菜单。

注意该菜单具有两个明显的选项：butterfly 和 logo。

5. 从 Div ID 弹出式菜单中选择 logo（如图 5-40 所示）。

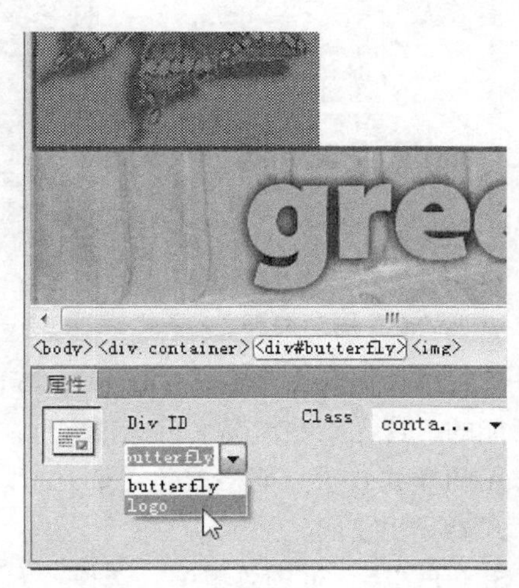

图5–40

重新格式化后，<div#logo> 将恢复其以前的大小和定位。

6. 保存文件。

5.5.3 使用一次并忘记它

可以根据需要把类使用许多次，但是一个 ID 只应该在每个页面上使用一次。尽管你可以千方百计地自己手动把相同的 ID 输入多次，但是 Dreamweaver 不会在你尝试破坏规则时提供任何帮助。你可以利用一个简单的测试演示这种功能。

1. 检查“CSS 设计器”，并且注意可用的类和 ID 选择器。

面板中定义了 5 个类和 1 个 ID 选择器。

2. 选择蝴蝶标志，然后单击 <div#logo> 标签选择器。

“属性”检查器将反映 <div#logo> 的格式。

3. 打开 ID 框的弹出式菜单，并检查可用的 ID。

唯一可用的 ID 是 logo（如图 5-41 所示）。apDiv1 和 butterfly 发生了什么事情？原始名称 apDiv1 不再出现在样式表中，因此将不会出现在弹出式菜单中。此外，由于存储在样式表中的每个 ID 都会在布局中使用，Dreamweaver 将交互式地从菜单中删除它们，以防止你意外地第二次使用它们。不要采用这种行为，它的意思是有一条准则指示：仅当 id 和 class 属性出现在样式表中之后，才能在页面内使用它们。许多设计师先创建这些属性，以后再定义它们，或者使用它们来区分特定的页面结构，或者创建超链接目标。某些 class 和 id 属性可能永远也不会出现在样式表或弹出式菜单中。Dreamweaver 菜单旨在使现在的类和 ID 更容易分配，而不会限制你的创造性。

4. 在“类”框的菜单中，选择 green（如图 5-42 所示）。

图5-41

图5-42

标签选择器现在将显示 <div#logo.green>。可以看到，同时把 id 和 class 属性分配给一个元素是可能的，这在某些情况下可能很方便。例如，ID 通常用于标识布局内独特的元素。通过 ID 选择器应用的样式效果只能格式化单个元素。另一方面，class 属性可以应用于多个元素，允许以类似的方式格式化它们。

5. 在“类”框的菜单中，选择“无”。

标签选择器将恢复为 <div#logo>。为了确保你理解 ID 选择器怎样以不同于类的方式工作，让我们尝试另一个试验，把 logo ID 分配给布局中的另一个元素。

6. 在水平 <nav> 菜单中插入光标，并单击 <nav> 标签选择器。

7. 在“属性”检查器中，打开 ID 菜单，并检查可用的 ID。

该菜单中没有 ID 可见，logo 已经被分配给蝴蝶（如图 5-43 所示）。

> **注意：**通在 Mac 上，如果没有 ID 可用，也许根本不能打开 ID 框。

8. 打开“类”框的菜单，并检查可用的类属性（如图 5-44 所示）。

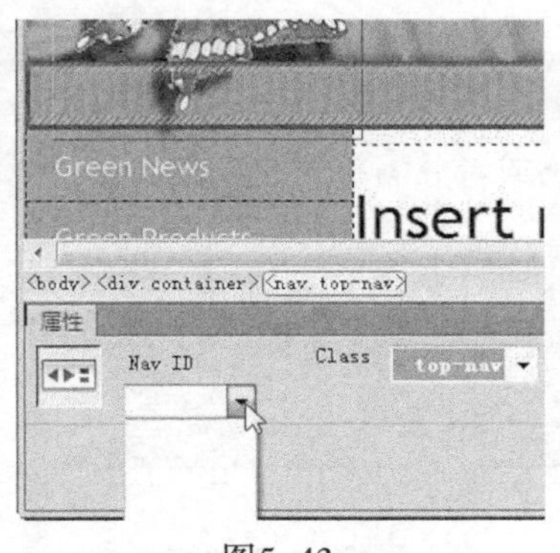

图5-43

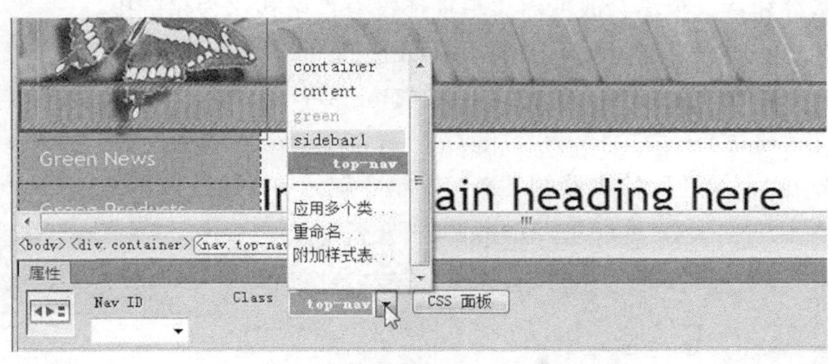

图5-44

> **注意：**所有的类属性均可用。Dreamweaver 界面允许把同一个类应用于多个元素，但是会阻止你把任何一个 id 应用多次。

9. 在不做出选择的情况下关闭“类”菜单。

10. 保存文件。

你现在知道了类与 ID 之间的一些区别，以及如何创建、编辑并把它们分配给页面上的元素。接下来，你将学习如何使用 CSS 结合这些属性创建后代选择器，给超链接分配交互式行为。

5.6 创建交互式菜单

一般来讲，CSS 用于给 HTML 内容应用静态样式和效果。在下面的练习中，你将学习如何结合标签、类和 ID，在正常的超链接上产生交互式行为。

1. 如果必要，可以在“设计”视图中打开 mylayout.html，然后单击“实时视图”按钮。

“实时”视图将模拟实际的 Web 浏览器的环境。视频、音频、动画和大多数 JavaScript 行为都将像在 Internet 上那样运行。

2. 把光标定位在侧栏中的垂直导航菜单上，并观察菜单项的行为和外观。

当鼠标移到每个按钮上时，光标图标将变成手形指针，指示菜单项被格式化为超链接。当鼠标经过每个按钮时，按钮也会立即改变颜色或者翻转，产生一种动态的图形体验（如图 5-45 所示）。这些翻转（rollover）效果都受到默认的 HTML 超链接行为支持，并且都由 CSS 进行格式化。

> **注意**：翻转效果可以回溯到计算机鼠标中包含一个球的时代，它以机械方式在屏幕上产生光标移动。

> **注意**：在启用“实时”视图时，Dreamweaver 将阻止你更改“设计”视图窗口中的内容。如果愿意，可以使用“代码”视图窗口或“CSS 设计器”随时更改内容和样式。

3. 把鼠标光标定位在 <nav> 中的水平导航菜单中的项目上，并且观察菜单项上的行为和外观（如果有的话）。

指针和背景色不会改变。菜单项还没有被格式化为超链接。

4. 单击“实时视图”按钮，返回到正常的“设计”视图显示。
5. 选取 <nav.top-nav> 中的单词“Home”。不要选取单词两边的空格或者分隔单词的垂直条或竖线（pipe）。
6. 在“属性”检查器的“链接”框中输入 #，然后按下 Enter/Return 键（如图 5-46 所示）。

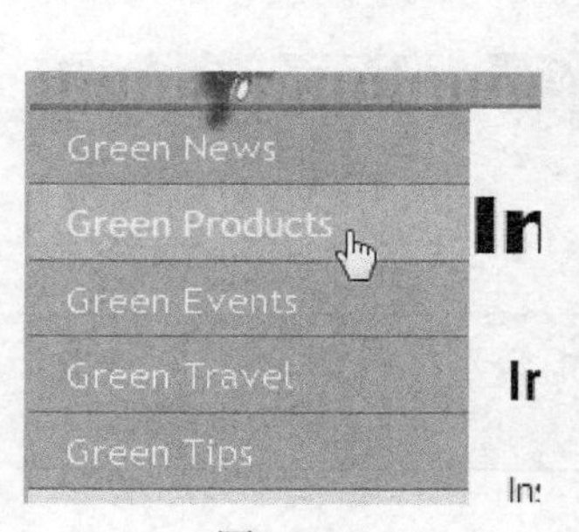

图5–45

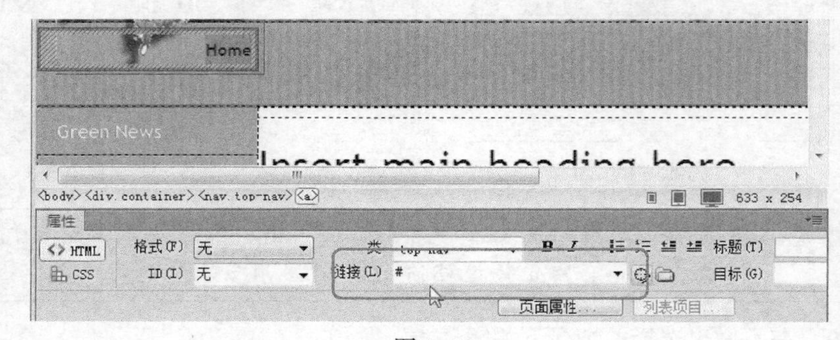

图5–46

在“链接”框中添加磅标记（#）将创建超链接占位符。这将允许创建和测试必要的格式化效果，但是此刻它也会在布局中产生一个重要的冲突。

5.6.1 查找 CSS 冲突

由于某种原因，Home 链接具有与垂直菜单中的项目相同的样式。无意的样式设置是层叠样式表中的一个常见问题，它通常是由不是足够具体的选择器引起的。然后，格式化效果可以弥散到共享类似标签或结构的其他元素上。

要追查出问题，第一步是查明哪些规则正在格式化两个菜单，然后调整相应规则的特征。由于 Home 项目仍然处于选取状态，让我们从它开始。“CSS 设计器”显示的是应用于链接占位符的规则。

1. 观察并注意出现在“选择器”窗格中的规则。
2. 在垂直菜单中的某个链接中插入光标，然后观察并注意出现在“选择器”窗格中的规则（如图 5-47 所示）。

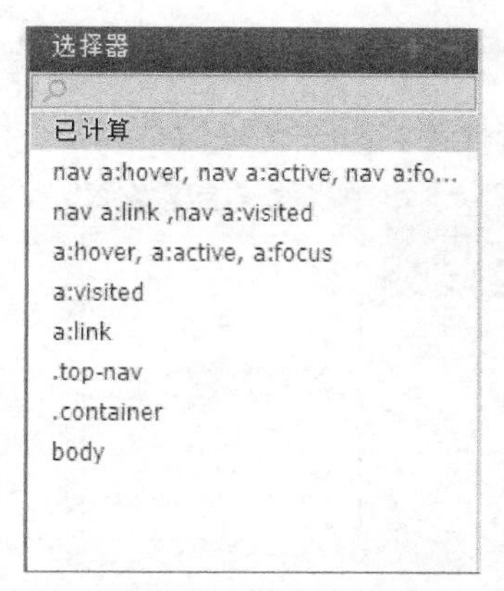

影响水平菜单的规则

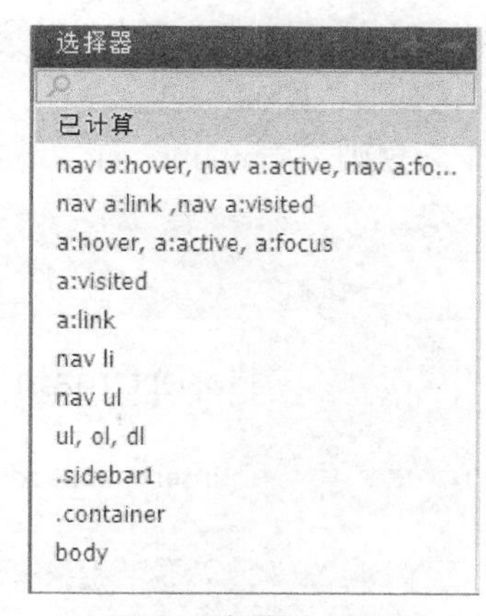

影响垂直菜单的规则

图5–47

两个菜单都是利用 nav a:link、nav a:visited 和 nav a:hover、nav a:active、nav a:focus 规则进行格式化的。基本上，这些规则结合了两个标签：<nav> 和 <a>，创建几个后代选择器，它们针对的是垂直菜单和超链接元素的不同状态，并为它们编排样式。由于两个菜单共享几乎相同的结构，所以规则也会格式化水平菜单。

防止 CSS 规则格式化错误元素的技巧是：使选择器尽可能具体。让我们更细致地查看两个菜单，看看我们怎样限制只对正确的元素进行格式化。

3. 切换到“代码”视图，比较两个菜单的结构（如图 5-48 所示）。

```
169  <nav class="top-nav"> <a href="#">Home</a> | About Us | Contact Us</nav>
170  <div class="sidebar1">
171  <nav>
172    <ul>
173      <li><a href="#">Green News</a></li>
174      <li><a href="#">Green Products</a></li>
175      <li><a href="#">Green Events</a></li>
176      <li><a href="#">Green Travel</a></li>
177      <li><a href="#">Green Tips</a></li>
178    </ul>
179    </nav>
```

图5–48

可以看到，水平菜单和垂直菜单共享某些元素，但是它们在某些方面也有极大的差别。首先，水平菜单分配了 .top-nav 类，而垂直菜单则包含 <ul> 和 <li> 元素，并且包含在一个具有 .sidebar1 类的 <div> 中。利用该信息，高级用户可以在短时间内设计出几个针对这个问题的解决方案。但是，初学者该怎么办呢?

5.6.2 创建后代选择器

现有的选择器错误地格式化了水平菜单中的链接，就像垂直菜单中的链接一样。这个问题的解决方案是创建后代选择器，以其中一个或另一个菜单为目标，但是不会同时把二者作为目标。幸运的是，Dreamweaver 可以提供答案。

1. 切换到“设计”视图，并在“Green News”链接中插入光标。然后选择 <a> 标签选择器。

2. 在“CSS 设计器”中，在“源”窗格中选择 <style> 引用。

在“选择器”窗格中将显示嵌入式规则的完整列表。

3. 单击“添加选择器”图标。

列出中出现一个新规则：.container .sidebar1 nav ul li a 选择器（如图 5-49 所示）。

图5-49

Dreamweaver 自动创建了一个非常具体的选择器，其中包含 4 个标签和两个类。如果交换当前利用这个选择器格式化垂直菜单的每个规则中的 a 标签，就可以解决 CSS 冲突。但是，不需要这么一个极端的解决方案。在实际中，我们只需恰如其分地修改规则，使得它们不再格式化水平菜单，只需添加上面显示的任何额外的标签或类即可。由于垂直菜单可能在某个时刻出现在 <div.container> 或 <div.sidebar1> 之外，因此最佳的解决方案是使用 <ul> 或 <li> 标签。

由于我们不需要这个新的选择器，因此让我们丢弃它。

4. 按下 Esc 键，取消新选择器的创建。

5. 把选择器 nav a:link, nav a:visited 改为 nav li a:link, nav li a:visited。

Home 链接不再像垂直菜单那样格式化。它将移回原来的位置，并且显示典型超链接的格式化效果。

6. 把 nav a:hover, nav a:active, nav a:focus 选择器改为 nav li a:hover, nav li a:active, nav li a:focus（如图 5-50 所示）。

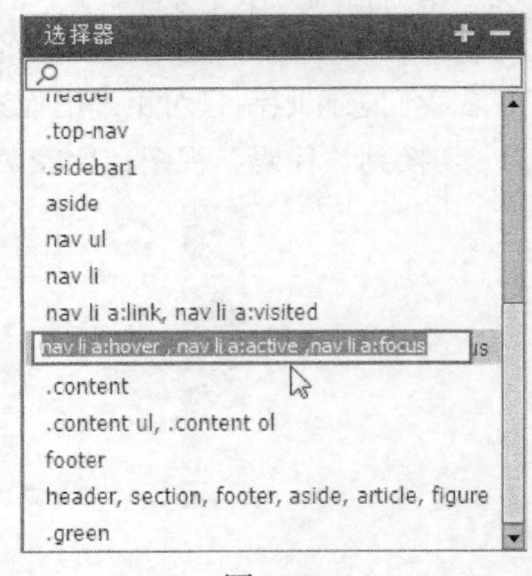

图5-50

7. 给 About Us 和 Contact Us 项目添加超链接占位符。

在应用占位符之前，确保选取每个项目中的两个单词。如果不这样做，将把每个单词视作两个单独的链接，而不是一个链接（如图 5-51 所示）。

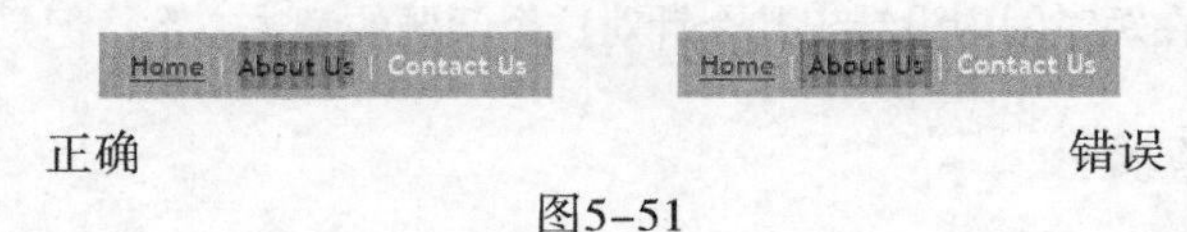

正确　　错误

图5-51

5.6.3 利用 CSS 创建动态超链接效果

既然你已经成功地解决了 CSS 冲突，就可以学习如何再现在垂直菜单中看到的动态超链接行为。要使水平菜单看起来更像垂直菜单，首先需要删除下画线并更改文本颜色。让我们从下画线开始。

1. 在 Home 链接中插入光标，并选择 <a> 标签选择器。
2. 在“源”窗格中，选择 <style> 引用。在“选择器”窗格中，选择 .top-nav 规则，然后单击“添加选择器”图标。

出现新的 .container .top-nav a 选择器。名称 .top-nav a 非常具体，足以只格式化水平菜单中的链接，从而可以从名称中删除 .container（如图 5-52 所示）。

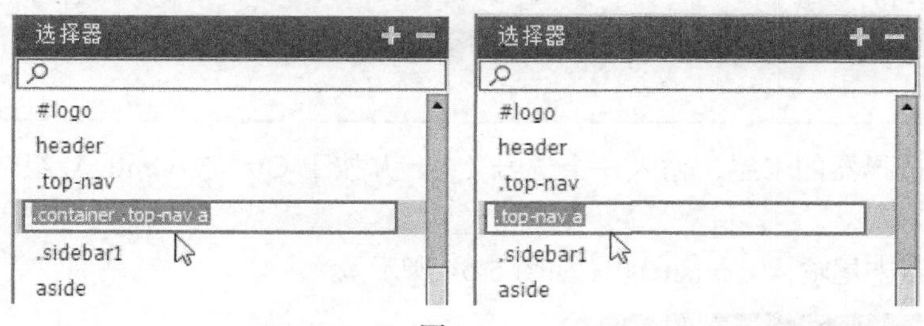

图5-52

3. 删除“.container”。如果必要，可以按下 Esc 键，关闭提示窗口。

迄今为止创建的选择器针对的是超链接的默认状态。

当用户单击站点内的链接时，它通常会改变颜色，指示用户以前访问过那个目标。这是超链接的正常或默认行为。不过，在垂直菜单和水平菜单中，我们不希望在单击链接之后它们将改变颜色。为了阻止这种行为，可以创建两个规则，格式化链接和访问过的状态，或者简单地创建一个复合选择器，同时格式化链接的两种状态。让我们修改选择器名称 .top-nav a，同时它仍将处于打开和可编辑状态。

4. 按下 Ctrl+A/Cmd+A 组合键，选取完整的选择器名称，然后按下 Ctrl+C/Cmd+C 组合键复制选择器。

超链接伪类

<a>元素（超链接）提供了5种**状态**（state）或不同的行为，可以通过CSS使用所谓的**伪类**（pseudo-class）修改它们。

- a:link 伪类创建超链接的默认显示和行为，在许多情况下，它可以与 CSS 规则中的“a”选择器互换使用。不过，如你以前可能经历过的，a:link 更具体，如果在样式表中同时使用了 a:link 和不太具体的选择器，那么前者可能会覆盖后者。
- a:visited 伪类用于在浏览器访问过链接之后格式化链接。无论何时删除浏览器缓存或历史记录，这都将复位到默认的样式。
- a:hover 伪类用于在光标经过链接时格式化链接。
- a:active 伪类用于在鼠标单击链接时格式化链接。
- a:focus 伪类用于格式化通过键盘访问的链接，它与鼠标交互相对。

在使用时，必须以上面列出的顺序声明伪类以使之有效。记住：无论是否在样式表中声明它们，每种状态都具有一组默认的格式和行为。

5. 按下向右的箭头键，把光标移到选择器文本的末尾。然后输入“:link”，把它添加到选择器名称的末尾（如图 5-53 所示）。

新的 .top-nav a:link 选择器更具体，将能够覆盖出现在样式表中别的位置的任何继承自默认的 a:link 规则的潜在规则，就像以前在垂直菜单中所发生的那样。

提示： 在输入选择器名称时，注意 Dreamweaver 如何为元素提供代码提示。可以从菜单中自由地选择正确的伪类，它有助于加快任务的完成速度并防止出现输入错误。

6. 把光标定位在选择器的末尾，输入一个逗号（,），并按下 Ctrl+V/Cmd+V 组合键，复制剪贴板中的选择器。
7. 在粘贴的选择器末尾输入“:visited”（如图 5-54 所示）。

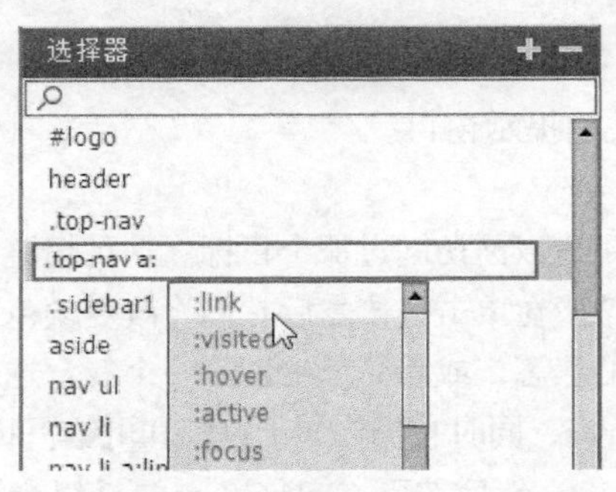

图5–53

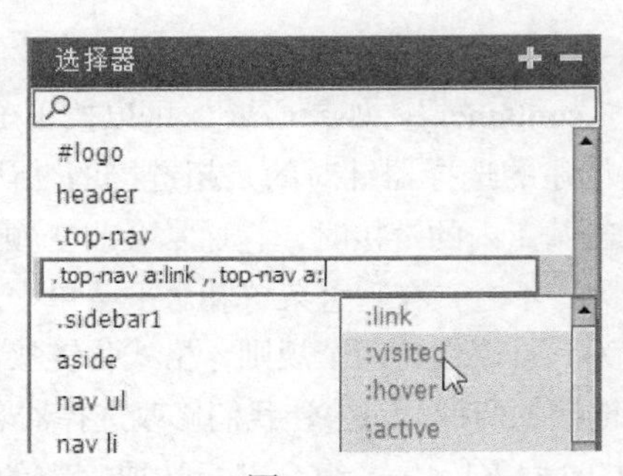

图5–54

现在，“选择器”窗格中将把选择器显示为 .top-nav a:link, .top-nav a:visited。逗号的工作方式就像是单词“and”，允许在一个名称中包括两个或更多的选择器。通过把这两个选择器结合到一个规则中，可以同时格式化两种超链接状态的默认属性。

8. 在“属性”窗格的“文本”类别中，在 color 框中输入“#FFC”（如图 5-55 所示）。

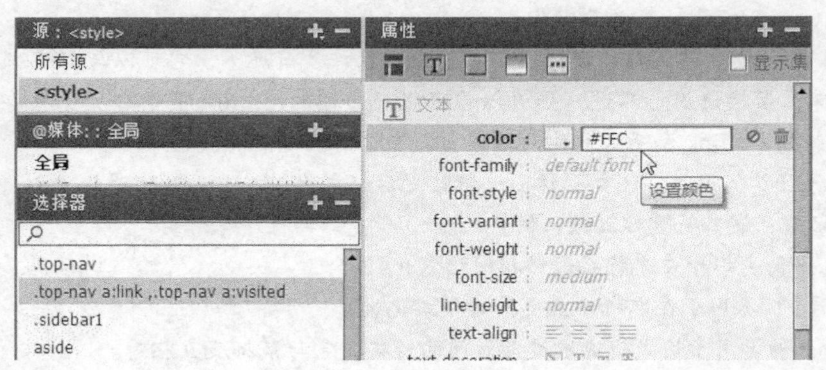

图5–55

超链接的文本颜色现在将与垂直菜单匹配。现在，让我们从超链接中删除下画线。

9. 对于 text-decoration，选择代表 none 的图标（如图 5-56 所示）。

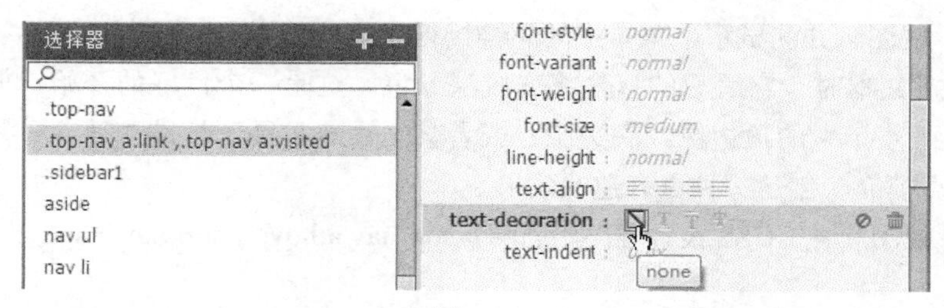

图5-56

让我们测试水平菜单中的项目的超链接属性。

10. 单击“实时视图”按钮，然后把光标定位在水平菜单中的超链接占位符上。

鼠标图标将变成手形指针，指示文本被格式为超链接。但是，这些超链接不能像垂直菜单那样改变其背景色。如以前所解释的，这种交互式行为是由伪类 a:hover 控制的。让我们使用这个选择器创建一种类似的行为。

11. 单击“实时视图”按钮，返回正常的文档显示。

保存文件。

5.6.4 创建超链接翻转效果

在下面这个练习中，你将修改默认的超链接行为并添加交互性。

1. 在 About Us 链接中插入光标。在“选择器”窗格中，选择 .top-nav a:link, .top-nav a:visited 规则，然后单击“添加选择器”图标。

在该规则下方将出现一个新的选择器框，剪贴板上仍然存储有以前的选择器。

2. 按下 Ctrl+V/Cmd+V 组合键，把 .top-nav a 粘贴到选择器框中，并在名称末尾输入“:hover”(a:hover 之间没有空格)。

为了确保不会出现不想要的格式化效果，可以把 a:active 伪类添加给悬停状态。

3. 输入一个逗号（,），并按下 Ctrl+V/Cmd+V 组合键，再次粘贴选择器。然后在选择器名称末尾输入“:active”，再输入一个逗号（,），并按下 Ctrl+V/Cmd+V 组合键，再次粘贴选择器。最后在选择器名称末尾输入“:focus”。

新的 .top-nav a:hover, .top-nav a:active, .top-nav a:focus 规则出现在“CSS 设计器”中（如图 5-57 所示）。

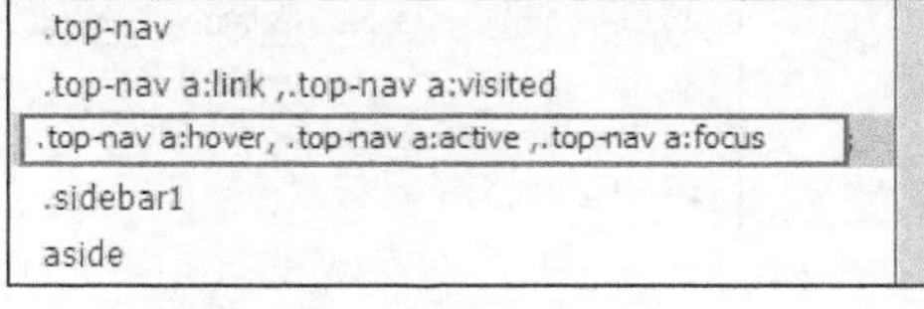

图5-57

4. 在“属性”窗格中，取消选中“显示集”选项。然后在“文本”类别的 color 框中输入“#FFF”。

> Dw **注意：**a:hover 状态从 a 或 a:link 继承了它的大部分格式化效果。在大多数情况下，只需要声明一些用于格式化的值，当激活这种状态时它们将改变。

5. 在“背景”类别中，把 background-color 设置为“#060”。

这种颜色比垂直菜单中使用的颜色要深一些，但是与站点主题更一致。我们将在后面更新垂直菜单以与之匹配。

6. 激活“实时”视图，并测试水平菜单中的超链接行为。

当鼠标经过超链接文本时，它后面的背景将变成深绿色。这是一个良好的开始，但是你可能注意到颜色没有扩展到 <nav> 的顶边缘或底边缘，或者甚至没有扩展到把链接彼此分隔开的竖线。可以给元素添加一点填充，创建一种更有趣的效果。

7. 停用“实时”视图。在“CSS 设计器”中，选择 .top-nav a:hover, .top-nav a:active, .top-nav a:focus 规则。

8. 在“布局”类别中，在“顶部填充”框中输入“5px”。如果必要，可以单击“填充”图形中心的链环（🔗）图标，同时修改全部 4 个设置。

> Dw **提示：**你知道为什么要增加填充的空间而不增加边距的空间吗？增加边距的空间将不会工作，因为边距将在背景色之外增加空间。

9. 激活“实时”视图，并测试水平菜单中的超链接行为。

每个链接的背景色现在将扩展到超链接周围的 5 个像素。不幸的是，这会产生一个意想不到的后果：填充不仅会导致背景从链接每一边的文本扩展出 5 个像素，而且无论何时激活了 a:hover 状态，都会导致其他文本偏离其默认位置 5 个像素（如图 5-58 所示）。幸运的是，这个问题的解决方案相当简单。

图5–58

你已经搞清楚了需要做什么吗？

10. 在“CSS 设计器”的“属性”窗格中，选择 .top-nav a:hover, .top-nav a:active, .top-nav a:focus 规则的填充属性。然后单击填充图形旁边的“删除 CSS 属性”（🗑）图标（如图 5-59 所示）。

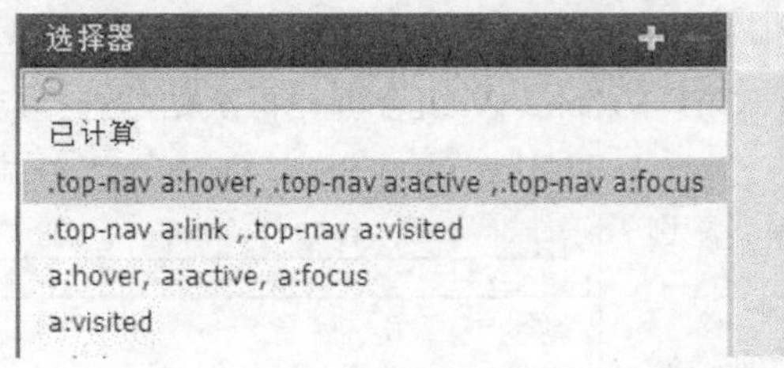

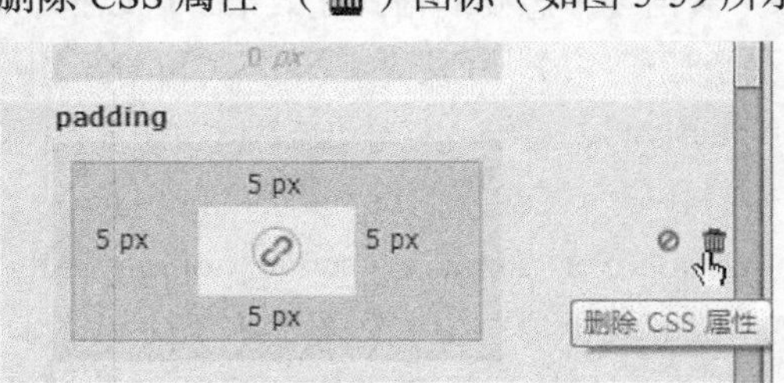

图5–59

11. 在“CSS 设计器”中，选择 top-nav a:link, .top-nav a:visited 规则。在“布局”类别中，在“填充”框中输入 5px。如果必要，可以单击填充图形中心的链环（🔗）图标。

12. 激活“实时”视图，并测试水平菜单中的超链接行为。

当鼠标移到链接上时，背景色会在链接周围扩展 5 个像素，但是不会偏移。通过给超链接的默认状态添加填充，hover 状态将自动继承额外的填充，并且允许背景色像期望的那样工作，而不会偏移文本。

13. 保存文件。

祝贺！你创建了水平的 <nav> 元素中的交互式导航菜单自己的版本。但是你可能注意到在垂直菜单中 a:hover 状态的预先定义的背景色选择与水平菜单的颜色不匹配。为了保持一致，站点中使用的颜色应该遵守总体的站点主题。

5.6.5 修改现有的超链接行为

当你在 Web 设计和使用 CSS 方面获得了更多的经验时，将更容易确定设计的不一致性以及知道如何校正它们。既然你知道**悬停**（hover）状态负责创建交互式链接行为，更改垂直菜单中的背景色就应该是一件简单的事情。第一步是评估哪些规则专门针对的是垂直菜单自身。

1. 如果必要，可以激活“实时”视图，并比较水平菜单与垂直菜单之间的翻转效果。

垂直菜单中的背景色要深一些。尽管你可能已经知道哪个规则负责这个颜色，还是让我们证实一下你的猜疑。

2. 在垂直菜单项之一中插入光标，并且观察“选择器”窗格中的规则的名称和顺序。

nav li a:hover, nav li a:active, nav li a:focus 规则出现在最前面。

3. 在“背景”类别中，把 background-color 改为 #060（如图 5-60 所示）。

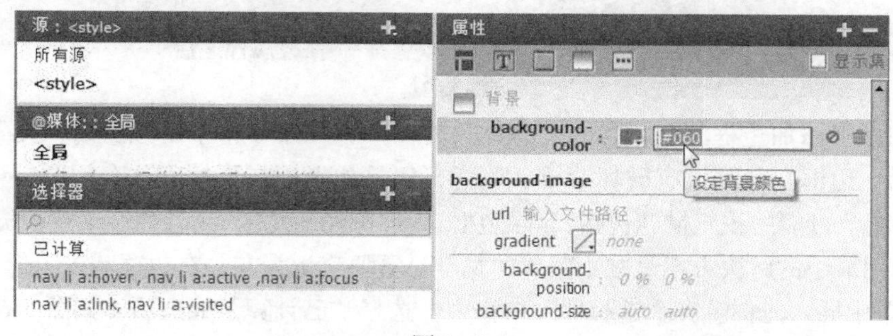

图5-60

4. 在“实时”视图中测试垂直菜单的行为。

垂直菜单的背景色现在将与水平菜单和站点的配色方案匹配。

5. 保存文件。

5.6.6 给菜单添加引人注目的效果

另一个可以给菜单提供更多一点视觉兴趣的流行的 CSS 技巧是改变边框颜色。通过对每条边框应用不同的颜色，可以给按钮提供一种 3D 外观。与前一个练习中一样，首先需要定位格式化元素的规则。

1. 如果必要，可以在“设计”视图中打开 mylayout.html。在垂直菜单项之一中插入光标，并且检查标签选择器的显示内容。

菜单按钮是使用 <nav>、<ul>、<li> 和 <a> 元素构建的。既然你知道 <ul> 元素创建整个列表，而不是单独的项目，就可以忽略它。<li> 元素则用于创建列表项。

2. 在“CSS 设计器”中选择 nav li 规则，并观察“属性”窗格中显示的属性。

nav li 规则格式化菜单按钮的基本结构。“属性”窗格显示全部 4 条边上的 1 像素深灰色边框的规范。要创建 3D 视觉效果，将需要为每条边框输入不同的颜色。我们将为顶部边框和左边框使用较淡的颜色，并为右边框和底部边框使用较深的颜色。

3. 为 border-color 输入“#0C0”。

全部 4 条边框都将显示较淡的颜色。

4. 为 border-right-color 和 border-bottom-color 输入“#060”。

这样就完成了 3D 效果。通过给顶部边框和左边框添加较淡的颜色并给右边框和底部边框添加较深的颜色，就创建了一种精细而有效的 3D 效果（如图 5-61 所示）。不过，这种样式具有一种不幸的效果。如果密切观察，将会注意到菜单是从侧栏凸出的。

修改属性之前

修改属性之后

图5-61

给固定宽度的元素添加边框将会增加它的总体尺寸。如你在第 4 章中所经历的，元素宽度的改变可能破坏布局。边框在此刻没有破坏菜单或侧栏，但是如果现在不处理这个问题，可能会在将来产生不利的后果。可能的校正措施包括：删除边框、增加侧栏的宽度，或者减小菜单的宽度。在这里，最好并且副作用最小的解决方案是减小菜单的宽度。不要忘记为左、右边框减去 1 像素。

5. 在垂直菜单中插入光标。在“选择器”窗格中，选择“已计算”值选项（如图 5-62 所示）。

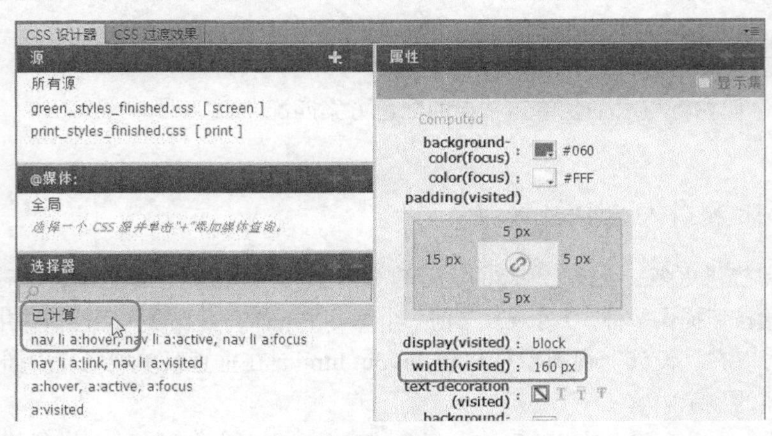

图5-62

“已计算”选项将显示影响菜单的所有规则的聚合属性。关于这个特性的最佳方面是：它还允许编辑值。

6. 把宽度改为 158px（如图 5-63 所示）。

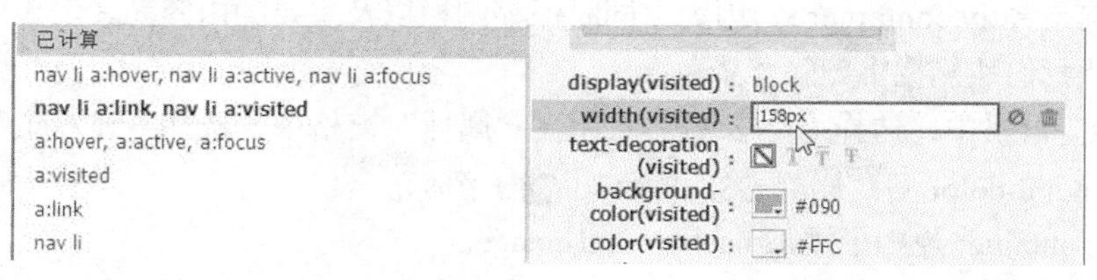

图5-63

> **警告：**“已计算”属性可以同时显示多个规则的设置。要小心的是，这里做出的改变可能会在页面中或者站点中的别的位置产生出人意料的影响。

这将自动更新相应的规则，并且垂直菜单将不再从侧栏凸出。

7. 保存文件。

此时，主布局就接近完成了。再对设计进行另外一处调整，你将准备好完成站点模板。

5.7 创建伪列

尽管多列设计在 Web 上非常流行，但是 HTML 和 CSS 并没有内置的命令用于在 Web 页面中产生真正的列结构。作为替代，通过使用多种类型的 HTML 元素以及多种格式化技术（通常会结合使用边距和 float 属性）来模拟列设计，就像 Dreamweaver 的 CSS 布局中使用的一样。HTML5 和 CSS3 可以在多列中显示文本，但是目前，页面布局本身仍将依赖于较旧的技术。

不幸的是，这些方法都有它们的局限性和缺点。例如，你将发现本课程中使用的这种布局的问题之一是使两列以相同的高度显示，但是侧栏或主要内容区域似乎要短一些。如果侧栏没有背景色，这可能不是一个问题，但是在把内容添加到主要区域中时，底部将会出现可见的间隙（如图 5-64 所示）。

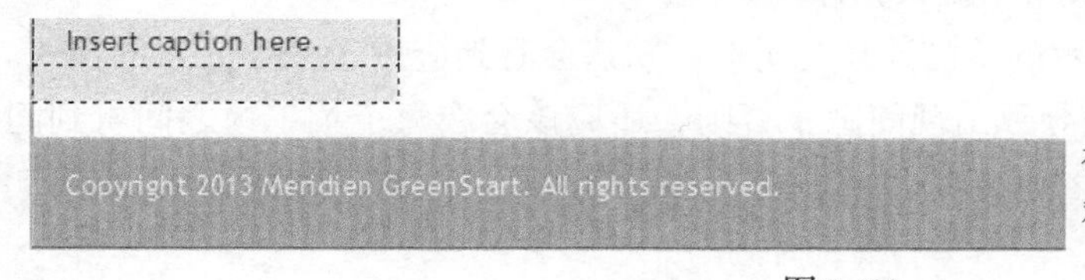

在多列设计中，如果只使用CSS格式化，则难以使所有列都以相同的长度显示

图5-64

有一些方法使用 JavaScript 及其他编码技巧，强制列以相等的高度显示，但是这些并没有受到所有浏览器的完全支持，并且可能导致页面出人意料地被破坏。许多设计师通过简单地拒绝使用背景色，完全回避了这个问题。这样，就没有人会注意到任何差异。

作为替代，在这个练习中，你将学习如何结合使用背景图形和 CSS 重复功能，创建完全高度的侧栏列的效果。这种技术可以很好地与固定宽度的 Web 站点设计协同工作，如下所述。

1. 使用“CSS 设计器”，能够确定哪个规则对侧栏应用背景色吗？

这应该很容易。.sidebar1 规则对侧栏应用背景色。你将利用背景图像替换背景色，但是必须选择将该图像分配给布局中的哪个元素。既然分配给 <div.sidebar1> 的背景色无法扩展到文档的底部，使用这个元素就不是一种解决方案。

伪列的最佳候选是 <div.container>，因为它同时保存侧栏以及主要的内容元素。首先，由于我们不再需要它，就让我们从侧栏中删除背景色。

2. 在“选择器”窗格中，选择 .sidebar1。然后在“属性”窗格中，选择“显示集”选项，并单击用于 background-color 的“删除 CSS 属性”（ ）图标。

现在，需要向 .container 规则中添加 background-image。

3. 选择 .container 规则。在“属性”窗格中，取消选中“显示集”选项。在“背景”类别中，编辑 background-image 的 URL 值。浏览到默认的站点图像文件夹，并选择 divider.png。

182 像素宽的图形将从上到下填充 <div.container>，并且跨整个 <div> 从左到右重复。图形应该只在垂直方向上重复，而不应该在水平方向上重复。

4. 在 background-repeat 属性中，单击 repeat-y（ ）图标。

图形出现在侧栏后面，并沿着左边缘从上到下填充元素。既然其他结构元素完全包含在 <div.container> 内，背景将出现在它们后面，并且只在适当的地方可见。

背景图像默认对齐到顶部和左边。

5. 保存文件。

列效果看起来很完美，并且最好的是，无论页面变得有多长，它都会填充侧栏。

最后的调整

我们需要对侧栏执行另外两处调整。首先，让我们删除出现在菜单和图像占位符之间的额外空间。与以往一样，将需要确定创建这种间隙的规则。此时，你也许能够在头脑中列举出几个“肇事者”。显而易见的候选将包括垂直菜单、图像占位符本身、包含它的 <aside> 元素或者这三者的结合。让我们从垂直菜单开始，并根据需要向下追溯。

1. 在垂直菜单中的“Green Tips”文本中插入光标。

如果你研究过“CSS 设计器”中显示的“已计算”属性，默认会看到应用于 <a> 元素的样式。不太可能是分配给超链接的任何属性导致出现间隙；否则，还应该会在每个菜单项之间看到间隙。问题出在结构上。

2. 选择 <li> 标签选择器。

这个元素的任何设置都不以任何间距属性为目标。

3. 选择 <ul> 标签选择器（如图 5-65 所示）。

<ul> 元素是利用 15 像素的底边距格式化的，它看起来像是我们发现的“肇事者”。

4. 在“属性”窗格中，删除 bottom-margin 设置。

菜单与图像占位符之间的间隙消失了（如图 5-66 所示）。最后执行一处修改，让我们使垂直菜单中的文本与水平菜单中的文本大小匹配。

5. 选择 nav ul 规则。在“文本”类别中，在 font-size 框中输入“90%”。然后按下 Enter/Return 键完成更改。

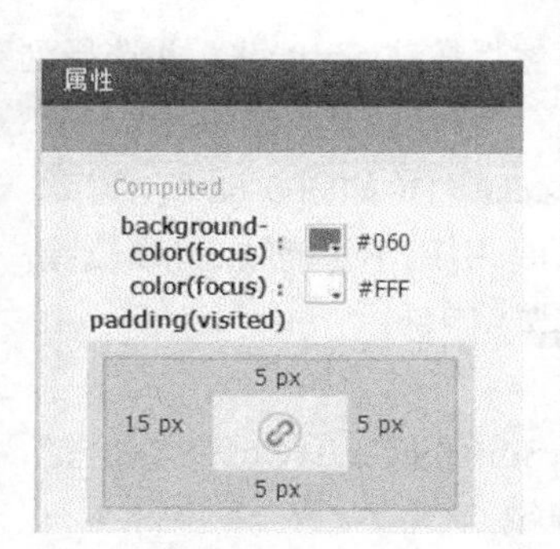

应用于<a>的样式

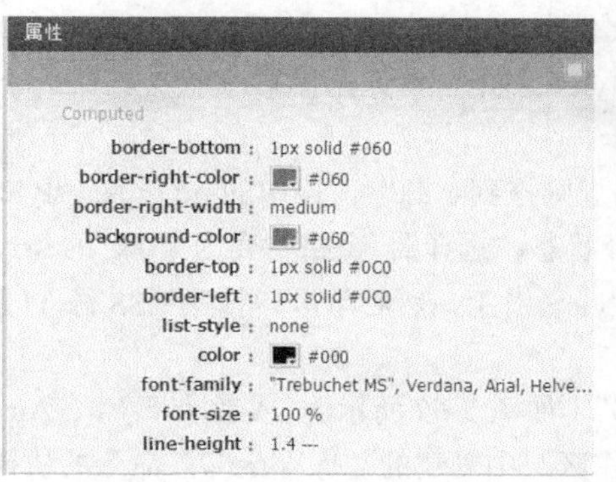

应用于<li>的样式

应用于<ul>的样式

图5–65

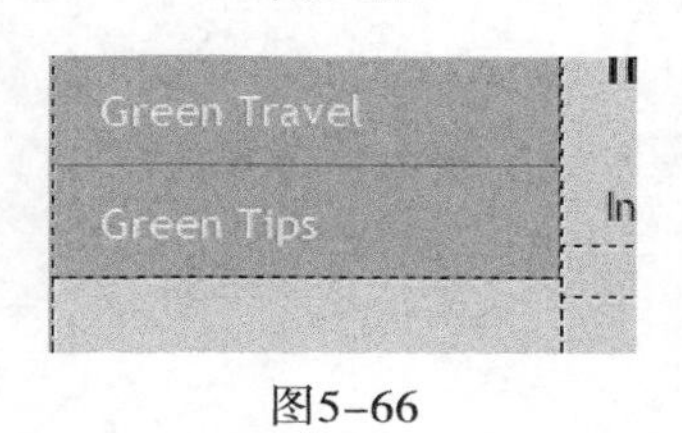

图5–66

6. 保存文件。

5.8 把规则移到外部样式表中

在制作 Web 页面设计的原型时，更实用的方法是使 CSS 保持嵌入在布局中。这样做将使得测试和上传文件的过程变得快速且简单。但是，内部样式表一次只能编排一个页面的样式。外部样式表则可以链接到任意数量的页面，并且对于大多数 Web 应用程序，外部样式表都是正常的、首选的工作流程。在把这个页面作为模板投入生产中之前，从文档的 <head> 区域中把规则移到外部 CSS 样式表中是一个好主意。Dreamweaver 提供了快速、容易地处理这项任务的方法。

1. 如果必要，可以在设计视图中打开 mylyout.html。在"CSS 设计器"中，单击"添加 CSS 源"（+）图标。

2. 从弹出式菜单中选择"创建新的 CSS 文件"选项（如图 5-67 所示）。

图5–67

显示"创建新的 CSS 文件"对话框。

3. 在"文件 /URL"框中输入"mygreen_styles"，然后单击"确定"按钮。

Dreamweaver 将在站点根目录中创建一个新文件，并自动给文件名添加 .css 扩展名。现在可以把任何嵌入的规则移到新的 CSS 文件中。

4. 在"源"窗格中，选择 <style> 引用。首先选择第一个规则 body，然后按住 Shift 键，并选择列表中的最后一个规则。

5. 释放 Shift 键，并把所选的规则拖到"源"窗格中的 mygreen_styles.css 上（如图 5-68 所示）。

如果 <style> 引用仍然保持选择状态，"选择器"窗格将变为空。空的 <style> 引用不再需要，可以删除。

6. 在"源"窗格中，选择 <style> 引用，然后单击"删除 CSS 源"（▬）图标。

这样就会删除 <style> 引用。

7. 选择"文件" > "保存全部"（如图 5-69 所示）。或者按下 Ctrl+Alt+Shift+S/Cmd+Ctrl+S 组合键，访问在第 1 课"自定义工作区"中创建的"保存全部"命令的快捷键。

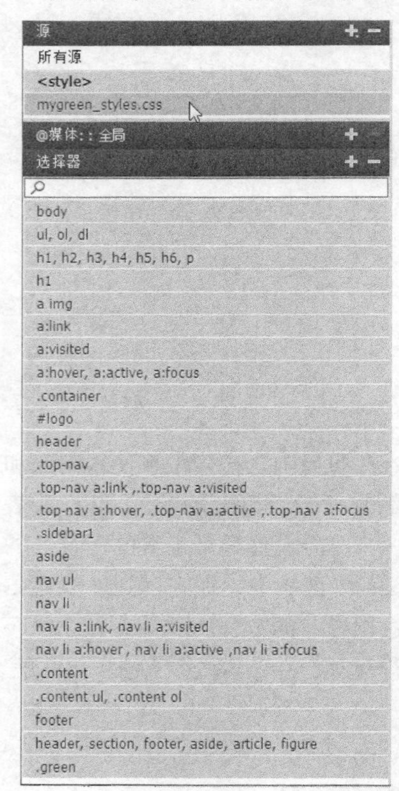

图5–68

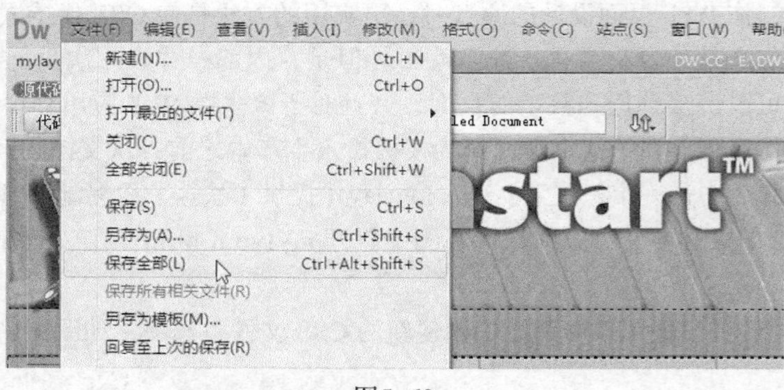

图5–69

> **提示：**一旦把 CSS 移到外部文件中，记住接着要使用"保存全部"命令。按下 Ctrl+S/Cmd+S 组合键只会保存 Dreamweaver 界面中的顶部文档，而不会自动保存其他被打开和引用并且修改过的文件。

祝贺！你已经完成了新 Web 站点的基本布局。在我们把文件转换为 Dreamweaver 模板之前，将执行最后一项 CSS 处理任务。

5.9 为其他媒体创建样式表

当前的最佳实践要求把表示（CSS）与内容（HTML 标签、文本和其他页面元素）分隔开。原因很简单：通过把格式化分隔开，它可能只与一种类型的媒介相关，就可以出于多种目的立即格式化一个 HTML 文档。可以把多个样式表链接到页面。通过创建和附加为其他媒体优化的样式表，特定的浏览应用程序可以为它自己的需要选择合适的样式表（和格式化效果）。例如，在上一个练习中创建和应用的样式表是为典型的台式机屏幕显示设计的。在下面这个练习中，将把一个屏幕媒体 CSS 文件转换成一个为打印设备而进行优化的文件。

今天，设计师往往在具有大量文本或者用于销售收据的页面上包括一个"打印"（Print）链接，使得用户可以更有效地把信息发送给打印机。"打印"样式表通常会调整颜色以使它们更适合于激光和喷墨打印机，隐藏不需要的页面元素，或者调整页面大小和布局以更适合于打印。

当激活打印队列时，打印应用程序就会检查打印媒体样式表。如果存在这样一个样式表，就会考虑相关的 CSS 规则。如果没有这样的样式表，打印机将根据现有的"屏幕"或者"所有媒体"样式表中的规则或者 CSS 默认规则执行浏览器支持的打印输出。

5.9.1 创建打印媒体样式表

尽管可以从头开始开发打印样式表，但是转换现有的屏幕媒体样式表通常要快得多。第一步是用新名称保存现有的外部样式表。

1. 在"文件"面板中，双击 mygreen_styles.css 打开它。

2. 选择"文件" > "另存为"。

3. 当"另存为"对话框打开时，在"文件名" / "Save As"框中输入"print_styles.css"。确保以站点根文件夹为目标，然后单击"保存"按钮。

> Dw **警告：**在这种情况下，当选择"Save As"时，Dreamweaver 有时会尝试保存错误的文件。

4. 如果必要，从站点根文件夹中打开 mylayout.html。然后在"CSS 设计器"中，单击"源"窗格中的"添加 CSS 源"（+）图标。

5. 在弹出式菜单中，选择"附加现有的 CSS 文件"选项。

出现"使用现有的 CSS 文件"对话框。

6. 为"添加为"值选择"链接"选项。

7. 单击以查看"有条件使用"选项。从"条件"区域中选择"media: print"。

8. 单击"浏览"按钮。

出现"选择样式表文件"对话框。

9. 从站点根文件夹中选择 print_styles.css（如图 5-70 所示），然后单击"确定"按钮。

这将把新条目 print_styles.css 添加到"源"窗格中。此时，两个样式表是完全相同的。你将在下一个练习中修改打印样式表。

10. 关闭 print_styles.css 和 mygreen_styles.css。

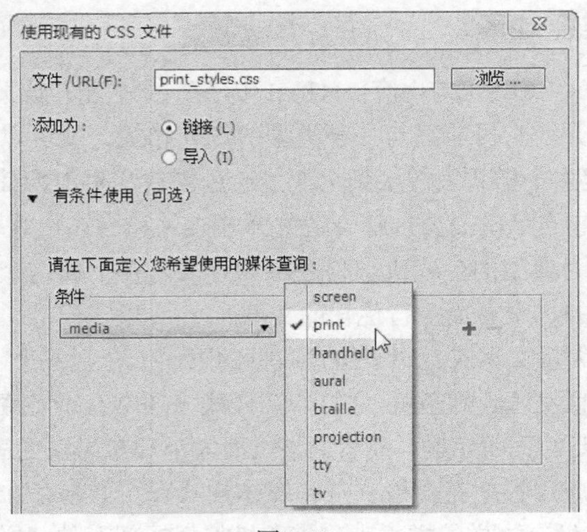

图5-70

11. 保存 mylayout.html。

5.9.2 隐藏不想要的页面成分

只在打印工作流程中才需要打印媒体样式表。但是，这并不意味着所有的设备或工作流程都将使用它或者都将与之兼容。打印样式表将会继承所有其他的样式表的样式，因此无需保留重复的样式。在同样的意义上，用于对想要隐藏或重新格式化以进行打印的屏幕上的元素编排样式的规则必须出现在打印样式表中。在下面这个练习中，你将学习如何创建用于打印输出的 CSS 规则。首先，让我们看看打印机如何处理 Web 页面。Dreamweaver 没有提供打印功能，因此必须先在浏览器中显示页面。

1. 如果必要，可以打开 mylayout.html。

2. 选择“文件” > “在浏览器中预览”命令，然后选择默认的浏览器。

把页面加载进浏览器中。

3. 选择“文件” > “打印”命令。

出现“打印”对话框（如图 5-71 所示），但是你可能不会实际地打印页面。一些浏览器将在“打印”对话框中提供缩略图预览。一些对话框将具有一个“预览”按钮，用于打开全尺寸的页面预览。在一些浏览器中，必须安装打印机，才能查看预览图像。如果对话框没有提供预览图像，它可能允许打印或导出到 Adobe PDF。或者，你可能只需把布局记录到纸张上。

无论怎样查看它，预览都会显示显著变形的页面，甚至是在没有更改单独一个 CSS 规则的情况下也会如此。背景图像将被完全丢弃，大多数颜色和文本样式也是一样。不同的内容元素一个一个井然有序地堆叠起来。你可能已经看到了几个用于修改的候选元素。

例如，Web 页面的最重要的交互式项目在打印时毫无意义，包括水平和垂直菜单中的所有导航元素。使用打印媒体样式表，可以隐藏页面中不想要的部分，以及关闭一些颜色，从而阻止浪费掉许多油墨、调色剂和纸张。让我们首先处理水平和垂直菜单，其中水平菜单是通过 .top-nav 规则编排样式的。

4. 在“源”窗格中，选择 print_styles.css 引用。

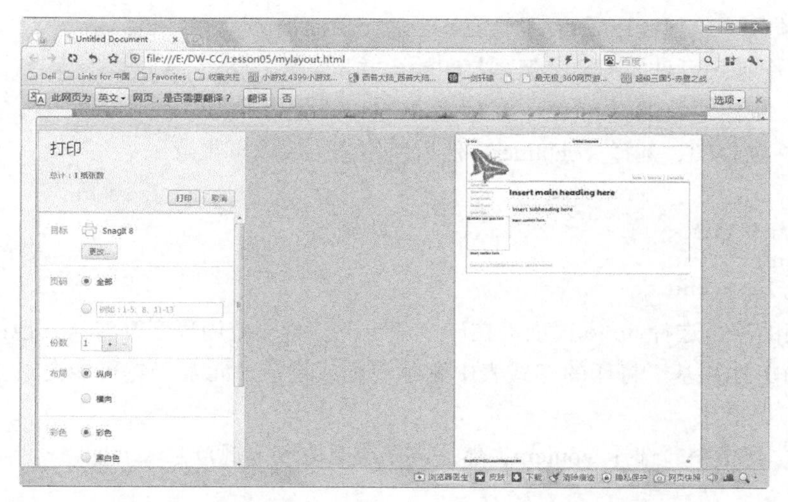

图5-71

在编辑任何规则之前，一定要选择CSS源，以确保编辑操作将应用于正确的源文件。

5. 在“选择器”窗格中，选择.top-nav。

6. 在“属性”面板的“布局”类别中，把display设置为none（如图5-72所示）。

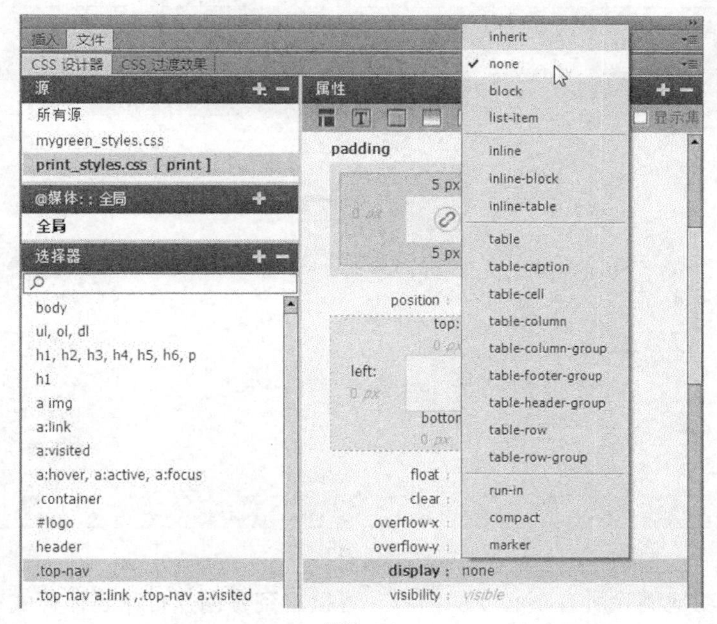

图5-72

不要期望在文档窗口中看到改变，Dreamweaver的界面只支持屏幕媒体类型和媒体查询。我们最后将在浏览器打印预览中预览所做的改变。

垂直菜单和<div.sidebar1>的其余内容也不是打印所需要的，同样让我们关闭它们。

7. 在“选择器”窗格中，选择.sidebar1。

8. 在“布局”类别中，把 display 设置为 none。

蝴蝶标志是预览中唯一可见的图形，但是打印输出并不需要它。

9. 在“选择器”窗格中，选择 #logo。然后把 display 设置为 none。

10. 在“选择器”窗格中，选择 .container，然后应用或更改以下规范：

```
width: 100%
margin-left: 1in
margin-right: 1in
border-style: none
```

必须为想要关闭的项目选择 none 选项。在许多情况下，打印应用程序都将从其他链接的样式表继承样式。如果简单地从基于打印的样式表中删除规则或规范，元素仍然可能会被主屏幕媒体样式表格式化。

11. 在“选择器”窗格中，选择 .content，然后应用或更改以下规范：

```
width: 100%
float: none
```

12. 保存所有文件。选择“文件”>“在浏览器中预览”，并且选择首选的浏览器。

13. 选择“打印预览”或打印页面（如图 5-73 所示）。

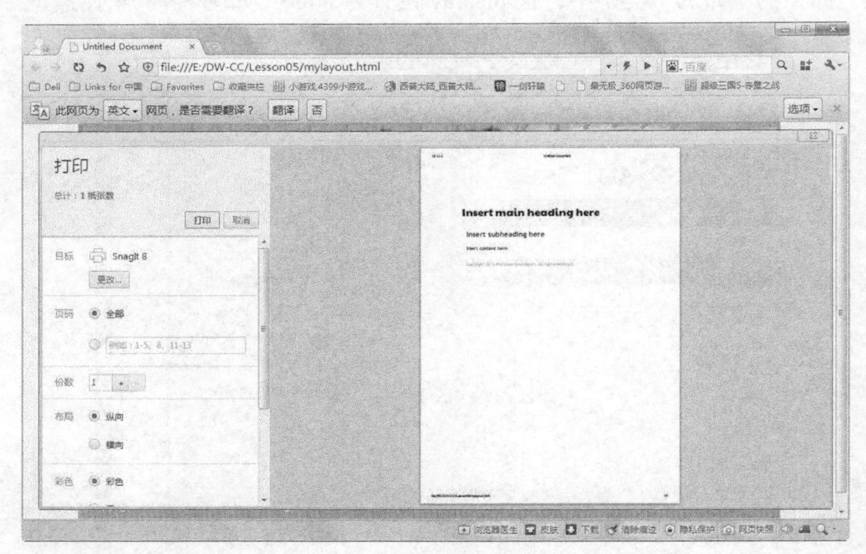

图5-73

你已经从页面中成功地删除所有不必要的内容。可以看到，创建打印媒体样式表很容易，只需修改用于屏幕媒体的样式表即可。

5.9.3 删除不需要的样式

即使在以前的练习中做过修改，两个样式表中的许多规则也完全相同。保存两个做相同工作的样式集没有什么意义。只要有可能，就要从页面中删除不需要的代码以减小文件大小，并且允许页面更快地下载和响应。让我们从打印媒体样式表中删除没有改变或者不再适用的任何规则。可以使用“CSS设计器”删除不需要的样式，但是要小心谨慎——即使规则没有改变，也并不意味着它是打印呈现所不需要的。

1. 在“CSS设计器”中，选择print_styles.css中用于对垂直和水平菜单中的超链接编排样式的所有规则；这包括为a、a:link、a:visited、a:hover和a:active属性编排样式的规则。然后单击“删除选择器”图标（如图5-74所示）。

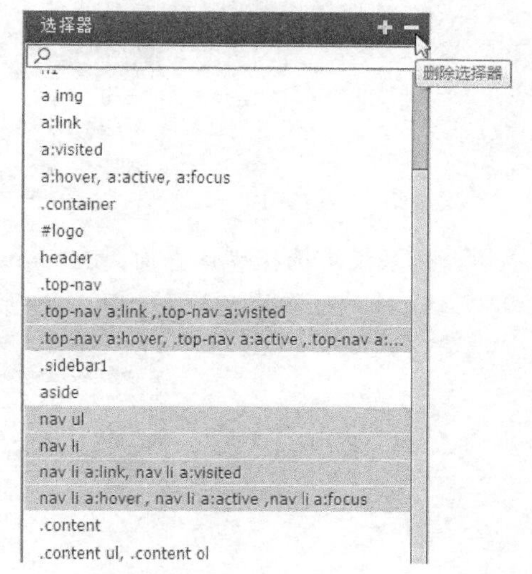

图5–74

既然菜单不会再显示，因此无需用于对其中包含的超链接编排样式的规则。事实上，可以删除格式化超链接行为的所有规则，但是要回避.top-nav和.sidebar1。记住，这些规则用于隐藏两个包含菜单的区域。

2. 保存所有文件。然后选择“文件”>“在浏览器中预览”，并选择首选的浏览器。

3. 最后一次预览或打印页面。

你已经修改了屏幕媒体样式表并对其进行了优化，以便于快速、高效的下载。你完成了将用作项目模板的页面的基本设计，并且修改了它使之适合打印媒体。在下一课中，你将学习如何把这种布局转换成Dreamweaver模板。

“CSS设计器”工作流程总结

“CSS设计器”是新的Dreamweaver工作流程的一个如此必不可少的部分，以至于知道使用它创建新规则的正确方式是非常重要的。

1. 在希望编排样式的元素中插入光标（可选）（如图5-75所示）。

图5–75

如果没有有意地选择一个元素，Dreamweaver将使用光标的当前位置，并使新规则的名称基于它。可以就使用这个名称，或者根据需要编辑它。

2. 选择希望在其中创建规则的样式表（如图5-76所示）。

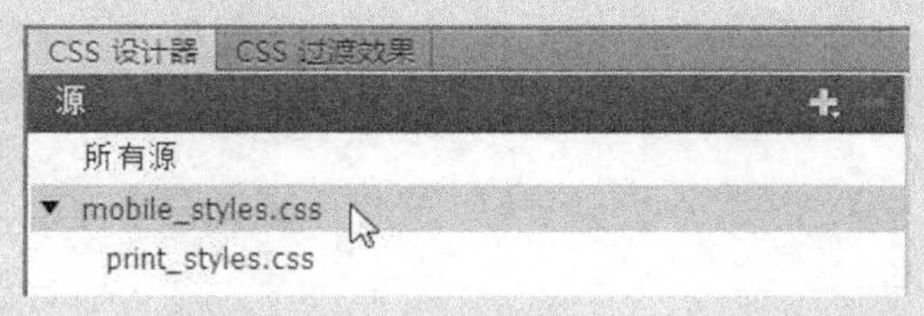

图5–76

如果没有选择样式表，Dreamweaver将不允许创建新的选择器。

3. 选择媒体查询（如果有的话，如图 5-77 所示）。

图5–77

如果没有选择媒体查询，Dreamweaver将把新规则添加到默认的样式表中。

4. 选择现有的规则（如图 5-78 所示），建立想要的层叠（可选）。

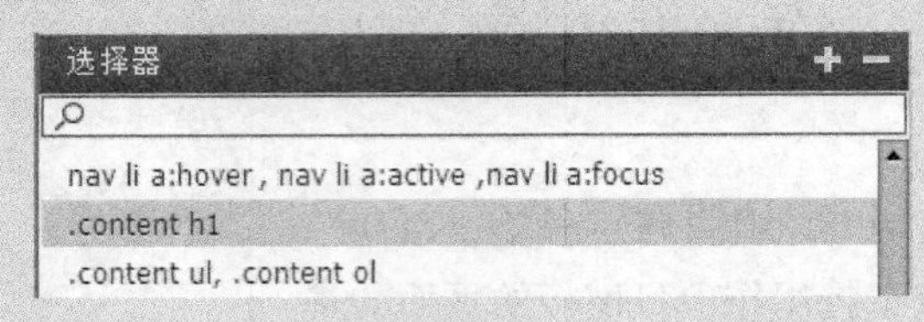

图5–78

通过在此处选择一个规则，Dreamweaver将紧接在所选的规则之后插入新规则。如果没有选择规则，将把新的选择器添加到在第2步中选择的样式表的末尾。

5. 创建选择器。

Dreamweaver将基于光标的位置创建特定的选择器（如图5-79所示）。可能就使用这个选择器，或者根据需要编辑它。在打开时，框中将利用HTML元素、类和ID名称提供提示，帮助创建选择器名称。可以随时按下Esc键，关闭提示弹出式菜单。

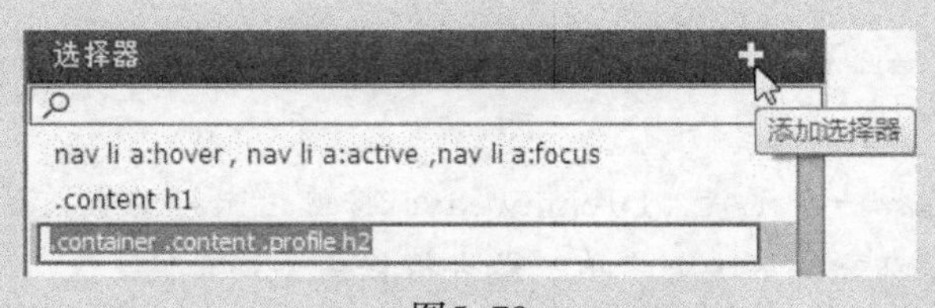

图5–79

6. 按下Enter/Return键关闭选择器。要完全取消新选择器的创建，可以再次按下Esc键。这样将不会创建任何规则。

复习

复习题

1. 如何将现有的外部样式表附加到 Web 页面上？
2. 如何将特定类型的格式化效果应用于 Web 页面中的内容？
3. 可以使用什么方法隐藏 Web 页面上的特定内容？
4. 如何将现有的 CSS 类应用于页面元素？
5. 为不同媒体创建样式表的目的是什么？

复习题答案

1. 在“CSS 设计器”中，从“添加源”弹出式菜单中选择“附加现有的 CSS 文件”选项。在“使用现有的 CSS 文件”对话框中，选择想要的 CSS 文件，然后通过展开“有条件使用”区域来选择媒体类型。
2. 可以使用后代选择器创建自定义的类或 ID，对页面上的特定元素或元素配置应用格式化效果。
3. 在样式表中，把元素、类或 ID 的“display”属性设置为 none，以隐藏你不想显示的任何内容。
4. 一种方法是：选择元素，然后从“属性”检查器中的“类”菜单中选择想要的样式。
5. 为不同类型的媒体创建和附加样式表可以使页面适合于除 Web 浏览器之外的设备或工作流程，比如打印应用程序。

第6课 使用模板

课程概述

在这一课中，将学习如何更快地工作、更容易地执行更新以及变得更高效。你将使用 Dreamweaver 模板、“库”项目和服务器端包括，来执行以下任务：

- 创建 Dreamweaver 模板；
- 插入可编辑区域；
- 制作子页面；
- 更新模板和子页面；
- 创建、插入和更新“库”项目；
- 创建、插入和更新服务器端包括。

完成本课将需要 1 小时 30 分钟的时间。在开始前，请确定你已经如本书开头的“前言”一节中所描述的那样把用于第 6 课的文件复制到了你的硬盘驱动器上。如果你是从零开始学习本课，可以使用“前言”中的“跳跃式学习”一节中描述的方法。

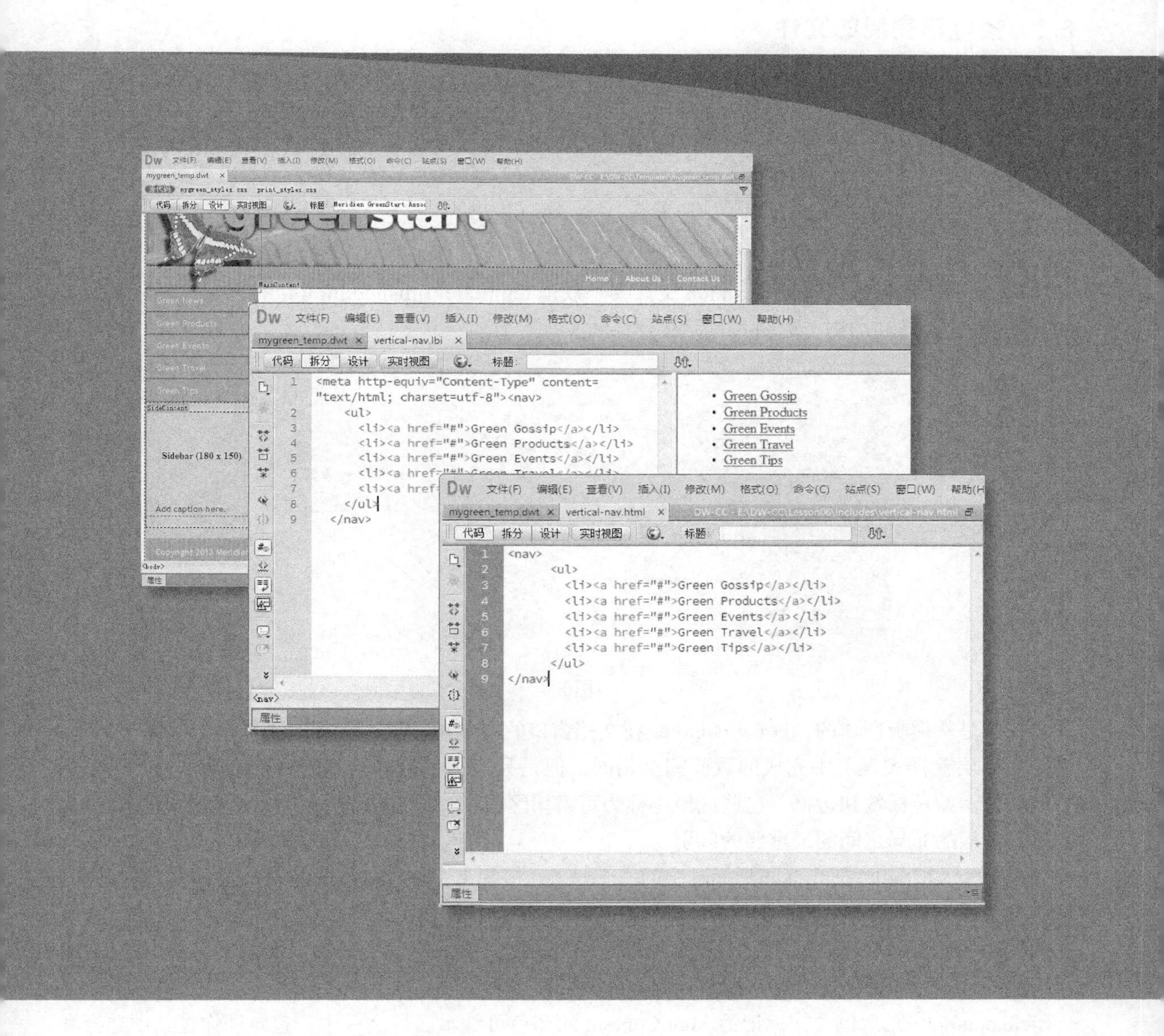

对于忙碌的设计师来说，Dreamweaver 的效率工具和站点管理能力是其最有用的特性之一。

Dw **注意**：如果你还没有把用于本课的文件复制到计算机硬盘上，那么现在一定要这样做。参见本书开头的“前言”中的相关内容。

6.1 预览已完成的文件

为了更好地了解本课的主题，让我们在浏览器中预览你将在这一课中完成的页面。

 **注意**:如果你是独立于本书中的其余各课来学习本课，可以参见本书开头的“前言”中给出的“跳跃式学习”的详细指导。然后，遵循下面这个练习中的步骤即可。

1. 启动 Adobe Dreamweaver CC。
2. 如果必要，可以按下 F8 键[1]打开“文件”面板，并从站点列表中选择 DW-CC。
3. 在“文件”面板中，展开 lesson06 文件夹。双击 template_finished.html 以打开它。然后观察这个页面的设计和结构（如图 6-1 所示）。

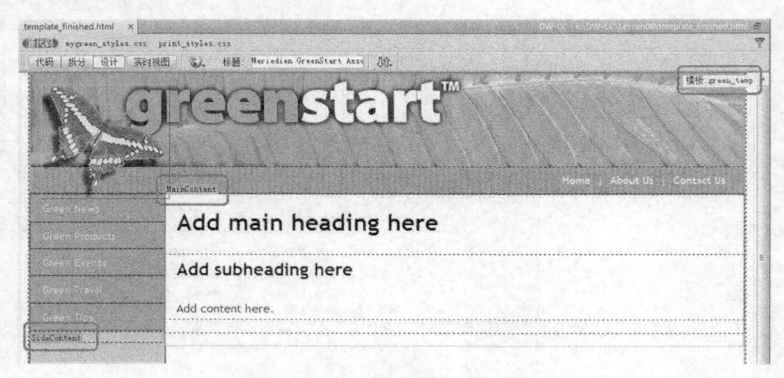

图6-1

这个页面是从模板创建的，Dreamweaver 在文档窗口的右上角显示了父文件的名称。布局与在第 5 课“使用层叠样式表”中完成的页面完全相同，但是具有一些值得注意的例外情况。页面上有两个区域显示蓝色标签和边框，这些区域（称为**可编辑区域**（editable region））代表当前布局与完成的基于模板的布局之间的最重要的区别。

4. 在“设计”视图中，把光标移到标题中的 GreenStart 横幅上。注意 Dreamweaver 显示的鼠标图标。

“锁定”（⃠）图标指示该区域是锁定的并且不可编辑。

5. 选取 <article.content> 中的占位符“Add main heading here”，并且输入“Get a fresh start with GreenStart”以替换换文本。然后保存文件。

<article.content> 元素包含在标记为 MainContent 的蓝色可编辑区域之一中，它允许你在其中选择和编辑内容。

6. 选择“文件”>“在浏览器中预览”命令，并选择默认的浏览器。

1 英文原文是“按下 Ctrl+Shift+F/Cmd+Shift+F 组合键”，这里根据用于 Windows 的 Dreamweaver CC 的中文版做了更正。——译者注

关于这个页面与你以前创建的页面有何区别，浏览器显示将不会给出任何暗示，这是基于模板的页面的优点。出于各种意图和目的，基于模板的页面都只是正常的HTML文件。支持其特殊特性的额外代码元素基本上都是添加的注释，只会被Dreamweaver及其他了解Web的应用程序阅读，并且永远也不应该影响其性能或者在浏览器中的显示。

7. 关闭浏览器并返回到Dreamweaver，然后关闭template_finished.html。

6.2 通过现有的布局创建模板

Dreamweaver模板是一种主页面，可以通过它创建子页面。模板用于设置和维护Web站点的总体外观和感觉，同时提供了快速、容易地制作站点内容的方式。模板不同于你已经完成的页面；它包含一些可编辑区域，而另外一些区域则不然。当在团队环境中工作时，页面内容可以被团队中的多个人创建和更改，而Web设计师则能够控制必须保持不变的页面设计和特定的元素。

> Dw | **注意**：如果你对使用自己的布局感到不自信，可以使用本书开头的“前言”中的“跳跃式学习”一节中描述的方法，并从Lesson06文件夹中打开mylayout.html。

尽管可以从空白页面创建模板，但是更实用并且更常见的方法是：把现有的页面转换为模板。在这个练习中，将从现有的布局创建一个模板。

1. 启动Dreamweaver CC。
2. 如果必要，可以在“文件”面板中双击DW-CC Web站点的根文件夹中的mylayout.html文件名，打开该文件。或者，如果你在这个练习中是从头开始，可以参见本书开头的“前言”一节中的“跳跃式学习”中的指导。

把现有页面转换为模板的第一步是把页面另存为模板。

3. 选择“文件”>“另存为模板”。

由于模板的特殊性质，将把模板存储在它们自己的文件夹（Templates）中，这个文件夹是Dreamweaver在站点根目录级别自动创建的。

4. 当“另存模板”对话框出现时，在“站点”弹出式菜单中选择DW-CC。保持“描述”框为空（如果在站点中使用多个模板，输入一些描述可能就是有用的）。在“另存为”框中输入“mygreen_temp”。然后单击“保存”按钮（如图6-2所示）。

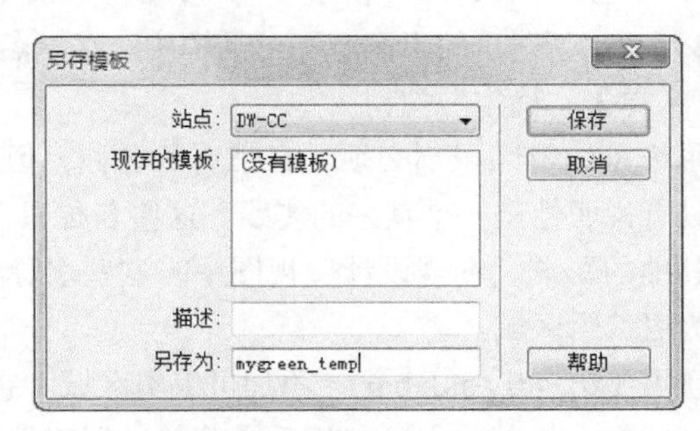

图6-2

此时将出现一个无标题的对话框，询问你是否想更新链接。

> Dw | **注意**：可能出现一个对话框，询问是否在未定义可编辑区域的情况下保存文件；只需单击“是”按钮保存文件即可。你将在下一个练习中创建可编辑区域。

5. 单击“是”按钮更新链接。

由于模板保存在子文件夹中，更新代码中的链接就是必要的，使得在以后创建子页面时它们将继续正确地工作。

尽管页面看起来仍然完全相同，但是可以通过文档选项卡中显示的文件扩展名“.dwt”确定它是一个模板，这个扩展名代表 Dreamweaver 模板。

模板是**动态**（dynamic）的，这意味着对于通过模板创建的站点内的所有页面，Dreamweaver 都会维护一条到达这些页面的连接。无论何时在页面的动态区域内添加或更改内容并保存它，Dreamweaver 都会自动把这些更改传递给所有的子页面，从而使它们保持最新。但是模板不应该是完全动态的。页面中的一些区域必须是可编辑的，以便可以插入独特的内容。Dreamweaver 允许把页面的某些区域指定为**可编辑**（editable）的。

6.3 插入可编辑区域

在第一次创建模板时，Dreamweaver 会把所有现有的内容都视作主设计的一部分。通过模板创建的子页面将完全相同；不过，将锁定内容并且不能编辑它们。这种设置对于页面的重复性特性是极佳的，比如导航组件、标志、版权和联系人信息等，但是它也很糟糕，因为它会阻止你向每个子页面中添加独特的内容。可以通过在模板中定义可编辑区域来解除这种障碍。Dreamweaver 将自动在页面的 <head> 区域中为 <title> 元素创建一个可编辑区域，而其他可编辑区域则必须由你自己创建。

首先，要考虑一下页面的哪些区域应该是模板的一部分以及哪些区域应该可以进行编辑。此时，当前布局的两个区域需要是可编辑的，它们是 <article.content> 和 <div.sidebar1> 的一部分。尽管可编辑区域不必限制于这样的元素，但是它们更容易管理。

1. 在标题“insert main heading here”中插入光标，然后单击 <article.content> 标签选择器。
2. 选择“插入”>“模板”>“可编辑区域”。
3. 在“新建可编辑区域”对话框中，在“名称”框中输入“MainContent”（如图 6-3 所示）。然后单击“确定”按钮。

每个可编辑区域都必须具有唯一的名称，但是没有其他特殊的约定；不过，使它们保持简短并且具有说明性是一个良好的实践。这些名称只在 Dreamweaver 内使用，并且不会对 HTML 代码产生其他的影响。在“设计”视图中，这些名称将出现在指定区域上方的蓝色选项卡中，并将其标识为可编辑区域。

还需要给 <div.sidebar1> 添加可编辑区域。它包含图像占位符和文字说明，可以在每个页面上自定义它们。但是，它还包括垂直菜单，用于保存站点的主导航链接。在大多数情况下，将希望把这样的成分保留在页面的锁定区域内，其中模板可以根据需要更新它们。幸运的是，侧栏被分成两个不同的元素：<nav> 和 <aside>。在这种情况下，将给 <aside> 元素添加可编辑区域。

4. 在 <aside> 中插入光标，然后单击 <aside> 标签选择器。
5. 选择“插入”>“模板”>“可编辑区域”。
6. 在“新建可编辑区域”对话框中,在“名称”框中输入“SideContent”。然后单击“确定”按钮。

给每个页面添加标题是一个良好的实践。每个标题都应该反映页面的特定内容或目的，但是许多设计师还会追加公司或组织的名称，以增强公司或组织意识。在模板中添加名称将节省以后在每个子页面中输入它的时间。

图6–3

> **注意：**如果使用第 4 课“创建页面布局”中建议的替代 HTML 4 布局构建这个模板，那么建议你代之以对 <div.aside> 应用这些步骤。

7. 在文档工具栏的“标题”框中，选取占位符文本“Untitled Document”。然后输入“Meridien GreenStart Association – Add Title Here”替换该文本。
8. 按下 Enter/Return 键完成标题。然后选择“文件”>“保存”。

> **注意：**在保存文件时，可能出现“更新模板文件”对话框。由于还没有模板页面，可单击“不更新”按钮。

9. 选择“文件”>“关闭”。

现在就具有两个可编辑区域以及一个可编辑标题，在使用这个模板创建新的子页面时可以根据需要更改它们。该模板被链接到样式表文件，因此在这些文件中所做的任何更改也都会反映在通过这个模板制作的所有子页面中。

6.4 制作子页面

子页面是 Dreamweaver 模板存在的理由。一旦已经通过模板创建了子页面，就只能在子页面中修改可编辑区域内的内容，同时会锁定页面中的其余内容。这种行为只在 Dreamweaver 以及其他了解 Web 的 HTML 编辑器中才受到支持。要知道的是：如果在文本编辑器（比如“记事本”或 TextEdit）中打开页面，代码将是完全可编辑的。

> **警告：**如果在文本编辑器中打开模板，那么所有的代码都是可编辑的，包括用于页面上的不可编辑区域的代码。

应该在设计过程一开始就做出为站点使用 Dreamweaver 模板的决定，以便可以把站点中的所有页面都制作为模板的子页面。这是我们在此时构建布局的目的：创建站点模板的基本结构。

1. 选择“文件”>“新建”，或者按下 Ctrl+N/Cmd+N 组合键。

出现“新建文档”对话框。

2. 在“新建文档”对话框中，选择“网站模板”选项。如果必要，可以在“站点”列表中选择 DW-CC，并在“站点‘DW-CC’的模板”列表中选择 mygreen_temp。

3. 如果必要,可以选中“当模板改变时更新页面”复选框,然后单击“创建”按钮（如图 6-4 所示）。

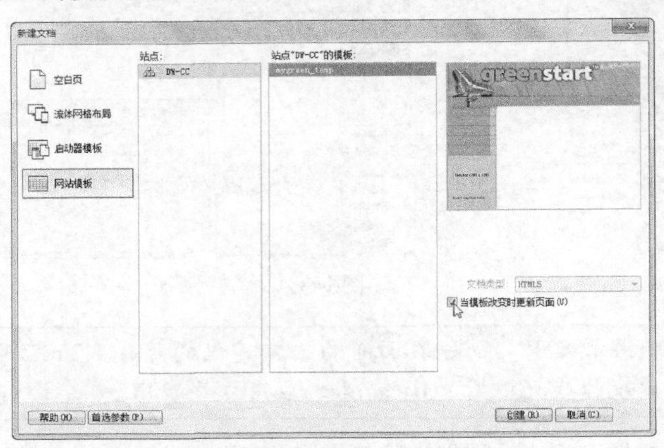

图6–4

Dreamweaver 将基于模板创建新页面（如图 6-5 所示）。注意在文档窗口右上角显示的模板文件的名称。在修改页面之前，应该先保存它。

4. 选择“文件”>“保存”。在“另存为”对话框中，导航到项目站点的根文件夹，并在“文件名”框中输入“about_us.html”；然后单击“保存”按钮。

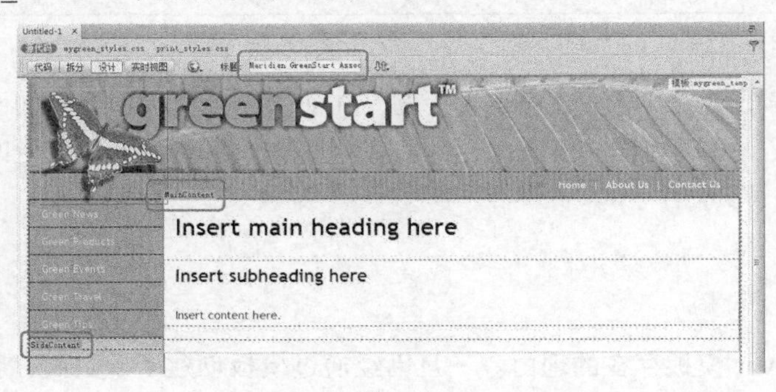

图6–5

5. 把光标移到不同的页面区域上。

某些区域（比如标题、水平和垂直菜单以及脚注）是锁定的，不能进行修改，而可编辑区域中的内容是可以更改的。

6. 在“标题”框中,选取占位符文本“Add Title Here”。然后输入“About Us”,并按下 Enter/Return 键。

7. 在 MainContent 可编辑区域中，选取占位符文本“Insert main heading here”，并输入“About

Meridien GreenStart”替换它。

8. 在 MainContent 可编辑区域中，选取占位符文本“Insert subheading here”，并输入“GreenStart – green awareness in action!”替换它。

> Dw **提示：**要添加一点编辑创意，可以使用“插入”>“字符”>“破折线”命令，在标题中插入一个长划线。

9. 在“文件”面板中，双击 Lesson06 文件夹中的 content-aboutus.rtf 文件打开它（如图 6-6 所示）。

Dreamweaver 只能打开简单的、基于文本的文件格式，比如 .html、.css、.txt、.xml、.xslt 及其他一些格式的文件。当 Dreamweaver 不能打开某个文件时，它将把该文件传递给兼容的程序，比如 Word、Excel、WordPad、TextEdit 等。

图6–6

10. 按下 Ctrl+A/Cmd+A 组合键选取所有的文本，然后按下 Ctrl+C/Cmd+C 组合键复制文本。

11. 切换回 Dreamweaver。在 MainContent 区域中，选取占位符文本“Insert content here”，并按下 Ctrl+V/Cmd+V 组合键粘贴文本。

粘贴的文本将替换占位符副本。

12. 在 SideContent 区域中，双击图像占位符。在“选择图像源文件”对话框中，从默认的 images 文件夹中选择 shopping.jpg（如图 6-7 所示）。然后单击“确定”按钮。

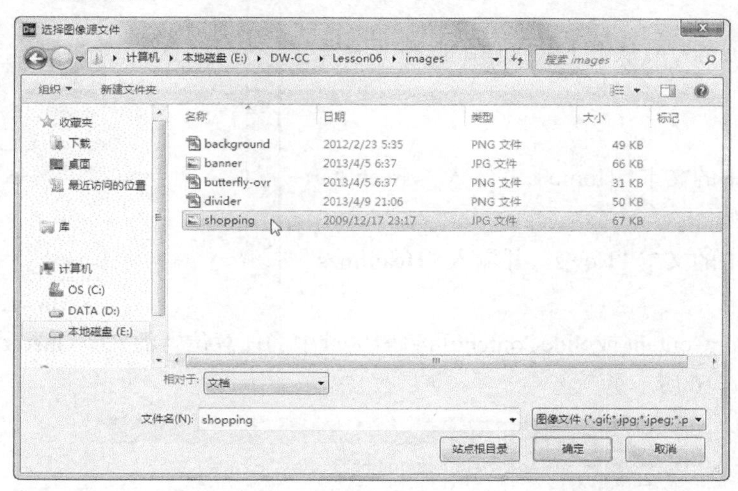

图6–7

13. 选取占位符文本“Insert caption here”，并用“When shopping for groceries, buy fruits and vegetables at farmers markets to support local agriculture”替换它。

14. 保存文件。

15. 单击“实时视图”按钮预览页面（如图 6-8 所示）。

可以看到，这个模板子页面与任何其他的标准Web页面没有任何区别。可以在可编辑区域中输入你想要的任何内容，包括：文本、图像、表格、视频等。

16. 再次单击“实时视图”按钮，返回到标准的文档显示。然后选择“文件”>“关闭”。

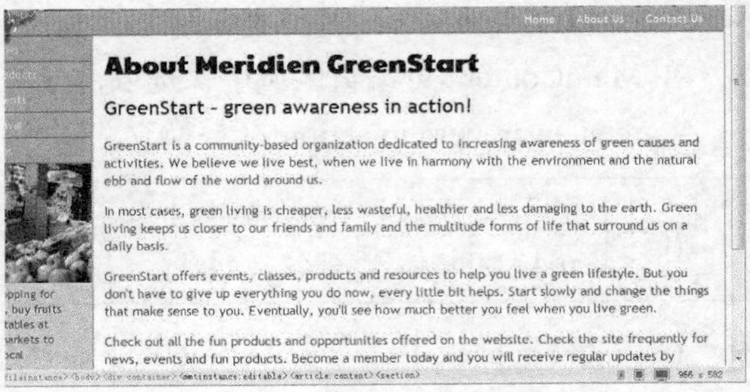

图6-8

6.5 更新模板

模板可以自动更新通过此模板制作的任何子页面，但是只将更新可编辑区域外面的区域。让我们对模板进行一些修改，以学习如何更新模板。

1. 选择“窗口”>“资源”。

将显示“资源”面板。通常，它与“文件”面板组织在一起。“资源”面板允许立即访问可供Web站点使用的各种成分和内容。

2. 在“资源”面板中，单击“模板”类别（ ）图标。如果模板没有出现在列表中，可单击“刷新站点列表”（ ）图标。

面板将变成显示站点模板的列表和预览窗口。模板的名称将出现在列表中。

3. 右击mygreen_temp，并从上下文菜单中选择“编辑”（如图6-9所示）。

这将会打开模板。

4. 选取水平菜单中的文本“Home”，并输入“GreenStart Home”替换它。

5. 选取垂直菜单中的文本“News”，并输入“Headlines”替换它。

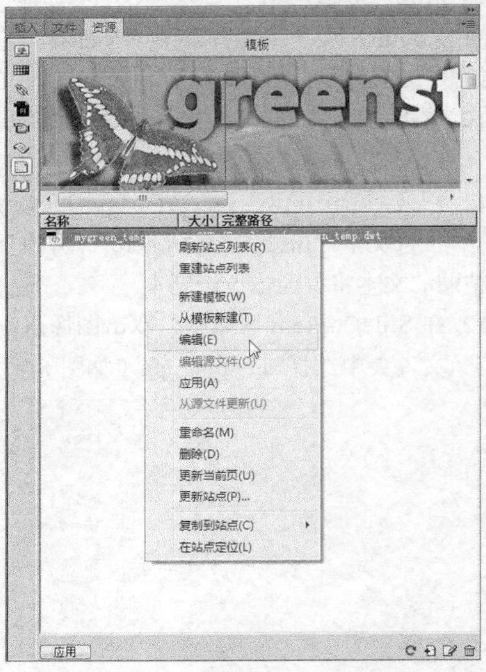

图6-9

6. 选取出现在MainContent或SideContent可编辑区域中的任意位置的文本“Insert”，并用单词“Add”替换它（如图6-10所示）。

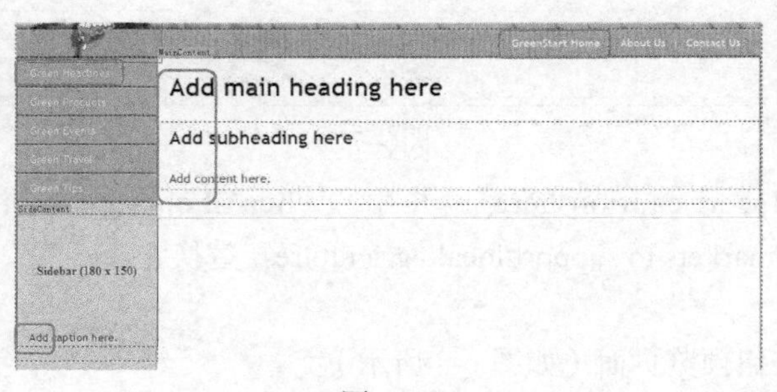

图6-10

7. 保存文件。

出现“更新模板文件”对话框，并且文件名 about_us.html 出现在更新列表中（如图 6-11 所示）。

8. 单击“更新”按钮。

将出现“更新页面”对话框。选择“显示记录”选项，将显示一份报告，详细说明哪些页面已成功更新，而哪些页面则不然（如图 6-12 所示）。

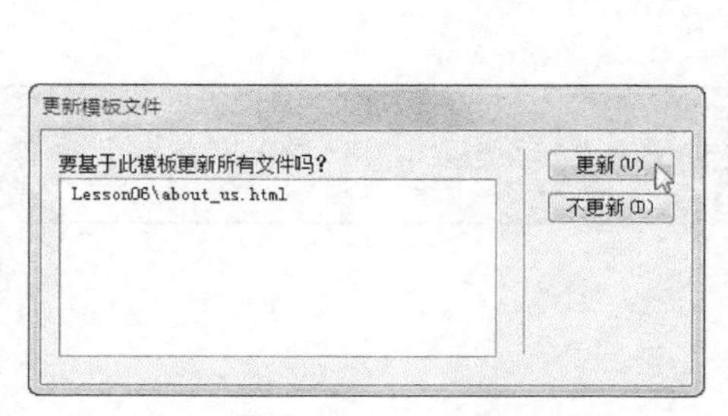

图6–11

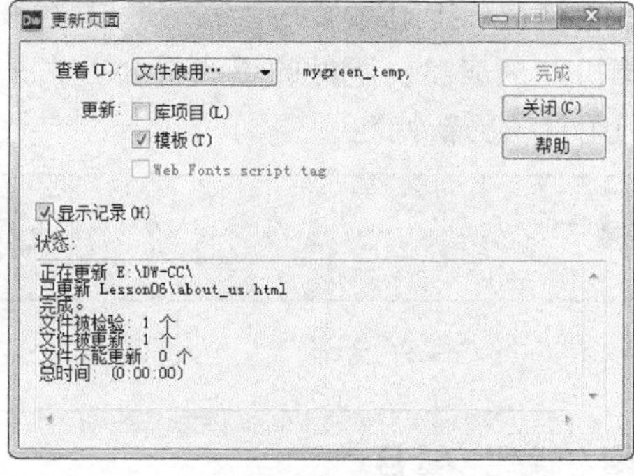

图6–12

9. 关闭“更新页面”对话框。

10. 选择“文件”>“打开最近的文件”>about_us.html。打开 about_us.html 文件，观察页面并注意任何改变。

对水平和垂直菜单所做的更改将反映在这个文件中，但是对侧栏和主要内容区域所做的更改被忽略了，你添加到这两个区域中的内容将保持不变。这样，你就可以安全地更改可编辑区域以及向其中添加内容，而不必担心模板将删除你做的所有艰苦的工作。与此同时，标题、脚注和水平菜单的样本元素都将保持一致的格式化效果，并且基于模板的状态保持最新（如图 6-13 所示）。

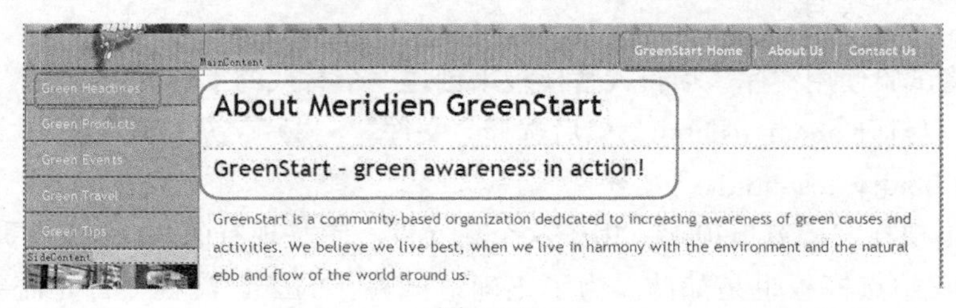

图6–13

11. 单击文档窗口顶部的 mygreen_temp.dwt 的文档选项卡，切换到模板文件（如图 6-14 所示）。

图6–14

12. 在水平菜单中，从Home链接中删除单词“GreenStart”，然后把垂直菜单中的单词“Headlines”改回“News”。

13. 保存模板并更新相关的文件。

14. 单击about_us.html的选项卡，切换回该文件。观察页面并注意任何改变。

水平菜单已经更新了。Dreamweaver甚至会更新此时打开的链接的文档。唯一的顾虑是没有保存所做的更改；文档选项卡显示了一个星号，这意味着文件已被更改但是未保存。如果Dreamweaver或你的计算机此刻崩溃，所做的更改将会丢失，你将不得不手动更新页面，或者等待下一次更改模板，以利用自动更新特性。

> Dw **提示：**无论何时有多个打开的文件被模板更新，总是要使用“保存全部”命令。

15. 选择“文件”>“保存全部”。

6.6 使用“库”项目

“库”项目是可重用的HTML片断——段落、链接、版权通知、表格、图像、导航栏等，可以在网站中频繁使用它们，但是不会在网站内的每个页面上都使用，因此不必把它们包括在站点模板内。你可以使用现有的页面元素或者从头开始创建原始的“库”项目，并在需要的地方添加它们的副本。它们的行为方式类似于模板，只是影响的范围较小。与模板一样，当更改并保存“库”项目时，Dreamweaver会自动更新使用该项目的每个页面。事实上，它们的行为方式如此相似，以至于某些工作流程可能相比模板更青睐“库”项目。

6.6.1 创建“库”项目

在这个练习中，将试验使用“库”项目代替模板来创建一个替代的工作流程模型。

1. 如果必要，可以打开about_us.html，然后选择“文件”>“另存为”命令。

2. 将文件另存为library_test.html。

一个新的选项卡出现在文档窗口顶部，用于这个新文件。它是现有的About Us页面的精确副本，直至它的链接以及站点模板也是如此。为了正确地试验新的工作流程，首先需要将其与模板分离开。

3. 选择“修改”>“模板”>“从模板中分离”。

新文件将不再与模板有什么联系。不可编辑区域被取消了，可以自由地修改它们。没有指向站点模板的链接，将不能快速、容易地更新对页面的公共特性的更改。作为替代，必须逐个页面地手动执行更改。或者，可以使用“库”项目实现公共页面元素。

4. 在垂直菜单中插入光标，然后单击<nav>标签选择器。

5. 如果必要，可选择“窗口”>“资源”，显示“资源”面板。

6. 单击“库”类别（📖）图标。

对于本课程，将没有任何项目出现在“库”中。

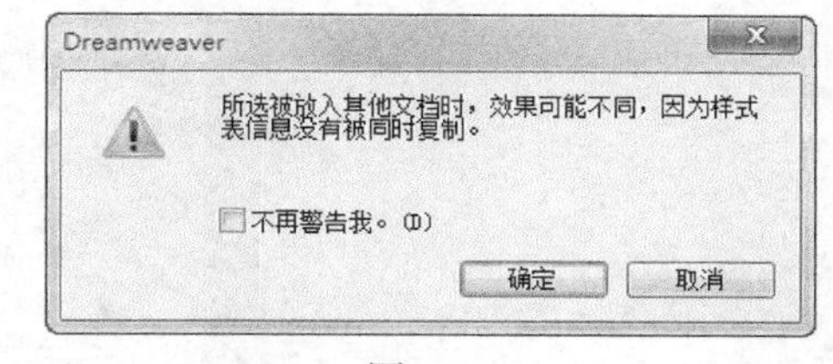

图6-15

7. 单击面板底部的“新建库项目”（）图标。

出现一个对话框，解释当把“库”项目放入其他文档中时，看上去可能有所不同，因为没有包括样式表信息（如图 6-15 所示）。

8. 单击“确定”按钮。

当你单击“确定”按钮时，Dreamweaver 将同时做三件事。第一，它将从所选的菜单代码创建一个“库”项目，并在“库”列表中插入一个指向它的 Untitled 引用，允许你命名它。第二，它将用“库”项目代码替换现有的菜单。第三，它将在站点的根目录级别创建一个名为 Library 的文件夹，并将在其中存储这个及其他的项目。在第 13 课“发布到 Web 上”中，你将学习关于需要把哪些文件上传或发布到 Internet 上的更多知识。

> Dw **注意**：不需要把 Library 文件夹上传到服务器上。

9. 在“库”项目的“名称”框中，输入“vertical-nav”，然后按下 Enter/Return 键完成名称。保存文件。如果出现“更新文件”对话框，可以关闭该对话框，并且不更新任何文件（如图 6-16 所示）。

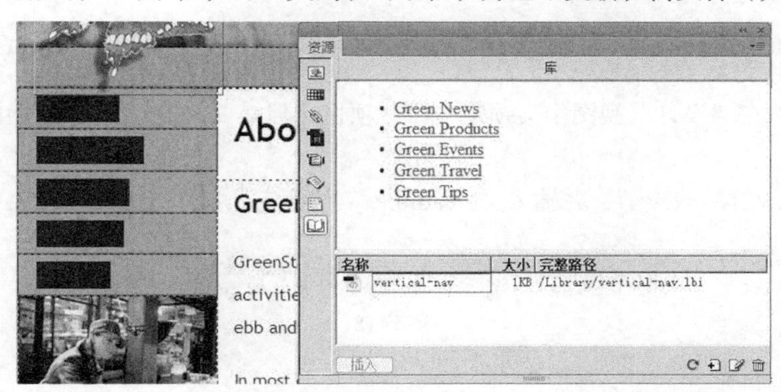

图6-16

使用“库”项目与使用模板类似。根据需要在每个页面上插入“库”项目，然后根据需要更新项目。要测试这种功能，将需要创建当前页面的一个副本。

10. 选择“文件”>“另存为”命令，并把文件命名为 library_copy.html。

11. 关闭 library_copy.html 文件。

原始文件 library_test.html 仍然处于打开状态。

12. 单击垂直菜单，并将光标定位在垂直菜单上，然后观察菜单显示。

链接文本模糊不清，指示菜单实质上是不可编辑的。<nav> 元素被 <mm.libitem> 所取代，这就是 Dreamweaver 显示“库”项目的方式。

13. 单击 <mm.libitem> 标签选择器，并切换到“代码”视图，然后在所选的代码中插入光标（如图 6-17 所示）。

```
26   <div class="sidebar1">
27   <!-- #BeginLibraryItem "/Library/vertical-nav.lbi" -->
28   <nav>
29     <ul>
30       <li><a href="#">Green News</a></li>
31       <li><a href="#">Green Products</a></li>
32       <li><a href="#">Green Events</a></li>
33       <li><a href="#">Green Travel</a></li>
34       <li><a href="#">Green Tips</a></li>
35     </ul>
36   </nav>
37   <!-- #EndLibraryItem -->
38   <aside> <img id="Sidebar" src="images/shopping.jpg" width="180" he
```

图6-17

> **注意：**在这一步或者下面两步中随时可能出现一个对话框，警告你所做的更改将在下一次从模板更新页面时被丢弃。出于这个练习的目的，可以单击“确定”/“是”按钮保留手动更改。

注意“库”项目仍然包含用于菜单的相同代码，尽管它是以不同的颜色高亮显示的，并且封闭在某个特殊标记中。开始标签是：

```
<!-- #BeginLibraryItem "/Library/vertical-nav.lbi" -->
```

封闭标签是：

```
<!-- #EndLibraryItem -->
```

但是要小心。虽然在“设计”视图中会锁定“库”项目，但是 Dreamweaver 不会阻止你在“代码”视图中编辑代码。

14. 在代码中选取文本“News”，并输入“Headlines”替换它（如图 6-18 所示）。

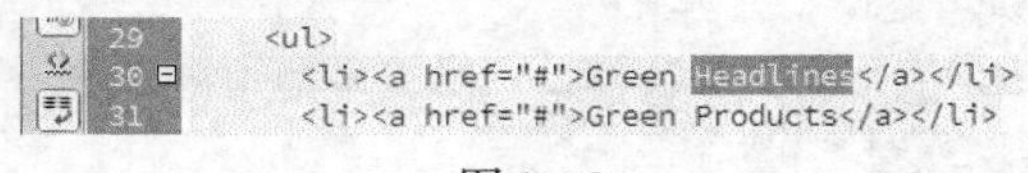

图6-18

15. 激活“实时”视图。

Dreamweaver 显示的页面具有编辑过的菜单（如图 6-19 所示）。你可能想知道为什么没有警告对话框出现，以及为什么没有在第一时间阻止你执行更改。但是这个消息并不是非常糟糕。Dreamweaver 正在有意或无意地跟踪“库”项目和你所做的编辑工作。如你稍后将看到的，你所做的更改只能在短时间内存在。

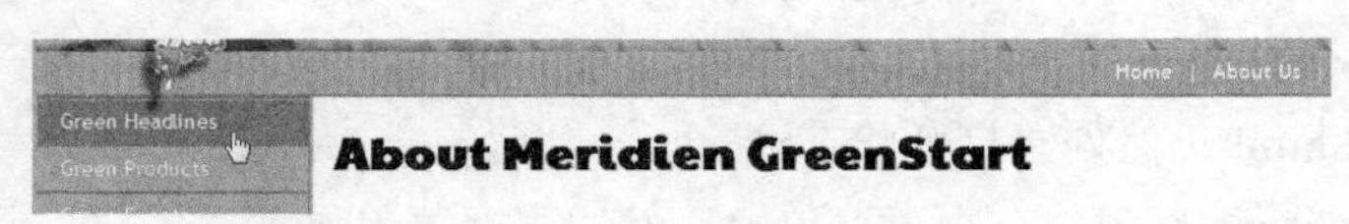

图6-19

16. 选择“文件”>“全部关闭”命令。

最后，将出现一个对话框，警告你对代码所做的更改将被锁定。它进一步解释在下一次更新模板或“库”项目时将恢复原始代码（如图 6-20 所示）。

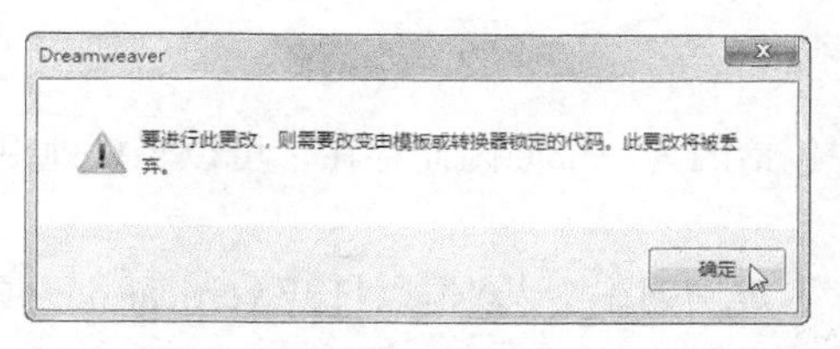

图6-20

17. 单击“确定”按钮，保留手动编辑。然后保存所有的更改。

> Dw **注意**：对“库”项目的手动更改将暂时保留在菜单中。

18. 在“库”列表中右击 vertical-nav，并从上下文菜单中选择“更新站点”（如图 6-21 所示）。出现“更新页面”对话框。

19. 单击“开始”按钮。

Dreamweaver 将更新站点中使用“库”项目的任何页面，并且报告这个过程的结果。至少应该有一个页面被更新（如图 6-22 所示）。library_copy.html 文件包含未编辑过的菜单，因此不应该更新它。

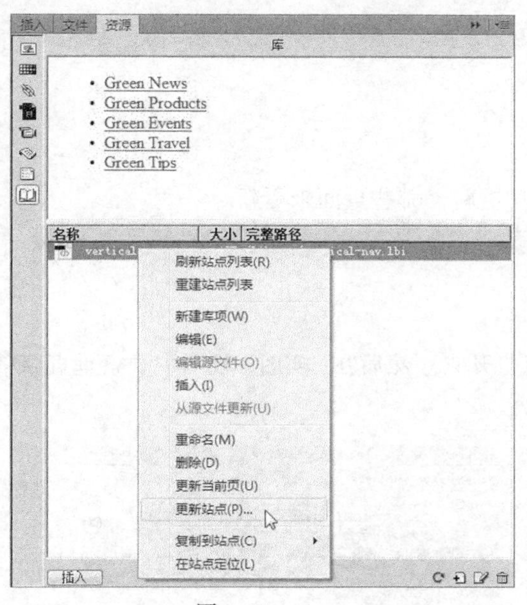

图6-21

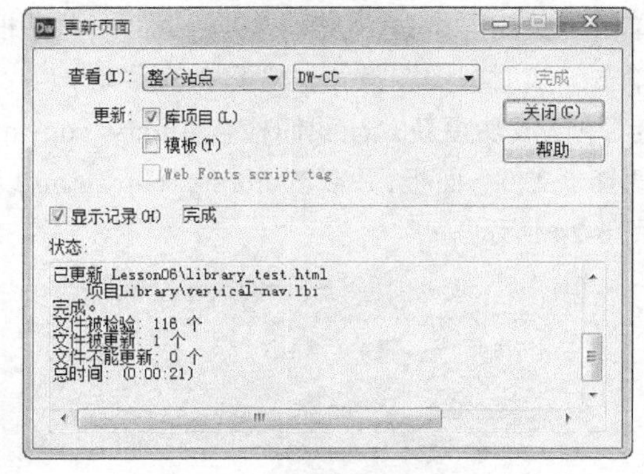

图6-22

20. 单击“关闭”按钮退出对话框。

21. 在“欢迎”屏幕中单击 library_test.html，重新打开该文件。

22. 单击“实时视图”按钮，预览页面。

菜单已经被恢复为原始代码。“库”项目允许在整个站点中插入重复性内容并且更新它，而不必单独打开文件。

6.6.2 更新“库”项目

模板、“库”项目和服务器端包括因为一个原因而存在：可以轻松地更新 Web 页面内容。让我们更新菜单“库”项目。

1. 在“资源”面板中的“库”类别列表中，双击以打开 vertical-nav 项目，或者右击列表中的项目，并从上下文菜单中选择“编辑”。

这样将打开垂直菜单，但是没有格式化为项目列表。格式化是在实际的页面布局中通过 CSS 应用的。“库”项目不是独立的 Web 页面，它只包含 <nav> 元素本身，而不包含其他的代码。

2. 切换到“代码”视图。选取文本“News”，并输入“Gossip”替换它（如图 6-23 所示）。

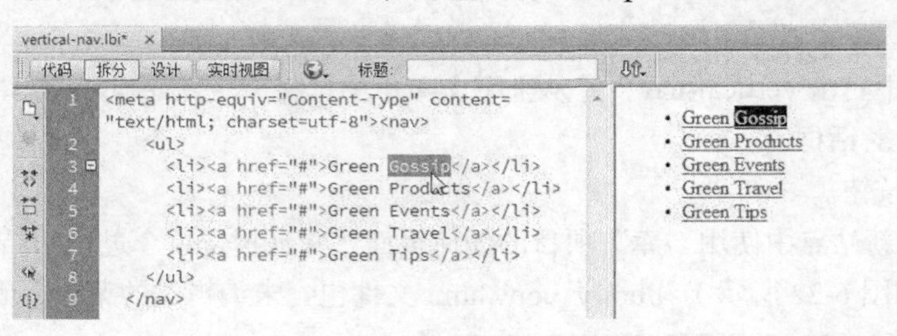

图6–23

3. 选择“文件”>“保存”。

出现“更新库项目”对话框。

4. 单击“更新”按钮。

出现“更新页面”对话框，并报告哪些页面已成功更新，哪些页面未更新。

5. 单击“关闭”按钮，关闭“更新页面”对话框。

6. 单击“实时视图”按钮，观察垂直菜单。

垂直菜单已成功更新，让我们检查 library_copy.html。

7. 选择“文件”面板，并双击 library_copy.html 以打开它。然后在“实时”视图中观察垂直菜单（如图 6-24 所示）。

图6–24

副本中的菜单也会被更新。

8. 保存所有文件。

你成功地使用“库”项目向 Web 页面中添加了重复性内容。可以看到，当你想更改和更新多个页面时，使用“库”项目和模板可以节省许多时间。但是，当站点开始变得更大（比如 100 个或更多的页面）时，模板和“库”项目也许不是用于创建重复性和可重用内容的最高效的方法。对于更大的站点，许多 Web 设计师求助于一个概念上类似的选项，但是它要依赖于 Web 服务器，这种技术就是：服务器端包括。

6.7 使用服务器端包括

服务器端包括（SSI）在某些方面类似于模板和“库”项目。它们是你将在站点中的几乎任意位置使用的可重用的 HTML 片断——段落、链接、版权通知、导航栏、表格、图像等。Dreamweaver 中的模板和“库”项目与 SSI 之间的主要区别是：在页面代码中处理它们以及在站点内管理它们的方式上有所不同。

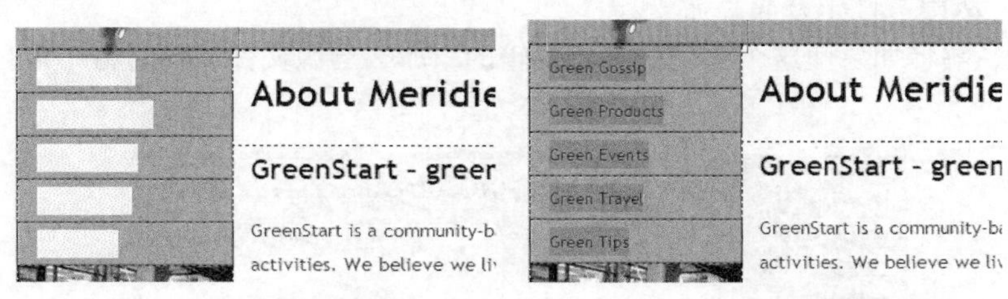

Dreamweaver“库”项目　　　　服务器端包括

在Dreamweaver中，“库”项目与服务器端包括之间具有轻微的视觉差别。它们二者都不是直接可编辑的

图6-25

例如，要使用“库”项目，在把它上传到 Web 上之前，必须在页面的代码中输入“库”项目的完整副本（这就是为什么不必在服务器上存储“库”项目自身的原因）。然后，在所做的更改在 Internet 上生效之前，必须更新每个受影响的页面并上传它们。

与“库”项目不同的是，SSI 必须存储在 Web 上，最好是存储在你的站点文件夹中。事实上，SSI 代码不会出现在页面自身中的任何位置，页面中只包含一个指向其文件名和路径位置的引用。仅当页面被访问者访问或者被浏览器呈现时，SSI 才会出现。这种功能既有其优点，也有其缺点。

```
26   <div class="sidebar1">
27   <!-- #BeginLibraryItem "/Library/vertical-nav.lbi" -->
28   <nav>
29     <ul>
30       <li><a href="#">Green Gossip</a></li>
31       <li><a href="#">Green Products</a></li>
32       <li><a href="#">Green Events</a></li>
33       <li><a href="#">Green Travel</a></li>
34       <li><a href="#">Green Tips</a></li>
35     </ul>
36   </nav>
37   <!-- #EndLibraryItem --><aside> <img id="Sidebar" src='
"180" height="149" alt="Alternate text goes here">
```

Dreamweaver“库”项目

```
25   <nav class="top-nav"> <a href="#">Home</a> | <a href="
>Contact Us</a></nav>
26   <div class="sidebar1">
27   <!--#include virtual="includes/vertical-nav.html" -->
28   <aside> <img id="Sidebar" src="images/shopping.jpg" wi
"Alternate text goes here">
29       <p>When shopping for groceries, buy fruits and veg
to support local agriculture.</p>
30   </aside>
31   <!-- end .sidebar1 --></div>
32   <article class="content">
33       <h1>About Meridien GreenStart</h1>
34       <section>
```

服务器端包括

实现中的差别可能不那么引人注目。“库”项目把代码的完整副本插入到目标文件中，而服务器端包括则简单地指向服务器自身上的资源

图6-26

服务器端包括是向大量页面中添加可重用的 HTML 代码片断的最高效、最省时的方式。与模板或“库”项目相比，可以更容易、更快速地使用它们。其原因很简单：一旦编辑并上传了菜单或重要内容片断，它只会获取单个包含它们的文件，以更新整个站点。

缺点是：站点上的几十个甚至上百个页面依赖于一个文件正确地工作。代码或路径名中的任何错误（甚至是微小的错误）都可能导致整个站点失败。对于较小的站点，“库”项目可以是非常好的

可工作的解决方案。对于较大的站点，如果不使用 SSI，将很难正常运行。

在这个练习中，将创建一个 SSI，并把它添加到站点中的一个页面中。

6.7.1 创建服务器端包括

SSI 几乎完全等同于“库”项目，它是删除了任何多余代码的 HTML 文件。在这个练习中，将从创建垂直菜单的代码创建 SSI。首先，必须再次使菜单成为可编辑的。

1. 如果必要，可以打开 library_test.html 文件。在“设计”视图中，右击垂直菜单，然后从上下文菜单中选择“从源文件中分离”命令。

出现一个对话框，解释如果使这个项目成为可编辑的，那么当源文件改变时将不再自动更新它（如图 6-27 所示）。

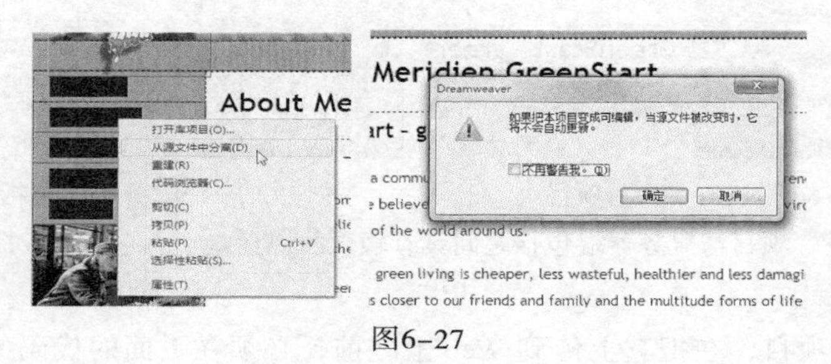

图6–27

2. 单击“确定”按钮。

这将删除用于“库”项目的标记，使菜单成为可编辑的。

3. 选择 <nav> 标签选择器，并切换到“代码”视图。然后选择“编辑”>“复制”命令或者按下 Ctrl+C/Cmd+C 组合键，复制用于垂直菜单的代码。

切换到“代码”视图时，应该仍然会选择 <nav> 元素，以便可以完全复制 HTML 标记。

4. 选择“文件”>“新建”命令。从“分类”区域中选择“空白页”；然后从“页面类型”列表中选择 HTML，并从“布局”列表中选择“< 无 >”。然后单击“创建”按钮。

5. 如果必要，可以切换到“代码”视图。

注意：“无标题文档”是一个完整构成的 Web 页面，带有根、头部和主体标签。不过，现有的 HTML 代码都不是 SSI 所需要的，在插入到另一个页面中时实际上可能会带来麻烦。

6. 按下 Ctrl+A/Cmd+A 组合键，选取新文件中的所有代码，并按下 Delete 键。

删除所有的代码，只留下一个空窗口。此时，菜单代码仍然存放在内存中。

7. 选择“编辑”>“粘贴”命令（如图 6-28 所示）。

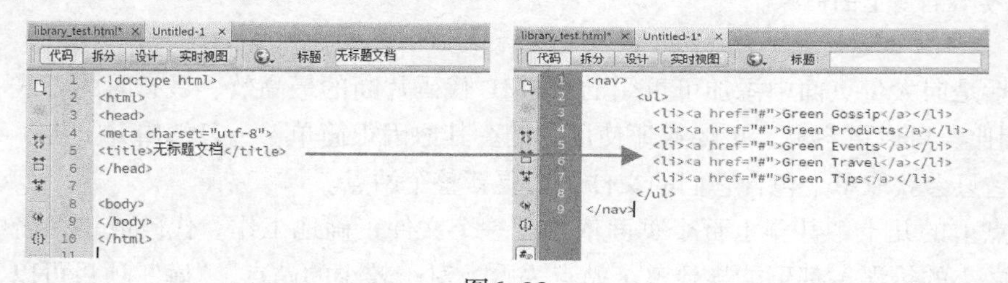

图6–28

> **注意**：如果在“代码”视图中复制元素，则必须在“代码”视图中粘贴它们。

8. 选择“文件” > “保存”命令。导航到站点根文件夹，在“另存为”对话框中，单击“新建文件夹”按钮，并把该文件夹命名为“includes”。如果必要，可以选择新创建的 includes 文件夹，并把文件命名为“vertical-nav.html”，然后单击“保存”按钮。
9. 关闭 vertical-nav.html 文件。

这样就完成了垂直菜单的 SSI。在下一个练习中，你将学习如何把它插入到 Web 页面中。

6.7.2 插入服务器端包括

在活动的 Web 站点上，将把包括文件或文件夹连同站点的正常页面一起上传到服务器上。在站点上的任何页面的代码中插入的一个命令将要求服务器在指定的位置添加 HTML 包括。include 命令如下所示：

```
<!--#include virtual="includes/vertical-nav.html" -->
```

可以看到它包含一个包括命令以及指向 SSI 文件的路径位置。依赖于你正在使用的服务器类型，准确的标记可能有所不同。它还会影响你为 SSI 和 Web 页面文件本身使用的文件扩展名。包括行为被视作是一种动态功能，并且通常需要支持这些能力的文件扩展名。如果利用默认的 .htm 或者 .html 扩展名保存文件，你可能发现浏览器根本不会加载 SSI。在下面的示例中，你将不得不使用 .shtml 扩展名以支持 SSI 功能。其他类型的扩展名（比如 .asp、.cfm 和 .php）旨在用于动态的、数据驱动的 Web 站点，它们固有地支持 SSI。每种类型的服务器都可能需要利用不同的扩展名保存 SSI 本身。

在下面这个练习中，将利用 SSI 中存储的菜单替换现有的菜单。

1. 如果必要，可以打开 library_test.html 文件。

该文件仍然包含原始的垂直菜单，要插入 SSI，将需要删除该菜单。

2. 在垂直菜单中插入光标，然后单击 <nav> 标签选择器，并按下 Delete 键。

整个 <nav> 元素都消失了，但是不要移动你的光标，它正位于插入 SSI 的理想位置。Dreamweaver 只直接支持针对 ASP 和 PHP 服务器模型的服务器端包括，但是总是可以手动编写用于任何其他文件类型的代码。

3. 切换到“代码”视图，并按下 Enter/Return 键，插入一个新行。
4. 输入“<!--#include virtual="includes/vertical-nav.html" -->”（如图 6-29 所示）。

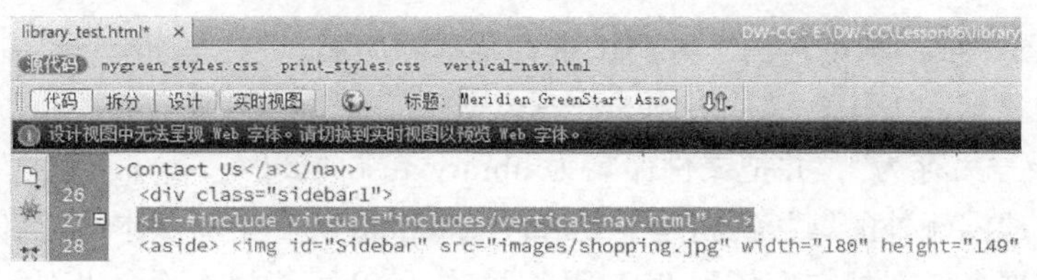

图6–29

5. 按下 Enter/Return 键，插入一个新行。

换行符不会影响服务器端包括或者它的工作方式，它们只是使代码更容易阅读。

6. 切换到“设计”视图（如图 6-30 所示）。

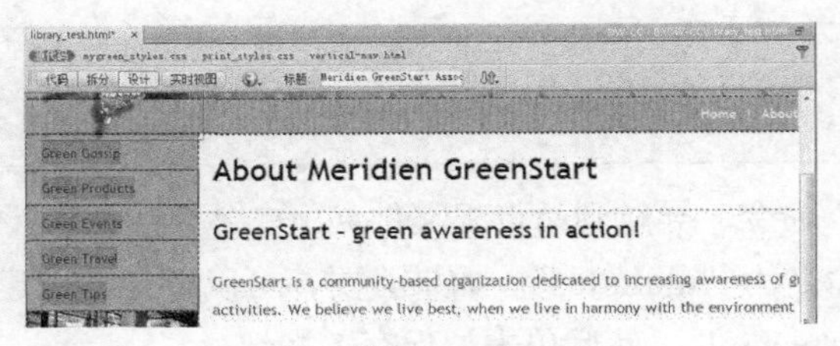

图6-30

垂直菜单再次可见，但是有两个重大的区别：菜单将不可编辑，更重要的是，用于菜单的代码甚至没有驻留在这个文件中。

不可见的包括?

在Dreamweaver中，可以在“设计”视图和“实时”视图中查看SSI。不过，当SSI仍然位于本地硬盘驱动器上时，也许不能在浏览器中呈现它，除非使用测试服务器或本地Web服务器，比如Apache或IIS（Internet Information Services，Internet信息服务）。要正确地测试SSI，可能需要把页面上传到配置成处理动态内容的服务器。

不过，如果没有在Dreamweaver中看到SSI，那么可能需要在程序首选项中设置一个选项开关。

1. 按下 Ctrl+U/Cmd+U 组合键，编辑 Dreamweaver 首选项。或者，选择“编辑”>“首选项”（Windows）或 Dreamweaver> Preferences（Mac），显示“首选项”对话框。
2. 从“分类”列表中，选择“不可见元素”。如果需要，可以选中“显示所包含文件的内容”选项（如图 6-31 所示），然后单击“确定”按钮。

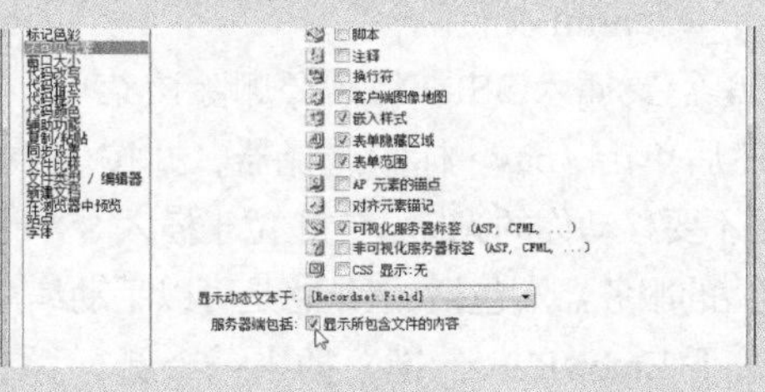

图6-31

7. 单击“实时视图”按钮预览页面，并测试垂直菜单的功能。

菜单将像以前一样显示和工作。

8. 选择“文件”>“另存为”，并把文件命名为 library_test.shtml。

只要不在扩展名中遗漏额外的“s”，就创建了 library_test.html 的一个新版本，并且保持原始文件不变。如果不使用新的扩展名，在把它上传到 Web 服务器时，SSI 可能根本不会出现。事实上，你还可能发现甚至不能在你的本地浏览器中测试 SSI。这是由于 SSI 需要特定的服务器功能，用于管理以及把它们加载进浏览器中。要在本地硬盘驱动器上测试它们，需要安装和运行**本地 Web 服务器**（local web server）。

> **提示**：服务器端包括的名称可能需要依赖于使用的服务器模型而改变。动态服务器模型（ASP、CF 或 PHP）需要不同的扩展名和包括命令。

迄今为止，你创建了服务器端包括，并把它插入在站点中的页面上。在下一个练习中，你将获悉更新使用 SSI 的文件有多容易。

6.7.3 更新服务器端包括

尽管使用模板和“库”项目提供了巨大的性能改进，它也可能成为一件单调乏味的麻烦事。必须对所有合适的页面保存和更新所做的更改，然后必须把每个最近更新过的页面上传到服务器。当更改涉及数百个页面时，问题就会变得更复杂。另一方面，当使用 SSI 时，必须更改、保存和更新的唯一文件是包括文件本身。要查看这种方法的实际应用，可以把 SSI 插入到多个页面中。

1. 打开 library_copy.html 文件。然后利用 SSI vertical-nav.html 替换保存垂直菜单的“库”项目，就像在 library_test.shtml 中所做的那样。
2. 把该文件另存为 library_copy.shtml。

让我们更改包括文件，并且查看 Dreamweaver 如何处理所做的改变。

3. 选择“文件”>“打开最近的文件”>vertical-nav.html。也可以通过在“文件”面板中双击 SSI 的名称来打开它（如图 6-32 所示）。

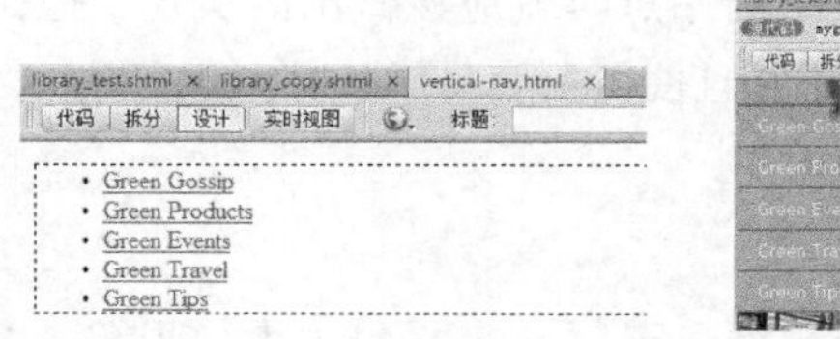

图6-32

4. 在“设计”视图中，在项目列表中的最后一项“Green Tips”末尾插入光标。然后按下 Enter/Return 键插入一个新的列表项，并在新行上输入“Green Club”。

这样就创建了一个新的列表项，但是如果没有添加超链接占位符，将不会以与其他菜单项相同的方式格式化它。

5. 选取文本“Green Club”，并在“属性”检查器的“链接”框中输入 #，创建超链接占位符。

这就添加了一个新的菜单项，包括超链接占位符。

6. 单击 library_test.shtml 的选项卡以及 library_copy.shtml 的选项卡，依次把每个页面调到前面，并观察每个文件中的垂直菜单。

菜单在这里还没有改变。

7. 单击 vertical-nav.html 的选项卡，把该页面调到前面。然后保存文件。
8. 检查 library_test.shtml 和 library_copy.shtml 中的垂直菜单。

两个文件中的菜单都发生了改变（如图 6-33 所示）。你还应该注意到另外一件事：文档窗口顶部的文件选项卡没有显示一个星号，它指示文件已改变并且需要保存。为什么？这是由于 SSI 确实不是文件的一部分。因此，当 vertical-nav.html 中的代码改变时，它不会对文件产生任何影响。

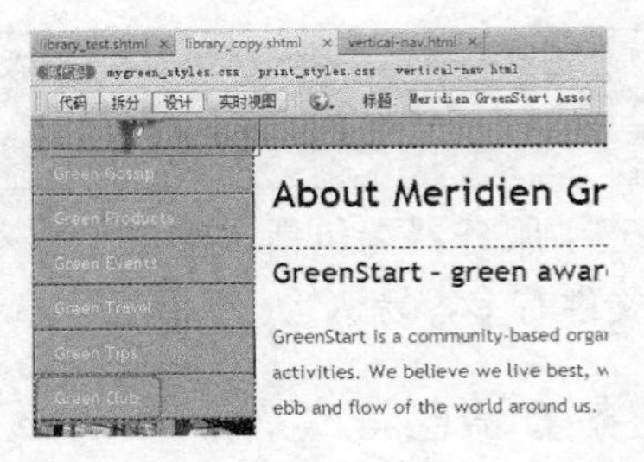

图6-33

> **提示：**在大多数情况下，Dreamweaver 将即时更新 SSI。如果不是这样，只需按下 F5 键刷新显示，或者检查文件以确保你根据需要实际地保存了 SSI。

9. 关闭所有文件。

你学习了如何创建服务器端包括，把它添加到页面上，以及更新它。可以使用这些容易维护的服务器端包括把许多其他的 Web 页面元素（比如标志、菜单、隐私通知和横幅）添加到站点中。对于小型站点，模板和库项目都很好了；但是对于大型站点，可以代之以使用 SSI，获得巨大的效率改进。这样，将无需一次上传数十或上百个页面，只需上传一个文件即可。

Dreamweaver 的效率工具——模板、“库”项目和服务器端包括——可以帮助你快速、容易地构建页面和自动更新页面。在下面的课程中，你将使用最近完成的模板为项目站点创建文件。尽管选择使用模板及其他效率工具是在最初创建一个新站点时就应该做出的决定，但是亡羊补牢，为时未晚，使用这些工具可以加快你的工作流程，并且使得更容易维护站点。

抱歉，暂时不会使用SSI

服务器端包括是任何Web设计师的一种合乎逻辑且重要的元素。因此，你可能想知道为什么不在你刚才完成的项目模板中添加SSI。其原因很简单：如果只把SSI存储在没有安装测试服务器的本地硬盘驱动器上，那么将不能在浏览器中查看SSI。因此，出于方便起见，我们将在当前工作流程中坚持使用基于模板的组件。不过，一旦你安装并运行了成熟的测试服务器，就可以自由地利用等价的SSI永久替换任何合适的模板和“库”项目（如图6-34所示）。

Dreamweaver中的SSI

没有本地Web服务器的SSI

图6-34

复习

复习题

1. 如何从现有的页面创建模板？
2. 为什么模板是动态的？
3. 必须向模板中添加什么元素以使之在工作流程中有用？
4. 如何通过模板创建子页面？
5. “库”项目与服务器端包括之间有什么区别和相似之处？
6. 如何创建“库”项目？
7. 如何创建服务器端包括文件？

复习题答案

1. 选择“文件”>“另存为模板”，并在对话框中输入模板的名称，创建一个 .dwt 文件。
2. 模板之所以是动态的，是因为它会维护对站点内通过它创建的所有页面的连接。当更新模板时，它可以把所做的更改传递给子页面的动态区域。
3. 必须向模板中添加可编辑区域；否则，将不能给子页面添加独特的内容。
4. 选择“文件”>“新建”，在“新建文档”对话框中，选择“网站模板”。定位想要的模板，并单击“创建”按钮。或者在“资源”>“模板”类别中右击模板名称，并选择“从模板新建”。
5. “库”项目和服务器端包括都用于存储和展示可重用代码元素和页面成分。但是，用于“库”项目的代码是完全插入在目标页面中的，而用于服务器端包括的代码则只由服务器动态插入在页面中。
6. 选择页面上你想添加到“库”中的内容。然后单击“资源”面板的“库”类别底部的“新建库项目”按钮，并命名“库”项目。
7. 打开一个新的空白 HTML 文档，并输入想要的内容。在“代码”视图中，除了你想包括的内容之外，从代码中删除其他任何页面元素。然后以适合于工作流程的正确格式保存文件。

第7课　处理文本、列表和表格

课程概述

在这一课中，你将通过新模板创建多个Web页面并处理标题、段落及其他文本元素，以执行以下任务：

- 输入标题和段落文本；
- 插入来自另一个源的文本；
- 创建项目列表；
- 创建缩进的文本；
- 插入和修改表格；
- 在Web站点中检查拼写；
- 查找和替换文本。

完成本课大约需要2小时15分钟的时间。在开始前，请确定你已经如本书开头的“前言”一节中所描述的那样把用于第7课的文件复制到了你的硬盘驱动器上。如果你是从零开始学习本课，可以使用“前言”中的“跳跃式学习”一节中描述的方法。

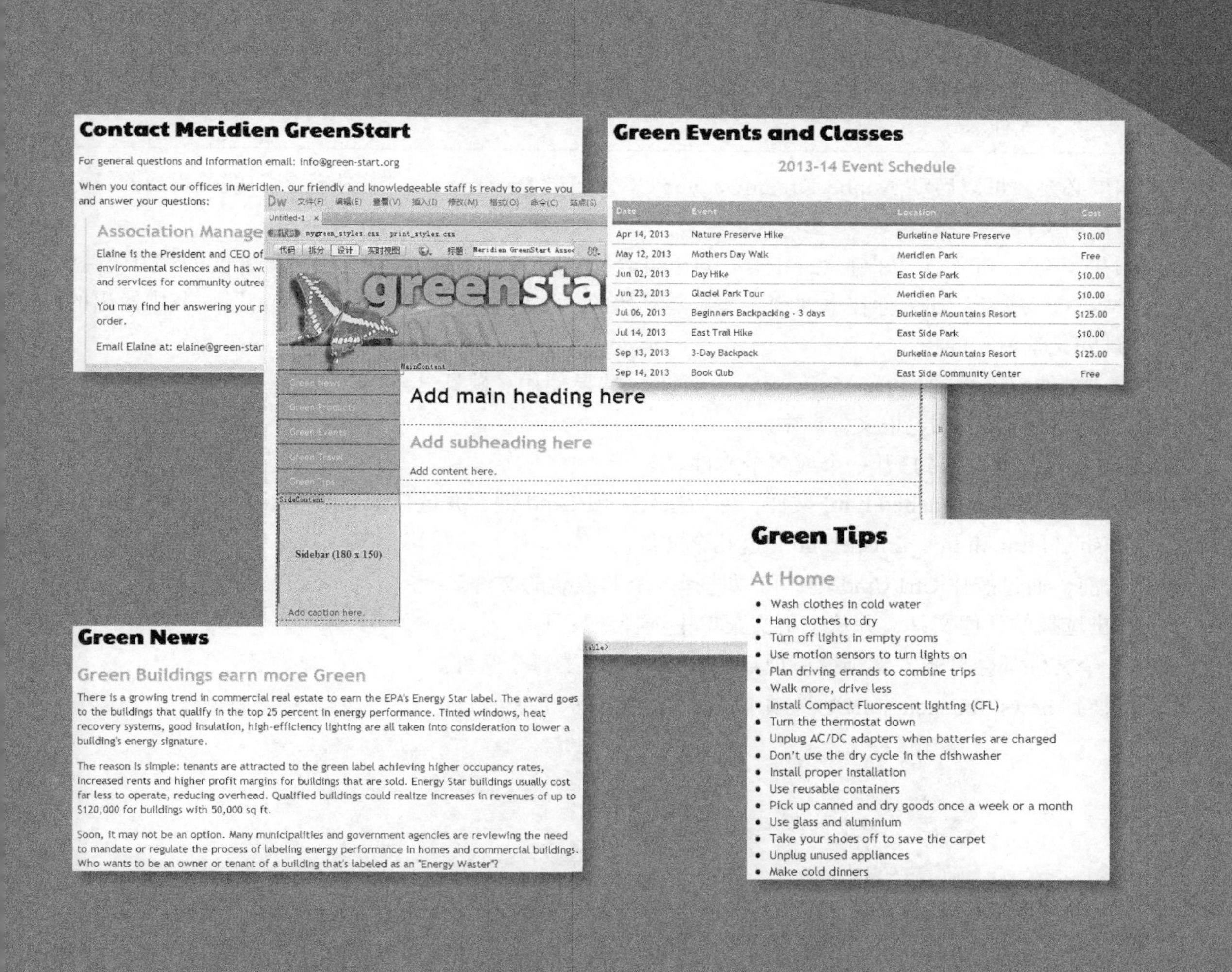

Dreamweaver 提供了众多工具用于创建、编辑和格式化 Web 内容，而不管它是在软件内创建的，还是从其他应用程序导入的。

> **注意：**如果你还没有把用于本课的文件复制到计算机硬盘上，那么现在一定要这样做。参见本书开头的“前言”中的相关内容。

7.1 预览已完成的文件

为了解你将在本课程的第一部分中处理的文件，让我们先在浏览器中预览已完成的页面。

> **注意：**如果你是独立于本书中的其余各课来学习本课程，可以参见本书开头的“前言”中给出的“跳跃式学习”的详细指导。然后，遵循下面这个练习中的步骤即可。

1. 如果必要，可以启动 Adobe Dreamweaver CC。如果 Dreamweaver 正在运行，就关闭当前打开的任何文件。
2. 如果必要，可按下 F8 键 /Cmd+Shift+F 组合键打开“文件”面板，并从站点列表中选择 DW-CC。或者，如果你在本课程中是从零开始的，则可遵循本书开头的“前言”一节中给出的“跳跃式学习”的指导。
3. 在“文件”面板中，展开 Lesson07 文件夹。如果使用“跳跃式学习”方法，那么所有的课程文件都将出现在站点根文件夹中。

Dreamweaver 允许同时打开一个或多个文件。

4. 选择 contactus_finished.html 文件，然后按住 Ctrl/Cmd 键，并选择 events_finished.html、news_finished.html 和 tips_finished.html 这几个文件。

在单击前，通过按住 Ctrl/Cmd 键，可以选择多个非连续的文件。

5. 右击选择的任何文件，并从上下文菜单中选择“打开”。

全部 4 个文件都会打开。文档窗口顶部的选项卡标识了每个文件。

6. 切换到 news_finished.html 的选项卡（如图 7-1 所示）。

图7-1

注意使用的标题和文本元素。

7. 切换到 tips_finished.html 选项卡（如图 7-2 所示）。

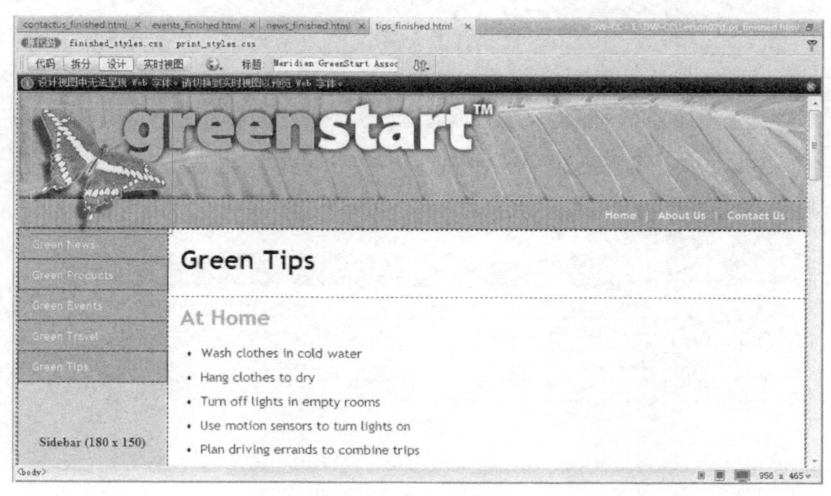

图7–2

注意使用的项目列表元素。

8. 切换到 contactus_finished.html 选项卡（如图 7-3 所示）。

图7–3

注意文本元素被缩进和格式化。

9. 切换到 events_finished.html 选项卡（如图 7-4 所示）。

注意使用了两个表格元素。

在每个页面中，都使用了多种元素，包括：标题、段落、列表、项目符号、缩进的文本和表格。在下面的练习中，你将创建这些页面，并学习如何格式化所有这些元素。

10. 选择“文件”>“全部关闭”。

图7–4

7.2 创建文本和编排样式

大多数 Web 站点都是由大块的文本组成，并且点缀少数几幅图像，以引起人们的视觉兴趣。Dreamweaver 提供了多种方式用于创建、导入文本和编排样式，以满足任何需要。在下面的练习中，将学习多种技术，用于处理和格式化文本。

7.2.1 导入文本

在这个练习中，将通过站点模板创建一个新页面，然后插入来自一个文本文档的标题和段落文本。

1. 选择“窗口”>“资源”,显示“资源”面板。在“模板”类别中,右击 mygreen_temp,并从上下文菜单中选择“从模板新建”(如图 7-5 所示)。

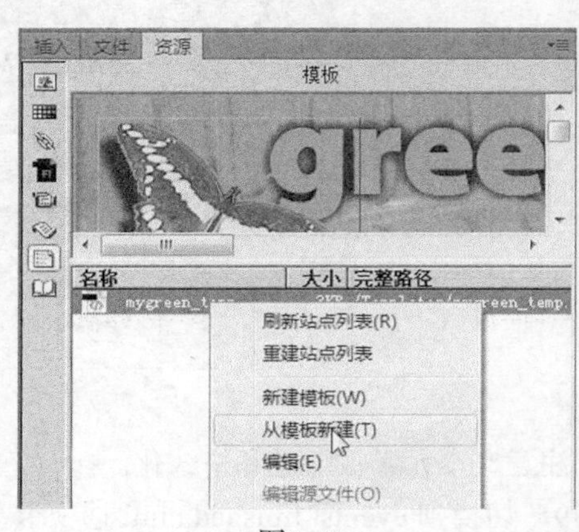

图7–5

将基于站点模板创建一个新页面。

2. 在站点的根文件夹下把该文件另存为 news.html。
3. 在“文件”面板中，双击 Lesson07 > resources 文件夹中的 green_news.rtf。

在兼容的软件中打开该文件。这段文本没有格式化，并且在每个段落之间具有额外的行，这些额外的行是有意而为之的。出于某种原因，在从另一个软件中复制和粘贴文本时，Dreamweaver 将删除单个段落回车符。添加第二个回车符可以强制 Dreamweaver 保留分段符。

这个文件包含 4 个新闻故事。当把这些故事移到 Web 页面中时,将创建第一个语义结构。如前所述，语义 Web 设计尝试给 Web 内容提供一个环境，使得用户和 Web 应用程序可以根据需要轻松地查找信息并重用它。为了给这个目标提供帮助，将一次把一个故事移到 Web 页面上，并把它们插入到它们各自的内容结构中。

4. 在文本编辑器或者字处理软件中，在文本“Green Buildings earn more Green”的开始处插入光标，并选取直到“‘Energy Waster’?”（含）的所有文本（前 4 个段落）。然后按下 Ctrl+X/Cmd+X 组合键剪切文本（如图 7-6 所示）。

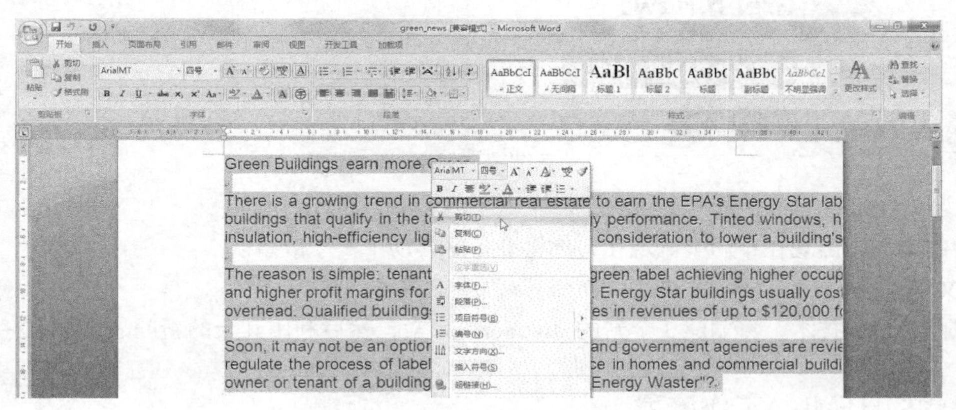

图7–6

> **提示：**在单独移动故事时，剪切文本有助于查明已经移动过的段落。

5. 切换回 Dreamweaver。在“设计”视图中，选取 <article.content> 中的占位符标题“Add main heading here”，并输入“Green News”替换它。

> **提示：**当使用剪贴板把文本从其他软件引入 Dreamweaver 中时，如果想保留段落回车符和其他格式化效果，则必须位于“设计”视图中。

6. 在占位符标题“Add subheading here”中插入光标，并且注意文档窗口底部的标签选择器。

标题和段落文本包含在新的 HTML5 语义元素之一中，该元素是：<section>。通过把每个新闻故事插入到它自己的 <section> 元素中，将把它们标识为单独的独立内容，可以彼此独立地查看。

7. 单击 <h2> 标签选择器，选取该元素。然后按下 Shift 键，并在占位符文本“Add content here”的末尾单击。

这将选取标题和段落占位符。

> **提示：**使用 <h2> 标签选择器也可以选取占位符文本和 HTML 标签。

8. 选择“编辑”>“粘贴”或者按下 Ctrl+V/Cmd+V 组合键，粘贴剪贴板中的文本，并替换占位符文本（如图 7-7 所示）。

图7–7

剪贴板中的文本将出现在布局中。现在，你将准备好移动下一个故事。

9. 保存文件。

使用你以前学过的技术，将创建 3 个新的 <section> 元素，然后利用其余的新闻故事填充它们。

替代的HTML 4工作流程

下面几节使用语义元素和结构描述和构建HTML5工作流程。如果不能使用这种类型的工作流程并且仍然必须依赖于HTML 4——兼容的元素和结构，也不要感到恐惧。可以使用等价的HTML 4（兼容的CSS布局）构建页面，并且只需把内容完全插入在出现在那里的<div.content>元素中即可，或者可以利用普通的<div>元素代替接下来将描述的语义元素。甚至可以通过给<div>包含元素添加一个诸如class="section"之类的属性，来创建一种语义结构。

7.2.2 创建语义结构

在下面这个练习中，你将插入 3 个 HTML5 <section> 元素来保存其余的新闻故事。如果你需要在 HTML 4 中工作，一种替代方法将是把这些故事插入到单独的 <div> 元素中，然后给它们分配一个 class 属性 section。但是，这种技术没有传达与 HTML5 <section> 元素相同的语义份量。

1. 切换到文本编辑器或者字处理器，选取接下来的 4 个段落，从“Shopping green saves energy”开始，到“in your own community”结束。然后按下 Ctrl+X/Cmd+X 组合键剪切文本。

2. 切换到 Dreamweaver。在“设计”视图中，在现有的新闻故事中的任意位置插入光标，并单击 <section> 标签选择器。

这样就选取了整个 <section> 元素及其内容。

3. 按下向右的箭头键一次，把光标移到代码中的 </section> 封闭标签之后。

4. 选择“插入”>“结构”>“章节”命令，并在出现的对话框中单击“确定”按钮，插入一个新的 <section> 元素（如图 7-8 所示）。

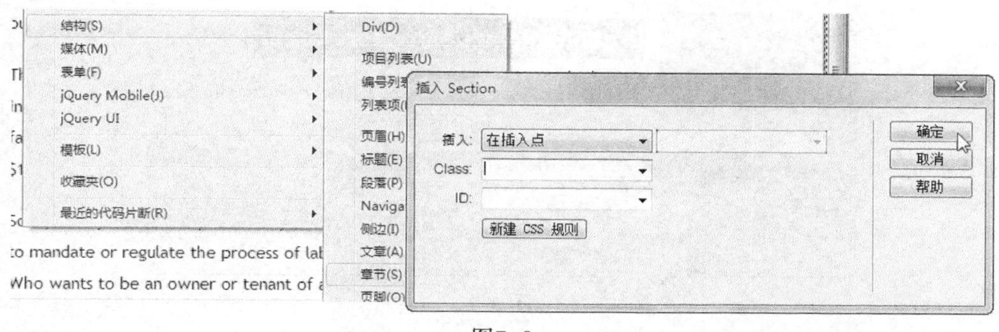

图7-8

Dw | **提示：**可能不得不按下 Enter/Return 键两次，以创建新元素。

5. 按下 Ctrl+V/Cmd+V 组合键，粘贴剪贴板中的文本，并把它插入到新的 <section> 元素中。

第二个新闻故事出现在新的 <section> 元素中。

6. 重复执行第 1 ～ 5 步，为其余两个新闻故事创建新的 <section> 元素。

当完成时，将具有 4 个 <section> 元素，其中每个元素用于一个新闻故事。

7. 关闭 green_news.rtf，并且不要保存任何更改。

8. 保存 news.html。

7.2.3 创建标题

在 HTML 中，使用标签 <h1>、<h2>、<h3>、<h4>、<h5> 和 <h6> 创建标题。任何浏览设备，无论它是计算机、盲人阅读器，还是手机，都可以解释利用这些标签格式化为标题的文本。标题（heading）把 HTML 页面组织进有意义的区域中并提供有用的页面标题（title），就像它们在图书、杂志文章和学期论文中所做的那样。

遵照 HTML 标签的语义，新闻内容开始于格式化为 <h1> 的标题“Green News”。由于 <h1> 是最重要的标题，在 HTML 4 中为了保持语义正确，在每个页面上应该只使用一个这样的标题。不过，在 HTML5 中，最佳实践还没有正式确定下来。一些人相信我们应该继续遵循 HTML 4 中使用的实践；另外一些人则认为应该允许在页面上的每个语义元素或结构中使用 <h1>，换句话说，每个 <section>、<article>、<header> 或 <footer> 都可以具有它自己的 <h1> 标题。

在实践形成条文之前，让我们继续只在每个页面上使用一个 <h1> 元素（页面标题也是如此）。因此，所有其他的标题都应该从 <h1> 开始依次降级。由于每个新故事都具有同等的重要性，它们全都可以开始于二级标题或 <h2>。此刻，所有粘贴的文本都被格式化为 <p> 元素。让我们把新闻标题格式化为 <h2> 元素。

1. 选取文本“Green Buildings earn more Green”，并从“属性”检查器中的“格式”菜单中选择“标题 2”（如图 7-9 所示），或者按下 Ctrl+2/Cmd+2 组合键。

图7-9

文本将被格式化为 <h2> 元素。

> **提示：**如果“格式”菜单不可见，就需要选择“属性”检查器的 HTML 模式。

2. 对于“Shopping green saves energy”、“Recycling isn’t always Green”和“Fireplace: Fun or Folly?”这些文本重复执行第 1 步的操作。

所有选取的文本现在都应该被格式化为 <h2> 元素。让我们为这种元素创建一个自定义的规则，使之在其他标题中更醒目。

3. 在最近格式化的任何 <h2> 元素中插入光标。如果必要，可选择“窗口”>“CSS 设计器”，打开“CSS 设计器”面板。
4. 在“CSS 设计器”中，在“源”窗格中选择 mygreen_styles.css。然后在“选择器”窗格中选择 h1 规则，并单击“添加选择器”（+）图标。

一个新的 .container .content section h2 选择器出现在 h1 规则下面（如图 7-10 所示）。Dreamweaver 将基于布局中的选择自动创建名称。如第 3 课“CSS 基础”中所描述的，这个选择器是一个后代选择器，并且它的格式化只针对出现在 <article.content> 内的 <section> 元素中的 <h2> 元素。由于所有的内容都出现在 <div.container> 中，因此无需在名称中也保留那个元素。

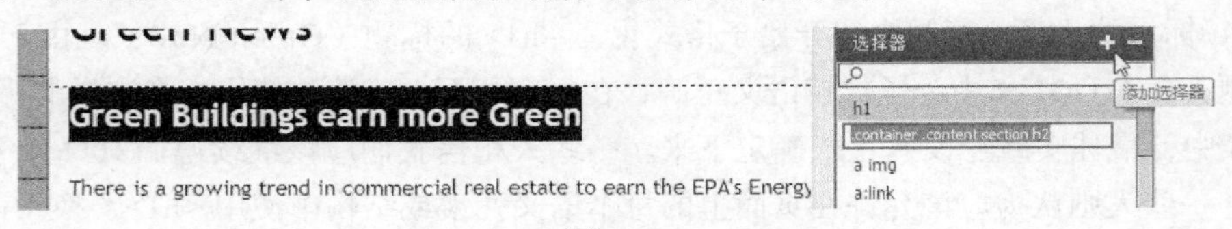

图7-10

> **注意：**“优秀的设计师会仔细管理 CSS 规则的命名和顺序。通过在面板中选择一个规则，然后单击“添加选择器”图标，Dreamweaver 将在所选规则之后插入新规则。如果新规则没有出现在正确的位置，只需把它拖到想要的位置即可。

5. 从选择器中删除 .container 类，然后按下 Enter/Return 键完成名称。

> **提示：**要想在不添加其他标签名称的情况下关闭选择器框，可能需要先按下 Esc 键，然后按下 Enter/Return 键。

6. 在“属性”窗格中，取消选中“显示集”选项。然后选择“布局”类别，并在“顶部边距”框中输入“15px”，在“底部边距”框中输入“5px”（如图 7-11 所示）。

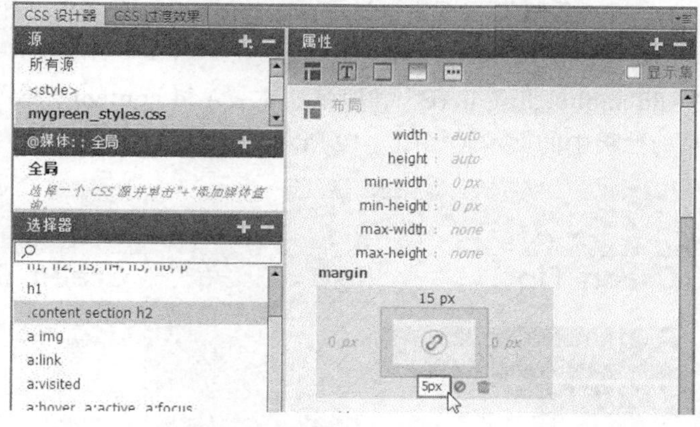

图7-11

7. 单击“文本”类别图标，并在 color 框中输入“#090”，在 font-size 框中输入“170%”。

注意：默认情况下，每个标题标签（<h1>、<h2>、<h3> 等）都会被格式化得比前一个标签小。这种格式化效果增强了每个标签的语义重要性。尽管大小是一种指示层级的明显方法，但它并不是必需的；可以自由地试验其他样式编排技术，比如颜色、缩进、边框和背景阴影，创建你自己的分层结构。

8. 在文档的“标题”框中,选取其中的占位符文本“Add Title Here”,并输入“Green News”替换它。然后按下 Enter/Return 键完成标题。

9. 保存所有文件。

7.2.4　创建列表

应该格式化文本，使内容具有更丰富的意义，对它进行组织，并使之更清晰易读。执行该任务的一种方法是使用 HTML 列表元素。列表是 Web 的重要成分，因为它们比大块文本更容易阅读，还可以帮助用户快速查找信息。在下面这个练习中，你将学习如何创建一个 HTML 列表。

1. 选择“窗口”>“资源”，把“资源”面板调到前面。在“模板”类别中，右击 mygreen_temp，并从上下文菜单中选择“从模板新建”。

将基于模板创建一个新页面。

2. 在站点的根文件夹下把文件另存为 tips.html。

3. 在文档的“标题”框中，选取占位符文本“Add Title Here”，并输入“Green Tips”替换它。然后按下 Enter/Return 键完成标题。

4. 在“文件”面板中，双击 Lesson07 > resources 文件夹中的 green_tips.rtf。

这段文本由三个单独的提示列表组成，它们分别是关于怎样在家中、在工作中以及在社区中节省能源和金钱的。与新闻文件一样，将把每个列表插入到它自己的 <section> 元素中。

5. 在文本编辑器或者字处理软件中，选取以“At Home”开头并以“Buy fruits and vegetables locally”结尾的文本，然后按下 Ctrl+X/Cmd+X 组合键剪切文本。

6. 切换回 Dreamweaver。在“设计”视图中，选取 <article.content> 中的占位符标题“Add main heading here”，并输入“Green Tips”替换它。

7. 选取占位符标题“Add subheading here”和段落文本“Add content here”。然后按下 Ctrl+V/Cmd+V 组合键粘贴剪贴板中的文本（如图 7-12 所示）。

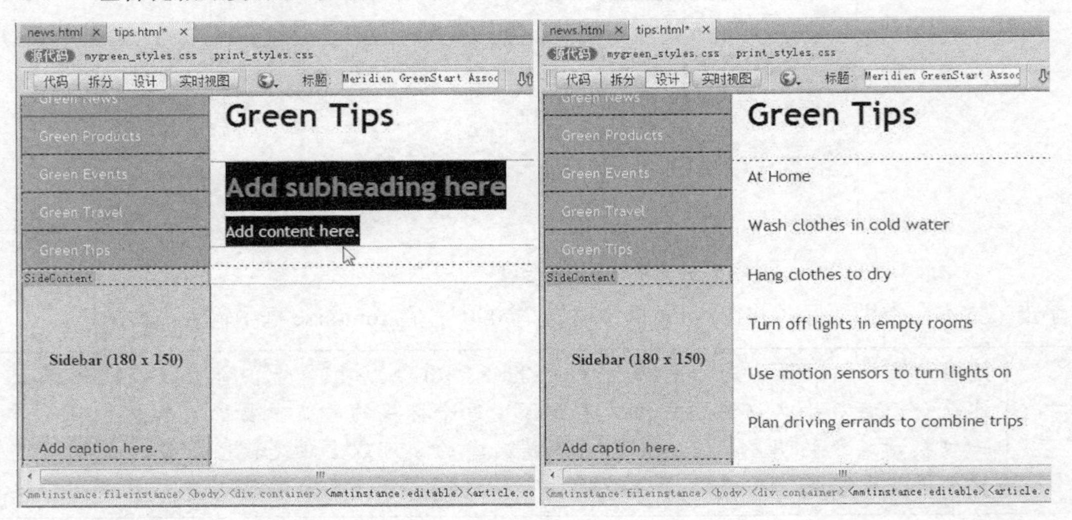

图7-12

文本出现，创建第一个列表区域。

8. 切换到文本编辑器或字处理软件，选取以“At Work”开头并以“Buy natural cleaning products”结尾的文本，然后按下 Ctrl+X/Cmd+X 组合键剪切文本。

9. 切换回 Dreamweaver。在“设计”视图中，在现有的提示列表中的任意位置插入光标，并单击 <section> 标签选择器。

这将选取整个 <section> 元素及其内容。

10. 按下向右的箭头键一次，把光标移到代码中的 </section> 封闭标签之后。

11. 选择“插入”>“结构”>“章节”命令，并在“插入 Section”对话框中单击“确定”按钮，插入一个新的 <section> 元素。

出现一个 <section> 元素，并且已经选取了占位符文本“此处为新 section 标签的内容”。

12. 按下 Ctrl+V/Cmd+V 组合键粘贴剪贴板中的文本，并替换新的 <section> 元素中的占位符文本。

第二个列表出现在新元素中。要创建最后一个区域，将使用“插入”面板。

13. 切换到 RTF 文件，并且复制“In the community”的列表项。

14. 切换到 Dreamweaver。单击标签选择器以选取当前的 <section> 元素，然后按下向右的箭头键，把光标移到该元素之外。

15. 如果必要，可以选择“窗口”>“插入”命令，打开“插入”面板。从弹出式菜单中选择“结构”

类别，然后单击“章节”项目，插入一个新元素。在“插入 Section”对话框中，单击“确定”按钮（如图 7-13 所示）。

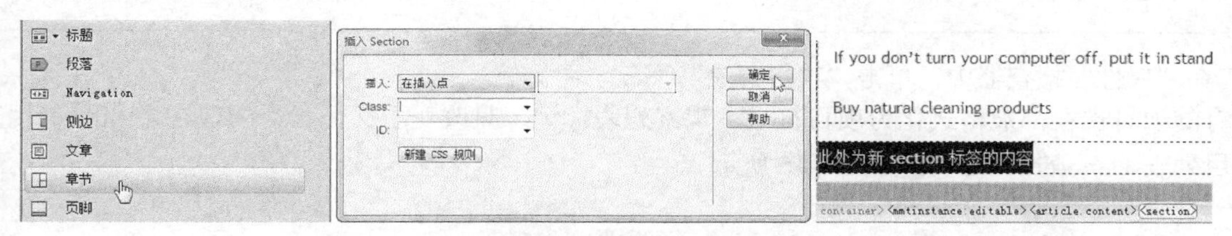

图7-13

出现一个带有占位符文本的新区域。

16. 粘贴“In the community”的列表。

全部 3 个列表现在都出现在它们自己的 <section> 元素中。

就像对新闻故事的标题所做的那样，将要格式化标识提示类别的标题。

17. 选取文本“At Home”，并把它格式化为“标题 2”。

18. 对于文本“At Work”和“In the Community”重复执行第 17 步的操作。

其余的文本目前完全被格式化为 <p> 元素。Dreamweaver 使得很容易把这些文本转换成 HTML 列表。列表有两种形式：编号列表和项目列表。

19. 选取标题“At Home”下面的所有 <p> 格式化的文本。然后在“属性”检查器中，单击“编号列表”（ ）图标。

编号列表自动给整个选取的内容添加编号。从语义上讲，它区分每一项的优先次序，给它们相对于彼此提供一个固有值。这个列表似乎并不具有任何特定的次序。每一项的优先级都或多或少地等于下一项。当项目没有特定的次序时，项目列表就是用于格式化列表的另一种方法。在更改格式化效果之前，让我们看看标记。

20. 切换到“拆分”视图，观察文档窗口的“代码”区域中的列表标记（如图 7-14 所示）。

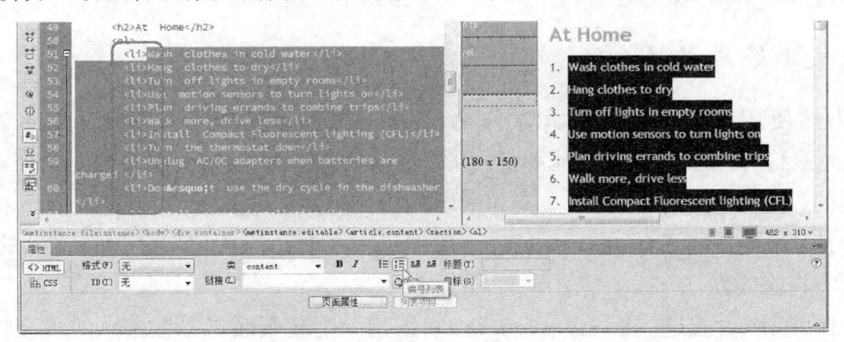

图7-14

该标记包含两个元素：<ol> 和 <li>。注意每一行是怎样被格式化为 <li> **列表项**（list item）的。<ol> 父元素用于开始和结束列表，并把它指定为编号列表。把格式化效果从数字更改为项目符号很简单，可以在“代码”视图或“设计”视图中完成。

在更改格式之前，确保仍然完全选取了格式化的列表。如果必要，可以使用标签选择器。

> **Dw** **提示：**选取整个列表的最容易的方式是使用 <ol> 标签选择器。

21. 在“属性”检查器中，单击“项目列表”（☰）图标。

所有的项目现在都被格式化为项目符号。观察列表标记，只改变了父元素，它现在是 <ul>，用于**项目列表**（unordered list），如图 7-15 所示。

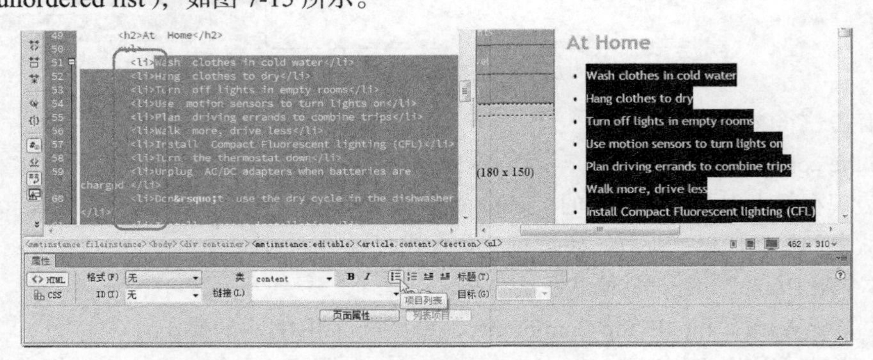

图7-15

> **Dw** **提示：**也可以通过在“代码”视图窗口中手动编辑标记，来更改格式化效果。但是不要忘记更改开始和封闭父元素。

22. 选取标题“At Work”下面的所有 <p> 格式化的文本。然后在“属性”检查器中，单击“项目列表”（☰）图标。

23. 对于标题“In the Community”下面的所有文本，重复执行第 22 步的操作。

现在利用项目符号格式化了全部 3 个列表。

24. 选择“文件”>“保存”。

7.2.5 创建文本缩进效果

一些设计师仍然使用 <blockquote> 元素作为缩进标题和段落文本的简单方式。从语义上讲，<blockquote> 元素打算用于标识从其他源引用的长文本区域。从表面上看，因此而格式化的文本看上去将是缩进的，并且与常规的段落文本和标题区分开。但是，如果你想遵循 Web 标准，就应该将这个元素保持用于它预期的目的，并且当你想缩进文本时，就代之以使用自定义的 CSS 类，在下面这个练习中将这样做。

1. 选择“设计”视图。通过模板 mygreen_temp 创建一个新页面，并在站点的根文件夹下把文件另存为 contact_us.html。

2. 在文档的“标题”框中，选取占位符文本“Add Title Here”，并输入“Contact Meridien GreenStart”替换它。然后按下 Enter/Return 键完成标题。

3. 切换到“文件”面板，并且双击 Lesson07 > resources 文件夹中的 contact_us.rtf。

该文本由 5 个部分组成，包括：标题、描述，以及 GreenStart 的管理人员的电子邮件地址。你将把每个部门都插入到它自己的 <section> 元素中。

4. 在文本编辑器或者字处理软件中，选取前两个介绍性段落，然后按下 Ctrl+X/Cmd+X 组合键剪切文本。
5. 切换回 Dreamweaver。选取 <article.content> 中的占位符标题“Add main heading here”，并输入“Contact Meridien GreenStart”替换它。
6. 按下 Enter/Return 键，插入一个新段落，然后按下 Ctrl+V/Cmd+V 组合键复制剪贴板中的文本（如图 7-16 所示）。

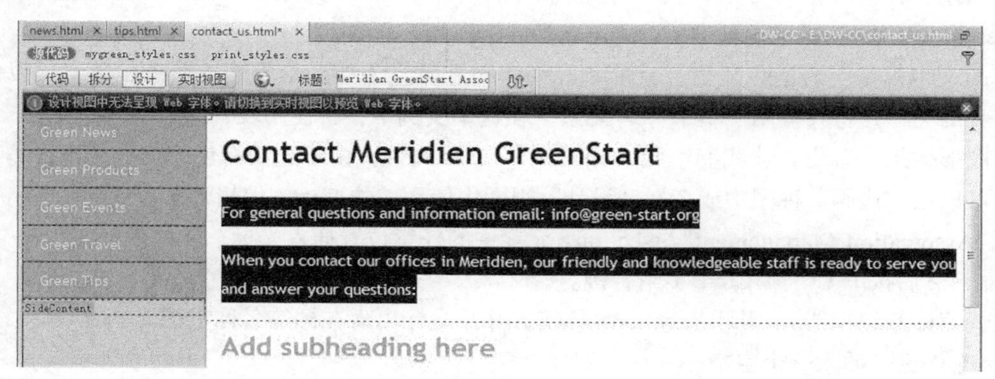

图7–16

介绍性文本直接插入在 <h1> 元素之下，这段文本不在 <section> 元素中。

7. 切换到文本编辑器或者字处理软件，并选取接下来 4 个段落，它们构成“Association Management”区域，然后按下 Ctrl+X/Cmd+X 组合键剪切文本。
8. 切换到 Dreamweaver。在“设计”视图中，选取占位符标题“Add subheading here”和段落文本“Add content here”，并粘贴剪贴板中的文本。
9. 把文本“Association Management”格式化为“标题 2”。

这样就完成了第一个区域。

10. 切换到文本编辑器或者字处理软件，并选取接下来 4 个段落，它们构成了“Education and Events”区域，然后按下 Ctrl+X/Cmd+X 组合键剪切文本。
11. 切换到 Dreamweaver。在“Association Management”文本中的任意位置插入光标，并单击 <section> 标签选择器。然后把光标移到 <section> 元素之后。

一些 Dreamweaver 用户更喜欢利用“快速标签编辑器”手动创建元素。

12. 按下 Ctrl+T/Cmd+T 组合键，访问“快速标签编辑器”。输入“<section>”，或者双击“快速标签编辑器”提示菜单中的 section，并按下 Enter/Return 键创建元素（如图 7-17 所示）。

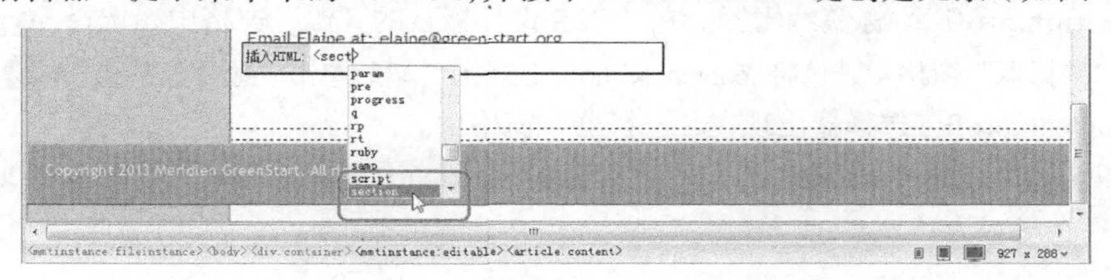

图7–17

可能需要再次按下 Enter/Return 键，关闭“快速标签编辑器”并创建元素。一旦创建了元素，除了标签选择器中的标签之外，将不会看到关于新的 <section> 元素的其他任何证据。使用这种方法，Dreamweaver 会创建代码，但它不会像以前一样插入任何占位符文本。只需开始输入或粘贴想要的内容即可。

13. 粘贴剪贴板中的文本。

14. 选取文本“Education and Events”，并把它格式化为“标题 2”。

15. 使用刚才描述的任何方法，为其余的部门创建 <section> 元素：“Transportation Analysis”、“Research and Development”和“Information Systems”。

当所有的文本都处于合适位置后，就准备好创建缩进样式。如果希望缩进单个段落，可以创建一个自定义的类，并将其应用于单个 <p> 元素。在这个实例中，将使用现有的 <section> 元素，产生想要的图形效果。首先，让我们给元素分配一个 class 属性。由于还没有创建类，将不得不手动创建它，可以在“代码”视图中或者在“设计”视图中使用“快速标签编辑器”完成。

16. 在“Association Management”<section> 元素中的任意位置插入光标，并单击 <section> 标签选择器，然后按下 Ctrl+T/Cmd+T 组合键。

出现“快速标签编辑器”，显示 <section> 标签，并且光标出现在标签名称末尾。

17. 按下空格键，插入一个空格。

出现代码提示窗口，显示 <section> 元素的合适属性。

18. 输入“class”，并按下 Enter/Return 键，或者在代码提示窗口中双击 class 属性。

Dreamweaver 将自动创建属性标记，并提供任何现有的 class 或 id 属性的列表。由于类还不存在，你将自己输入名称。

19. 输入“profile”作为类名称。根据需要按下 Enter/Return 键，完成属性并关闭“快速标签编辑器”（如图 7-18 所示）。

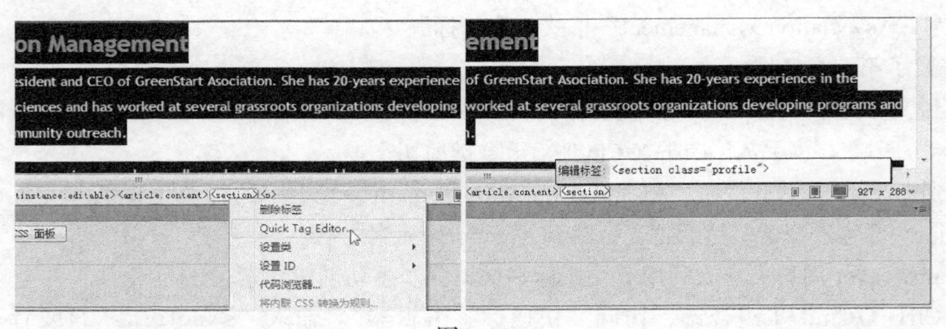

图7–18

20. 选择 <section.profile> 标签编辑器。在“CSS 设计器”的“源”窗格中，选择 mygreen_styles.css。在“选择器”窗格中，选择 .content section h2 规则。然后单击“添加选择器”（+）图标。

.container .content .profile 选择器出现在“选择器”窗格中。

21. 从选择器名称中删除“.container”，然后按下 Enter/Return 键完成名称（如图 7-19 所示）。

选择器名称现在显示为“.content .profile”。

22. 在“属性”窗格中，单击“布局”类别图标。

23. 在“右边距”和“左边距”框中，都输入“25px”。在“底边距”框中，输入“15px”。

图7-19

边框规范可以单独输入，也可以同时全部输入。

24. 单击“边框”类别图标。

25. 为“左边框”输入以下规范（如图 7-20 所示）：

```
border-left-color:#CADAAF
border-left-width:2px
border-left-style:solid
```

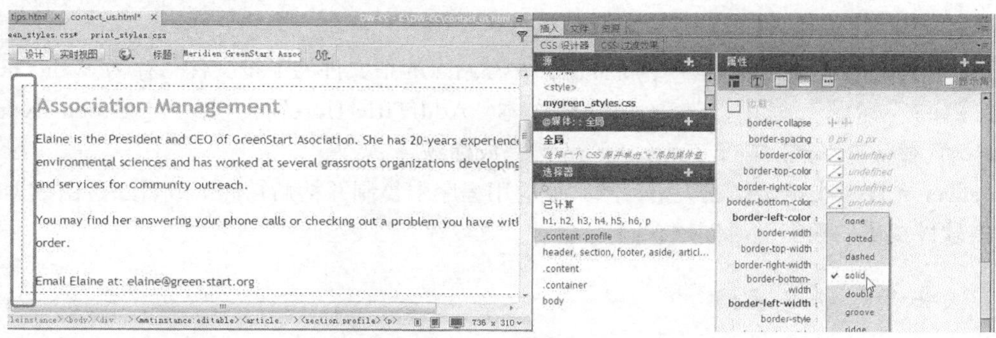

图7-20

同时输入所有规范通常更快速、更高效。

26. 在“属性”窗格中，选择“显示集”选项。

此时，该窗格将只显示为规则设置的属性。这样，它将显示用于边距和左边框的规范。

27. 单击“添加 CSS 属性”图标。输入“border-bottom”，并按下 Enter/Return 键创建属性。

28. 在值框中，输入“10px solid #CADAAF”，并按下 Enter/Return 键（如图 7-21 所示）。

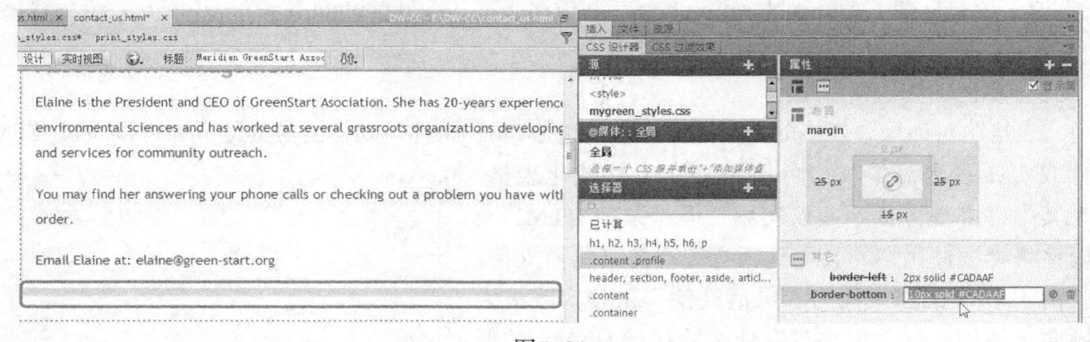

图7-21

边框有助于形象地把缩进的文本组织在其标题之下。

29. 选择其余的每个 <section> 元素，并从“属性”检查器的“类”框菜单中应用“profile”。每个区域都会缩进，并且显示自定义的边框。

30. 保存所有文件。

7.3 创建表格和编排样式

在 CSS 出现之前，HTML 提供了很少的工具用于执行有效的页面设计。Web 设计师代之以求助于使用图像和表格来创建页面布局。今天，由于多种原因，表格不再用于页面设计和布局目的。表格难以创建、格式化和修改。它们不能轻松地适应不同的屏幕大小和类型。并且，某些浏览设备和屏幕阅读器不会看到全面的页面布局，它们只会把表格看成是它们的实际内容（即若干行和列的数据）。当 CSS 初次登场并且被宣扬为页面设计的首选方法时，一些设计师开始相信表格糟糕透顶，这有点反应过度了。尽管表格不适合于页面布局，但是对于把许多种类型的数据（比如产品列表、个人通讯录和时间表）显示成少数几个名称，它们非常好，也非常必要。在下面的练习中，你将学习如何创建和格式化 HTML 表格。

1. 通过模板 mygreen_temp 创建一个新页面，并在站点的根文件夹下把文件另存为 events.html。
2. 在文档的“标题”框中，选取占位符文本“Add Title Here”，并输入“Green Events and Classes”替换它。然后按下 Enter/Return 键完成标题。

Dreamweaver 允许从头开始创建表格、从其他应用程序中复制并粘贴它们，或者通过由数据库或电子数据表软件提供的数据即时创建它们。

7.3.1 从头开始创建表格

使用 Dreamweaver 可以很容易地创建表格。

1. 在“设计”视图中，选取 <article.content> 中的占位符标题“Add main heading here”，并输入“Green Events and Classes”替换它。

> Dw | **提示**：在选取完整的元素时，使用标签选择器是一个良好的实践。

2. 选取占位符标题“Add subheading here”和段落文本“Add content here”，并按下 Delete 键删除它们。
3. 选择“插入”>“表格”。

出现“表格”对话框。表格的一些方面必须通过 HTML 属性控制，但是其他方面可以通过 HTML 属性或 CSS 控制。应该避免使用 HTML 格式化表格，因为其中许多规范都不建议使用，但是某些 HTML 表格属性将继续使用，并会受到所有流行的浏览器支持。尽管由于 CSS 的强大能力和灵活性使得最佳实践极大地倾向于使用 CSS，但是没有什么能代替 HTML 的低俗的方便性。例如，在“表格”对话框中输入值时，Dreamweaver 将通过 HTML 属性应用它们。

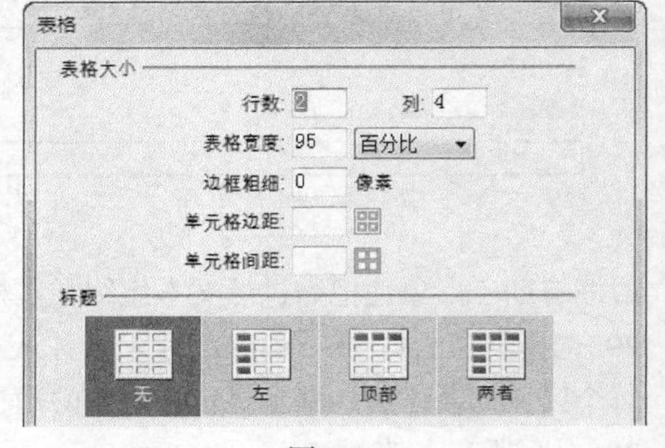

图7-22

4. 为表格输入以下规范（如图 7-22 所示）：

“行数”：2

“列数”：4

“表格宽度”：95%

“边框粗细”：0

5. 单击“确定”按钮创建表格。

在标题下面出现一个 4 列、2 行的表格。注意它与 <article.content> 的左边缘齐平。该表格准备好接受输入。

> **提示：**按下 Tab 键可以将光标移到右边的下一个单元格。如果在按下 Tab 键时按住 Shift 键，可以把光标向左或向后移过表格。

6. 在表格的第一个单元格中插入光标，输入“Date”并按下 Tab 键，移到第一行中的下一个单元格中。

7. 在第二个单元格中，输入“Event”并按下 Tab 键；然后输入“Location”并按下 Tab 键；再输入“Cost”并按下 Tab 键，把光标移到第二行的第一个单元格中。

8. 在第二行中，依次输入“May 1”（在第 1 个单元格中）、“May Day Parade”（在第二个单元格中）、“City Hall”（在第三个单元格中）和“Free”（在第 4 个单元格中）。

在表格中很容易插入额外的行。

9. 按下 Tab 键。

在表格底部出现一个新的空白行（如图 7-23 所示）。Dreamweaver 还允许同时插入多个新行。

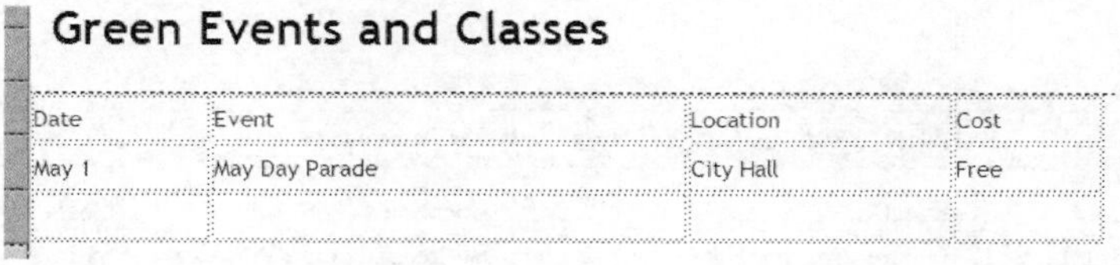

图7–23

10. 选择文档窗口底部的 <table> 标签选择器。

“属性”检查器显示了当前表格的属性，包括总行数和总列数。

11. 在“行”框中选取数字 3，然后输入 5，并按下 Enter/Return 键完成更改。

Dreamweaver 将向表格中添加两个新行（如图 7-24 所示）。“属性”检查器中的框用于创建 HTML 属性，控制表格的各个方面，包括表格宽度、单元格的宽度和高度、文本对齐方式等。 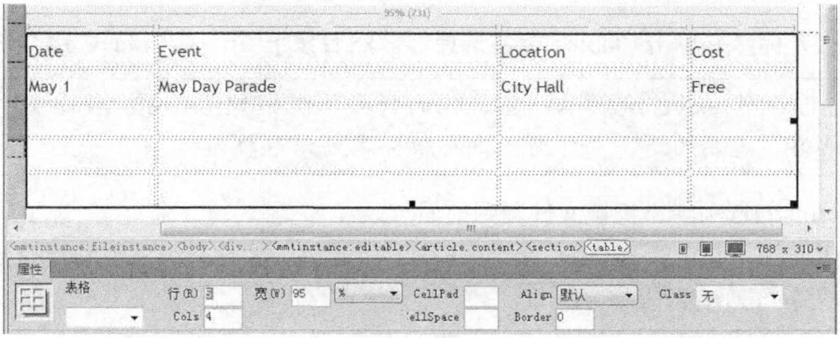

图7–24

12. 右击表格的最后一行，并从上下文菜单中选择“表格”>“插入行”。

将在表格中添加另外一行。利用上下文菜单也可以同时插入多行和 / 或多列。

13. 右击表格的最后一行，并从上下文菜单中选择“表格”>“插入行或列”。

出现“插入行或列”对话框。

14. 在所选的行下面插入 4 行，然后单击“确定”按钮（如图 7-25 所示）。

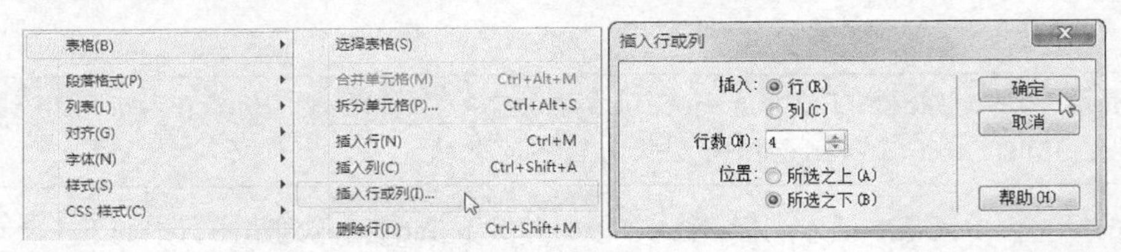

图7–25

15. 保存所有文件。

7.3.2 复制和粘贴表格

尽管 Dreamweaver 允许在软件内手动创建表格，还可以使用复制和粘贴功能从其他 HTML 文件或者甚至是其他软件中移动表格。

1. 打开“文件”面板，并且双击 Lesson07 > resources 文件夹中的 calendar.html 文件打开它（如图 7-26 所示）。

news.html × tips.html × contact_us.html × events.html × calendar.html ×

代码 拆分 设计 实时视图 标题: Untitled Document

Date	Event	Location	Cost
Apr 14, 2013	Nature Preserve Hike	Burkeline Nature Preserve	$10.00
May 12, 2013	Mothers Day Walk	Meridian Park	Free
Jun 02, 2013	Day Hike	East Side Park	$10.00
Jun 23, 2013	Glaciel Park Tour	Meridian Park	$10.00
Jul 06, 2013	Beginners Backpacking - 3 days	Burkeline Mountains Resort	$125.00
Jul 14, 2013	East Trail Hike	East Side Park	$10.00

图7–26

在 Dreamweaver 中，这个 HTML 文件将在它自己的选项卡中打开。注意表格结构，它具有 4 列和许多行。

2. 在表格中插入光标，并单击 <table> 标签选择器。然后按下 Ctrl+C/Cmd+C 组合键复制文本。

> Dw **注意：**Dreamweaver 允许从一些其他的软件（比如 Microsoft Word）中粘贴和复制表格。遗憾的是，并非对于每个软件都可以这样做。

3. 单击 events.html 的选项卡，把该文件调到前面。

4. 在表格中插入光标，并选择 <table> 标签选择器。然后按下 Ctrl+V/Cmd+V 组合键粘贴表格。

新表格元素完全替换了现有的表格。

5. 保存文件。

7.3.3 利用 CSS 编排表格样式

此时，你的表格是左对齐的，触及 <article.content> 的边缘，并且可能会或者可能不会跨元素在各个方向上拉伸。可以通过 HTML 属性或者 CSS 规则格式化表格，必须单独为每个表格应用和编辑 HTML 属性。如以前所学过的，使用 CSS 允许你只使用一些规则即可在站点级控制表格的格式化效果。

1. 选择 <table> 标签选择器。在“CSS 设计器”中的“源”窗格中选择 mygreen_styles.css，然后在“选择器”窗格中选择 .content .profile 规则，并单击“添加选择器”图标。

出现一个新的名为“.container .content section table”的后代选择器，它以 <table> 元素为目标。

2. 从“选择器名称”框中删除“.container”，并按下 Enter/Return 键（如图 7-27 所示）。

在对表格应用格式化效果之前，应该知道哪些其他的设置已经在影响元素，以及新设置会给你的总体设计和结构带来什么结果。例如，.content 规则把元素的宽度设置 770 像素。其他一些元素（比如 <h1> 和 <p>）具有 15 像素的左填充。如果应用的宽度、边距和 / 或填充的总和大于 770 像素，你可能就会疏忽地破坏页面设计的精细结构。

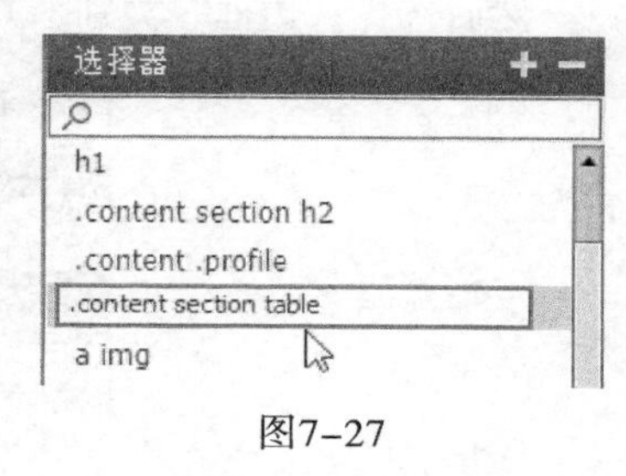

图7–27

3. 在“属性”窗格中，如果必要，可以选择“显示集”选项。
4. 为 .content section table 规则输入以下规范（如图 7-28 所示）：

```
font-size: 90%
width: 740px
margin-left: 15px
border-bottom: 3px solid #060
```

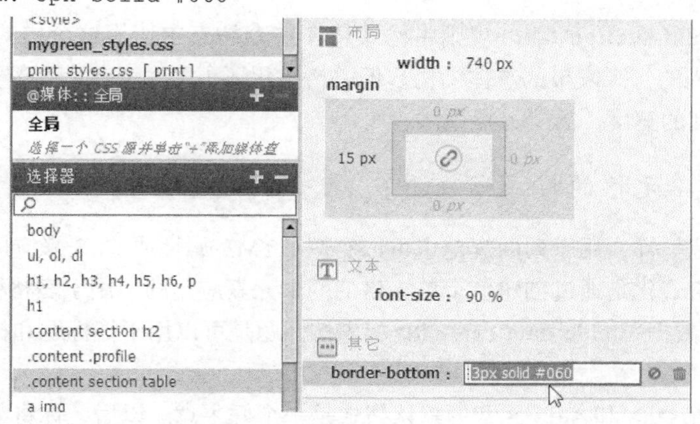

图7–28

> **注意**：通过给边距增加宽度，将获得总共 755 像素的宽度，比 <article.content> 的当前宽度少 15 像素。在执行下面的操作时要记住这一点，以免其他设置与表格规范发生冲突。

> **提示**：像 border-bottom 这样的属性可以像所示的那样直接输入或者同时写出来，以节省时间。

表格将调整大小，从 <article.content> 的左边缘移开，并在底部显示一条深绿色的边框。你对特定的表格属性应用了想要的样式，但是不能就此止步。构成表格标记的标签的默认格式化效果是多种不同的浏览器中随意支持的不同设置的大杂烩。你将发现在每个浏览器中可以用不同的方式显示相同的表格。

一种可能引起麻烦的设置是基于 HTML 的 cellspacing 属性，其工作性质类似于各个单元格之间的边距。如果保持这个属性为空，一些浏览器将在单元格之间插入较小的空间，并且实际上会把任何单元格边框一分为二。在 CSS 中，这个属性是由 border-collapse 属性处理的。如果你不想疏忽地拆分表格的边框，就需要在样式设计中包括这种设置。

5. 在“CSS 设计器”中，选择 .content section table 规则。在“属性”窗格中，禁用“显示集”选项。然后选择“边框”类别，并单击 border-collapse: collapse 选项图标（如图 7-29 所示）。

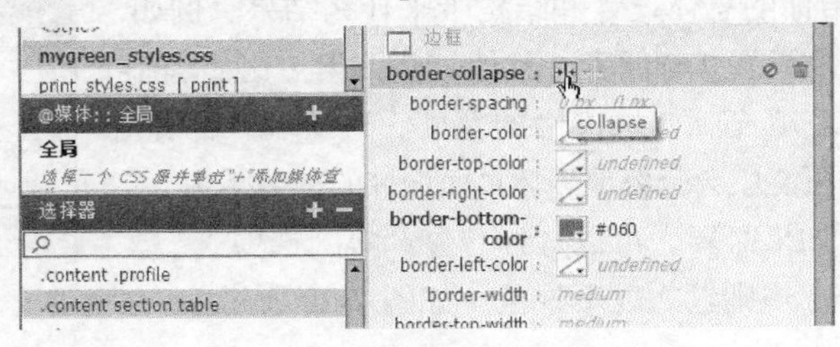

图7–29

在“设计”视图中，将不会看到表格显示方式中的任何区别，但是不要因此而阻止你使用该属性。

6. 保存所有文件。

你刚才创建的 .content section table 规则将格式化在整个站点中使用这个样式表在任何页面上的 <div.content> 中插入的每个表格的总体结构。但是格式化还不彻底。各个列的宽度不受 <table> 元素的控制。要控制列的宽度，需要另寻他法。

7.3.4 编排表格单元格的样式

就像用于表格的规范一样，用于列的规范也可以利用 HTML 属性或 CSS 来应用，它们具有类似的优点和缺点。列的格式化是通过创建各个单元格的两个元素应用的：用于**表格标题**（table header）的 <th> 和用于**表格数据**（table data）的 <td>。表格标题是可以用于把标题和标题内容与常规数据区分开的方便元素。

创建普通规则来重置 <th> 和 <td> 元素的默认格式是一个好主意。以后，你将创建自定义的规则应用于特定的列和单元格。

1. 在表格的任何单元格中插入光标。选择 .content section table 规则，然后单击“添加选择器”图标。
2. 创建一个名为“.content section td, .content section th”的新选择器，并按下 Enter/Return 键完成该名称。
3. 在“属性”窗格中，选择“显示集”选项。
4. 为 .content section td, .content section th 规则创建以下属性（如图 7-30 所示）：

```
text-align:left
padding:5px
border-top:1px solid #090
```

较细的绿色边框出现在表格每一行的上方，使得数据更容易阅读。为了正确地查看边框，可能需要先在“实时”视图中预览页面。通常以粗体格式化标题，这有助于在正常的单元格中突出它们。你甚至可以通过给它们提供一种颜色格调，使它们更醒目。

> Dw | **注意**：记住，规则的顺序将影响样式层叠，以及怎样继承格式和继承什么格式。

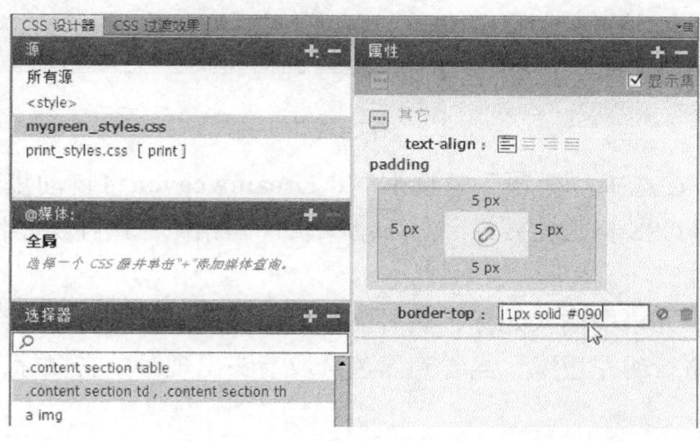

图7-30

5. 在“选择器”窗格中选择 .content section td, .content section th，并创建一个新的 .content section th 选择器。

> Dw | **注意**：这些规则的顺序很重要。如果顺序混乱，将会重置用于 <th> 元素的独立规则的格式化效果。

6. 在 .content section th 规则中创建以下属性（如图 7-31 所示）：

```
color:#FFC
background-color:#090
border-bottom:6px solid #060
```

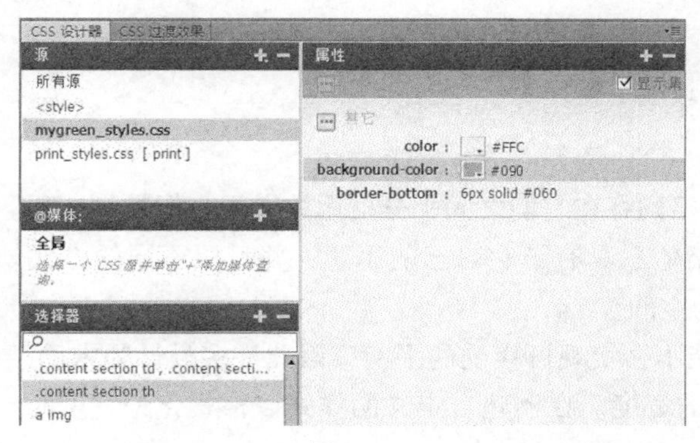

图7-31

这就创建了规则，但是还需要应用它。Dreamweaver 使得很容易把现有的 <td> 元素转换为 <th> 元素。

7. 在表格第一行的第一个单元格中插入光标。然后在“属性”检查器中，选择“标题”选项（如图 7-32 所示）。注意标签选择器。

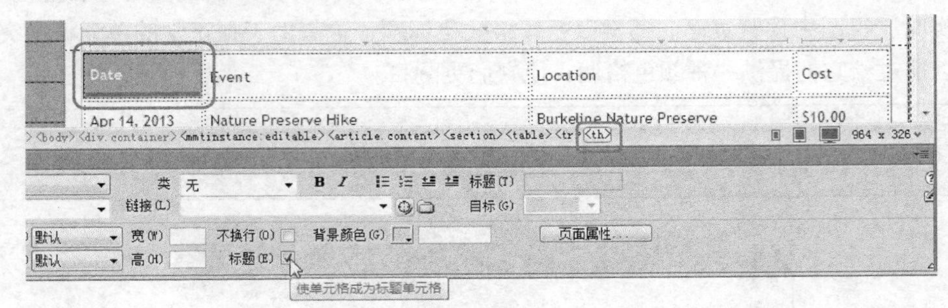

图7-32

将用绿色填充单元格。在选中“标题”复选框时，Dreamweaver 将自动重写把现有 <td> 转换为 <th> 的标记，从而应用 CSS 格式化效果。与手动编辑代码相比，这种功能将节省许多时间。你还可以同时转换多个单元格。

8. 在第一行的第二个单元格中插入光标，然后拖动鼠标以选取第一行中其余的单元格。或者，可以把光标定位在表格行的左边缘，当看到黑色选取箭头出现时单击鼠标，这样就可以同时选取一整行。

9. 在“属性”检查器中，选择“标题”选项，把表格单元格转换为标题单元格。

将用绿色填充整个第一行，因为表格单元格被转换成了标题单元格（如图 7-33 所示）。

图7-33

10. 保存所有文件。

7.3.5 控制列宽度

除非另外指定，否则空表格列将在它们之间平分可用的空间。但是，一旦开始向单元格中添加内容，一切都不一样了——表格似乎具有了它自己的思想，并且以不同的方式划分空间。它通常给包含更多数据的列提供更多的空间。

允许表格自己做决定可能不会实现可接受的平衡，因此许多设计师求助于 HTML 属性或者自定义的 CSS 类来控制表格列的宽度。在创建自定义的样式以格式化列宽度时，一种思想是：使规则名称基于宽度值本身，或者基于列的内容或主题。

> **注意：**规则名称不能以数字或者标点符号字符开头，只有两个例外，即句点（.）和磅符号（#），前者指示类，后者指示 ID。

1. 在“CSS 设计器”中，选择 .content section th 规则，然后单击“添加选择器”图标，并输入“.content section .w100”作为选择器名称（如图 7-34 所示）。

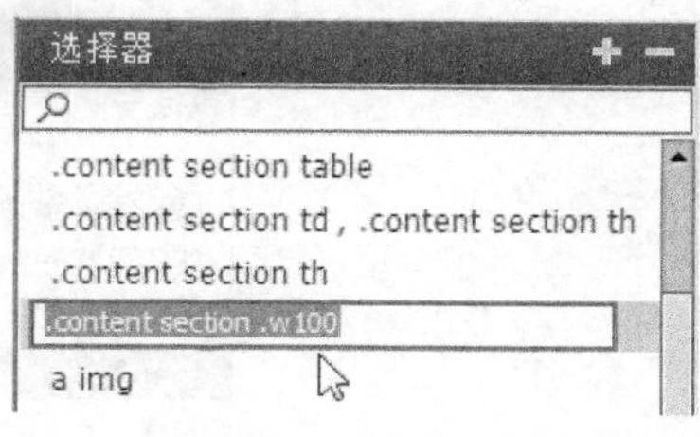

图7–34

在“选择器名称”的新值中，w 代表**宽度**（width），100 指示值，即 100 像素。

2. 在“属性”窗格中，创建 width: 100px 条目。

控制列的宽度相当简单。由于整个列都必须具有相同的宽度，你只需对一个单元格应用宽度规范。如果某一列中的单元格具有相冲突的规范，通常会采用最大的宽度。让我们应用一个类以控制 Date 列的宽度。

3. 在表格第一行的第一个单元格中插入光标。选择 <th> 标签选择器，然后在“属性”检查器中，从“类”菜单中选择 w100（如图 7-35 所示）。

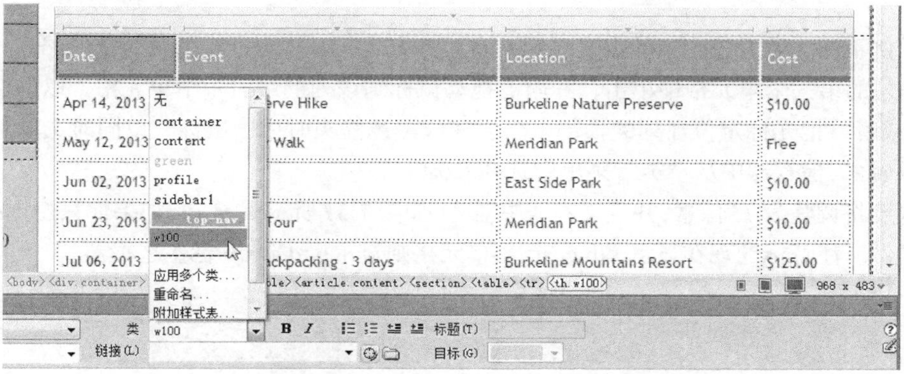

图7–35

> **提示：**一定要单击标签选择器，否则 Dreamweaver 可能把类应用于单元格内容，而不是应用于 <th> 元素本身。

第一列的宽度将调整为 100 像素。其余的列将自动划分可用的空间。列样式设计也可以指定文本对齐方式以及宽度。让我们为 Cost 列中的内容创建一个规则。

> **注意：**记住，单元格绝对不能小于其中包含的最长的单词或者最大的图形元素。

4. 在“选择器”窗格中选择 .content .w100 规则，并单击“添加选择器”图标。创建 .content section .cost 选择器。

显然，这个规则打算用于 Cost 列。但是不要像你以前所做的那样在名称中添加宽度值；这样，你就可以在将来更改值，而不必担心也要更改名称（和标记）。

5. 创建以下属性（如图 7-36 所示）：

```
text-align:center
width:75px
```

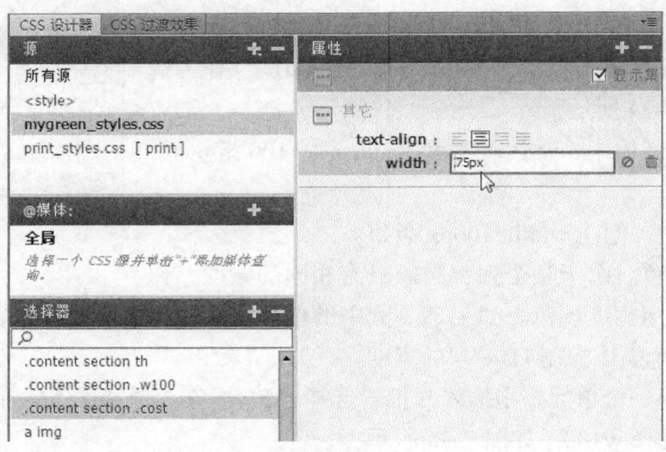

图7-36

与前一个示例不同，要对整个列的内容应用文本对齐方式，必须对列中的每个单元格应用类。

6. 在 Cost 列的第一个单元格中单击，并向下拖动鼠标到该列的最后一个单元格，以选取所有的单元格。或者，把光标定位在列的顶部，当它变成黑色箭头时单击鼠标，以同时选取整个列。然后在“属性”检查器中从“类”菜单中选择 .cost。

Cost 列的宽度将调整为 75 像素，并且文本居中对齐（如图 7-37 所示）。现在，如果你只想更改 Cost 列，就能够这样做。注意标题现在显示 <th.cost>，单元格则显示 <td.cost> 标签选择器。

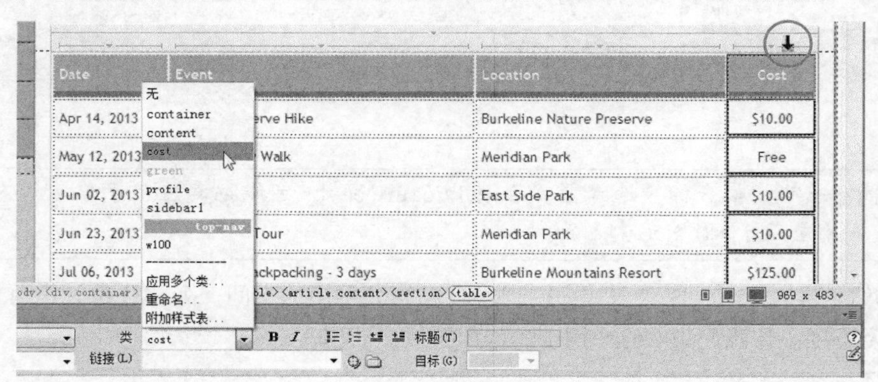

图7-37

7. 保存所有文件。

7.3.6 插入其他源的表格

除了手工创建表格之外，也可以通过从数据库和电子数据表导出的数据创建表格。在下面这个练习中，你将通过从 Microsoft Excel 导出到 CSV（comma-separated value，逗号分隔的值）文件中的数据创建表格。与其他内容模型一样，首先将创建一个 <section> 元素，以在其中插入新的表格。

1. 在表格中的任意位置插入光标，并选择 <section> 标签选择器。然后按下向右的箭头键，把光标移到代码中的 </section> 封闭标签之后。

2. 使用以前描述过的任何一种方法，创建一个新的 <section> 元素。

把一个新的 <section> 元素添加到页面中。

3. 不要移动光标，并选择“文件” > “导入” > “表格式数据”。

出现“导入表格式数据”对话框。

4. 单击“浏览”按钮,并从 Lesson07 > resources 文件夹中选择 classes.csv。然后单击“打开”按钮。

在“定界符”菜单中应该自动选择“逗点”。

5. 在“导入表格式数据”对话框中选择以下选项（如图 7-38 所示）：

“表格宽度”：95%

“边框”：0

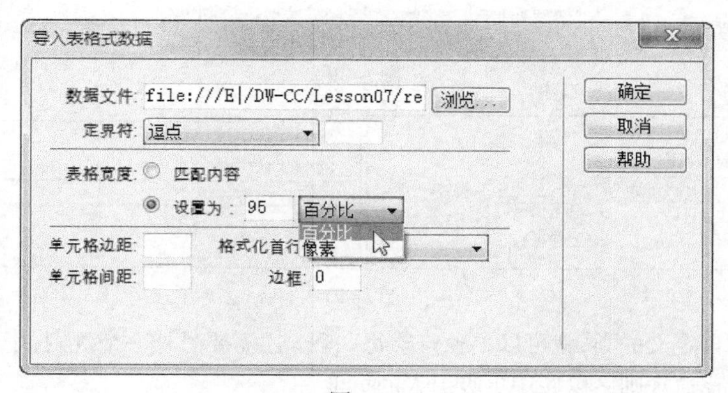

图7–38

6. 单击“确定”按钮。

新表格（包含类的一览表）将出现在第一个表格的下面。新表格由 5 列以及多个行组成，第一行包含标题信息，但是仍然被格式化为正常的表格单元格。

7. 选取类一览表中的第一行。在“属性”检查器中，选择“标题”选项。

将立即用绿色背景和白色文本填充第一行（如图 7-39 所示）。你将注意到在最后三列中文本换行很难看。你将为新表中的 Cost 列使用 .cost 类，但是另外两列将需要它们自己的自定义的类。

8. 选取 Cost 列。然后在“属性”检查器中，从“类”菜单中选择 .cost。

9. 在“CSS 设计器”中,右击 .content section .cost 规则,并从上下文菜单中选择“直接复制”命令。

10. 把新的“选择器名称”框改为“.content section .day”（如图 7-40 所示）,并按下 Enter/Return 键。

11. 将 .content section .day 应用于 Classes 表中的 Day 列，如第 8 步中所示。

12. 复制 .content section .day，命名新的“.content section .length”规则，并将其应用于 Classes 表中的 Length 列。

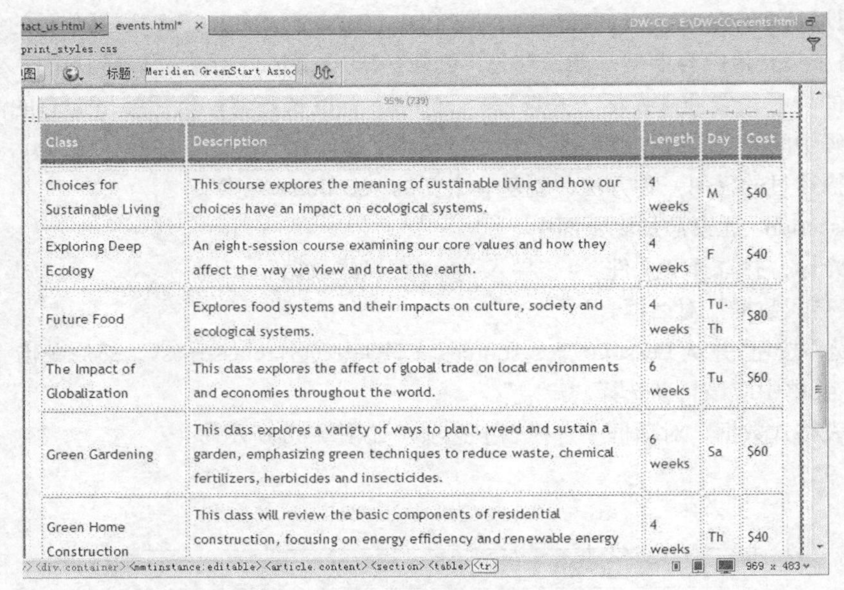

图7-39

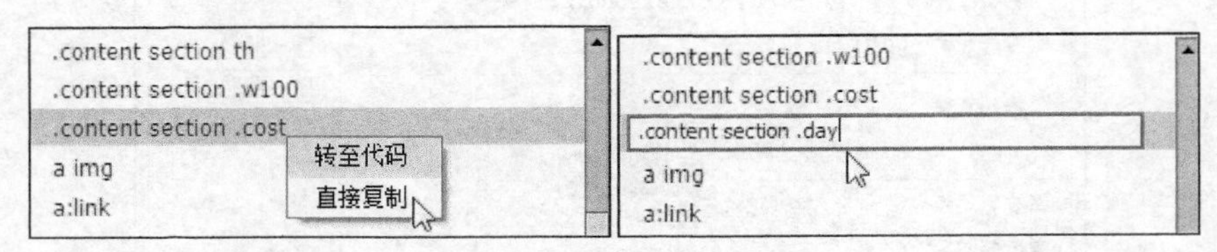

图7-40

通过为每一列创建自定义的类，就可以单独修改每一列。还需要另外一个规则，用于格式化 Class 列。这一列只需要一个普通规则，以应用更吸引人的宽度。

13. 右键单击 .content section .w100 规则并复制它，然后把新规则命名为“.content section .w150”。

14. 编辑新规则的属性。把 width 改为 150px，并且只对 Class 列的标题单元格应用新规则（如图 7-41 所示）。

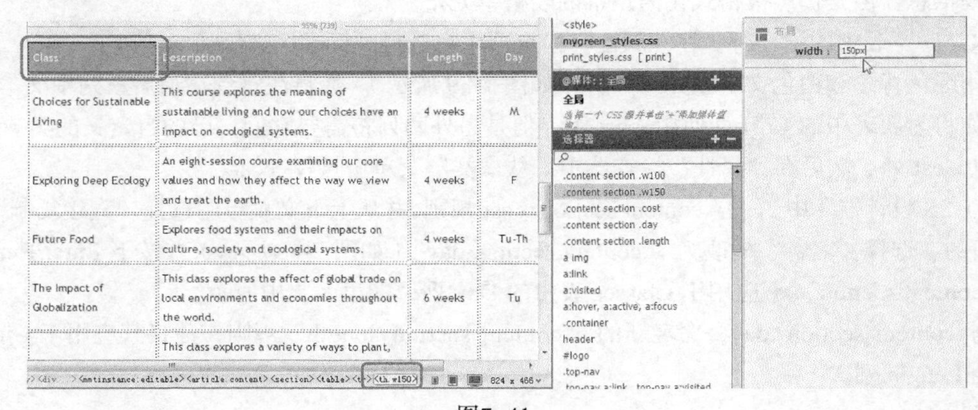

图7-41

Dw	**提示：**在应用宽度值时，只需要格式化一个单元格。

15. 保存所有文件。

7.3.7 调整垂直对齐

如果研究 Classes 表的内容，将会注意到许多单元格都包含分布在多行上的段落。当某一行中的单元格中具有不同的文本数量时，较短的内容默认将垂直对齐到单元格中间。许多设计师发现这种行为不吸引人，并且更喜欢使文本全都对齐到单元格顶部。与大多数其他的属性一样，可以通过 HTML 属性或 CSS 应用垂直对齐。为了利用 CSS 控制垂直对齐，可以向现有的规则中添加相应的规范。

1. 在“源”窗格中，选择 mygreen_style.css。

选择“.content section th, .content section td”规则。

<th> 和 <td> 元素用于编排存储在表格单元格中的文本的样式。

2. 在“属性”窗格中，创建“vertical-align: top”属性。

两个表格中的所有文本现在都将对齐到单元格的顶部（如图 7-42 所示）。

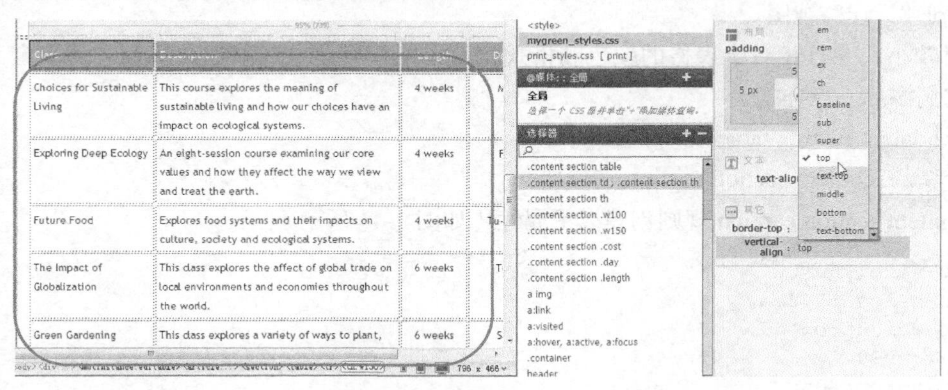

图7–42

Dw	**提示：**一些设计师喜欢使 <th> 单元格中的文本保持对齐到中间或者甚至是底部。如果是这样，将需要为每个元素创建单独的规则。

3. 保存所有文件。

7.3.8 添加和格式化 <caption> 元素

你在页面上插入的两个表格包含不同的信息，但是不具有任何有差别的标签或标题。为了帮助用户区分这两组数据，让我们给每个表格添加一个标题（title）和更多一点的间距。<caption> 元素专门设计用于标识 HTML 表格的内容。为了使用它，将把它作为 <table> 元素的子元素插入。

1. 在第一个表格中插入光标。然后选择 <table> 标签选择器，并切换到“代码”视图。

通过在“设计”视图中选取表格，Dreamweaver 可以自动在“代码”视图中高亮显示代码，使之更容易找到。

2. 定位 <table> 开始标签，并直接在该标签后面插入光标。然后输入 <caption>，或者当代码提示窗口出现时从中选择它。

3. 输入“2013-14 Event Schedule”，然后输入“</”关闭元素，这提示 Dreamweaver 关闭元素（如图 7-43 所示）。

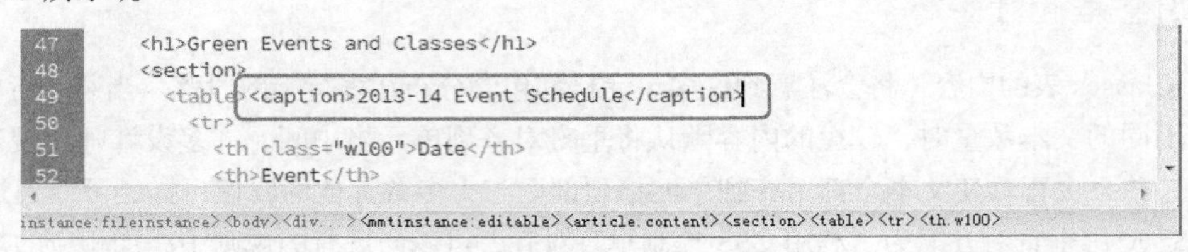

图7–43

4. 切换到“设计”视图。

这就完成了标题，并且把它作为表格的子元素插入。

5. 为第二个表格重复执行第 1 步和第 2 步的操作。并像第 3 步中那样输入“2013-14 Class Schedule”，然后输入“</”关闭元素。

6. 切换到“设计”视图。

标题相对较小，并且相对于表格的颜色和格式化效果它们容易被忽略。让我们利用自定义的 CSS 规则给它们添加一点样式。

7. 选择 .content section table 规则。

创建一个新的 .content section caption 选择器。

8. 为 .content section caption 规则创建以下属性（如图 7-44 所示）：

```
font-size:160%
line-height:1.2em
font-weight:bold
color:#090
margin-top:20px
padding-bottom:20px
```

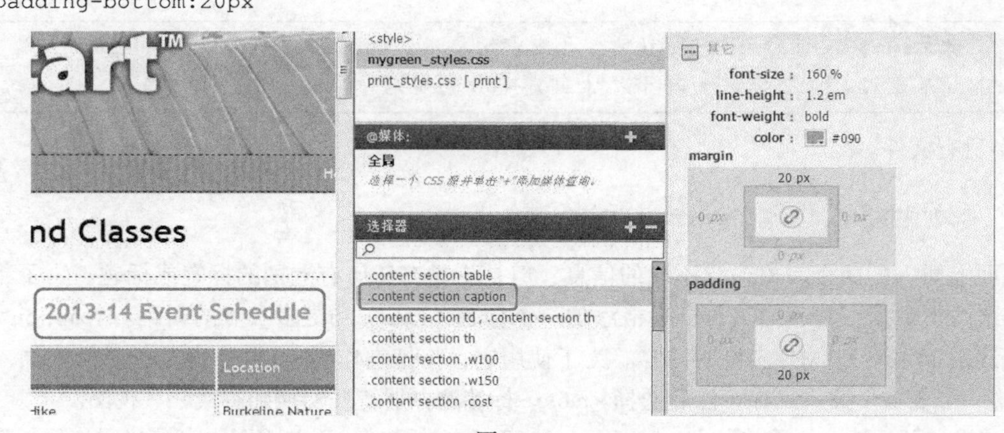

图7–44

9. 保存所有文件。

10. 使用“实时”视图或浏览器检查你的工作。

利用 CSS 对表格和标题进行格式化使得它们更容易阅读和理解。可以自由地试验标题的大小和位置，以及影响表格的规范设置。

7.4 对 Web 页面进行拼写检查

发布到 Web 上的内容必须准确无误，这一点很重要。Dreamweaver 中带有一个功能强大的拼写检查器，它不仅能够识别经常拼写错误的单词，而且能够为非标准项创建自定义的字典。

1. 单击 contact_us.html 的选项卡，把该文档调到前面，或者从站点的根文件夹中打开它。

2. 在 <article.content> 中的主标题“Contact Meridien GreenStart”中插入光标，然后选择“命令”>“检查拼写”。

从光标所在的位置开始拼写检查。如果光标位于页面上较下面的位置，将不得不至少重新开始执行一次拼写检查，以检查整个页面。它将不会检查在不可编辑的模板区域中锁定的内容。

“检查拼写”对话框将高亮显示单词“Meridien”，它是协会所在地的虚拟城市的名称。可以单击“添加到私人”按钮把该单词插入到自定义的字典中，但是目前可单击“忽略全部”按钮，这将跳过在这次检查期间在其他位置出现的这个名称（如图 7-45 所示）。

图7–45

3. 单击“忽略全部”按钮。

接下来，Dreamweaver将高亮显示单词“GreenStart”，它是协会的名称。如果GreenStart是你自己的公司的名称，也将把它添加到自定义的字典中。不过，你将不希望把一个虚拟的公司名称添加到字典中。

4. 再次单击“忽略全部”按钮。

Dreamweaver 将高亮显示电子邮件地址 info@green-start.org 的域。

5. 单击“忽略全部”按钮。

Dreamweaver 将高亮显示单词“Asociation”，它遗漏了一个“s”。

6. 为了校正拼写，可以在“建议”列表中定位正确拼写的单词（Association），并双击它。

7. 继续进行拼写检查，直至到达文档末尾。根据需要校正错误拼写的单词，并忽略正确的名称。如果出现一个对话框，提示你从头开始进行检查，可单击“是”按钮。

Dreamweaver 将从文件的顶部开始进行拼写检查，以捕获它可能遗漏的任何单词。

8. 当拼写检查完成时单击“确定”按钮，并保存文件。

7.5 查找和替换文本

查找和替换文本是 Dreamweaver 最强大的特性之一。与其他软件不同，Dreamweaver 可以在站点中的任意位置查找几乎任何内容，包括文本、代码以及可以在软件中创建的任何类型的空白。你可以限制只搜索“设计”视图中呈现的文本、底层标签，或者整个标记。高级用户可以利用称为**正则表达式**（regular expression）的强大的模式匹配算法来执行最先进的查找和替换操作，然后可以利用类似数量的文本、代码和空白替换目标文本或代码。

在下面这个练习中，你将学习一些使用“查找和替换”特性的重要技术。

1. 单击 events.html 的选项卡，把它调到前面，或者从站点的根文件夹中打开该文件。

有多种方式可以确定你想查找的文本或代码，一种方式是简单地在框中手动输入它。在 Events 表中，名称“Meridien”被错误地拼写为“Meridian”。由于“Meridian”是一个实际的单词，拼写检查器将不会把它标记为一个错误，并给你提供机会来校正它。因此，你将代之以使用查找和替换来执行更改。

2. 如果必要，可切换到“设计”视图。在标题“Green Events and Classes”中插入光标，并选择“编辑”> “查找和替换”。

出现“查找和替换”对话框，并且“查找”框中是空的。

3. 在“查找”框中输入“Meridian”，并在“替换”框中输入“Meridien”。然后从“查找范围”菜单中选择“当前文档”，并从“搜索”菜单中选择“文本”。

4. 单击“查找下一个”按钮。

Dreamweaver 将查找第一次出现的“Meridian”（如图 7-46 所示）。

图7–46

5. 单击“替换”按钮。

Dreamweaver 将替换“Meridian”的第一个实例，并且立即搜索下一个实例。你可以一次一个地继续替换单词，或者选择替换全部实例。

6. 单击“替换全部”按钮。

如果一次一个地替换单词，Dreamweaver 将在对话框底部插入一行注释，指出查找到了多少项以及替换了多少项。当单击“替换全部”按钮时，Dreamweaver 将关闭“查找和替换”对话框，并打开“搜索”报告面板，其中列出了执行的所有更改。

7. 右击“搜索”报告选项卡，并从上下文菜单中选择“关闭标签组”。

把文本和代码作为目标的另一种方法是在激活命令前就选择它。可以在“设计”视图或“代码”视图中使用这种方法。

8. 在“设计”视图中，在 Events 表的 Location 列中定位并选取第一次出现的文本“Burkeline Mountains Resort”，然后选择“编辑”>“查找和替换”。

出现“查找和替换”对话框，所选的文本被 Dreamweaver 自动输入到“查找”框中。在“代码”视图中使用时，这种技术甚至更强大。

9. 关闭“查找和替换”对话框，并切换到“代码”视图。

10. 仍然把光标插入在文本“Burkeline Mountains Resort”中，单击文档窗口底部的 <tr> 标签选择器。

11. 选择“编辑”>“查找和替换”，出现“查找和替换”对话框。

观察“查找”框。所选的代码将被 Dreamweaver 自动输入到“查找”框中，包括换行符和空白（如图 7-47 所示）。这如此令人惊异的原因是：因为在对话框中无法手动输入这种类型的标记。

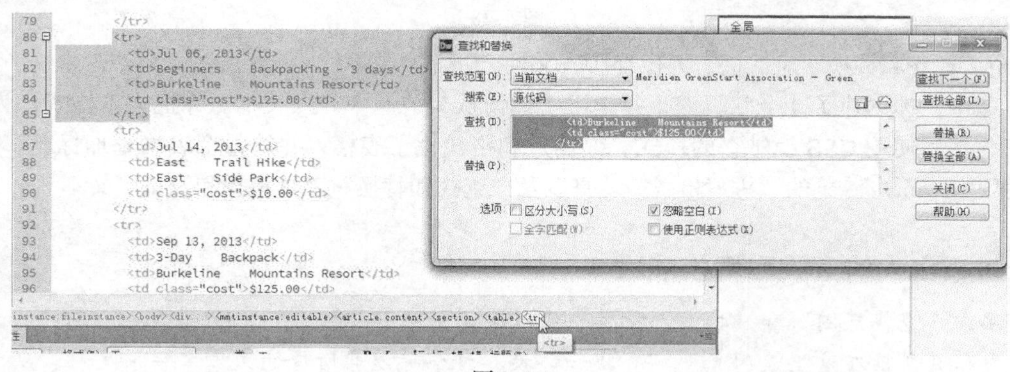

图7–47

12. 选取“查找”框中的代码，并按下 Delete 键删除它们。然后输入 <tr> 并按下 Enter/Return 键插入换行符，观察所发生的事情。

按下 Enter/Return 键不会插入换行符；它将代之以激活“查找”命令，并查找第一次出现的 <tr> 元素。事实上，在该对话框内不能手动插入任何类型的换行符。

你可能不认为这是一个很大的问题，因为你已经见过了在先选取了文本 / 代码时 Dreamweaver 如何插入它们。不幸的是，第 8 步中使用的方法不适用于大量的文本或代码。

13. 关闭“查找和替换”对话框，并单击 <table> 标签选择器。

这将选取用于表格的完整标记。

14. 选择“编辑”>“查找和替换”，并观察“查找”框。

这一次，Dreamweaver 没有把所选的代码转移到“查找”框中。为了把更多数量的文本或代码输入到“查找”框中，以及输入大量的替换文本和代码，需要使用复制和粘贴。

15. 关闭“查找和替换”对话框。如果必要，可选取表格。然后按下 Ctrl+C/Cmd+C 组合键复制标记。

16. 按下 Ctrl+F/Cmd+F 组合键激活“查找和替换”命令。在“查找”框中插入光标，并按下 Ctrl+V/Cmd+V 组合键粘贴标记。

这会把所选的完整 <table> 代码都粘贴进“查找”框中。

17. 在“替换”框中插入光标，并按下 Ctrl+V/Cmd+V 组合键。

将把所选的完整内容粘贴到“替换”框中（如图 7-48 所示）。显然，两个框中包含完全相同的标记，但是它演示了更改或替换大量代码有多容易。

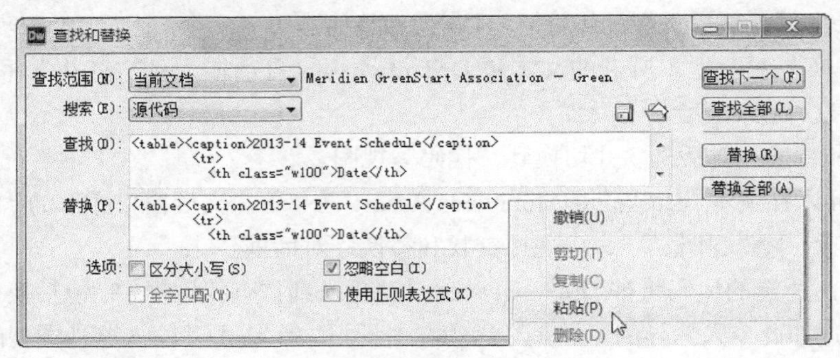

图7–48

18. 关闭“查找和替换”对话框，并保存所有文件。

在这一课中，你创建了 4 个新页面，并学习了如何从其他源中导入文本。你把文本格式化为标题和列表，然后使用 CSS 编排它的样式。你插入和格式化了表格，并给每个表格添加标题。并且，你还使用 Dreamweaver 的“拼写检查”工具以及“查找和替换”工具审查和校正了文本。

超级强大的查找和替换能力！

注意“查找范围”和“搜索”菜单中的选项（如图7-49所示）。Dreamweaver的能力和灵活性在这里最闪光。“查找和替换”命令可以在所选的文本、当前文档、所有打开的文档、特定的文件夹、站点中选定的文件或者整个当前本地站点中执行搜索。但是，好像只有这些选项还不够，Dreamweaver还允许针对源代码、文本、高级文本或者甚至是特定的标签执行搜索。

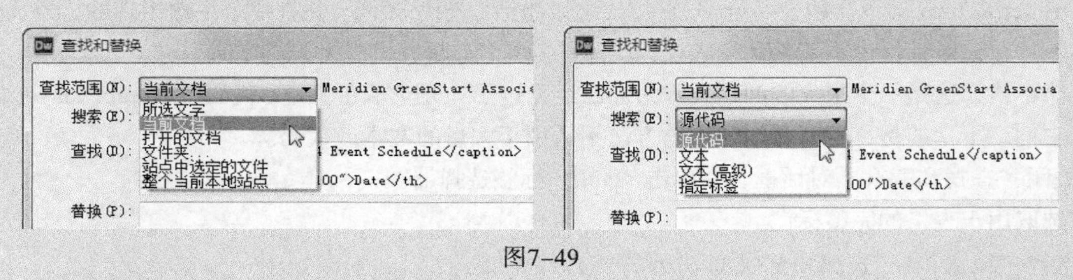

图7–49

复习

复习题

1. 怎样把文本格式化为 HTML 标题 2？
2. 解释怎样把段落文本转换成编号列表，然后再转换成项目列表。
3. 描述两种用于把 HTML 表格插入到 Web 页面中的方法。
4. 什么元素控制表格列的宽度？
5. 描述 3 种在“查找”框中插入内容的方式。

复习题答案

1. 使用“属性”检查器中的“格式”框的菜单应用 HTML 标题格式化效果，或者使用 Ctrl+2/Cmd+2 快捷键。
2. 利用鼠标高亮显示文本，并且在“属性”检查器中单击“编号列表”按钮。然后单击“项目列表”按钮，把编号的格式化效果更改成项目符号。
3. 可以复制并粘贴另一个 HTML 文件或者兼容软件中的表格。或者，还可以通过导入定界文件中的数据来插入表格。
4. 表格列的宽度是由列内最宽的 <th> 或 <td> 元素控制的。
5. 可以在框中输入文本，在打开对话框之前选取文本并且允许 Dreamweaver 插入所选的文本，或者可以复制文本或代码并把它们粘贴到框中。

第8课 处理图像

课程概述

在这一课中，将学习如何处理图像，并利用以下方式把它们包括在 Web 页面中：

- 插入图像；
- 使用 Bridge 导入 Photoshop 或 Fireworks 文件；
- 使用 Photoshop“智能对象”（Photoshop Smart Object）；
- 复制和粘贴来自 Photoshop 和 Fireworks 的图像。

完成本课大约需要 55 分钟的时间。在开始前，请确定你已经如本书开头的“前言”一节中所描述的那样把用于第 8 课的文件复制到了你的硬盘驱动器上。如果你是从零开始学习本课，可以使用“前言”中的“跳跃式学习”一节中描述的方法。

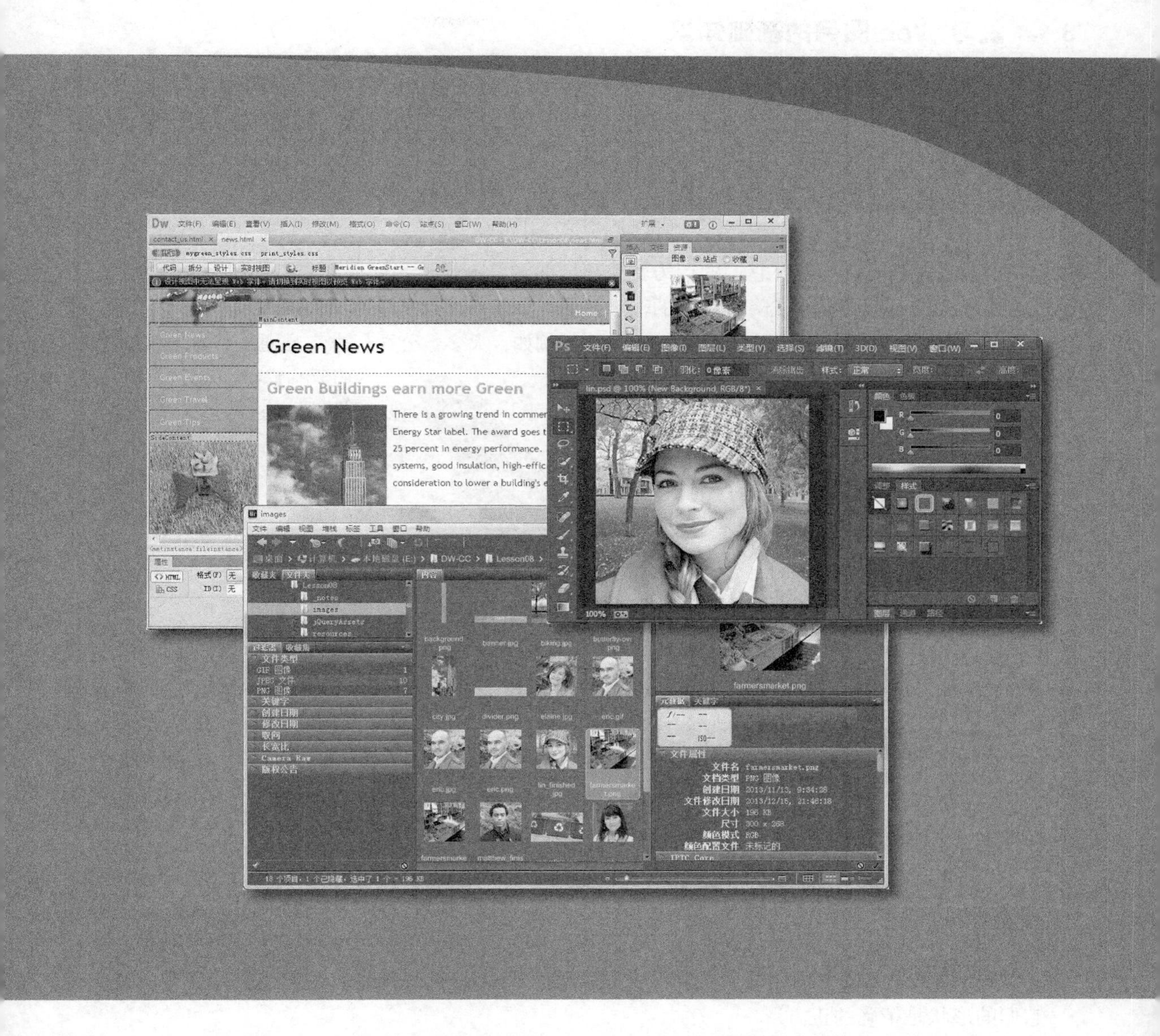

Dreamweaver 提供了许多方式用于插入和调整图形，可以在 Dreamweaver 自身中处理这些图形，也可以与其他 Creative Suite 工具（比如 Adobe Bridge、Adobe Fireworks 和 Adobe Photoshop）协同处理它们。

> **注意：**如果你还没有把用于本课的文件复制到计算机硬盘上，那么现在一定要这样做。参见本书开头的“前言”中的相关内容。

8.1　复习 Web 图像的基础知识

Web 带给人们的更多的是一种体验。并且对于这种体验必不可少的是填充大多数 Web 站点的图像和图形，包括静态的和动画式的。在计算机世界中，图形可分为两大类：**矢量**（vector）图形和**光栅**（raster）图形。

8.1.1　矢量图形

矢量图形是通过数学创建的。它们的行为就像离散的对象一样，允许根据需要重新定位和调整它们的大小许多次，而不会影响或降低它们的输出品质。矢量艺术品的最佳应用是在任何需要的地方使用几何形状和文本创建艺术效果（如图 8-1 所示）。例如，大多数公司标志都是通过矢量形状创建的。

矢量图形优于线稿、图画和标志艺术品。光栅技术更适合于存储照片图像

图8–1

矢量图形通常以 AI、EPS、PICT 或 WMF 文件格式存储。不幸的是，大多数 Web 浏览器都不支持这些格式。它们所支持的格式是 SVG，代表**可伸缩矢量图形**（Scalable Vector Graphic）。初识 SVG 的最简单的方式是在你最喜爱的矢量绘图软件（如 Adobe Illustrator 或 CorelDRAW）中创建一幅图形，然后把它导出为这种格式。如果你擅长编程，可能希望尝试使用 XML（Extensible Markup Language，可扩展置标语言），自己创建 SVG。可以在 www.w3schools.com/svg 上了解关于自己创建 SVG 图形的更多知识。

8.1.2　光栅图形

尽管 SVG 具有明确的优点，Web 设计师还是在他们的 Web 设计中主要使用基于光栅的图像。光栅图像是通过**像素**（pixel）创建的，像素代表**图片元素**（picture element），它具有三个基本的特征：

- 它们的形状是精确的正方形；
- 它们都具有相同的大小；
- 它们一次只显示一种颜色。

基于光栅的图像通常由数千种甚至数百万种不同的像素组成，它们排列在行和列中，形成图案，产生实际照片或图画的幻觉（如图 8-2 所示）。它是一种幻觉，因为屏幕上没有真实的照片，而只是一串像素，欺骗你的眼睛看到图像。并且，随着图像的品质提高，幻觉将变得更逼真。光栅图像的品质基于三个因素：分辨率、大小和颜色。

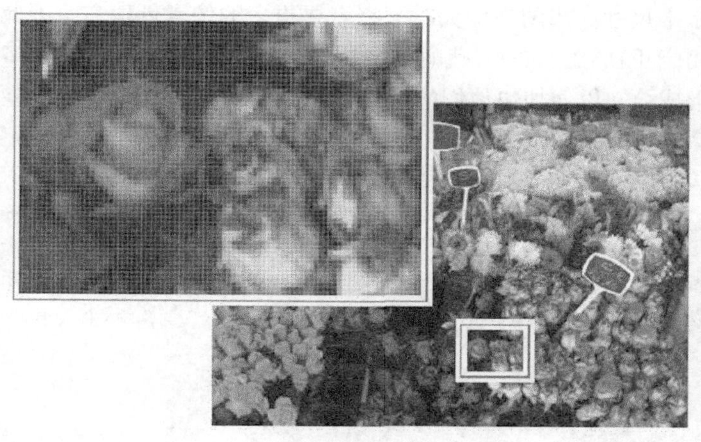

光栅图像是利用数千个甚至数百万个像素创建的，用以产生照片的幻觉

图8-2

1. 分辨率

分辨率是影响光栅图像品质的最著名的因素。它表示以 1 英寸中放入的像素数量（ppi）而度量的图像品质。在 1 英寸中放入的像素越多，在图像中就可以描绘越多的细节（如图 8-3 所示）。但是更好的品质要付出相应的代价，更高分辨率的一个不幸的副产品是更大的文件大小。这是由于每个像素都必须存储为图像文件内的信息的字节，用计算机的术语讲，就是具有真实开销的信息。更多的像素意味着更多的信息，这意味着更大的文件。

72 ppi

300 ppi

分辨率对图像输出具有显著的影响。左边的Web图像在浏览器中看上去很好，但是不具有足以用于印刷的品质

图8-3

> **注意**：打印机和印刷机使用圆“点”创建照片图像。打印机上的品质是以每英寸中的点数（或 dpi）度量的。把计算机中使用的正方形像素转换成打印机上使用的圆点的过程称为网屏（screening）。

幸运的是，Web 图像只必须被优化成在计算机屏幕上看起来是最好的，它们主要基于 72 ppi 的分辨率。这比其他应用（如印刷）要低一些，在其他应用中，300 ppi 被认为是最低可接受的品质。计算机屏幕的较低分辨率是使大多数 Web 图像文件保持合理大小的重要因素，以便于从 Internet

下载它们。由于 Web 页面打算用于查看，而不是印刷，图片不必具有任何高于 72 ppi 的分辨率。

2. 大小

大小指图像的垂直尺寸和水平尺寸。当图像增大时，将需要更多的像素创建它，因此文件也会变得更大（如图 8-4 所示）。由于图形比 HTML 代码需要更长的下载时间，近年来许多设计师利用 CSS 格式化效果代替了图形成分，以便加快他们的访问者的 Web 体验。但是如果需要或者希望使用图像，确保快速下载的一种方法是使图像保持较小。甚至在今天，虽然高速 Internet 服务大量涌现，但是仍然不会发现太多的 Web 站点依赖于整页的图形。

尽管这两幅图像共享完全相同的分辨率和颜色深度，还是可以看出图像尺寸如何影响文件大小

图8-4

3. 颜色

颜色指描述每幅图像的颜色空间或**调色板**（palette）。大多数计算机屏幕只可以显示人眼可以看到的一小部分颜色。并且，不同的计算机和应用程序将显示不同级别的颜色，通过术语**位深度**（bit depth）表达它。单色或 1 位的颜色是最小的空间，只显示黑色和白色，并且没有灰色阴影。单色主要用于线稿插图、蓝图，以及用于复制书法。

4 位颜色空间描述最多总共 16 种颜色。可以通过称为**抖动**（dithering）的过程模拟额外的颜色，其中将点缀和并置可用的颜色，以产生更多颜色的幻觉。这种颜色空间创建用于最早的彩色计算机系统和游戏控制台。由于其局限性，今天这种调色板很少使用。

8 位调色板提供了最多总共 256 种颜色或者 256 种灰色阴影。这是所有计算机、移动电话、游戏系统和手持型设备的基本颜色系统。这种颜色空间还包括所谓的 Web 安全的调色板。**Web 安全**（web-safe）是指在 Mac 和 Windows 计算机上同时受到支持的 8 位颜色的子集。大多数计算机、游戏控制台和手持型设备现在都支持更高级的调色板，但是 8 位调色板对于所有 Web 兼容的设备都是可靠的。

今天，一些智能电话和手持型游戏通常支持 16 位的颜色空间。这种调色板称为**高彩**（high color），并且包含总共 65 000 种颜色。尽管这听起来好像很多，但是 16 位颜色空间被认为并不足以支持大多数图形设计目的或者专业印刷。

最高的颜色空间是 24 位颜色，它被称为**真彩**（true color）。这种系统可以生成最多 1670 万种颜色（如图 8-5 所示）。它是图形设计和专业印刷的金标准。几年前，在这个系列中添加了一种新的颜色空间：32 位颜色。它没有提供任何额外的颜色，但是它为一个称为 **Alpha 透明度**（alpha transparency）的属性提供了额外的 8 位。

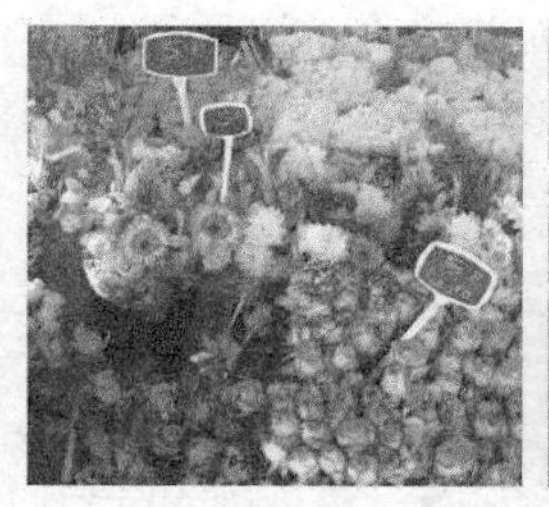
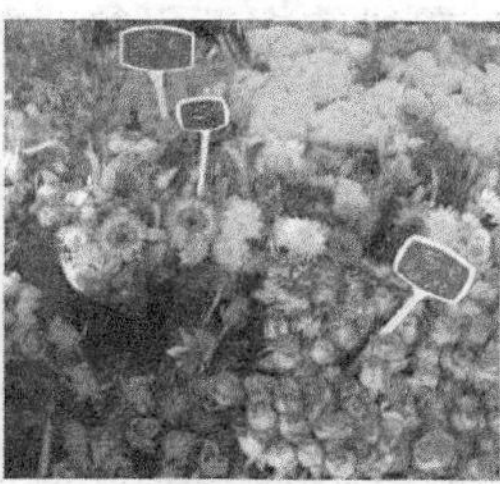

在这里可以看到三种颜色空间的鲜明对比，并且可用颜色的总数量就意味着图像品质

24位颜色　　8位颜色　　4位颜色

图8–5

Alpha 透明度可以让你把图形的某些部分指定为完全或部分透明，这种技巧允许创建似乎具有圆角或曲线的图形，并且消除光栅图形特有的边界框。

与大小和分辨率一样，颜色深度可以显著影响图像文件大小。在所有其他方面都相同的情况下，8 位图像比单色图像大 7 倍。并且，24 位的版本比 8 位图像大 3 倍。在 Web 站点上有效使用图像的关键是在分辨率、大小和颜色之间找到一种平衡，以实现想要的最佳品质。

8.1.3　光栅图像文件格式

可以以大量的文件格式存储光栅图像，但是 Web 设计师只关注其中的三种：GIF、JPEG 和 PNG。这三种格式最适合于 Internet，并且与大多数浏览器兼容。不过，它们具有不同的能力。

1. GIF

GIF（graphic interchange format，图形交换格式）是专门设计用于 Web 的最早的光栅图像文件格式之一。它在最近 20 年只做了少许改变。GIF 支持最多 256 种颜色（8 位调色板）和 72 ppi，因此它主要用于 Web 界面——按钮和图形边框等。但是它确实具有几个有趣的特性，使之仍然适合于今天的 Web 设计师，这些特性是索引透明度和对简单动画的支持。

2. JPEG

JPEG 也写成 JPG，因联合图像专家组（Joint Photographic Experts Group）而得名，这个小组于 1992 年创建了图像标准，作为对 GIF 文件格式的局限性的直接反应。JPEG 是一种功能强大的格式，支持无限的分辨率、图像尺寸和颜色深度。因此，数码相机使用 JPEG 作为它们用于图像存储的默认文件类型。也因此，大多数设计师在他们的 Web 站点上对于必须以高品质显示的图像都使用 JPEG 格式。

对你来说，这听起来可能有些奇怪，如前所述，高品质通常意味着较大的文件大小。较大的文件需要较长的时间才能下载到你的浏览器上。那么，为什么这种格式在 Web 上如此流行呢？ JPEG 的主要成就在于其受专利保护的用户可选择的图像压缩算法，它可以把文件大小减小 95% 之多。JPEG 图像在每次保存时都会进行压缩，然后在打开并显示它们之前进行解压缩。

不幸的是，所有这些压缩都有缺点。过大的压缩有损图像品质。这种类型的压缩称为**损耗**（lossy），因为它每次都会使图像品质受损。事实上，它对图像的损坏可能是如此之大，以至于图像可能被呈现为是无用的。每次设计师保存 JPEG 图像时，他们都将面临在图像品质与文件大小之间做出折衷（如图 8-6 所示）。

低品质
高压缩
130 KB

中等品质
中等压缩
150 KB

高品质
低压缩
260 KB

在这里你看到了不同程度的压缩对图像的文件大小和品质所产生的影响

图8–6

3. PNG

由于一场涉及 GIF 格式的迫在眉捷的专利权纠份，在 1995 年开发了 PNG（Portable Network Graphic，便携式网络图形）。当时，看起来好像设计师和开发人员将不得不为使用 .gif 文件扩展名支付专利权使用费。尽管这个问题逐渐被淡忘了，PNG 还是由于其能力而找到了许多追随者，并且在 Internet 上占有了一席之地。

PNG 结合了 GIF 和 JPEG 的许多特性，然后添加了它自己的少数几种特性。例如，它提供了对无限分辨率、32 位颜色以及完全的 Alpha 和索引透明度的支持。它还提供了无损压缩，这意味着可以以 PNG 格式保存图像，而不必担心每次打开和保存文件时会损失任何品质。

PNG 的唯一缺点是：它的最重要的特性（Alpha 透明度）在较老的浏览器中仍然没有得到完全支持。随着这些浏览器逐年被淘汰，这个问题已经不是大多数 Web 设计师关注的焦点了。

但是，与 Web 上的一切事物一样，你自己的需要可能不同于一般的趋势。在使用任何特定的技术之前，要检查你的站点分析，并确认你的访问者实际上正在使用哪些浏览器，这总是一个好主意。

8.2 预览已完成的文件

为了解你将在这一课中处理的文件，让我们先在浏览器中预览已完成的页面。

注意：如果你是独立于本书中的其余各课来学习本课，可以参见本书开头的“前言”中给出的“跳跃式学习”的详细指导。然后，遵循下面这个练习中的步骤即可。

注意：如果你还没有把用于本课的文件复制到计算机硬盘上，那么现在一定要这样做。参见本书开头的“前言”中的相关内容。

1. 启动 Adobe Dreamweaver CC。
2. 如果必要，可按下 F8 键打开“文件”面板，并从站点列表中选择 DW-CC。
3. 在“文件”面板中，展开 Lesson08 文件夹。
4. 从 Lesson08 文件夹中打开 contactus_finished.html 和 news_finished.html 文件，并在浏览器中预览页面（如图 8-7 所示）。

图8–7

页面中包含多幅图像，以及一幅 Photoshop“智能对象”图像。

5. 关闭浏览器，并返回到 Dreamweaver。

8.3 插入图像

图像是任何 Web 页面的重要组成部分，可用于开发视觉兴趣和讲故事。Dreamweaver 提供了众多方式利用图像填充页面，可以使用内置的命令，甚至还可以使用复制和粘贴操作。一种插入图像的方法是使用 Dreamweaver 工具。

> **注意：**如果你是从零开始学习本课，可以使用本书开头的“前言”一节中的“跳跃式学习”中的指导。

1. 在“文件”面板中，从站点的根文件夹中打开 contact_us.html 文件（它是你在第 7 课“处理文本、列表和表格”中完成的文件）。

在 <div.sidebar1> 中出现一个图像占位符，指示应该在那里插入一幅图像。

2. 双击标记为“Sidebar (180 x 150)”的图像占位符。

出现“选择图像源文件”对话框。

3. 从站点的 images 文件夹中选择 biking.jpg（如图 8-8 所示），并单击“确定”按钮。

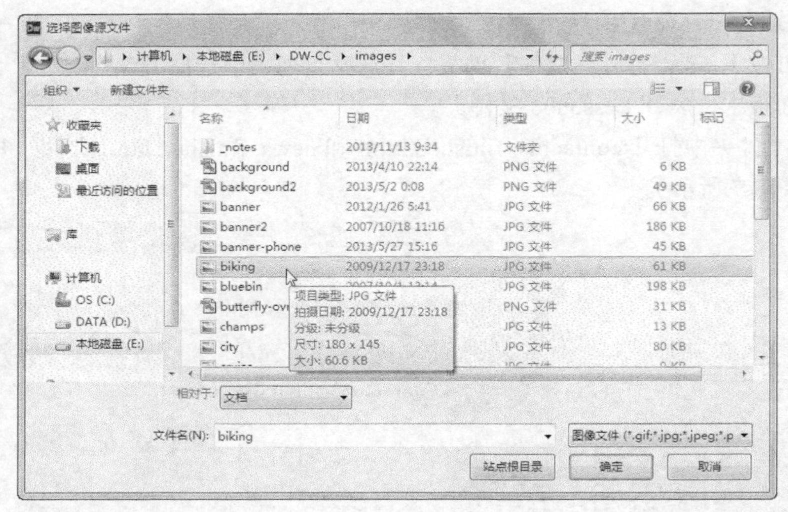

图8–8

图像将出现在侧栏中。

最好的情况是，图像总会以指定的大小出现在页面上的指定位置。但是，图像往往不会像希望的那样显示。这可能是由许多情况引起的，比如不兼容的设备或文件类型，以及服务器和浏览器错误。一些用户可能具有视力障碍,完全阻止他们“看见”图像。当图像不会显示或者不能被看见时，你能做什么呢？ HTML 提供了一个替换文本（alt）属性，正好针对那些情况。当图像没有出现或者不能被看见时，将代之以显示替换文本，或者可以被辅助设备访问。

每次从头开始插入一幅新图像时，Dreamweaver 将不再提示你输入替换文本，你每次都将不得不自己记住执行该操作。

4. 在“属性”检查器中的“替换”框中插入光标，选取占位符文本，并输入“Bike to work to save gas”替换它（如图 8-9 所示）。
5. 为了给图像提供文字说明，可以选取占位符文本“Insert caption here”，并输入“We practice what we preach, here’s Lin biking to work through Lakefront Park”替换它。

你成功地使用一种技术插入了图像，但是 Dreamweaver 还提供了另一种技术。此外，你也可以使用“资源”面板把图像添加到页面中。

6. 在 <section.profile> 中的标题“Association Management”下面的第一个段落的开始处插入光标，应该把光标插入在名字“Elaine”之前。

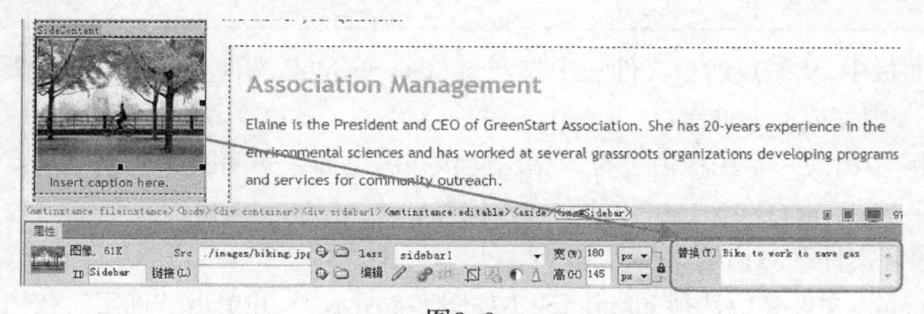

图8–9

7. 如果必要，可以选择“窗口”>“资源”，显示“资源”面板。单击“图像”（ ）类别图标，显示站点内存储的所有图像的列表。

> Dw 注意：“图像”窗口将显示所定义的站点中的任意位置存储的所有图像，甚至包括站点默认的 images 文件夹外面的图像；因此，你也可能会看到存储在课程子文件夹中的图像。

8. 在列表中定位并选择 elaine.jpg。

elaine.jpg 的预览图出现在“资源”面板中。面板中列出了图像的名称、大小（以像素为单位）和文件类型，及其目录路径。

9. 注意图像的尺寸：150 像素 ×150 像素。

10. 在面板底部，单击“插入”按钮。

图像将出现在当前光标位置（如图 8-10 所示）。

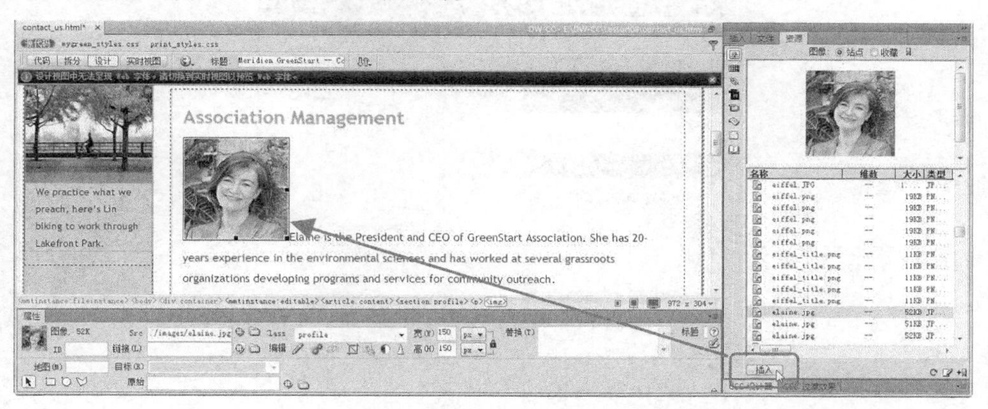

图8-10

>  警告：如果“资源”面板中出现多个具有相同名称的文件，就要确保选择存储在默认的 images 文件夹中的图像。

11. 在“属性”检查器的“替换”文本框中，输入“Elaine, Meridien GreenStart President and CEO”。

12. 选择“文件”>“保存”。

你在文本中插入了 Elaine 的照片，但是它在目前位置看起来不是非常好。在下一个练习中，你将使用 CSS 类调整图像位置。

8.4 利用 CSS 类调整图像位置

<img> 元素默认是内联元素。这就是你为什么能够把图像插入到段落或其他元素中的原因。当图像比字体大小高时，图像将增加它所出现的那一行的垂直空间。在过去，可以使用 HTML 属性或 CSS 调整它的位置，但是在语言以及 Dreamweaver CC 中已不建议使用基于 HTML 的属性。现在，你必须完全依赖基于 CSS 的技术。

如果希望所有的图像以某种方式对齐，可以为 <img> 标签创建一个自定义的规则，应用特定的样式。在这个实例中，你希望雇员照片在页面上从右到左交替出现，因此将创建一个自定义的类，提供用于左对齐和右对齐的选项。

1. 如果必要，可以打开 contact_us.html。
2. 在“CSS 设计器”的“源”窗格中，选择 mygreen_styles.css。然后在“选择器”窗格中，单击“添加选择器”图标。
3. 输入“.flt_rgt”，并按下 Enter/Return 键完成名称。

该名称是“float right”（浮动到右边）的简写，提示你将用于编排图像样式的命令。

4. 如果必要，可以选择“显示集”选项，并创建以下属性（如图 8-11 所示）：

```
float:right
margin-left:10px
```

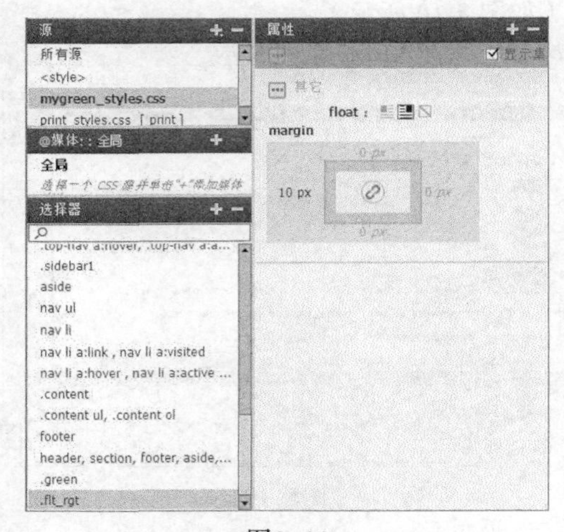

图8-11

可以从“属性”检查器中应用这个类。

5. 在布局中，选取图像 elaine.jpg。然后从“属性”检查器的“类”菜单中选择 flt_rgt（如图 8-12 所示）。

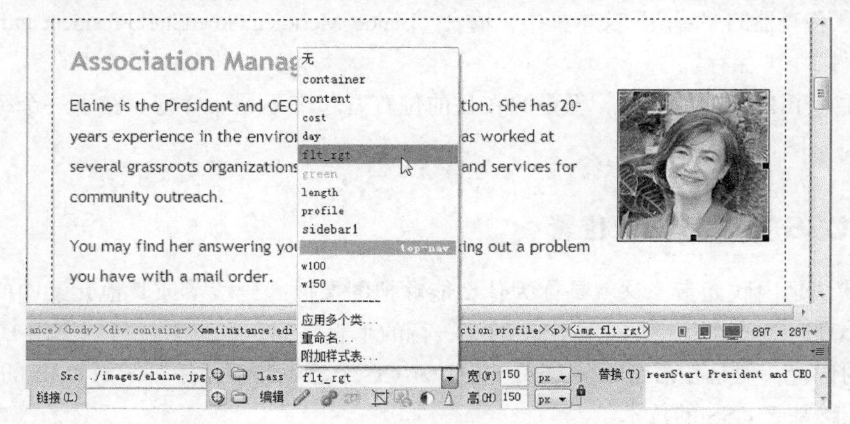

图8-12

图像将移到区域元素右边，并且文本环绕在它左边。边距设置使文本不会触及图像自身的边缘。在下一个练习中，将创建一个类似的规则，把图像对齐到左边。

8.5 使用“插入”面板

“插入”面板复制了关键的菜单命令，并且具有许多选项，它们使得可以快速、容易地插入图像和其他代码元素。

1. 在标题“Education and Events”下面的第一个段落的开始处插入光标，并且应该把光标插入在名字“Sarah”之前。

2. 如果必要，可选择“窗口”>“插入”，显示“插入”面板。

3. 在“插入”面板中，选择“常用”类别，然后单击“图像”下拉菜单。

该菜单提供了 3 个选项：“图像”、“鼠标经过图像”和 Fireworks HTML。

> Dw | **注意：**如果没有看到停靠在屏幕右边的“插入”面板，它可能是作为工具栏打开在文档窗口顶部，例如，在“经典”工作区中，它就是这样显示的。

4. 从弹出式菜单中，选择“图像”（如图 8-13 所示）。

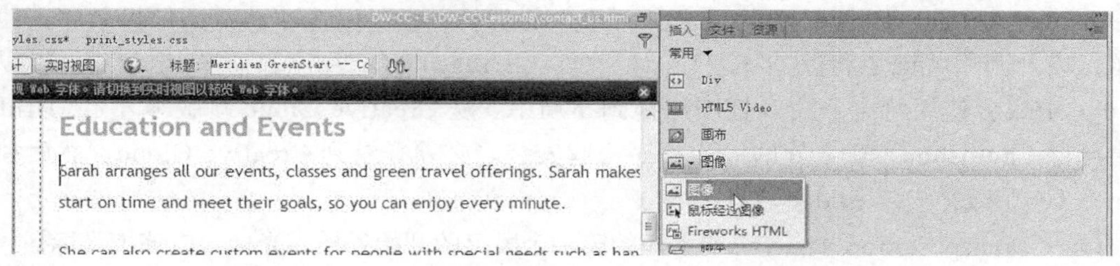

图8-13

出现“选择图像源文件”对话框。

5. 从默认的 images 目录中选择 sarah.jpg，然后单击“确定”/Open 按钮。

6. 在“属性”检查器中，在“替换”文本框中输入“Sarah, GreenStart Events Coordinator”。

7. 在“CSS 设计器”面板中，在“源”窗格中选择 mygreen_styles.css，然后单击“添加选择器”图标。

8. 输入“.flt_lft”作为规则名称。

该名称是“float left”（浮动到左边）的简写。

9. 创建以下属性：

```
float: left
margin-right: 10px
```

10. 对图像 sarah.jpg 应用 flt_left 类（如图 8-14 所示）。

图像向下移入段落左边，并且文本环绕在它右边。

11. 保存文件。

在 Web 页面中插入图像的另一种方式是使用 Adobe Bridge。

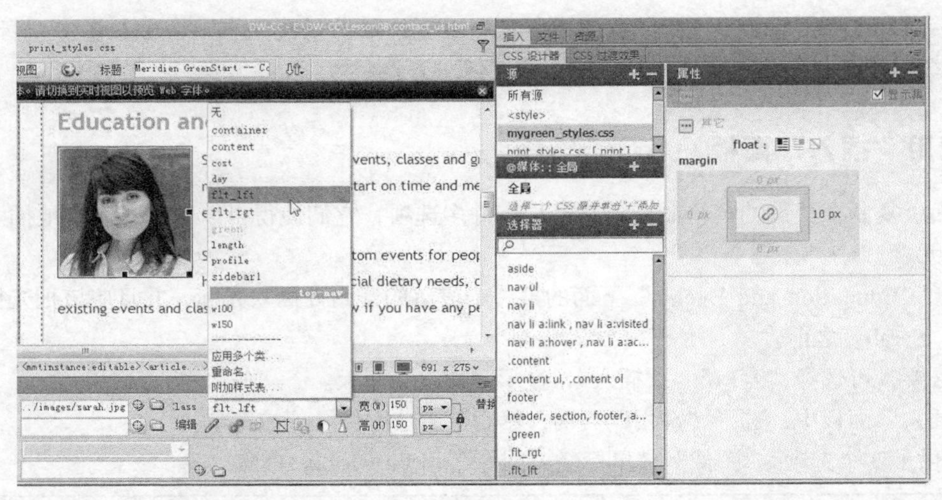

图8-14

8.6 使用 Adobe Bridge 插入图像

Adobe Bridge CC 是 Web 设计师的一个必不可少的工具，它可以快速浏览图像目录和其他支持的资源，以及利用关键字和标签管理和标记文件。Bridge 与 Dreamweaver 完全集成，可以直接从 Bridge 中或者使用特定的命令把图像拖到布局中。从 Creative Cloud 新版本开始，Bridge 默认不会与除 Photoshop CC 之外的应用程序一起安装。必须登录到 Creative Cloud，然后独立于 Dreamweaver 下载并安装 Bridge 软件。

1. 在标题“Transportation Analysis”下面的第一个段落的开始处插入光标，应该把光标插入在名字“Eric”之前。

2. 启动 Adobe Bridge CC。

可以将 Bridge 中的界面设置成你喜欢的样子，并且另存为自定义的工作区。对于大多数操作，可以使用“必要项”工作区（如图 8-15 所示）。

注意: Bridge 是独立于 Dreamweaver 安装的。如果它没有存在于你的计算机上，可以在执行这个练习之前通过 Creative Cloud 访问并安装它。

3. 单击“文件夹”选项卡，把“文件夹”面板调到最上面。如果必要，当该面板不可见时，可选择“窗口”>“文件夹面板”。导航到硬盘驱动器上指定为默认的站点图像文件夹的文件夹。观察该文件夹中显示的文件的名称和类型。

Bridge 将显示文件夹中每个文件的缩略图像。Bridge 可以显示各种类型的图形文件的缩略图，包括 AI、BMP、EPS、GIF、JPG、PDF、PNG、SVG 和 TIF 等。

4. 单击 eric.png，并且观察“预览”和“元数据”面板。注意图像的尺寸、分辨率和颜色空间（如图 8-16 所示）。

图8-15

图8-16

预览面板显示所选图像的高品质的预览。Bridge 还能够帮助你定位和隔离特定类型的文件。

5. 如果“过滤器”面板不可见，可以选择“窗口”>“过滤器面板”，显示该面板。

"过滤器"面板显示了一组默认的数据条件，比如文件类型、等级、关键字、创建日期等，然后用特定文件夹的内容自动填充它们。可以通过单击其中的一个或多个项,筛选出满足这些条件的内容。

6. 在"过滤器"面板中，展开"文件类型"条件，并选择"JPEG 文件"条件。

在"JPEG 文件"条件旁边将出现一个勾号。你以前所选的 PNG 文件将不再可见，Adobe Bridge 显示界面中心的"内容"面板只会显示 JPEG 文件。

7. 在"文件类型"条件中，选择"GIF 图像"（如图 8-17 所示）。

图8-17

在"GIF 图像"条件旁边将出现一个勾号。"内容"面板现在只会显示 GIF 和 JPEG 文件，其他文件类型将会被 Bridge 隐藏，但是仍然存在于文件夹中。可以使用 Bridge 把这些文件之一插入到 Dreamweaver 或另一个 Creative Suite 应用程序中。

8. 在"内容"面板中选择 eric.jpg。注意"元数据"面板中的尺寸:150 像素 ×150 像素。然后选择"文件">"置入">"In Dreamweaver"（如图 8-18 所示）。

计算机将自动切换回 Dreamweaver，并且 eric.jpg 图像将出现在 Dreamweaver 布局中光标上一次所在的位置。

9. 在"属性"检查器中，在"替换"文本框中输入"Eric, Transportation Research Coordinator"。

图8-18

10. 对该图像应用 flt_rgt 类（如图 8-19 所示）。

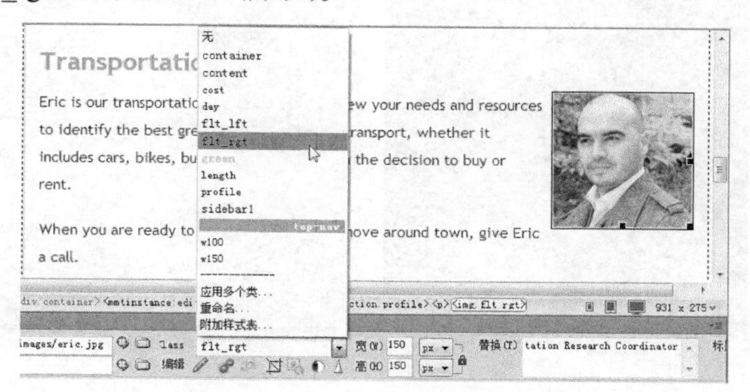

图8–19

11. 保存文件。

Dreamweaver 并不仅限于 GIF、JPEG 和 PNG 这些文件类型，它也可以处理其他文件类型。在下一个练习中，你将学习如何把 Photoshop 文档（PSD）插入到 Web 页面中。

8.7 插入非 Web 文件类型

尽管大多数浏览器只会显示以前描述的 Web 兼容的图像格式，但是 Dreamweaver 还允许使用其他格式；然后，软件将自由地把文件自动转换成兼容的格式。

1. 在标题“Research and Development”下面的第一个段落的开始处插入光标，并且应该把光标插入在名字“Lin”之前。
2. 选择“插入”>“图像”>“图像”。导航到硬盘驱动器上的 Lesson08 文件夹中的 resources 文件夹，选择 lin.psd（如图 8-20 所示）。

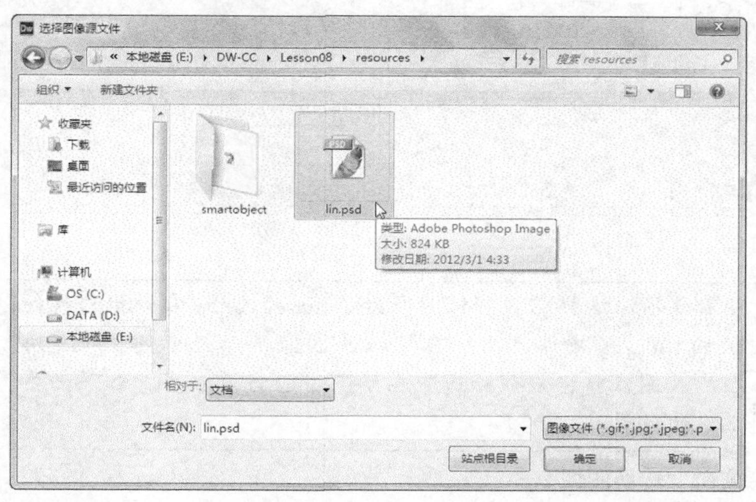

图8–20

3. 单击“确定”/Open 按钮，插入图像（如图 8-21 所示）。

图8–21

图像出现在布局中，并且会打开“图像优化”对话框；它充当一个中介，允许指定如何转换图像以及将其转换成什么格式。

4. 观察“预置”和“格式”菜单中的选项（如图 8-22 所示）。

预置允许选择预先确定的选项，它们对于基于 Web 的图像具有经过证明的记录。“格式”菜单允许从以下 5 个选项中指定你自己的设置：GIF、JPEG、PNG 8、PNG 24 和 PNG 32。

5. 从“预置”菜单中选择“高清 JPEG 以实现最大兼容性”，并注意“品质”设置。

这种“品质”设置将利用中等程度的压缩产生高品质的图像。如果降低“品质”设置，将自动增加压缩级别，同时会减小文件大小；如果增大“品质”设置，则会实现相反的效果。有效设计的秘诀是：在品质与压缩之间选择一种良好的平衡。“高清 JPEG”预设的默认设置是 80，它足以满足你的目的。

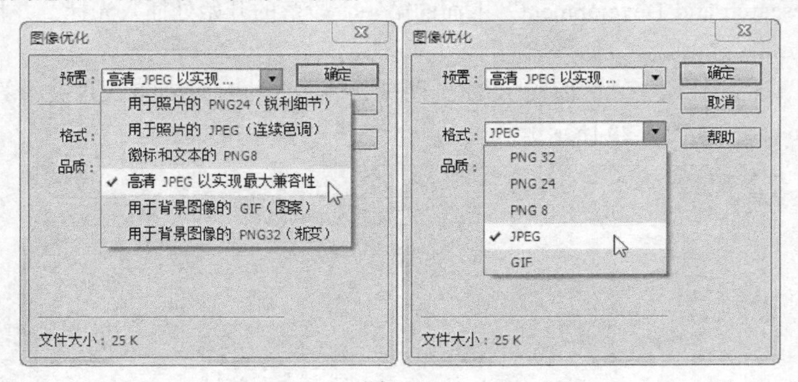

图8–22

注意：当不得不像这样转换图像时，Dreamweaver 通常会把转换的图像保存到站点默认的 images 文件夹中。当插入的图像是 Web 兼容的时，将不会这样。因此，在插入图像前，应该知道它在站点中的当前位置，如果必要，首先要把它移到正确的位置。

6. 单击“确定”按钮，转换图像。

出现“保存 Web 图像”对话框，并且在“文件名”框中输入了名称“lin”。Dreamweaver 将自动给文件添加 .jpg 扩展名，并把文件保存到默认的 images 文件夹中。

7. 单击“保存”按钮。

这将关闭“图像优化”对话框。布局中的图像现在链接到默认的 images 文件夹中保存的 JPEG 文件。

8. 在“替换”文本框中输入“Lin, Research and Development Coordinator”。

图像将出现在 Dreamweaver 中的光标所在的位置。该图像已经被重新取样成 72 ppi，但是仍然以其原始尺寸显示，它要大于布局中的其他图像，可以在“属性”检查器中调整图像大小。

9. 在“属性”检查器中，单击“切换尺寸约束”(🔒) 图标 (如图 8-23 所示)，并把“宽”框改为 150px。

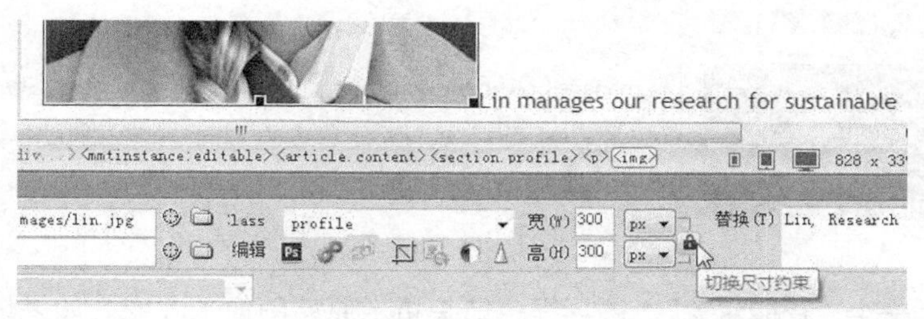

图8-23

> **Dw** **注意：**无论何时更改 HTML 或 CSS 属性，都可能需要按下 Enter/Return 键来完成修改。

对图像大小的更改此时只是临时的，如“重置为原始大小”(⃠) 和“提交图像大小”(✔) 图标所指示的。在图像的左上角会出现一个感叹号，指示图像已被修改，但是更改还没有提交。换句话说，HTML 属性把图像的大小指定为 150 像素 ×150 像素，但是 JPEG 文件所保存的图像大小仍然是 300 像素 ×300 像素，这是它所需具有的像素数量的 4 倍。

10. 单击“提交图像大小”(✔) 图标。

图像将调整到 150 像素 ×150 像素 (如图 8-24 所示)。链接的图像现在就永久性地调整了大小，并且图像上的感叹号会消失。

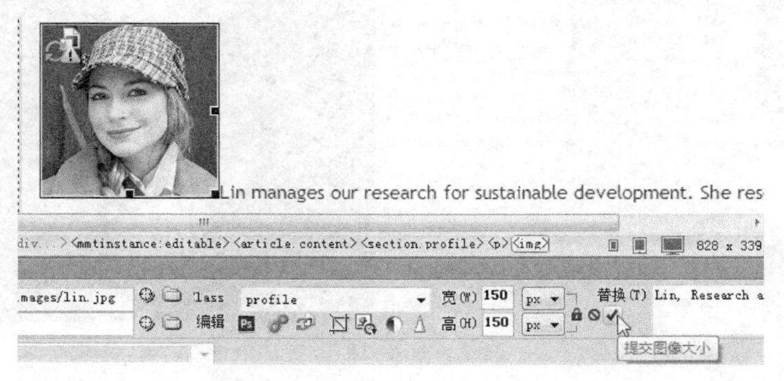

图8-24

11. 对该图像应用 flt_lft 类，并保存文件。

该图像现在像其他图像一样出现在布局中，但是关于它有一些不同之处。在图像的左上角出现了一个图标，把这个图像标识为一个 Photoshop“智能对象”。

8.8 使用 Photoshop“智能对象”

与其他图像不同，“智能对象”连接到原始的 Photoshop（PSD）文件。如果以任何方式改变了 PSD 文件并且保存它，Dreamweaver 就会识别这些改变，并且会提供用于更新布局中使用的 Web 图像的方法。仅当在计算机上安装了 Photoshop CC 与 Dreamweaver 时，才能完成下面的练习。

1. 如果必要，可打开 contact_us.html 文件。向下滚动到“Research and Development”区域中的 lin.jpg 图像，并且观察图像左上角的图标（如图 8-25 所示）。

图8-25

该图标指示图像是一个“智能对象”。圆形绿色箭头指示原始图像未改变。如果想编辑或优化图像，可以简单地右击它，并从上下文菜单中选择合适的选项。

为了对图像执行实质性的更改，将不得不在 Photoshop 中打开它（如果你没有安装 Photoshop，可以把 Lesson08 > resources > smartobject > lin.jpg 复制到 Lesson08 > resources 文件夹中，替换原始图像，然后跳到第 6 步）。在这个练习中，将使用 Photoshop 编辑图像背景。

注意：Dreamweaver 和 Photoshop 只能利用图像的现有品质工作。如果初始图像品质不可接受，也许不能在 Photoshop 中修正它。你将不得不重新创建图像或者选择另一幅图像。

2. 右击 lin.jpg，并从上下文菜单中选择“原始文件编辑方式”> Photoshop（如图 8-26 所示）。

图8-26

如果在计算机上安装了 Photoshop，将启动 Photoshop 并加载文件[1]。

1 如果提示无法启动 Photoshop，可从上下文菜单中选择“原始文件编辑方式”>“浏览”，在弹出的对话框中浏览 Photoshop 的安装目录，从中选择 Photoshop.exe，然后单击“打开”按钮即可。——译者注

3. 在 Photoshop 中，如果必要，可选择“窗口” > “图层”，显示“图层”面板。观察任何现有图层的名称和状态。

这幅图像具有两个图层：Lin 和 New Background，其中 New Background 图层是关闭的。

4. 单击 New Background 图层的眼睛（ ）图标，以显示其内容。

图像的背景将变成显示公园的景色（如图 8-27 所示）。

图8-27

5. 保存 Photoshop 文件。

6. 切换回 Dreamweaver。

片刻之后，图像左上角的“智能对象”图标变成指示原始图像已被更改（如图 8-28 所示）。这个图标只会出现在 Dreamweaver 自身内；访问者在浏览器中会看到正常的图像。此时，不必更新这幅图像。可以根据需要在布局中保存过时的图像尽可能长的时间，只要它还在布局中，Dreamweaver 就会继续监视其状态。但是，对于这个练习，让我们更新图像。

图8-28

7. 右击图像，并从上下文菜单中选择“从源文件更新”。

这个“智能对象”及其任何其他的实例也会改变，以反映新的背景（如图 8-29 所示）。注意“智能对象”图标如何显示图像是最新的。还可以在站点中把相同的原始 PSD 图像插入多次，并利用不同的文件名使用不同的尺寸和图像设置。所有的“智能对象”都将保持连接到 PSD，并且在 PSD 改变时允许更新它们。

Research and Development
Lin manages our research for sustainable deve
products and services of every local restauran
business that we recommend to our visitors.
comments on our recommendations and check

图8–29

8. 保存文件。

可以看到，“智能对象”具有几个超过典型的图像工作流程的优点。对于频繁改变和更新的图像，使用“智能对象”可以在将来简化更新 Web 站点的工作。

8.9 从 Photoshop 和 Fireworks 复制和粘贴图像

在构建 Web 站点时，在站点中使用图像之前，需要编辑和优化许多图像。Adobe Fireworks 和 Adobe Photoshop 都是执行这些任务的优秀软件。常见的工作流程是：在完成图像处理时，手动把优化的 GIF、JPEG 或 PNG 导出到 Web 站点中默认的 images 文件夹中。但是，有时直接把图像简单地复制并粘贴到布局中将更快速。无论是使用 Fireworks 还是 Photoshop，操作步骤几乎完全相同，并且结果也是相同的；在下面这个练习中，可以自由地使用你最熟悉的任何一种软件。

1. 如果必要，可以启动 Adobe Fireworks 或 Adobe Photoshop，并从 Lesson08 > resources 文件夹中打开 matthew.tif。然后观察“图层”面板。

这幅图像只有一个图层。在 Fireworks 中，可以选择多个图层，并把它们复制并粘贴到 Dreamweaver 中。在 Photoshop 中，在复制并粘贴图层之前将不得不合并（merge）或拼合（flatten）它们；或者将不得不使用“编辑”>“合并拷贝”命令，复制具有多个活动图层的图像。

2. 按下 Ctrl+A/Cmd+A 组合键选取整个图像，然后按下 Ctrl+C/Cmd+C 组合键或者选择“编辑”>“拷贝”命令复制图像（如图 8-30 所示）。

3. 切换到 Dreamweaver。在 contact_us.html 中向下滚动到“Information Systems”区域，然后在这个区域中的第一个段落的开始处插入光标，并使光标位于名字“Matthew”之前。

4. 按下 Ctrl+V/Cmd+V 组合键，从剪粘板中粘贴图像。

图像出现在布局中，并且会打开“图像优化”对话框（如图 8-31 所示）。

5. 选择预置“用于照片的 PNG24（锐利细节）”，并从“格式”菜单中选择“PNG24”，然后单击“确定”按钮。

出现“保存 Web 图像”对话框。

图8-30

图8-31

6. 把图像命名为 matthew.png，如果必要，可选择站点的默认 images 文件夹，然后单击“保存”按钮。

7. 在“属性”检查器中的“替换”文本框中输入“Matthew, Information Systems Manager”。

matthew.png 图像出现在布局中，如以前的示例中所示，PNG 图像比其他的图像要大一些。

8. 在“属性”检查器中，把图像的尺寸改为 150 像素 ×150 像素。然后单击“提交图像大小”（✔）图标，永久性地应用所做的更改。

> Dw **注意：**可以缩小光栅图像的大小，而不会损失品质，但是反之则不然。除非图形具有高于 72 ppi 的分辨率，否则也许不可能放大它而又不会导致显著的降级。

9. 对 matthew.png 图像应用 flt_rgt 类。

该图像将以与其他图像相同的大小出现在布局中，并且对齐到右边（如图 8-32 所示）。尽管这幅图像来自于 Fireworks 或 Photoshop，但它并不像 Photoshop “智能对象”那样“聪明”，并且不能自动更新。不过，如果你以后想编辑它，它确实会记录原始图像的位置。

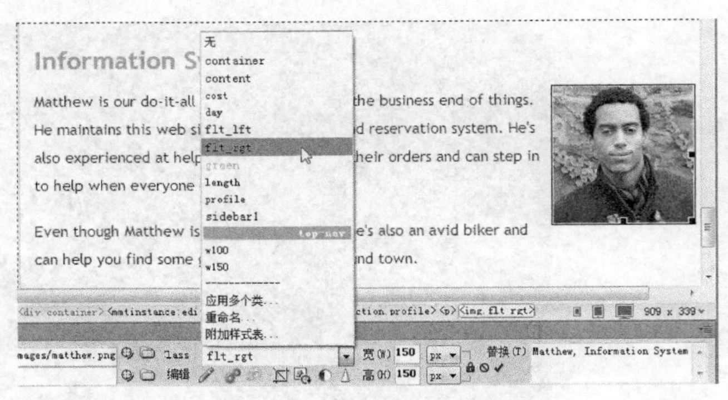

图8-32

注意：如果用户没有安装 Photoshop 或 Fireworks，也许不能使用“原始文件编辑方式”选项。

10. 在布局中，右击 matthew.jpg 图像，并从上下文菜单中选择“原始文件编辑方式” > “浏览”。

11. 在计算机的硬盘驱动器上导航并选择 Fireworks 或 Photoshop 的程序文件（如图 8-33 所示），并单击“打开”按钮。

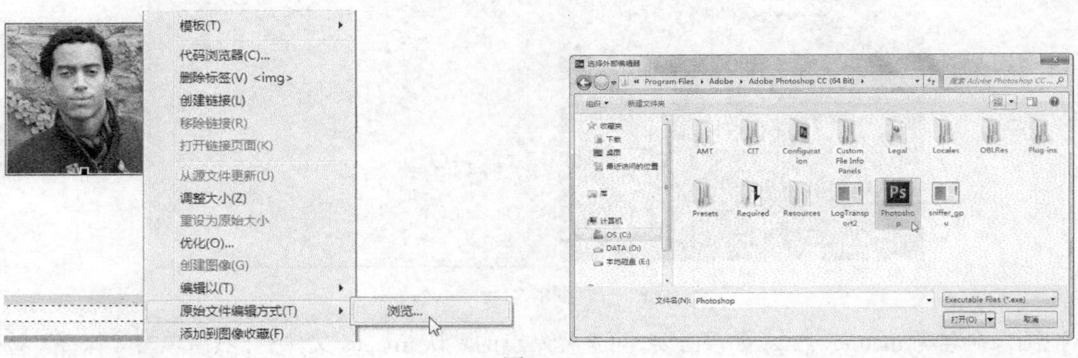

图8-33

提示：在 Windows 中，可执行程序文件通常存储在 Program Files 文件夹中；在 Mac 上，则存储在 Applications 文件夹中。

程序将启动并显示原始的 TIFF 文件。可以更改图像，并且通过重复执行第 2 ～ 9 步的操作复制并把它粘贴到 Dreamweaver 中。尽管无法像“智能对象”那样自动替换图像，也有一种比使用复制和粘贴更高效的方式。Photoshop 用户应该跳到第 13 步。

12. 在 **Fireworks** 中：选择“文件” > “图像预览”。在“选项”模式中，从“格式”菜单中选择“PNG 24”。在“文件”模式中，把“宽”和“高”框改为 150px（如图 8-34 所示）。然后单击“导出”按钮。

“图像预览”对话框允许指定图像的导出尺寸。在保存和关闭文件时，Fireworks 将会记住你在这个对话框中选择的规范。Fireworks 用户可以跳到第 15 步。

图8-34

13. **在 Photoshop 中**：选择“文件”>“存储为 Web 所用格式”，出现“存储为 Web 所用格式”对话框。在打开的对话框中，从“预设”菜单中选择“PNG-24”，并在“图像大小”区域中把“W”框改为 150 px（如图 8-35 所示）。

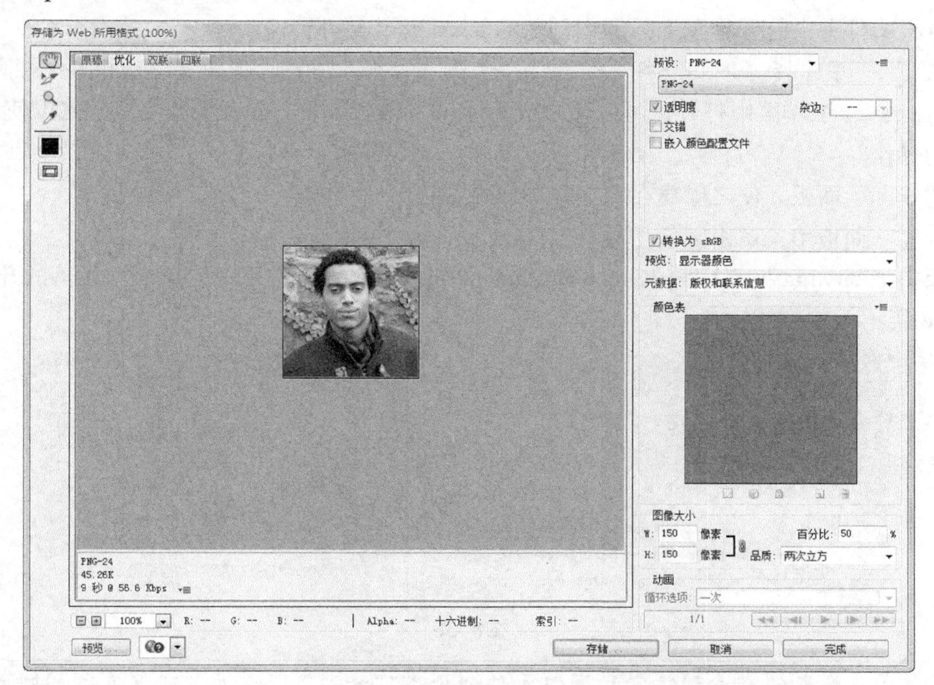

图8-35

14. 单击“存储”按钮，出现“将优化结果存储为”对话框。导航到站点的默认 images 文件夹，并单击以选择现有的 matthew.png 文件。

名称 matthew.png 出现在对话框的“文件名”框中。

> **提示：**单击名称插入现有的文件名可以避免任何拼写或输入错误，它对于基于 UNIX 的 Web 服务器是至关重要的。

> **注意：**尽管 Dreamweaver 会自动重新加载任何修改过的文件，但是大多数浏览器则不然。你将不得不刷新浏览器显示，以便查看任何更改。

15. 单击“导出”/“保存”按钮。

16. 切换回 Dreamweaver。在“Information Systems”区域中向下滚动，以查看 matthew.png。

无需执行进一步的动作以更新布局中的图像，因为你在原始文件上保存了新图像。只要文件名没有改变，就与 Dreamweaver 没有什么关系，并且无需执行其他的动作。这种方法节省了多个步骤，并且避免了任何潜在的输入错误。

17. 保存文件。

复制和粘贴只是用于插入图像的许多方便的方法之一。Dreamweaver 还允许把图像拖到布局中。

8.10　通过拖动和释放插入图像

Creative Cloud 中的大多数程序都提供了拖动和释放能力，Dreamweaver 也不例外。

1. 从站点根文件夹中打开你在上一课中创建的 news.html 文件。
2. 如果必要，可选择“窗口”>“资源”，打开“资源”面板。“资源”面板不再默认会在 Dreamweaver 工作区中打开，可以使之成为一个浮动对话框，或者将其停靠起来以使之不会妨碍你的操作。
3. 拖动“资源”面板，使之停靠在“文件”面板旁边。
4. 在“资源”面板中，单击图像（ ）图标。
5. 从面板中把 city.jpg 拖到标题“Green Buildings earn more Green”下面的第一个段落的开始处（如图 8-36 所示）。

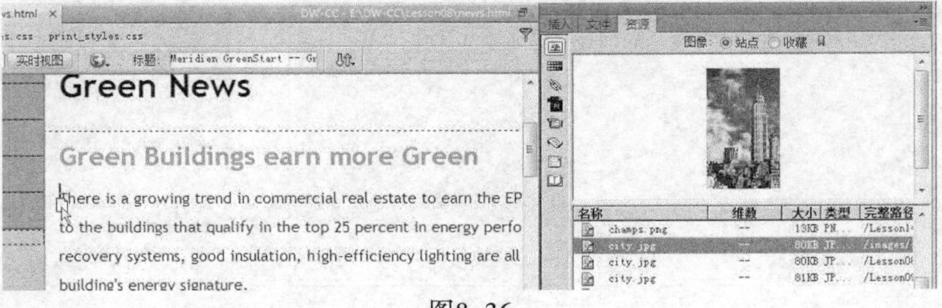

图8-36

> **提示：**“如果没有看到特定的图像文件列出在“资源”面板中，可以单击“刷新”（ ）图标，重新加载站点图像。还可能不得不选中“站点”单选按钮，以查看站点中的所有图像。

> 提示：Dreamweaver 还允许从 Bridge 中把图像拖到页面上。

6. 在“属性”检查器中的“替换”文本框中，输入“Green buildings are top earners”，并单击 Enter/Return 键。
7. 对图像应用 flt_lft 类，然后保存文件。

只需动手实践一下即可熟练运用拖动和释放技术，但是它是快速在布局中插入图像的良好方式。

8.11 利用“属性”检查器优化图像

经过优化的 Web 图像可以在图像尺寸和品质与文件大小之间达到一种平衡。有时你可能需要优化已经放置到页面上的图形。Dreamweaver 具有一些内置的特性，可以帮助你在保持图像品质的同时实现可能最小的文件大小。在下面这个练习中，将使用 Dreamweaver 中的一些工具为 Web 缩放、优化和裁剪图像。

1. 在标题“Shopping green saves energy”下面的第一个段落的开始处插入光标，并选择“插入”>“图像”>“图像”。然后从站点的 images 文件夹中选择 farmersmarket.png[2]，并单击“确定”/Open 按钮。
2. 在“属性”检查器中的“替换”文本框中，输入“Buy local to save energy”。
3. 对图像应用 flt_rgt 类。

这幅图像很大，可以使用一些裁剪操作。为了节省时间，可以使用 Dreamweaver 中的工具修改图像成分。

4. 如果必要，可选择“窗口”>“属性”，显示“属性”检查器。

无论何时选取一幅图像，都会在“属性”检查器的右下方显示图像编辑选项。这里的按钮允许在 Fireworks 或 Photoshop 中编辑图像，或者就地调整多种不同的设置。参见框注“Dreamweaver 的图形工具”，了解每个按钮的解释。

在 Dreamweaver 中可以用两种方式减小图像的尺寸。第一种方法是通过强加用户定义的尺寸，临时更改图像的大小。

5. 在布局中，选取 farmersmarket.png。然后在“属性”检查器中，单击“切换尺寸约束”（🔒）图标，把图像的宽度改为 300px，然后按下 Enter/Return 键。

高度将自动遵循新的宽度（如图 8-37 所示）。Dreamweaver 通过以粗体显示当前规范以及显示“重置为原始大小”（⃠）和“提交图像大小”（✔）图标，指示新尺寸不是永久性的。

6. 单击“重置为原始大小”（⃠）图标。

图像将恢复它的原始大小。可以交互式地调整图像大小。

7. 拖动图像的右下角，把它的宽度缩小到 350 像素（如图 8-38 所示）。如果在开始缩放时按住 Shift 键，高度将成比例地改变；否则，在缩放完成后，可以单击“切换尺寸约束”（🔒）图标，强制成比例地进行缩放。

---

2 在本书提供的素材中，在这个文件夹下找不到 farmersmarket.png 文件，可以在 Lesson08 中的 images 文件夹下找到它。——译者注

One import thing you can do right away is to shop locally
and purchase goods manufactured in your own town or
state. Today, fresh fruits and vegetables are shipped all
over the world at a high cost and waste of millions of
gallons of fuel each year. Buying from your local farmers market can reduce energy waste. But be
careful, even the vendors at the farmers market sometimes buy non-local products when stocks are
low. Verify the origin of the products you buy.
nstance> <body> <div.container> <mmtinstance:editable> <article.content> <section> <p> <img.flt_rgt>
869 x 230

Src
es/farmersmarket.png
lass
flt_rgt
宽(W) 300
px
高(H) 268
px
替换(T)
Buy local to save energy
链接(L)
编辑

图8-37

day activities contribute more to
consumption than you realize.
he gas and energy you use
businesses and retailers you
ve to burn electricity and fuel to
roducts and services you
thing you can do right away is to
and purchase goods manufactured
town or state. Today, fresh fruits
les are shipped all over the world
t and waste of millions of gallons
year. Buying from your local farmers market can reduce energy waste. But be careful,
dy> <div.container> <mmtinstance:editable> <article.content> <section> <p> <img.flt_rgt>
846 x 466

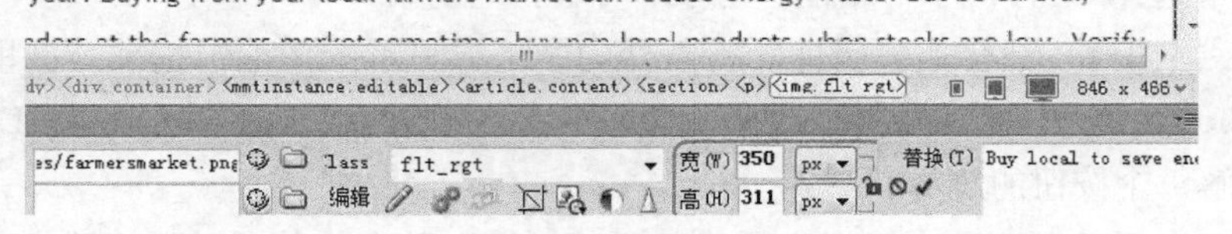
es/farmersmarket.png
lass
flt_rgt
宽(W) 350
px
高(H) 311
px
替换(T)
Buy local to save en
编辑

图8-38

在“属性”检查器中会显示“重置为原始大小”（⃠）和“提交图像大小”（✔）图标。

> Dw **提示：**在缩放图像时，“属性”检查器将给出图像尺寸的实时显示。

8. 单击“提交图像大小”（✔）图标。

将显示一个对话框，指示更改将是永久性的。

9. 单击“确定”按钮。

Dreamweaver 还可以在软件内裁剪图像。

10. 在“属性”检查器中，单击“裁剪”（⊡）图标。

出现一个对话框，指示该动作将永久性地改变图像，单击“确定”按钮，图像上将出现裁剪句柄。

11. 把图像裁剪成宽度和高度各 300 像素（如图 8-39 所示）。

图8-39

12. 按下 Enter/Return 键完成最终的更改。

13. 保存文件。

附加练习：完成新闻页面

新闻页面还需要两幅图像以及用于侧栏的文字说明。花几分钟的时间，并应用你在这一课中学习的一些技能完成这个页面。

1. 如果必要，可以打开 news.html 文件。使用你在这一课中学习的任何技术，利用 sprinkler.jpg 替换侧栏中的图像占位符，并输入“Check watering restrictions in your area”作为“替换”文本。
2. 向侧栏中添加以下文字说明：The Meridien city council will address summer watering restrictions at the next council meeting。
3. 在文章“Recycling isn’t always Green”中，插入 recycling.jpg 图像，并将“Learn the pros and cons of recycling”作为“替换”文本，然后应用 flt_lft 类（如图 8-40 所示）。

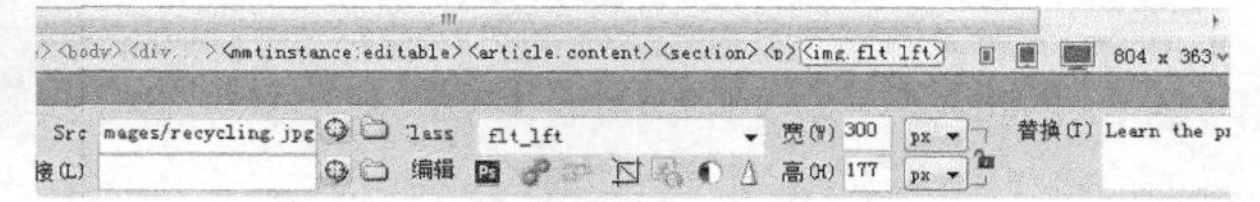

图8-40

4. 保存所有文件。

在这一课中，你学习了如何在 Dreamweaver 页面中插入图像和“智能对象”、结合使用 Adobe Bridge、从 Fireworks 和 Photoshop 中复制并粘贴图像，以及使用“属性”检查器编辑图像。

可以用许多方式为 Web 创建和编辑图像。本课程中介绍的方法只说明了其中几种方法，这并不意味着建议或者认可一种方法优于另一种方法。可以依据你自己的情况和专业知识，自由地使用你想要的任何方法和工作流程。

Dreamweaver的图形工具

当选取图像时，可以从“属性”检查器访问Dreamweaver的所有图形工具。一共有7个工具。

- 编辑（ ）——在定义的外部图形编辑器中打开所选的图像。可以在“首选项”对话框的“文件类型 / 编辑器”类别中把图形编辑程序指定给任何给定的文件类型。工具按钮的图像将依据所选的程序而改变。例如，如果 Fireworks 是图像类型的指定编辑器，就会显示 Fireworks（ ）图标；如果 Photoshop 是编辑器，则会看到 Photoshop（ ）图标。
- 编辑图像设置（ ）——在“图像预览”对话框中打开当前图像，允许对所选的图像应用用户定义的优化规范。
- 从源文件更新（ ）——更新置入的“智能对象”，以匹配对源文件的任何更改。
- 裁剪（ ）——永久性删除图像中不想要的部分。当启用“裁剪”工具时，在所选图像内将出现一个带有一系列控制句柄的边界框。可以拖动句柄调整边界框的大小。当该方框包住了图像中想要的部分时，双击图形将会应用裁剪。
- 重新取样（ ）——永久性调整图像大小。仅当调整了图像的大小之后，“重新取样”工具才是活动的。
- 亮度和对比度（ ）——对图像的亮度和对比度提供用户可选择的调整；对话框提供了两个可以独立调整的滑块，分别用于调整亮度和对比度。可以使用实时预览，以便你可以在提交所做的调整之前对它们进行评估。
- 锐化（ ）——通过提高或降低比例尺上像素的对比度（0 ~ 10），影响图像细节的清晰度。与“亮度和对比度”工具一样，“锐化”工具也提供了实时预览。

可以通过选择“编辑”>“撤销”来撤销大部分图形操作，直到包含文档被关闭或者退出Dreamweaver为止。

复习

复习题

1. 决定光栅图像品质的 3 种因素是什么？
2. 哪些文件格式专门设计用于在 Web 上使用？
3. 描述使用 Dreamweaver 将图像插入到网页中的至少两种方法。
4. 判断正误：所有图形都必须在 Dreamweaver 之外的程序中优化。
5. 与从 Photoshop 复制并粘贴图像相比，使用 Photoshop“智能对象”的优点是什么？

复习题答案

1. 光栅图像的品质是由分辨率、图像尺寸和颜色深度决定的。
2. 用于 Web 的兼容的图像格式是 GIF、JPEG 和 PNG。
3. 使用 Dreamweaver 把图像插入到 Web 页面中的一种方法是：使用“插入”面板。另一种方法是：将图形文件从“资源”面板拖到布局中。也可以从 Photoshop 和 Fireworks 复制并粘贴图像。最后，还可以从 Adobe Bridge 中插入图像。
4. 错误。可以使用“属性”检查器对图像进行优化，甚至在把它们插入到 Dreamweaver 中之后亦可如此。优化可以包括：重调大小、更改格式或者微调格式设置。
5. 可以在站点上的不同位置多次使用一个“智能对象”，并且可以给“智能对象”的每个实例指定单独的设置，同时仍然使所有的副本都连接到原始图像。如果更新原始图像，所有连接的图像也会立即更新。不过，当复制并粘贴 Photoshop 文件的全部或部分内容时，将会得到一幅只能对其应用一组值的图像。

第9课 处理导航

课程概述

在这一课中，将通过执行以下任务对页面元素应用多种类型的链接：

- 创建指向同一个站点内的页面的文本链接；
- 创建指向另一个 Web 站点上的页面的链接；
- 创建电子邮件链接；
- 创建基于图像的链接；
- 创建指向页面内某个位置的链接。

完成本课大约需要 1 小时 30 分钟的时间。在开始前，请确定你已经如本书开头的“前言”一节中所描述的那样把用于第 9 课的文件复制到了你的硬盘驱动器上。如果你是从零开始学习本课，可以使用“前言”中的“跳跃式学习”一节中描述的方法。

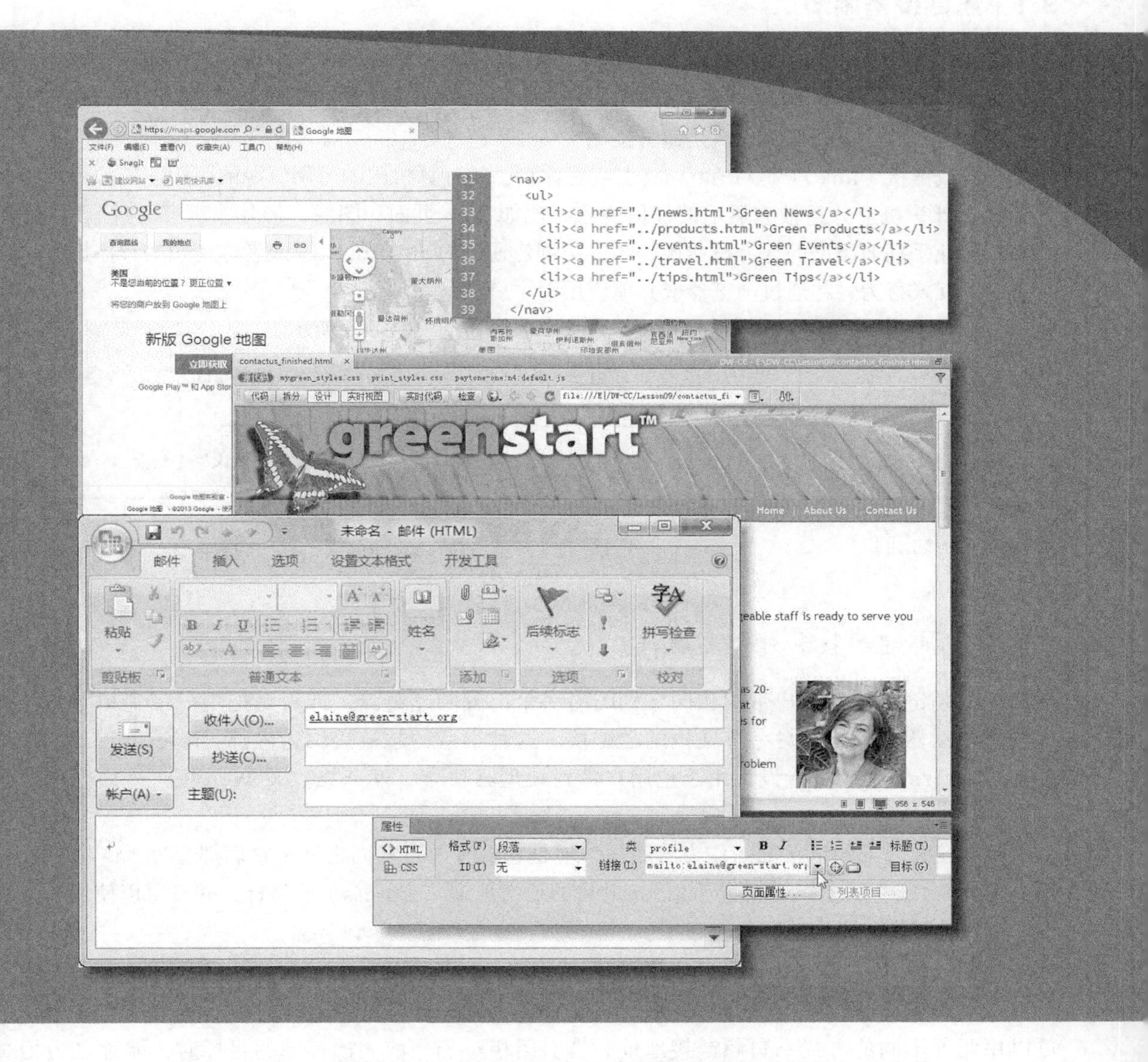

Dreamweaver 能够轻松、灵活地创建和编辑许多类型的链接，从基于文本的链接到基于图像的链接。

> **Dw** **注意：**如果你还没有把用于本课的文件复制到计算机硬盘上，那么现在一定要这样做。参见本书开头的“前言”中的相关内容。

9.1 超链接基础知识

如果没有超链接，World Wide Web（万维网）以及通常所说的Internet将离我们很遥远。如果没有超链接，HTML将只是“ML”，即**标记语言**（markup language）。HTML这个名称中的**超文本**（hypertext）指的是超链接的功能。那么什么是超链接呢？

超链接（或**链接**（link））是对Internet上或者你自己的计算机内的可用资源的引用。资源可以是能够存储在计算机上并且被它显示的任何内容，比如Web页面、图像、影片、声音文件、PDF等，事实上是几乎任何类型的计算机文件。超链接创建通过HTML和CSS或者你使用的程序设计语言指定的交互式行为，并通过浏览器或其他应用程序启用。

HTML超链接由锚记元素<a>以及一个或多个属性组成（如图9-1所示）。

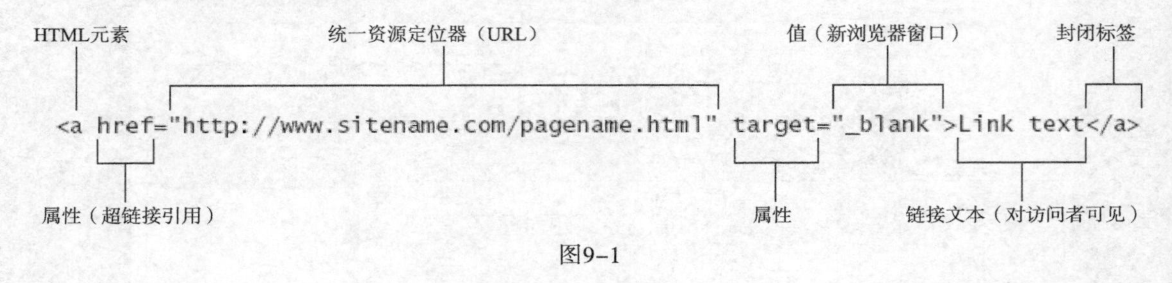

图9-1

9.1.1 内部超链接和外部超链接

最简单的超链接是把用户带到相同文档的另一个部分的超链接，或者是把用户带到相同文件夹或硬盘驱动器中存储的另一个文档的超链接。这种类型的超链接称为**内部**（internal）超链接。**外部**（external）超链接设计用于把用户带到硬盘驱动器、Web站点或Web主机外面的文档或资源。

内部超链接和外部超链接的工作方式不同，但是它们有一点相同之处：它们都通过<a>锚记元素嵌入在HTML中。这个元素指定超链接的目的地的**地址**（address）或目标，并且可以使用几个属性指定它的工作方式。在下面的练习中将学习如何创建和修改<a>元素。

9.1.2 相对超链接和绝对超链接

可以用两种不同的方式书写超链接地址。当引用相对于当前文档存储的目标时，就称之为**相对**（relative）链接。这就像告诉人们你住在蓝色房子的下一个门一样。如果有人驾车来到你所住的街道并且看见蓝色房子，他们就会知道你住在哪儿。但是，你确实没有告诉他们怎样到达你的房子，或者甚至是你邻居的房子。相对链接往往包括资源名称，也许还包括存储它的文件夹，比如logo.

jpg 或 images/logo.jpg。

有时，你需要准确指出资源所在的位置。在这些情况下，就需要**绝对**（absolute）超链接。这就像告诉人们你住在 Meridien 的 123 Main Street。在引用 Web 站点外面的资源时，通常就是这样。绝对链接包括目标的完整 URL（统一资源定位器），甚至可能包括一个文件名，比如 http://forums.adobe.com/index.jspa，或者只是站点内的某个文件夹。

这两种类型的链接都有各自的优、缺点。相对链接书写起来更快、更容易，但是如果包含它们的文档保存在 Web 站点中的不同文件夹中或者不同位置，它们可能不会工作。不管包含文档保存在什么位置，绝对链接总会工作，但是如果移动或者重命名了目标，它们也可能会失败。大多数 Web 设计师遵循的一个简单的规则是：为站点内的资源使用相对链接，并为站点外的资源使用绝对链接。然后，在部署页面或站点之前测试所有的链接就是重要的。

9.2 预览已完成的文件

要查看你将在本课程中处理的文件的最终版本，让我们在浏览器中预览已完成的页面。

> Dw **注意：**如果你是独立于本书中的其余各课来学习本课，可以参见本书开头的“前言”中给出的“跳跃式学习”的详细指导。然后，遵循下面这个练习中的步骤即可。

> Dw **注意：**如果你还没有把用于本课的文件复制到计算机硬盘上，那么现在一定要这样做。参见本书开头的“前言”中的相关内容。

1. 启动 Adobe Dreamweaver CC。
2. 如果必要，可以按下 F8 键打开“文件”面板，并从站点列表中选择 DW-CC。
3. 在“文件”面板中，展开 Lesson09 文件夹。
4. 在“文件”面板中右击 aboutus_finished.html，选择“在浏览器中预览”，并选择你喜欢的浏览器预览文件。

aboutus_finished.html 文件出现在默认的浏览器中。这个页面只在水平菜单和垂直菜单中具有内部链接（如图 9-2 所示）。

5. 把光标定位在垂直菜单上，使鼠标指针悬停在每个按钮上，并检查菜单的行为。

该菜单与你在第 4 课“创建页面布局”中创建的菜单相同，并且在第 5 课“使用层叠样式表”中对其进行了格式化。

6. 单击 Green News 链接。

浏览器将加载 Green News 页面。

7. 把光标定位在水平菜单中的 About Us 链接上面。观察浏览器，看看它是否是在屏幕上的任意位置显示链接的目的地。

通常，浏览器在状态栏中显示链接目的地（如图 9-3 所示）。

图9–2

图9–3

提示： 如果在 Firefox 中没有看到状态栏，可以选择“查看”>“状态栏”打开它。在 Internet Explorer 中，可以选择“查看”>“工具栏”>“状态栏”打开它。

8. 在水平导航菜单中，单击 Contact Us 链接。

浏览器将加载 Contact Us 页面，替换 Green News 页面。新页面包括内部链接、外部链接和电子邮件链接。

9. 把光标定位在主要内容区域中的 Meridien 链接上面，并观察状态栏。

状态栏显示链接 http://maps.google.com。

10. 单击 Meridien 链接。

出现一个新浏览器窗口，并且加载 Google Maps（如图 9-4 所示）。该链接旨在给访问者显示 Meridien GreenStart Association 办公室所在的位置。如果需要，甚至可以在这个链接中包括地址详细信息或者公司名称，使得 Google 可以加载额外的地图和方位。

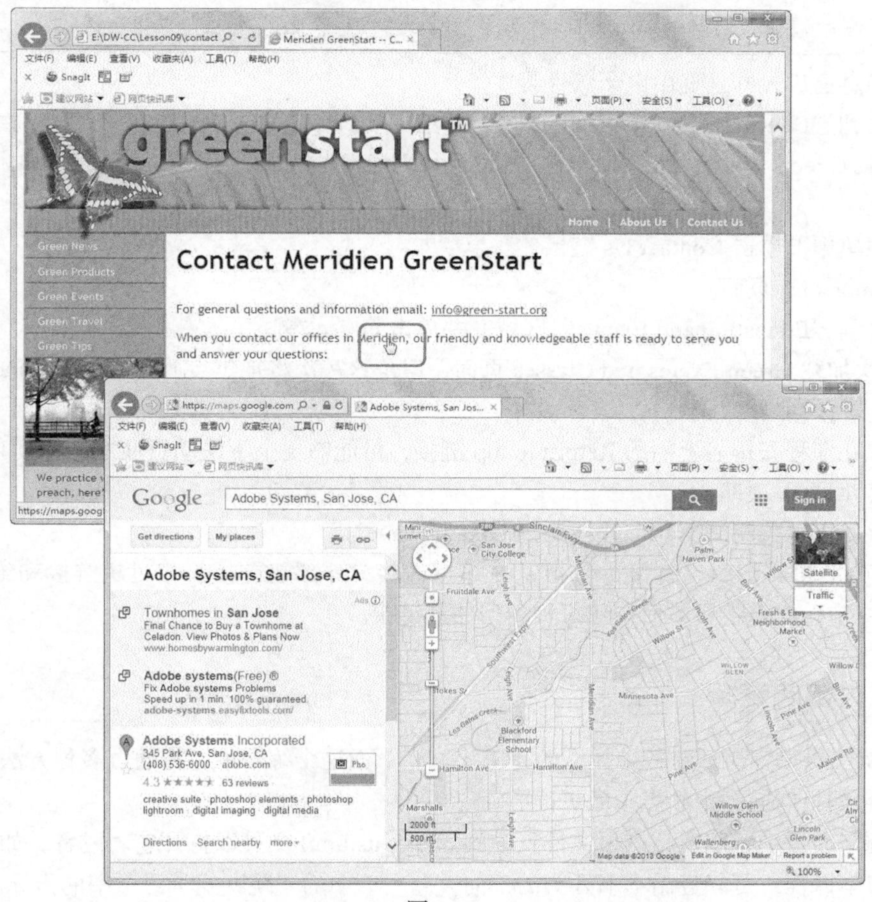

图9-4

注意：在单击链接时，浏览器将打开单独的窗口或文档选项卡。在把访问者指引到站点外面的资源时，这是要使用的良好行为。由于链接是在单独的窗口中打开的，你自己的站点仍然是打开的并且准备好使用。如果访问者不熟悉你的站点，并且一旦他们点击离开后可能不知道怎样回来，那么这种实践就是特别有用的。

11. 关闭 Google Maps 窗口。

Contact Us 页面仍然是打开的。注意：每位雇员都有一个电子邮件链接。

12. 单击其中一位雇员的电子邮件链接。

在计算机上将启动默认的邮件应用程序。如果你没有安装这种应用程序以发送和接收电子邮件，程序通常将启动一个向导，帮助你安装这种功能。如果安装了电子邮件程序，将会出现一个新的消息窗口，并且会在“收件人”框中自动输入雇员的电子邮件地址。

> **注意**：许多 Web 访问者没有使用安装在他们的计算机上的电子邮件程序，而是使用基于 Web 的服务，比如 AOL、Gmail、Hotmail 等。对于这些类型的访问者，你测试的像这样的电子邮件链接将不会工作。要了解在不依靠基于客户的电子邮件的情况下怎样接收来自访问者的信息，可参见第 12 课“处理表单”。

13. 关闭新消息窗口，并且退出电子邮件程序。

14. 向下滚动到“Education and Events”区域，并单击 events 链接。

浏览器将加载 Green Events and Classes 页面，并把焦点放在页面顶部的表格上，其中包含即将发生的事件列表。

15. 在水平菜单中，单击 Contact Us 链接。

再次加载 Contact Us 页面。

16. 向下滚动到“Education and Events”区域，并单击 classes 链接。

浏览器将再次加载 Green Events and Classes 页面，但是这一次将把焦点放在页面底部的表格上，其中包含即将进行的课程列表。

17. 单击出现在课程安排表上面的 Return to top 链接，可能需要上下滚动页面才能看到它。

浏览器将跳转回页面顶部。

18. 如果必要，可以关闭浏览器，并切换到 Dreamweaver。

你测试了多种不同类型的超链接，包括：内部超链接、外部超链接、相对超链接和绝对超链接。在下面的练习中，你将学习如何构建每种类型的超链接。

9.3 创建内部超链接

Dreamweaver 使得很容易创建各种类型的超链接。在下面这个练习中，将通过多种方法创建基于文本的链接，它们指向同一个站点中的页面。

1. 在“文件”面板中，双击站点根文件夹中的 about_us.html 文件以打开它。或者，如果你是从零开始学习本课程，可以遵循本书开头的“前言”一节中的“跳跃式学习”中的指导。
2. 在水平菜单中，把光标定位在 Home 文本上，并且观察出现的光标类型（如图 9-5 所示）。

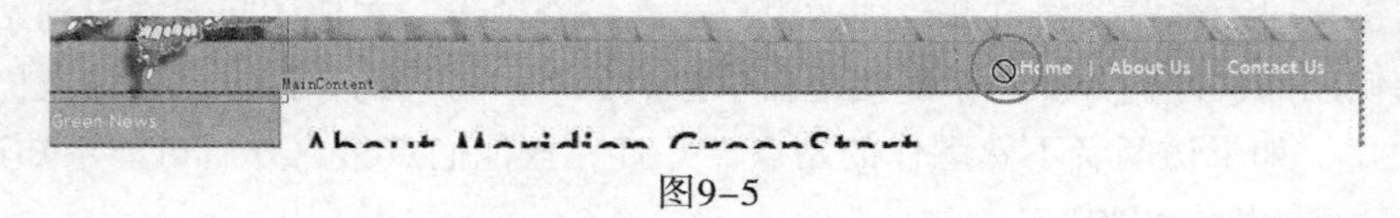

图9–5

“锁定”（⃠）图标指示页面的这个区域是锁定的。在第 6 课“使用模板”中，没有把水平菜单添加到可编辑区域中，因此它被认为是模板的一部分并且是锁定的。要给这个菜单项添加超链接，将不得不打开模板。

> **提示**：在编辑或删除现有的超链接时，不需要选取整个链接；可以只在链接文本中的任意位置插入光标即可。Dreamweaver 默认会假定你希望更改整个链接。

3. 选择“窗口”>“资源”。在“资源”面板中，单击“模板”( ) 图标。右击列表中的 mygreen_temp，并从上下文菜单中选择“编辑”(如图 9-6 所示)。

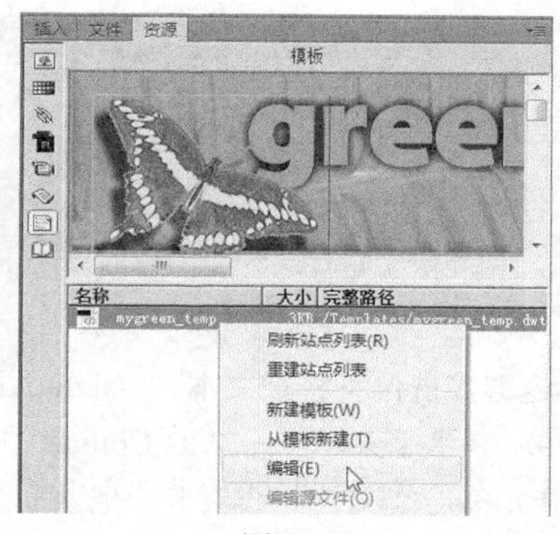

图9–6

> Dw | **注意：**如果使用“前言”中的“跳跃式学习”一节中描述的方法，你的文件可能被命名为 mygreen_temp_09。

4. 在水平菜单中，选取 Home 文本。

水平菜单在模板中是可编辑的。

5. 如果必要，可选择“窗口”>“属性”，打开“属性”检查器，并且在“属性”检查器中检查“链接”框的内容。

要创建链接，必须在“属性”检查器中选择 HTML 选项卡。“链接”框中显示了一个超链接占位符(#)。主页还不存在，但是可以通过在这个框中手动输入文件或资源的名称来创建链接。

6. 选取“链接”框中的磅标记(#)。然后输入“../index.html”，并按下 Enter/Return 键完成链接(如图 9-7 所示)。

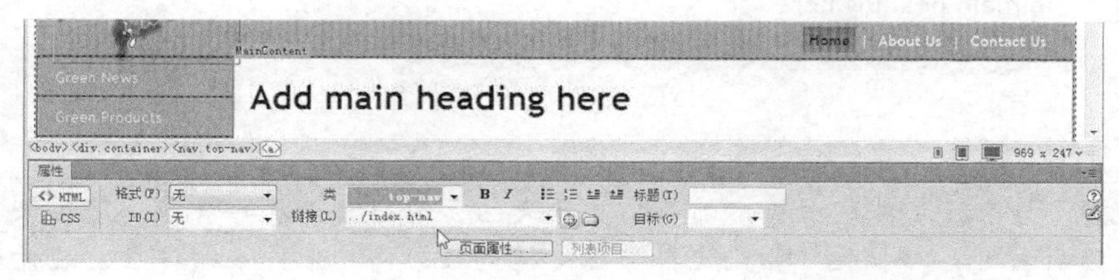

图9–7

你创建了第一个基于文本的超链接。由于模板保存在子文件夹中，需要给文件名添加路径元素表示法“../”，使得一旦更新了模板页面，链接可以正确地解析。这种表示法“../”告诉浏览器或操作系统查找当前文件夹的上一级目录。当把模板应用于页面时，Dreamweaver 将重写链接，这依赖于把包含页面保存在什么位置。

> **注意：**由于你在第 5 课中对这个菜单应用的特殊格式化效果，该链接将不具有典型的超链接外观。

如果你想链接到一个已经存在的文件，Dreamweaver 也提供了创建链接的交互式方式。

> **注意：**可以选择任意的文本范围来创建链接，从一个字符到整个段落或者更多的内容；Dreamweaver 将给所选的内容添加必要的标记。

7. 在水平菜单中，选取文本 About Us。

8. 在“属性”检查器中，单击与“链接”框相邻的“浏览文件”( ) 图标。当“选择文件”对话框打开时，从站点的根文件夹中选择 about_us.html。确保将“相对于”菜单设置为“文档”(如图 9-8 所示)，并单击“确定”/Open 按钮。

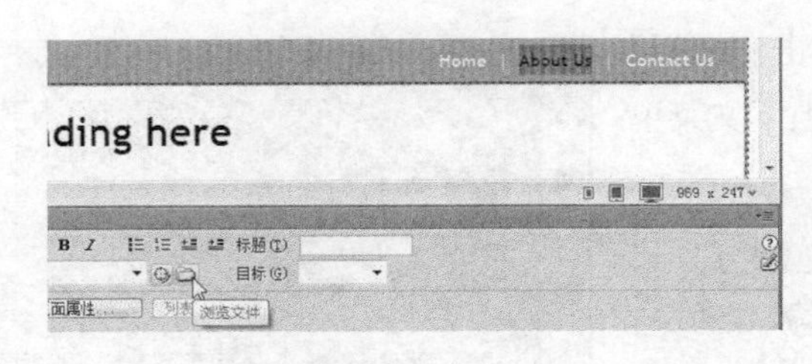

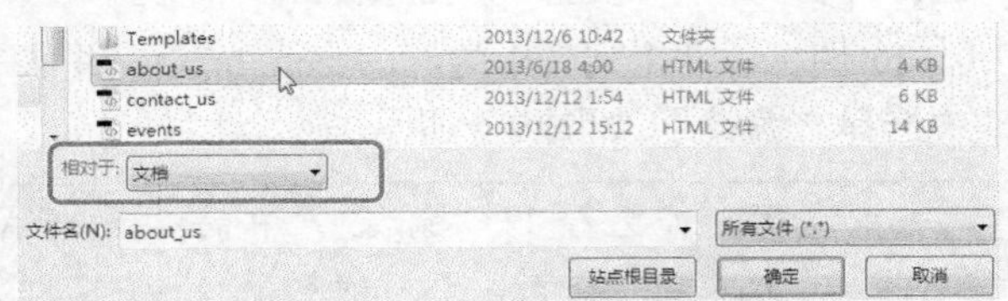

图9-8

超链接占位符将被文本“../about_us.html”所替换。现在，让我们试验一种更形象的方法。

9. 在水平菜单中，选取 Contact Us 文本。

10. 单击“文件”选项卡，把该面板调到上面，或者选择“窗口”>“文件”。

11. 在“属性”检查器中，把“指向文件”（ ）图标（在“链接”框旁边）拖到“文件”面板中显示的站点根文件夹中的 contact_us.html 文件上（如图 9-9 所示）。

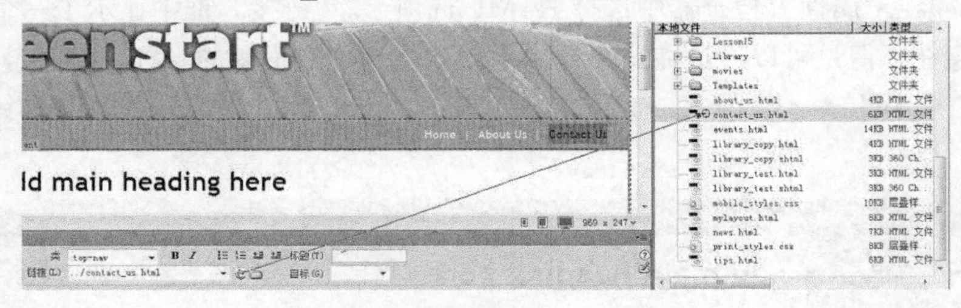

图9-9

> Dw **注意：**如果“文件”面板中的某个文件夹包含你想链接到的页面，但是该文件夹没有打开，可以把“指向文件”图标拖到该文件夹上并且按住它，展开那个文件夹，使得可以指向想要的文件。

Dreamweaver 将把文件名以及任何必要的路径信息输入到“链接”框中。要对通过这个模板格式化的所有页面应用链接，只需保存页面即可。

12. 在垂直菜单中的 Green News 链接中插入光标。

不必为现有的链接选取所有的文本，只要选取了它的任何部分，Dreamweaver 将更新整个链接。

13. 使用你已经学过的任何方法，把链接指向 ../news.html 文件。

14. 修改菜单的其余部分，如下所示：

Green Products：../products.html

Green Events：../events.html

Green Travel：../travel.html

Green Tips：../tips.html

对于那些还没有创建的文件，将不得不手动输入链接。记住：添加到模板中的所有链接都必须包括表示法“../”，使得链接可以在模板中正确地解析。还要记住：一旦将模板应用于子页面，Dreamweaver 将根据需要修改链接。

15. 选择“文件”>“保存”。

出现“更新模板文件”对话框（如图 9-10 所示）。可以选择现在更新页面，或者等待以后再更新。如果需要，甚至可以手动更新模板文件。

16. 单击“更新”按钮。

Dreamweaver 将更新通过模板创建的所有页面。出现“更新页面”对话框，并且显示一个报告，其中列出了要更新的所有页面（如图 9-11 所示）。

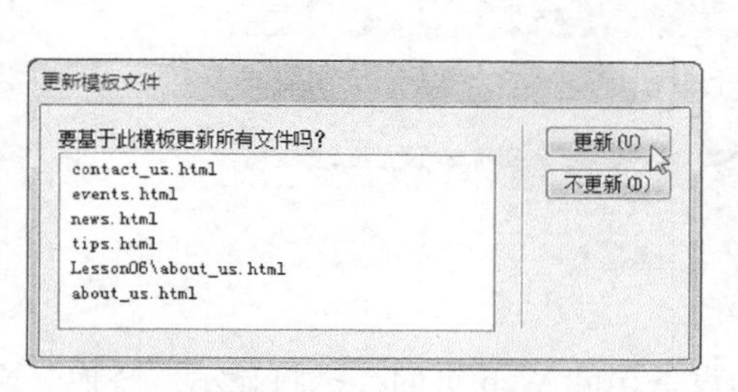

图9-10

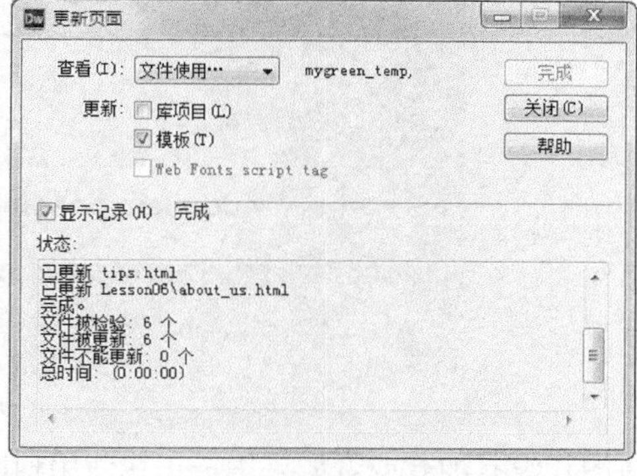

图9-11

Dw **注意：**如果没有看到更新报告，可以选择“显示记录”选项。

17. 关闭“更新页面”对话框，然后关闭 mygreen_temp.dwt。

注意 about_us.html 的文档选项卡中的星号。这指示页面已改变，但是没有保存。

18. 保存 about_us.html，并在默认的浏览器中预览它。把光标定位在文本 About Us 和 Contact Us 上面。在保存模板时，它会更新模板的锁定区域，并且添加超链接。

19. 单击 Contact Us 链接。

Contact Us 页面将在浏览器中替换 About Us 页面。

20. 单击 About Us 链接。

将加载 About Us 页面，替换 Contact Us 页面。甚至还会把链接添加给当时没有打开的页面。

21. 关闭浏览器，并切换到 Dreamweaver。

你学习了利用“属性”检查器创建超链接的 3 种方法：手动输入链接、使用“浏览文件”功能，以及使用“指向文件”工具。

9.4 创建基于图像的链接

链接也可以应用于图像。基于图像的链接像任何其他的超链接那样工作，并且可以把用户指引到内部或外部资源。在下面这个练习中，你将创建并格式化一个基于图像的链接，它将把用户指引到组织的 About Us 页面。

1. 如果必要，可以打开“资源”面板，并且单击“模板”（ ）类别图标。

双击站点模板以打开它。

2. 选取页面顶部的蝴蝶图像。在“属性”检查器中，单击“链接”框旁边的“浏览文件”图标。

3. 选择站点根文件夹中的 about_us.html，并单击“确定”/Open 按钮。

在“链接”框中出现文本“..about_us.html”。

4. 在“属性”检查器的“替换”框中，用“Click to learn about Meridien GreenStart”替换现有的文本（如图 9-12 所示），并按下 Enter/Return 键。

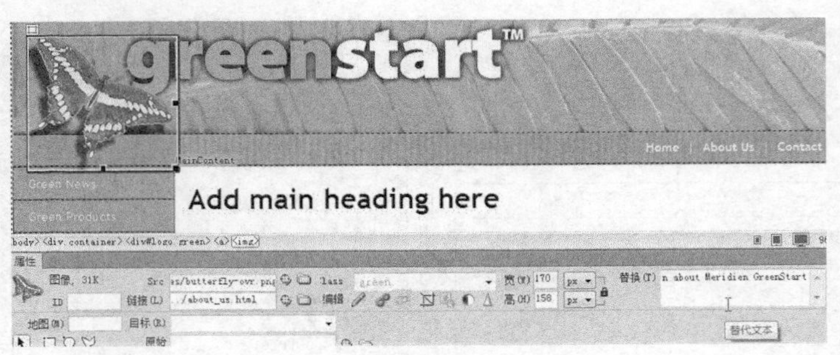

图9–12

无论何时图片没有加载或者如果用户正在使用辅助设备访问 Web 页面，都将显示“替换”文本。

> **注意：** 通常，利用超链接格式化的图像将显示蓝色边框，类似于加蓝色下画线的文本链接。但是布局中带有的预先定义的 CSS 包括一个 a img 规则，它把这个默认的边框设置为“无”。

5. 保存模板，更新所有的子页面，并关闭模板。

出现“更新页面”对话框，报告更新了多少个页面。

6. 关闭“更新页面”对话框。如果必要，可打开 contact_us.html，并在默认的浏览器中预览它。把光标定位在蝴蝶图像上，并测试图像链接。

单击该图像，将在浏览器中加载 about_us.html。

7. 切换回 Dreamweaver，并关闭模板文件。

9.5 创建外部链接

在前面的练习中链接的页面都存储在当前站点内。如果你知道完整的 Web 地址或 URL，也可以链接到 Web 上存储的任何页面或者其他资源。在下面这个练习中，将对一些现有的文本应用外部链接。

1. 单击 contact_us.html 的文档选项卡，把它调到最前面，或者从站点的根文件夹中打开它。

2. 在 MainContent 区域中的第二个 <p> 元素中，选取单词“Meridien”。

你将把该文本链接到站点 Google Maps。如果你不知道特定站点的 URL，可以用一个简单的技巧获得它。

3. 启动你喜爱的浏览器。然后在 URL 框中输入“maps.google.com”，并按下 Enter/Return 键。

> **注意：** 对于这个技巧，可以使用任何搜索引擎。

Google Maps 将出现在浏览器窗口中。

4. 在搜索框中，输入“Adobe Systems, San Jose, CA”，并按下 Enter/Return 键。

位于圣何塞的 Adobe 总部将出现在浏览器中的地图上。单击“分享链接”图标，显示代码对话框。可以随时重复这个过程，为你自己的需求创建自定义的地图。

> **注意：**在一些浏览器中，可以直接在 URL 框中输入搜索短语。

5. 选择打算用于电子邮件或 IM 的链接，并复制它（如图 9-13 所示）。

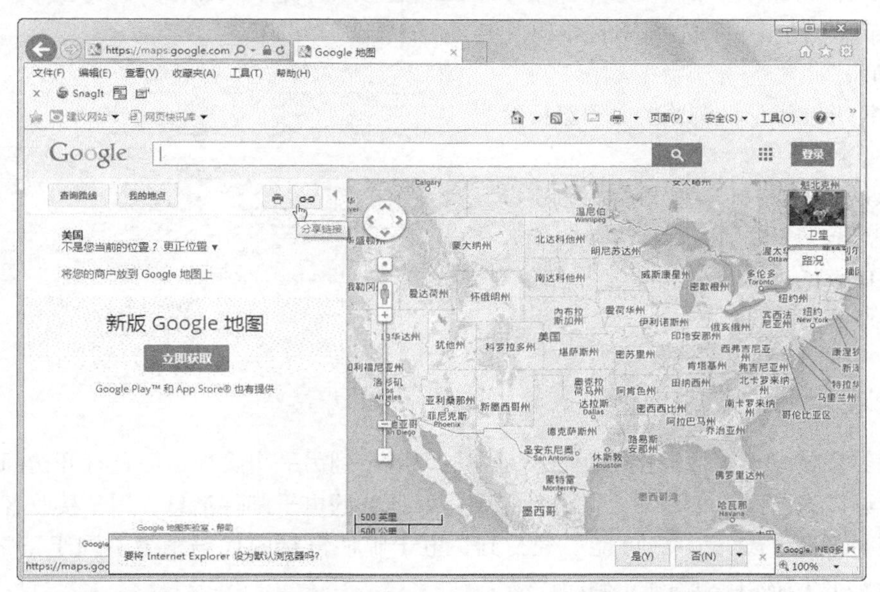

图9-13

6. 切换到 Dreamweaver。在“属性”检查器中，在“链接”框中插入光标，并按下 Ctrl+V/Cmd+V 组合键复制链接，然后按下 Enter/Return 键。

所选的文本显示了超链接的默认格式化效果。

7. 保存文件，并在默认的浏览器中预览它。然后测试链接。

当单击链接时，浏览器将把你带到 Google Maps 的开始页面，假定你已连接到 Internet。但是有一个问题：单击链接将在浏览器中替换 Contact Us 页面；它不会像前面的示例中那样打开一个新窗口。要使浏览器打开一个新窗口，需要给链接添加简单的 HTML 属性。

8. 切换到 Dreamweaver。如果必要，可在 Meridien 链接文本中插入光标。

9. 从“目标”框的菜单中选择 _blank（如图 9-14 所示）。

10. 保存文件，并在默认的浏览器中预览页面。然后测试链接。

这一次将为Google Maps打开一个单独的新窗口。

11. 关闭浏览器窗口，并切换回 Dreamweaver。

可以看到，Dreamweaver 使得很容易创建对内部资源或外部资源的链接。

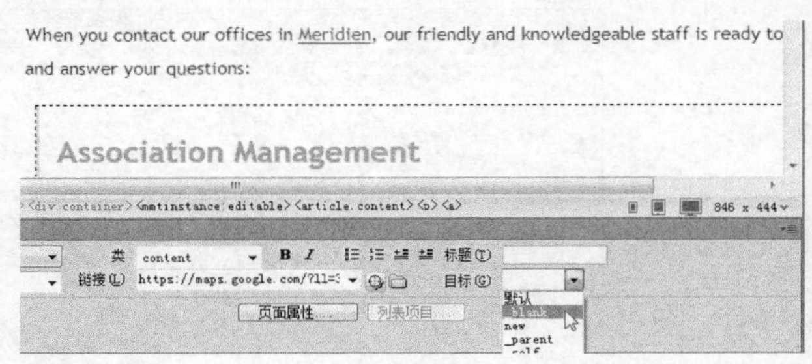

图9–14

9.6 建立电子邮件链接

另一种链接类型是电子邮件链接，但它不是把访问者带到另一个页面，而是打开访问者的电子邮件程序。它可以为访问者创建自动的、预先编写好地址的电子邮件消息，用于接收客户反馈、产品订单或其他重要的通信。你可能已经猜到，电子邮件链接的代码稍微不同于正常的超链接，Dreamweaver 可以为你自动创建正确的代码。

1. 如果必要，可打开 contact_us.html。

2. 选取标题下面的第一个段落中的电子邮件地址（info@green-start.org），并按下 Ctrl+C/Cmd+C 组合键复制文本。

3. 选择“插入”>“电子邮件链接”。

出现“电子邮件链接”对话框，并在“文本”框中自动输入了所选的文本。

4. 在“电子邮件”框中插入光标，并按下 Ctrl+V/Cmd+V 组合键复制电子邮件地址（如图 9-15 所示）。单击“确定”按钮，然后在“属性”检查器中检查“链接”框。

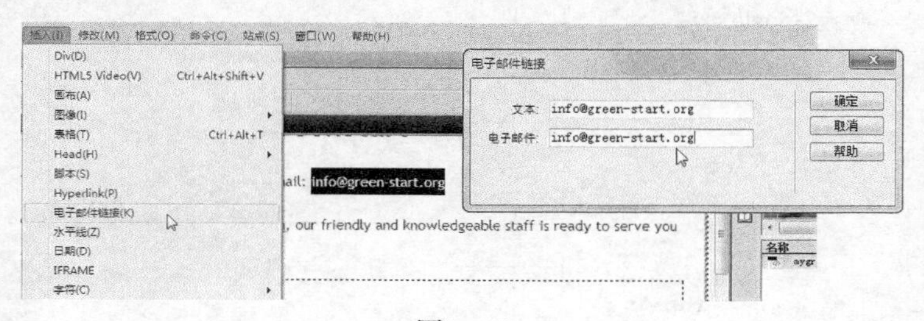

图9–15

> Dw **注意：**如果在访问对话框之前选取了文本，Dreamweaver将为你在框中自动输入文本。

5. 单击“确定”按钮，并且检查“属性”检查器中的“链接”框（如图9-16所示）。

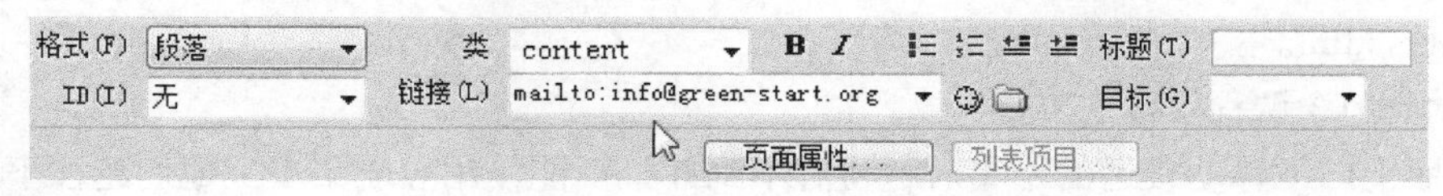

图9–16

Dreamweaver在“链接”框中插入了电子邮件地址，并且还做了另外一件事。可以看到，它还在地址前面输入了mailto:表示法，它把链接改变成电子邮件链接，可以自动启动访问者默认的电子邮件程序。

6. 保存文件，并在默认的浏览器中预览它。然后测试电子邮件链接。

将启动默认的电子邮件程序，并创建电子邮件消息。如果没有默认的电子邮件程序，你的计算机的操作系统将启动一个可用的电子邮件程序，或者要求你确定一个电子邮件程序。

7. 关闭任何打开的电子邮件程序、相关的对话框或向导。然后切换到Dreamweaver。
8. 为页面上显示的其余的电子邮件地址创建电子邮件链接。
9. 保存页面。

基于客户的功能与服务器端功能

你刚才创建的电子邮件链接依靠访问者的计算机上安装的软件，比如Outlook或Apple Mail。这种应用程序被称为**基于客户**（client-based）或客户端的功能。不过，如果用户通过Internet应用程序（比如Hotmail或Gmail）发送他或她的邮件并且没有安装桌面电子邮件应用程序，那么电子邮件链接将不会工作。

另一条贬损是：像这些练习中这样的开放式电子邮件链接可以被漫游Internet的垃圾邮件虫（spambot）轻松地获得，并且可能使你被不想要的垃圾邮件淹没。如果你想确保将获得每个想发送电子邮件的用户的反馈，就应该代之以依靠由服务器提供的功能。用于捕获和传递数据的基于Web的应用程序被称为**服务器端**（server-side）功能。使用服务器端脚本和专有的语言（如ASP、ColdFusion和PHP），可以相对容易地捕获数据并通过电子邮件返回它（或者甚至直接把它插入到托管的数据库中）。在第12课“处理表单”中将学习其中一些技术。

9.7 把页面元素作为目标

随着你在页面上添加更多的内容，导航将变得更长、更困难。通常，当你单击一个指向页面的链接时，浏览器窗口将从页面的开始处显示它。只要有可能，就要为用户提供方便的方法，链接到页面上的特定位置。

在 HTML 4.01 中，有两种方法用于把特定的内容或页面结构作为目标：一种方法使用**命名锚记**（named anchor），另一种方法使用 ID 属性。不过，在 HTML5 中不建议使用命名锚记，它更青睐 ID 属性。到采纳 HTML5 那一天时，命名锚记不会突然停止使用，但是你应该现在就开始做好准备。在下面这个练习中，将只使用 ID 属性。

1. 打开 events.html。

2. 向下滚动到包含课程安排的表格。

当用户在页面上向下移动较远的距离时，将看不到并且不能使用导航菜单。他们越往下阅读页面，就离主导航系统越远。在用户可以导航到另一个页面之前，他们不得不使用浏览器滚动条或者鼠标滚轮返回到页面顶部。添加一个链接用于把用户带回页面顶部可以极大地改进他们在你的站点上的体验。让我们把这种类型的链接称为内部**目标**（targeted）链接。

内部目标链接具有两个部分：链接本身和目标元素。至于你先创建哪个部分是无关紧要的。

3. 把光标定位在 Class 表中，并选取 <table> 标签选择器。然后按下向左的箭头键，把光标移到 <table> 开始标签之前。

4. 输入“Return to top”并选取该文本。在“属性”检查器中，从“格式”菜单中选择“段落”。

在两个表格之间插入文本，并将其格式化为 <p> 元素（如图 9-17 所示）。让我们使文本居中对齐。

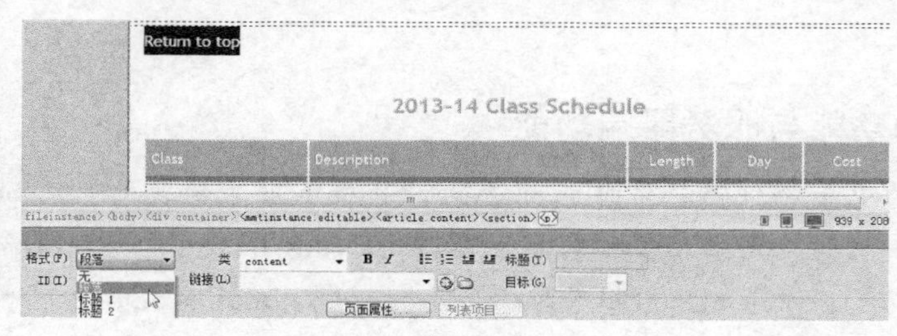

图9–17

5. 在“CSS 设计器”中，在“源”窗格中选择 mygreen_styles.css，然后单击“添加选择器”图标。

6. 在选择器名称框中，输入“.ctr”，并按下 Enter/Return 键。

7. 创建 text-align: center 属性。

8. 在“Return to top”文本中插入光标，并选择 <p> 标签选择器。然后在“属性”检查器的“类”菜单中选择 ctr。

“Return to top”文本将居中对齐，并且标签选择器现在显示 <p.ctr>（如图 9-18 所示）。

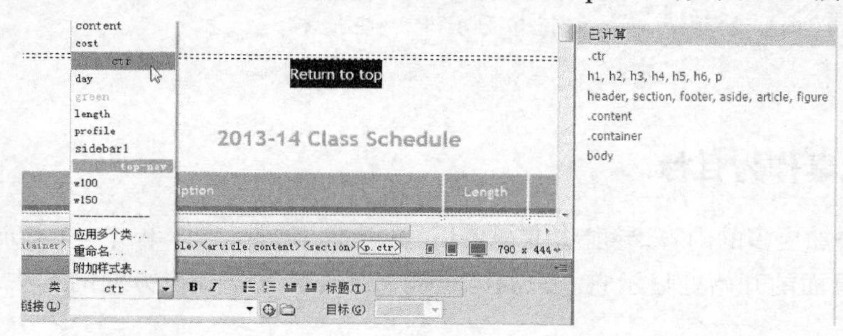

图9–18

9. 在“链接”框中，输入“#top”并按下 Enter/Return 键（如图 9-19 所示），然后保存所有文件。

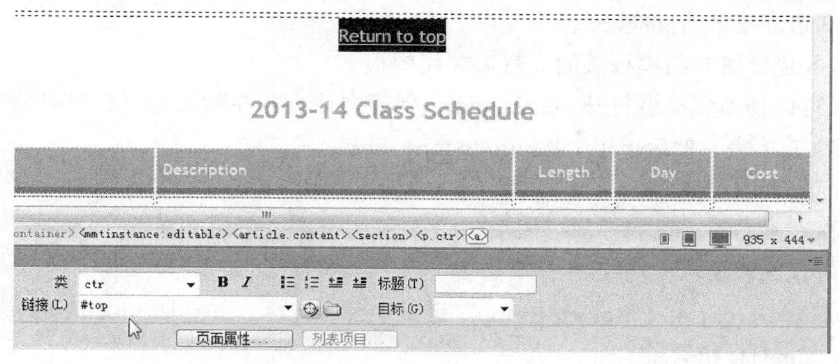

图9–19

通过使用 #top，就创建了指向当前页面内的目标的链接。当用户单击“Return to top”链接时，浏览器窗口将跳转到目标的位置。这个目标还不存在。为了使这个链接正确地工作，需要把目标插入在页面上尽可能高的位置。

提示：在一些浏览器中，只需要输入磅标记（#）以启用该功能。无论何时引用未命名锚记，浏览器都将跳转到页面顶部。不幸的是，其他浏览器将完全忽略它们。因此，使用目标元素也很重要。

10. 滚动到 events.html 页面顶部，并把光标定位在标题元素上。

鼠标图标指示页面的这个部分（及其相关代码）是不可编辑的，因为标题和水平导航菜单基于站点模板。把目标置于页面顶部很重要，否则当浏览器跳转到目标时页面的一部分可能会变得模糊不清。由于页面顶部是不可编辑区域的一部分，因此最佳的解决方案是直接把目标添加到模板中。

9.7.1　使用 ID 创建链接目的地

通过给模板添加独特的 ID，无论你想在哪里添加一个返回页面顶部的链接，都能够在整个站点内自动访问它。

1. 打开“资源”面板，并单击“模板”类别图标，然后双击 mygreen_temp 以打开它。

2. 单击用于 <header> 的标签选择器。在“属性”检查器中，在 Header ID 框中输入“top”，然后按下 Enter/Return 键完成 ID（如图 9-20 所示）。

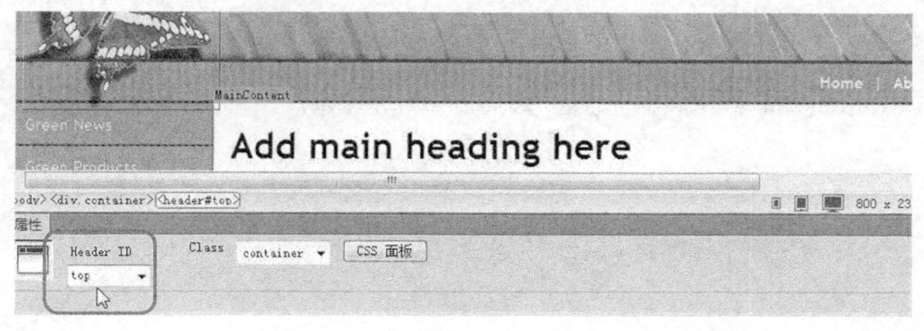

图9–20

标签选择器将变为 <header#top>；除此之外，页面上将不会显示任何可见的区别。最大的区别是：页面如何对内部超链接做出反应。

3. 保存文件，并更新所有的模板页面。然后关闭模板。

4. 如果必要，可以切换到或者打开 events.html。保存文件，并在默认的浏览器中预览它。

5. 向下滚动到 Class 表，然后单击“Return to top”链接。

浏览器将跳转回到页面顶部。

既然通过模板在站点的每个页面中都插入了 ID，就可以复制“Return to top”链接，并把它粘贴到你想要的任何位置以添加这种功能。

6. 切换到 Dreamweaver。在“Return to top”链接中插入光标，并选取 <p.ctr> 标签选择器，然后按下 Ctrl+C/Cmd+C 组合键。

7. 向下滚动到 events.html 页面底部。在 Class 表中插入光标，并选取 <table> 标签选择器。然后按下向右的箭头键，把光标移到 </table> 封闭标签之后，并按下 Ctrl+V/Cmd+V 组合键。

<p.ctr> 元素和链接将出现在页面底部（如图 9-21 所示）。

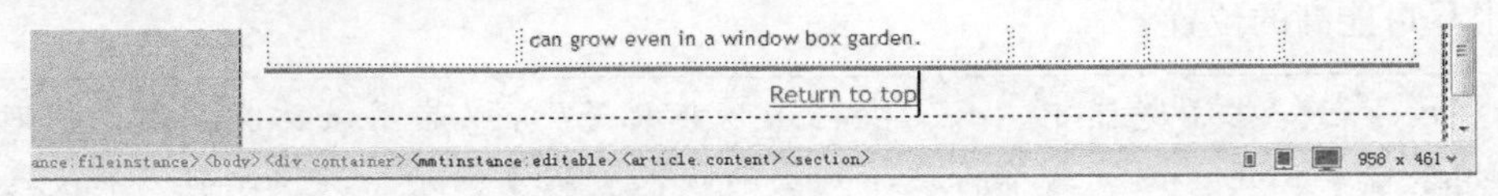

图9-21

8. 保存文件，并在浏览器中预览它。然后测试两个“Return to top”链接。

两个链接都可用于跳转回文档顶部。在下一个练习中，你将学习怎样把元素属性用作链接目标。

9.7.2 给 HTML 表格添加 ID

如果附近有一个方便的元素可以给它添加 ID 属性，就不需要添加额外的代码来创建超链接目的地。

1. 如果必要，可打开 events.html。在 Events 表中的任何位置插入光标，并选取 <table> 标签选择器。

“属性”检查器将显示 Events 表的属性。

2. 在“属性”检查器中打开表格 ID 框的菜单。

Dreamweaver 将显示通过 CSS 定义但是目前在页面内未使用的任何 ID。没有可应用于表格的 ID 显示在菜单中（如图 9-22 所示），但是很容易创建新的 ID。

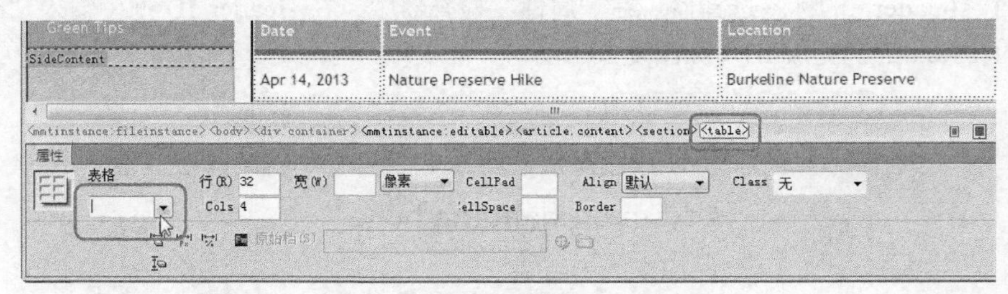

图9-22

> **Dw** 注意：可以把 ID 应用于任何 HTML 元素。在样式表中根本不必引用它们。

> **Dw** 注意：在 Mac 上，如果没有 ID 可用，将不会打开 ID 菜单。

3. 在 ID 框中插入光标，然后输入“calendar”，并按下 Enter/Return 键。

标签选择器现在将显示 <table#calendar>（如图 9-23 所示）。由于 ID 是唯一标识符，它们可用于把页面上的特定内容作为目标。不要忘记为 Class 表也创建一个 ID。

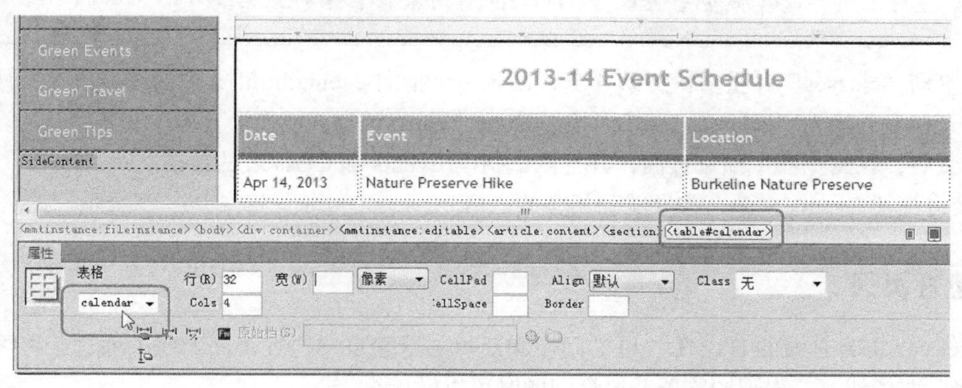

图9–23

4. 像第 1 步中那样选取 Class 表，在 ID 框中插入光标。然后输入“classes”，并按下 Enter/Return 键。

标签选择器现在将显示 <table#classes>。你将在下一个练习中学习如何链接到这些 ID。

> **Dw** 注意：在创建 ID 时，记住它们必须是唯一的名称。ID 是区分大小写的，因此在输入时要小心谨慎。

5. 保存文件。

9.7.3 把基于 ID 的链接目的地作为目标

通过给两个表格添加独特的 ID，为内部超链接提供了一个理想的目标，用于导航到 Web 页面的特定区域。在下面这个练习中，将创建指向每个表格的链接。

1. 如果必要，可以打开 contact_us.html，并向下滚动到“Education and Events”区域。
2. 选取该区域的第一个段落中的单词“events”。
3. 使用你以前学过的任何方法，创建一个指向文件 events.html 的链接。

这个链接将打开文件，但是还没有完成任务。你现在必须指引浏览器向下导航到 Events 表。

4. 在“链接”框中插入光标，在文件名 events.html 的末尾输入“#calendar”，然后按下 Enter/Return 键完成链接。

单词“events”现在将显示默认的超链接格式（如图 9-24 所示）。

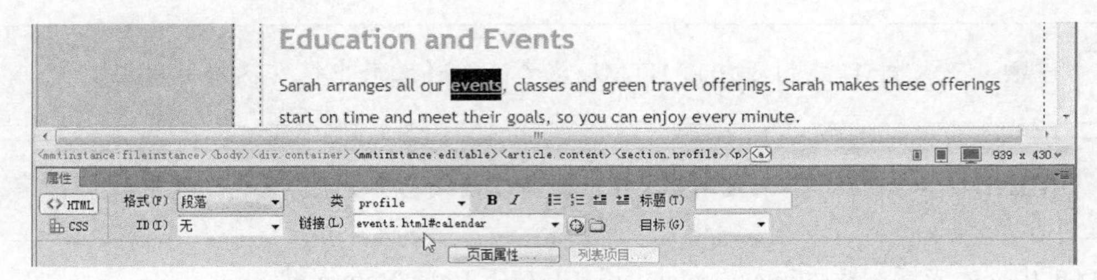

图9–24

Dw 注意：超链接不能包含空格，确保 ID 引用紧接在文件名后面。

5. 选取单词“classes”并重复执行第 4 步，创建一个指向 events.html 文件的链接。在文件名末尾插入光标，并输入“#classes”，然后按下 Enter/Return 键完成链接。
6. 保存文件，在浏览器中预览页面，并且测试指向 Events 和 Class 表的链接。

这些链接将打开 Events 页面，并导航到相应的表格。

9.8 检查页面

Dreamweaver 将为有效的 HTML、可访问性和断掉的链接自动检查页面。在下面这个练习中，将检查链接，并了解万一出现浏览器兼容性问题时可以做什么。

1. 如果必要，可打开 contact_us.html。
2. 选择“站点”>“检查站点范围的链接”。

这将打开“链接检查器”面板。“链接检查器”面板报告有你为并不存在的页面创建的指向 index.html、products.html 和 travel.html 这些文件的断掉的链接（如图 9-25 所示）。你以后将创建这些页面，因此现在无需关心修复这些断掉的链接。“链接检查器”还会发现指向外部站点的断掉的链接（如果有任何这样的链接的话）。

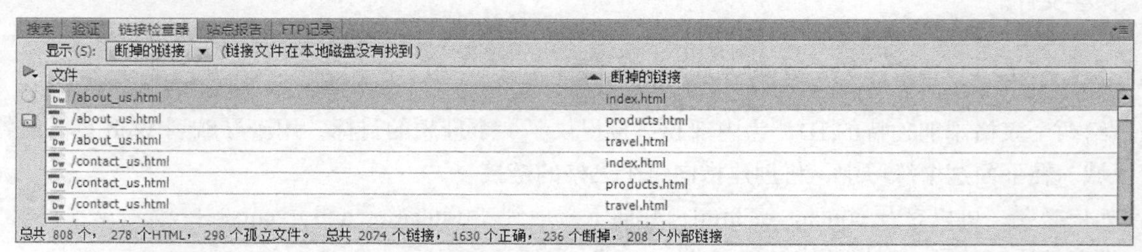

图9–25

3. 右击“链接检查器”选项卡，并从上下文菜单中选择“关闭标签组”。

在这一课中，通过创建指向页面上的特定位置、电子邮件和外部站点的链接，对页面的外观做了重大的改变。还创建了一个链接，它使用图像作为可单击的项目。最后，为断掉的链接检查了页面。

复习

复习题

1. 描述向页面中插入链接的两种方式。
2. 在创建指向外部 Web 页面的链接时，需要什么信息？
3. 标准页面链接与电子邮件链接之间的区别是什么？
4. 怎样检查链接是否将正确地工作？

复习题答案

1. 一种方法是：选取文本或图形；然后在“属性”检查器中，选择“链接”框旁边的“浏览文件”图标，并导航到想要的页面。另一种方法是：拖动“指向文件”图标，使其指向“文件”面板内的一个文件。
2. 通过在“属性”检查器的“链接”框中输入或者复制并粘贴完整的 Web 地址（完整形式的 URL），来链接到外部页面。
3. 标准页面链接将打开一个新页面，或者把视图移到页面上的某个位置。如果访问者安装了电子邮件应用程序，电子邮件链接将会打开一个空白的电子邮件消息窗口。
4. 运行“链接检查器”，测试每个页面上或者站点范围内的链接。

第10课 添加交互性

课程概述

在这一课中，将通过执行以下任务，向 Web 页面中添加 Web 2.0 功能：

- 使用 Dreamweaver 行为创建图像翻转效果；
- 插入 jQuery Accordion 构件。

完成本课将需要 1 小时 15 分钟的时间。在开始前，请确定你已经如本书开头的“前言”一节中所描述的那样把用于第 10 课的文件复制到了你的硬盘驱动器上。如果你是从零开始学习本课，可以使用“前言”中的“跳跃式学习”一节中描述的方法。

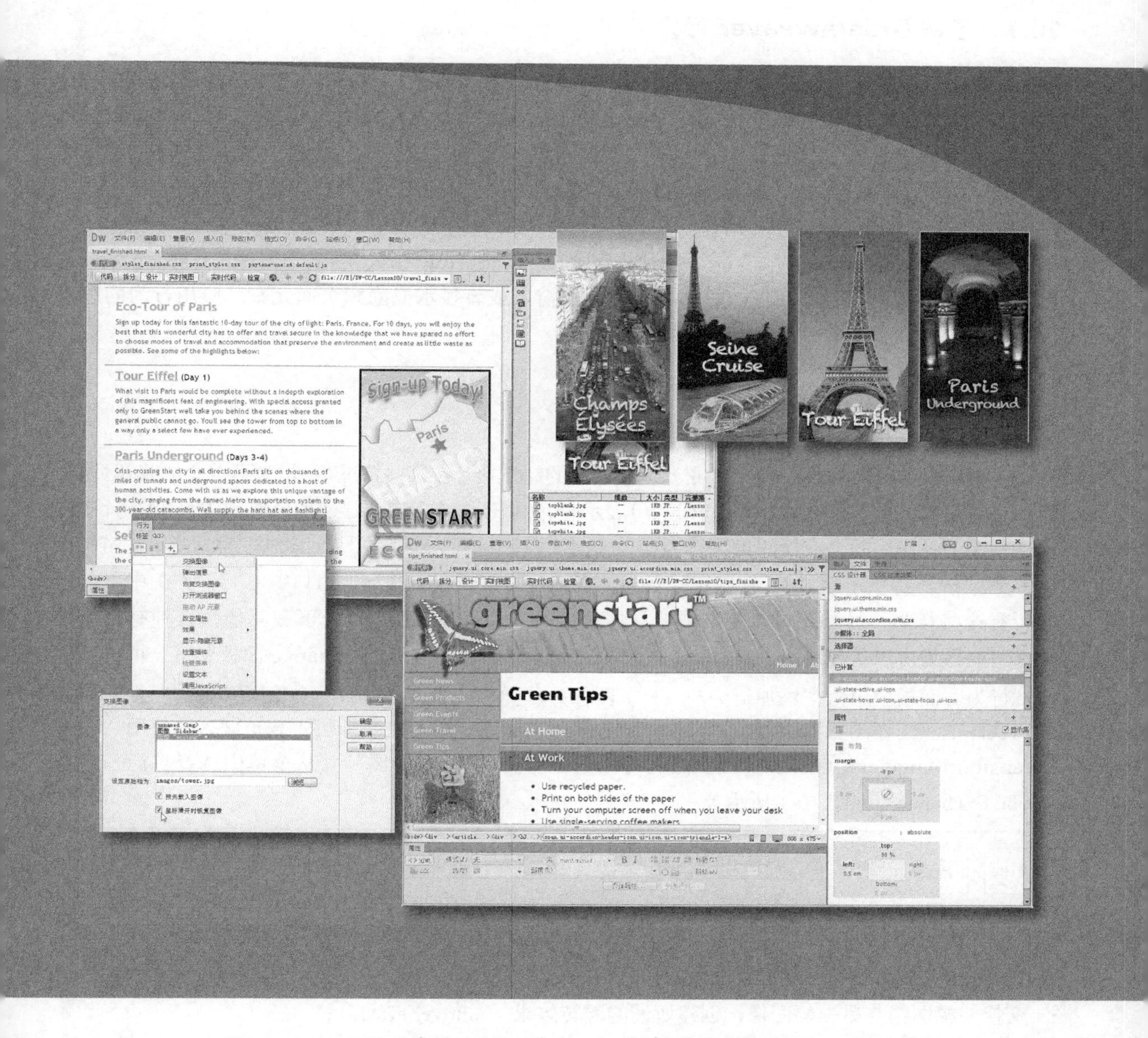

Dreamweaver 可以使用 Adobe 的 jQuery 框架利用行为和 Accordion 面板创建高级的交互式效果。

Dw **注意：**如果你还没有把用于本课的文件复制到计算机硬盘上，那么现在一定要这样做。参见本书开头的“前言”中的相关内容。

10.1 了解 Dreamweaver 行为

术语 **Web 2.0** 被设计用于描述 Internet 上的用户体验中的重大变化，从基本静态的页面、特色文本、图形和简单的链接过渡到填充有视频、动画和交互式内容的动态 Web 页面的新范型。Dreamweaver 一直在引领着行业，它提供了多种工具来驱动这种运动，从它的 JavaScript 行为和 jQuery 构件的经过检验而可靠的集合到对 jQuery Mobile 乃至 PhoneGap 的最新支持。这一课将探讨其中两种能力：Dreamweaver 行为和 jQuery UI 构件。

Dreamweaver **行为**（behavior）是一段预先定义的 JavaScript 代码，当某个事件（比如鼠标单击）触发它时，它将执行一个动作，比如打开浏览器窗口或者显示或隐藏页面元素。应用行为的过程包含 3 个步骤。

1. 创建或选择想要触发行为的页面元素。
2. 选择要应用的行为。
3. 指定行为的设置或参数。

触发元素通常涉及应用于一段文本或者一幅图像的超链接。在某些情况下，行为不需要加载新页面，因此它将使用一个虚拟链接，用磅符号（#）表示它，类似于你在第 9 课“处理导航”中使用的磅符号。在这一课中将使用的“交换图像”行为在工作时不需要链接，但是在使用其他行为时要牢记链接。

Dreamweaver 提供了超过 16 种内置的行为，在“行为”面板（选择“窗口”>“行为”）中可以访问所有这些行为。另外还可以免费或者只需很少的费用即可从 Internet 下载其他数百种有用的行为。一些行为可以从在线 Adobe Exchange 网站或者从新的 Adobe Exchange 面板获得，可以通过在“行为”面板中单击“添加行为”（+）图标并从弹出式菜单中选择“获取更多行为”把它们添加到软件中。当在浏览器中加载 Adobe Exchange 页面时，单击链接即可下载扩展，并使用 Adobe Extension Manager CC 安装扩展。然后可以选择“窗口”>“扩展”并从菜单中选择扩展，启动 Adobe Exchange（如图 10-1 所示）。

Dw **注意：**要访问“行为”面板和菜单，必须先打开一个文件。

通过使用内置的 Dreamweaver 行为，可以使用以下一些功能：

- 打开浏览器窗口；
- 交换一幅图像与另一幅图像，创建所谓的**翻转效果**（rollover effect）；
- 淡入和淡出图像或页面区域；
- 增大或收缩图形；
- 显示弹出式消息；

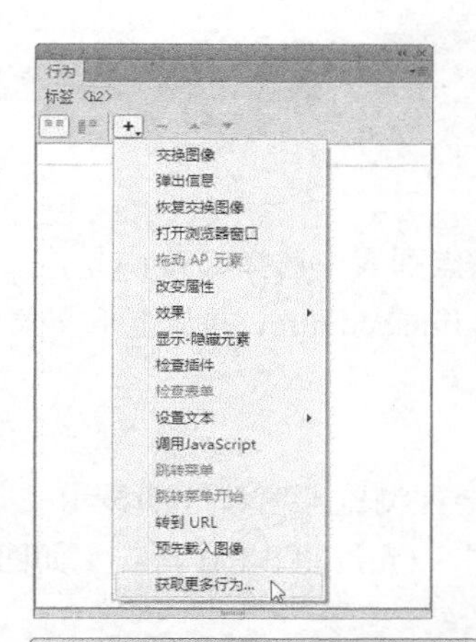

Adobe Exchange为Creative Cloud中的应用程序提供了大量资源，包括免费和付费附件

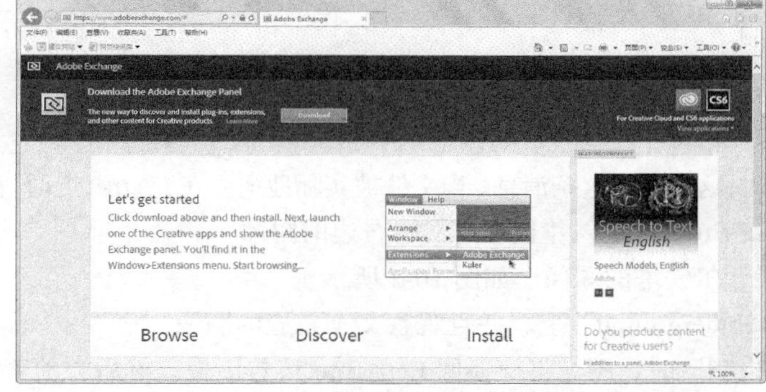

图10-1

- 更改给定区域内的文本或其他 HTML 内容；
- 显示或隐藏页面区域；
- 调用自定义的 JavaScript 函数。

并非所有的行为都是一直可用的。仅当存在并且选择了某些页面元素（比如图像或链接）时，才可以使用某些行为。例如，除非存在一幅图像，否则将不能使用“交换图像”行为。

每种行为都会调用一个独特的对话框，用于提供相关的选项和规范。例如，用于“打开浏览器窗口”行为的对话框允许打开新的浏览器窗口，设置它的宽度、高度及其他属性，以及设置所显示资源的 URL。在定义了行为之后，就会在“行为”面板中列出它，以及它所选的触发动作。与其他行为一样，可以随时修改这些规范。

行为极其灵活，并且可以对同一个触发事件应用多种行为。例如，可以将一幅图像交换为另一幅图像，然后更改伴随的图像文字说明的文本，通过单击一次鼠标即可完成所有这些操作。虽然某些效果似乎是同时发生的，但是行为实际上是按顺序触发的。在应用多种行为时，可以选择处理行为的顺序。

> Dw **注意：**如果你在这个练习中是从头开始的，可以参见本书开头的“前言”中给出的“跳跃式学习”的详细指导。然后，遵循下面这个练习中的步骤即可。

10.2 预览已完成的文件

在这一课的第一部分中，将为 GreenStart 的旅行服务创建一个新页面。让我们在浏览器中预览完成的页面。

1. 启动 Adobe Dreamweaver CC。
2. 如果必要，可以按下 F8 键打开“文件”面板，并从站点列表中选择 DW-CC。
3. 在“文件”面板中，展开 Lesson10 文件夹。右击 travel_finished.html，并从上下文菜单中选择“在浏览器中预览”，然后选择主浏览器。

该页面包括一些 Dreamweaver 行为。

4. 如果 Microsoft Internet Explorer 是主浏览器，可能会在浏览器窗口底部显示一条消息，指示它阻止运行脚本和 ActiveX 控件。如果是这样，可单击“允许阻止的内容”（如图 10-2 所示）。

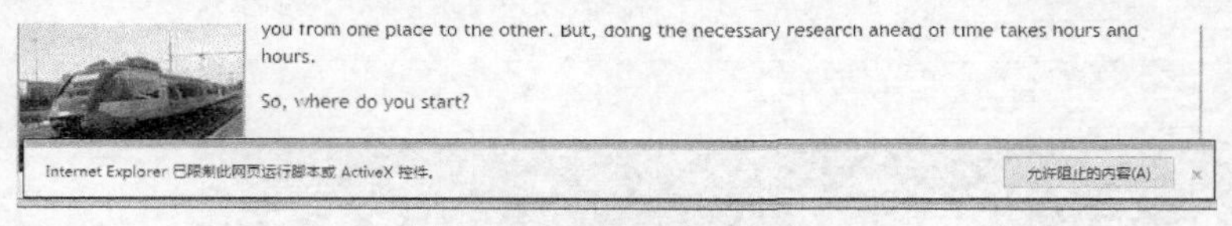

图10-2

仅当从硬盘驱动器预览文件时，这会显示这条消息。当文件被实际地宿主在 Internet 上时，将不会显示它。

5. 把光标定位在标题“Tour Eiffel”上，并且观察文本右边的图像。

现有的图像将交换为一幅艾菲尔铁塔的图像（如图 10-3 所示）。

6. 把指针移到标题“Paris Underground”上，并且观察文本右边的图像。

当把指针移开标题“Tour Eiffel”时，图像将交换回 Eco-Tour 广告图像。然后，随着指针移到标题“Paris Underground”上，广告图像将交换为一幅地下巴黎的图像。

7. 使指针经过每个标题，并且观察图像行为。

将交替显示 Eco-Tour 广告图像与每个城市的图像。这种效果就是“交换图像”行为。

8. 完成后，关闭浏览器窗口，并返回到 Dreamweaver。

在下一个练习中，你将学习如何使用 Dreamweaver 行为。

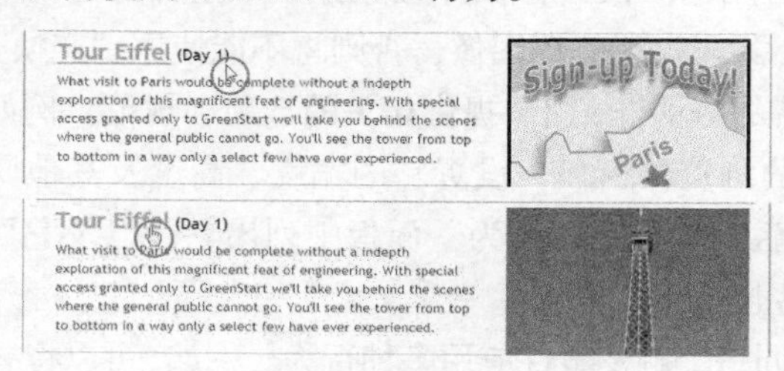

图10-3

10.3 使用 Dreamweaver 行为

向布局中添加 Dreamweaver 行为只是简单的指向并单击操作。但是，在可以添加行为之前，还必须创建旅行页面。

1. 打开“资源”面板，并单击“模板”类别图标。右击 mygreen_temp，并从上下文菜单中选择“从模板新建”。

将打开一个基于模板的新文档窗口。

2. 将新文档另存为 travel.html。

3. 双击侧栏中的图像占位符，导航到站点的 images 文件夹。然后选择 train.jpg，并单击“确定”/Open 按钮。

火车图像将出现在侧栏中。

4. 在“属性”检查器中的“替换”框中，输入“Electric trains provide green transportation”，并按下 Enter/Return 键。

> Dw | **注意**：要给这幅图像添加“替换”文本，可以使用“属性”检查器中的“替换”框。

5. 打开“文件”面板，并且展开 Lesson10 > resources 文件夹，然后双击 travel-caption.txt 文件。

在 Dreamweaver 中打开文字说明文本。

6. 选取并复制整个文字说明，然后关闭 travel-caption.txt 文件。

7. 选取侧栏中的文字说明占位符，并且粘贴新的文字说明文本以替换占位符（如图 10-4 所示）。

图10-4

8. 在“文件”面板中，在 resources 文件夹中双击 travel-text.html。

travel-text.html 文件包含用于旅行页面的表格和文本。注意：文本和表格没有进行格式化。

9. 选取并复制页面内的所有文本，然后关闭 travel-text.html 文件。

10. 在 travel.html 中选取主标题占位符“Add main heading here”，并输入“Green Travel”替换它。

11. 选取标题占位符“Add subheading here”，并输入“Eco-Touring”替换它。

12. 选择文本“Add content here”的标签选择器 <p>，然后按下 Ctrl+V/Cmd+V 组合键粘贴旅行文本。

将显示来自 travel-text.html 文件中的内容。它假定通过你在第 7 课“处理文本、列表和表格”中创建的样式表为文本和表格应用默认的格式化效果（如图 10-5 所示）。

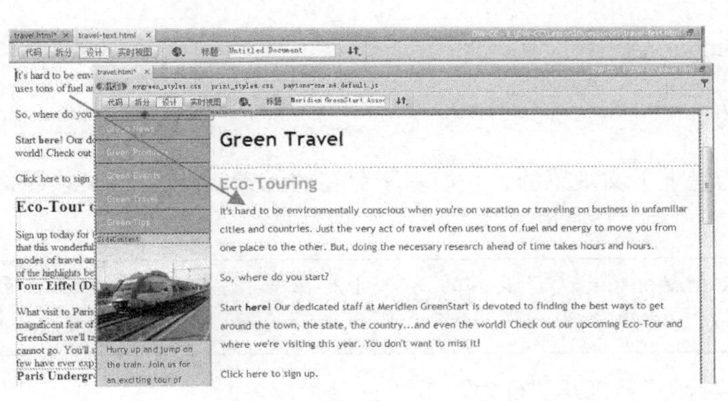

图10-5

让我们插入 Eco-Tour 广告图像，它将是用于“交换图像”行为的基础图像。

13. 双击“SideAd”图像占位符，导航到站点的 images 文件夹，并选择 ecotour.png。然后单击“确定”/Open 按钮。

图像占位符被 Eco-Tour 广告图像替换（如图 10-6 所示）。但是，在可以应用“交换图像”行为之前，必须确定你想交换的图像，通过给图像提供一个 ID 来执行该任务。

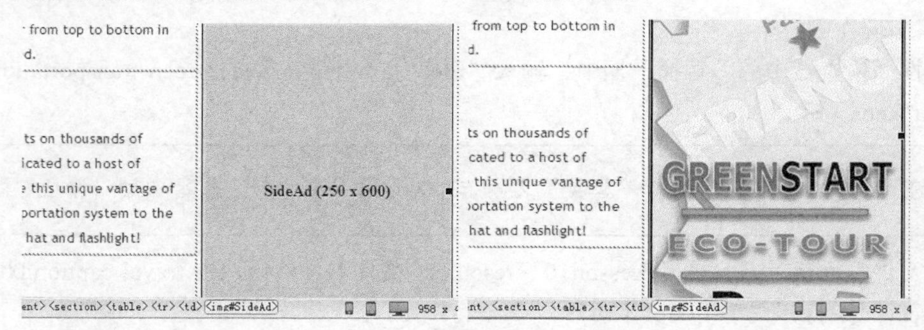

图10–6

14. 如果必要，可以选取布局中的 ecotour.png。然后在“属性”检查器中选取现有的 ID“SideAd”，输入“ecotour”，并按下 Enter/Return 键（如图 10-7 所示）。然后在“替换”框中输入文本“Eco-Tour of Paris”。

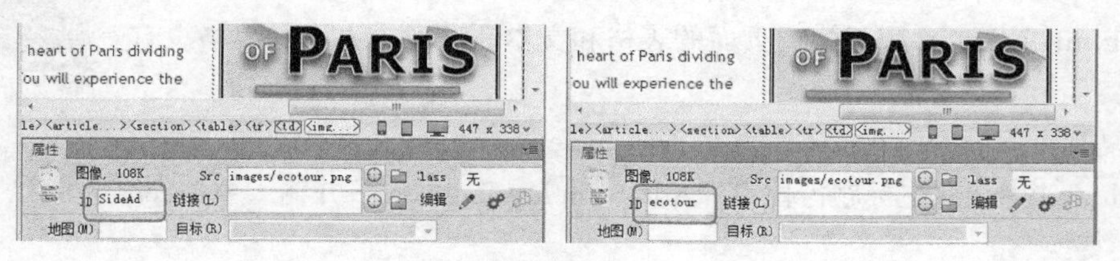

图10–7

> **提示：**尽管要花费更多的时间，但是给所有的图像都提供唯一的 ID 是一个良好的实践。

15. 保存文件。

接下来，将为 ecotour.png 创建“交换图像”行为。

10.3.1　应用行为

如前所述，许多行为是上下文敏感的，它们基于存在的元素或结构。“交换图像”行为可以应用于任何文档文本元素。

> **注意：**Dreamweaver 以前版本的用户可能在寻找“标签检查器”面板，它现在称为“行为”面板。

1. 选择“窗口”>“行为”，打开“行为”。

2. 在文本“Tour Eiffel”中插入光标，并选取 <h3> 标签选择器。

3. 单击“添加行为”（+.）图标，并从行为列表中选择“交换图像”。

出现“交换图像”对话框，其中列出了页面上可用于该行为的任何图像（如图 10-8 所示）。这种行为可以一次替换其中的一幅或多幅图像。

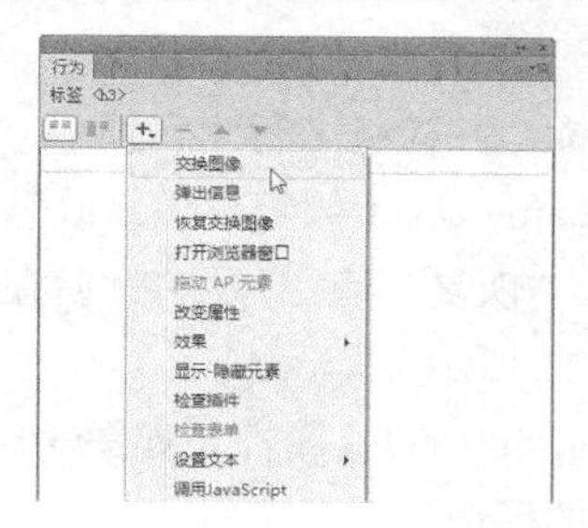

图10-8

4. 选择项目“图像 "ecotour.png"”，并单击“浏览”按钮。

5. 在“选择图像源文件”对话框中，从站点的 images 文件夹中选择 tower.jpg。然后单击“确定”/Open 按钮。

6. 在“交换图像”对话框中，如果必要，可选择“预先载入图像”选项（如图 10-9 所示），并单击“确定”按钮。

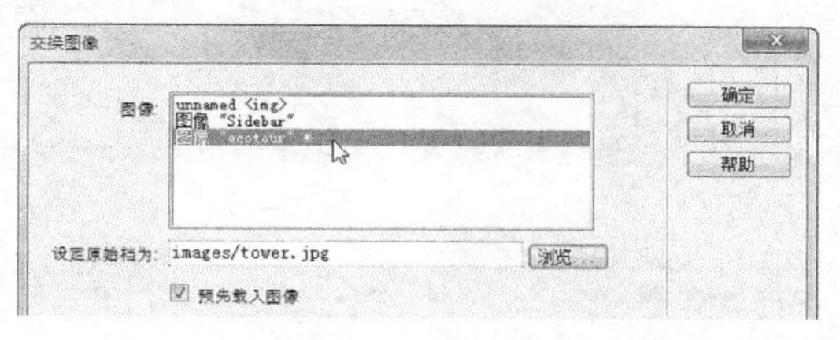

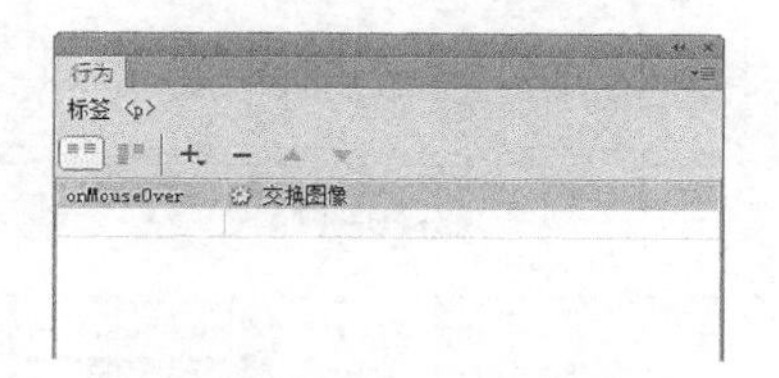

图10-9

Dw **注意：**“预先载入图像”选项强制浏览器在页面加载前下载该行为必需的所有图像。这样，当用户单击触发元素时，图像交换就会发生，而不会有任何延迟或者故障。

这就把“交换图像”行为添加到“行为”面板中，并且它具有 onMouseOver 属性。如果需要，可以使用“行为”面板更改属性。

7. 单击 onMouseOver 属性，打开弹出式菜单，并检查选项（如图 10-10 所示）。

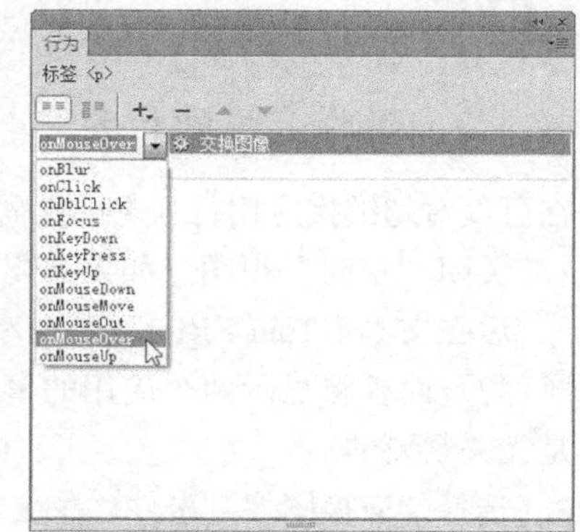

图10-10

菜单提供了触发事件的列表，其中大多数是自解释的。不过，目前，保持该属性为 onMouseOver。

8. 保存文件，并单击“实时视图”按钮测试行为。把光标定位在文本“Tour Eiffel”上。

当光标经过该文本时，Eco-Tour 广告图像就会被艾菲尔铁塔的图像替换。但是有一个小问题，当光标从该文本上移开时，原始图像不会恢复。原因很简单：你没有告诉它这样做。为了恢复原始图像，必须给同一个元素添加另一个命令——恢复交换图像。

10.3.2 应用“恢复交换图像”行为

在一些情况下，特定的动作需要多种行为。为了在鼠标一离开触发元素时就恢复 Eco-Tour 广告图像，必须添加恢复功能。

1. 返回到“设计”视图。在标题“Tour Eiffel”中插入光标，并检查“行为”面板。

面板中将显示目前指定的行为。你不必完全选取元素，Dreamweaver 假定你想修改整个触发元素。

2. 单击“添加行为”（+）图标，并从弹出式菜单中选择“恢复交换图像”。然后在“恢复交换图像”对话框中单击“确定”按钮，完成命令（如图 10-11 所示）。

“恢复交换图像”行为出现在“行为”面板中，并且具有 onMouseOut 属性（如图 10-12 所示）。

3. 切换到“代码”视图，并检查用于文本“Tour Eiffel”的标记。

将触发事件 onMouseOver 和 onMouseOut 作为属性添加到 <h3> 元素中（如图 10-13 所示）。其余的 JavaScript 代码插入在文档的 <head> 区域中

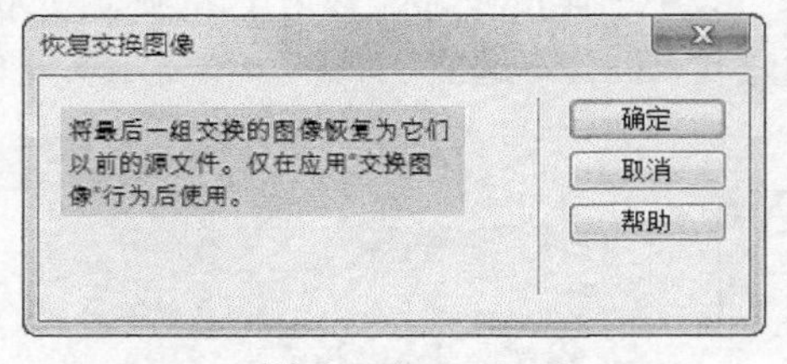

图10–11

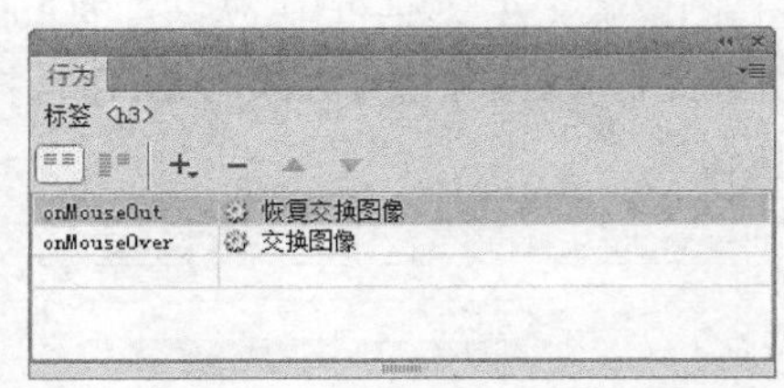

图10–12

```
<td scope="col"><h3 onMouseOver="MM_swapImage('ecotour','','images/tower.jpg',1)" onMouseOut=
"MM_swapImgRestore()">Tour Eiffel (Day 1)</h3>
```

图10–13

4. 保存文件，并切换到“实时”视图测试行为。测试文本触发元素“Tour Eiffel”。

当指针经过该文本时，Eco-Tour 图像将被一幅艾菲尔铁塔的图像替换，然后当移开指针时，Eco-Tour 图像将重新出现。行为像期望的那样工作，但是如果用户在标题上晃动指针，关于指示神秘事件发生的文本并没有任何明显的“区别”。既然大多数 Internet 用户都熟悉通过超链接提供的交互性，对标题应用链接占位符将鼓励访问者探索效果。

10.3.3 删除应用的行为

在可以对超链接应用行为之前，需要删除当前的“交换图像”和“恢复交换图像”行为。

1. 关闭“实时”视图。如果必要，可打开“行为”面板。然后在文本“Tour Eiffel”中插入光标。

“行为”面板将显示两个应用的事件。至于你先删除哪个事件是无关紧要的。

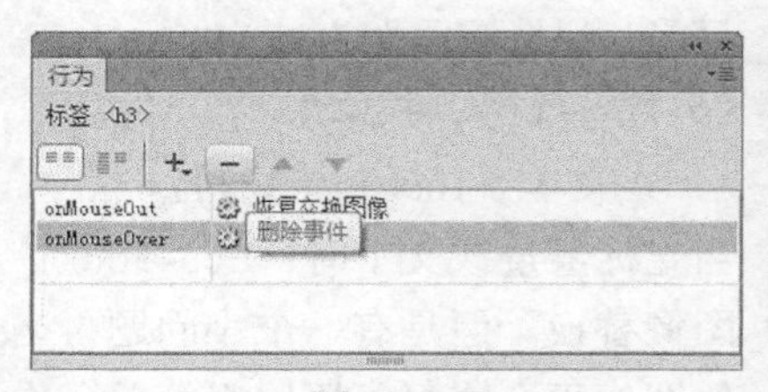

图10–14

2. 选择“交换图像”事件，并在“行为”中单击“删除事件”（-）图标（如图 10-14 所示）。然后选择“恢复交换图像”

事件，并在“行为”中单击“删除事件”图标。

两个事件都删除了。Dreamweaver 还将删除任何不需要的 JavaScript 代码。

3. 保存文件，再次在“实时”视图中检查文本。

文本不再会触发“交换图像”行为。为了对链接应用行为，首先必须给标题添加链接或链接占位符。

10.3.4 给超链接添加行为

可以给超链接添加行为，即使它们没有加载新文档也可如此。对于下面这个练习，将给标题添加一个链接占位符，以支持想要的行为。

1. 选取 <h3> 元素内的文本“Tour Eiffel”。在“属性”检查器中的“链接”框中，输入 #，并按下 Enter/Return 键创建链接占位符。

文本将显示默认的超链接样式（如图 10-15 所示）。

2. 在链接中插入光标。然后在“行为”中，单击“添加行为”（+.）图标，并从弹出式菜单中选择“交换图像”。

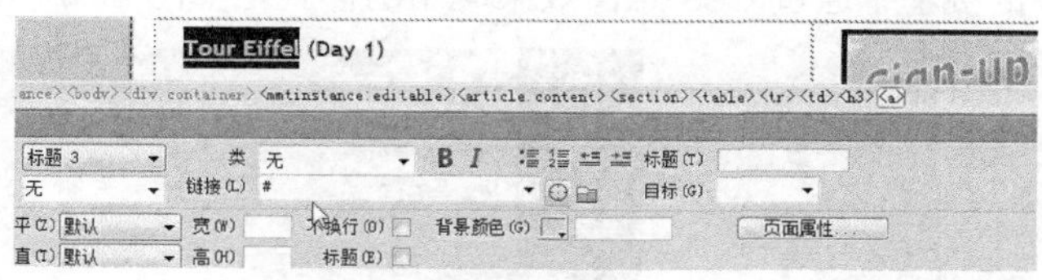

图10-15

只要光标仍然插入在链接中的任意位置，就会对整个链接标记应用行为。

3. 在“交换图像”对话框中，选择项目“图像 "ecotour.png"”。然后单击“浏览”按钮，从站点的 images 文件夹中选择 tower.jpg，并单击“确定”/Open 按钮。
4. 在“交换图像”对话框中，如果必要，可选择“预先载入图像”和“鼠标滑开时恢复图像”选项（如图 10-16 所示），并单击“确定”按钮。

“交换图像”事件和“恢复交换图像”事件一起出现在“行为”中。由于行为是一下子应用的，Dreamweaver 提供了恢复功能，作为一种提高效率的方法。

5. 选取文本“Paris Underground”并应用链接（#）占位符。然后对该链接应用“交换图像”行为，并从站点的 images 文件夹中选择图像 underground.jpg。
6. 为文本“Seine River Dinner Cruise”重复第 5 步的操作，并选择图像 cruise.jpg。
7. 为文本“Champs Élysées”重复第 5 步的操作，并选择图像 champs.jpg。

现在就完成了“交换图像”行为，但是文本和链接外观与站点的配色方案不匹配。让我们创建自定义的 CSS 规则，相应地格式化它们。你将创建两个规则：一个用于标题元素，另一个用于链接本身。

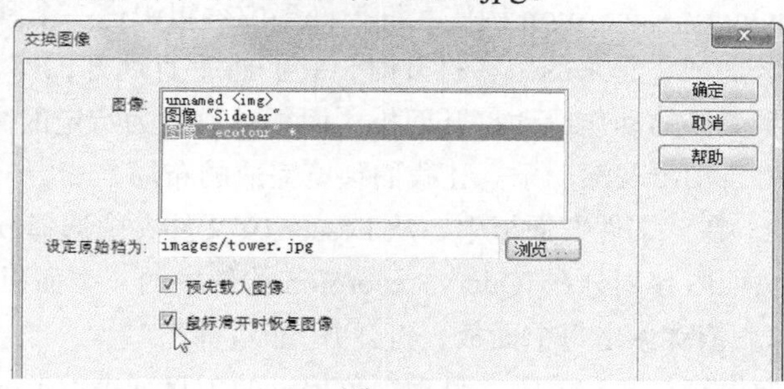

图10-16

8. 在任何翻转效果的链接中插入光标。
9. 在“CSS 设计器”中，选择 mygreen_styles.css 样式表中的 .content section h2 规则，然后单击“添加选择器”（**+**）图标。
10. 创建 .content section h3 选择器。
11. 创建以下属性和规范：

```
margin-top:0px
margin-bottom:5px
```

12. 创建 .content section h3 a 选择器。
13. 创建以下属性和规范：

```
font-size:140%
color:#090
```

14. 按下 Enter/Return 键完成规则。

标题现在更醒目，并且编排了样式，以匹配站点主题。注意观察当把鼠标移到移到链接上时下画线是怎样消失的，这些链接基于通过 CSS 悬停效果应用的样式（如图 10-17 所示）。

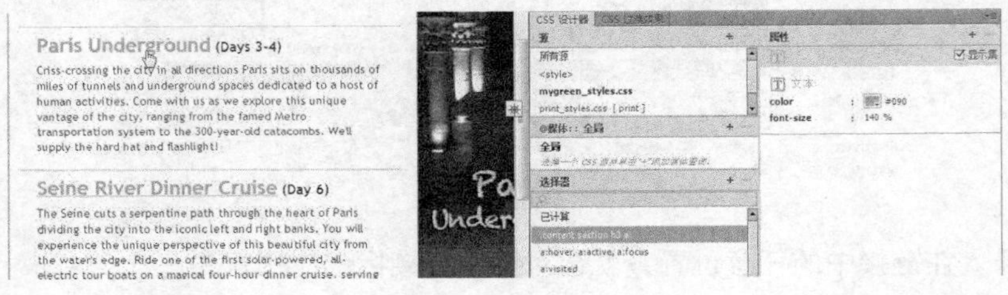

图10-17

15. 保存所有文件，并在“实时”视图中测试行为。

“交换图像”行为在所有的链接上都可以成功地工作。

16. 关闭 travel.html。

除了引人注目的效果之外，Dreamweaver 还提供了结构组件（比如 jQuery 构件），它们可以节省空间，以及给站点添加更多的交互式风格。

10.4 使用 jQuery Accordion 构件

jQuery Accordion 构件允许把许多内容组织进一个紧凑的空间中。在 Accordion 构件中，各个选项卡是堆叠起来的；在打开时，它们将垂直展开，而不会并排显示。当单击一个选项卡时，将用一个流畅的动作滑动打开面板。面板被设置为特定的高度，如果面板内的内容高于或宽于面板本身，将自动出现滚动条。让我们预览完成的布局。

1. 在“文件”面板中，从 Lesson10 文件夹中选择 tips_finished.html，并在主浏览器中预览它。

页面内容划分在 jQuery Accordion 构件中的三个面板中。

2. 依次单击每个面板，打开并关闭它们。

面板将打开和关闭，呈现绿色提示的项目列表。Accordion 构件允许在一个更小、更高效的空间里显示更多的内容（如图 10-18 所示）。

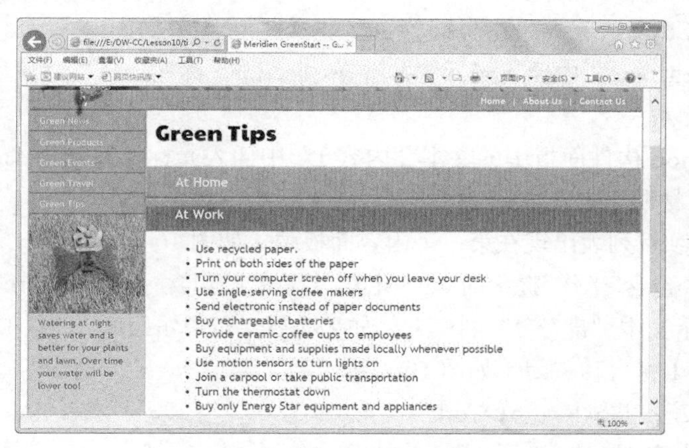

图10–18

3. 关闭浏览器，并返回到 Dreamweaver。

10.4.1 插入 jQuery Accordion 构件

在下面这个练习中，将把 jQuery Accordion 构件纳入到现有的布局中。

1. 打开 tips.html。

该页面包含由 <h2> 标题分隔开的 3 个项目列表，让我们首先在第一个 <h2> 前面插入一个 jQuery Accordion 构件。

2. 在标题 “At Home” 中插入光标，并选择 <section>[1] 标签选择器，然后按下向左的箭头键一次，把光标移到 <section> 开始标签之前。

3. 在 “插入” 面板的 jQuery UI 类别中，选择 Accordion。

Dreamweaver 将插入 jQuery Accordion 构件元素。初始元素是包含 3 个面板的 Accordion 构件，并且会打开上方的面板。带有标题“jQuery Accordion : Accordion1”的蓝色选项卡出现在新对象上方（如图 10-19 所示）。

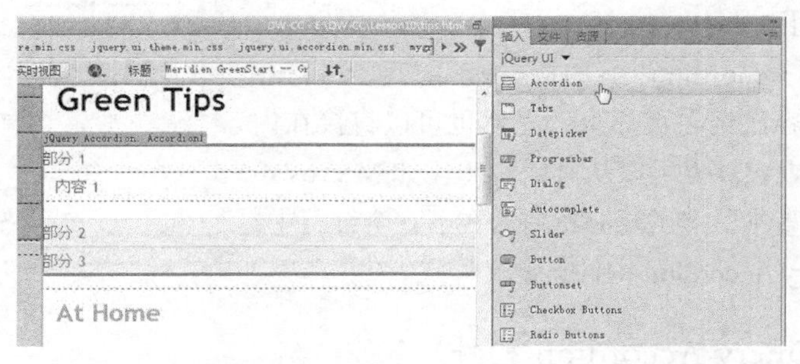

图10–19

4. 选取占位符文本 “部分 1”，并输入 “At Home” 替换它。

1 原文为 <h2>，根据后面的操作步骤，此处应为 <section>。——译者注

5. 向下滚动，在项目列表的第一项“Wash clothes in cold water”中插入光标，并选择 <ul> 标签选择器，然后按下 Ctrl+X/Cmd+X 组合键剪切整个列表。

6. 在 <h2> 标题“At Home”中插入光标，并选择 <section> 标签选择器，然后按下 Delete 键。

删除空的 <section> 元素。

7. 在顶部的 Accordion 构件面板中的文本“内容 1”中插入光标，并选择 <p> 标签选择器。然后选择“编辑”>“粘贴”或者按下 Ctrl+V/Cmd+V 组合键粘贴项目列表。

在“设计”视图中，项目列表出现在第一个内容面板中（如图 10-20 所示）。

8. 选取并剪切后一个包含“工作”提示的 <ul> 元素，并且删除包含标题“At Work”的空 <section> 元素。

9. 把光标定位在显示文本“部分 2”的栏上，如果必要，可单击眼睛（ ）图标，打开面板 2。

面板 2 打开后，面板 1 将自动关闭（如图 10-21 所示）。

10. 选取文本“部分 2”，并输入“At Work”。

11. 选取包含文本“内容 2”的 <p> 元素，并粘贴 <ul> 元素。

12. 重复执行第 8 ～ 11 步，创建“In the Community”的内容区域。

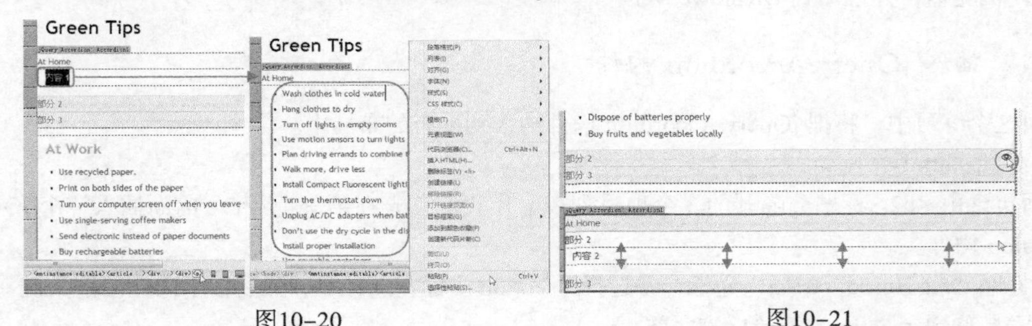

图10-20　　图10-21

完成后，全部 3 个列表现在都包含在 jQuery Accordion 构件内，并且所有空的 <section> 元素都删除了。

13. 保存文件。

出现一个对话框，报告将把多个 jQuery 资源文件复制到站点中，以支持 Accordion 构件的功能（如图 10-22 所示）。

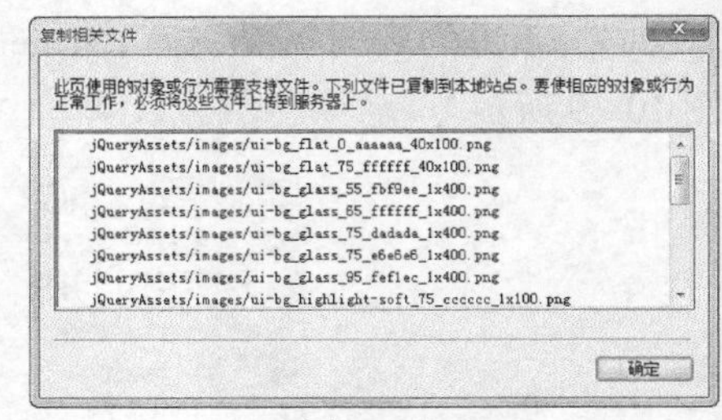

图10-22

14. 单击“确定”按钮。

你创建了一个 jQuery Accordion 构件并添加了内容。尽管在这个练习中添加的内容已经在页面上，显然也可以直接在内容面板中输入和编辑内容。也可以从其他源（比如 Microsoft Word、TextEdit 和“记事本”等）复制材料。在下一个练习中，你将学习如何为 jQuery Accordion 构件自定义样式。

10.4.2　自定义 jQuery Accordion 构件

像 Dreamweaver 提供的其他构件一样，jQuery Accordion 构件通过它自己的 CSS 和 JavaScript 文件进行格式化。如果查看文档窗口顶部显示的相关文件，将会看到有 3 个新的样式表和两个新的 .js 文件附加到这个页面上，用于格式化和控制构件的行为（如图 10-23 所示）。

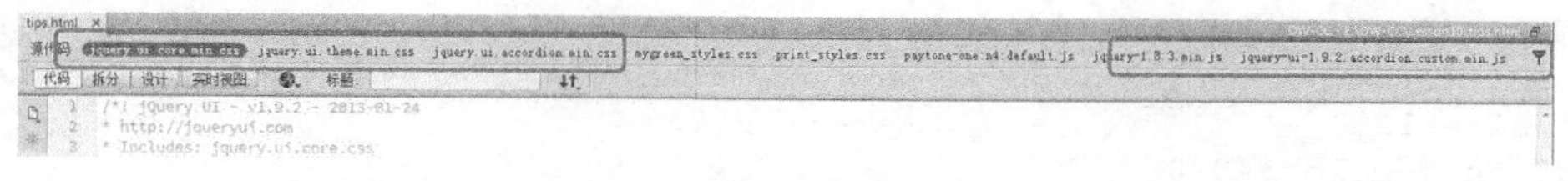

图10-23

jQuery 样式表非常复杂，应该避免使用，除非你知道自己在做什么。作为替代，在这个练习中，你将学习如何使用现有的站点样式表和你已经知道的技能，对 Accordion 构件应用站点设计主题。

1. 在标记为“At Home”的选项卡中插入光标，并检查标签选择器的名称和顺序。

选项卡由 3 个主要元素组成：<div#Accordion1>、<h3> 和 <a>（如图 10-24 所示）。但是，这只是表面现象。在幕后，jQuery 函数正在操纵 HTML 和 CSS，产生各种控制 Accordion 构件的行为。当把鼠标移到选项卡上并单击它们时，将动态更改类属性，产生悬停效果和动画式面板。

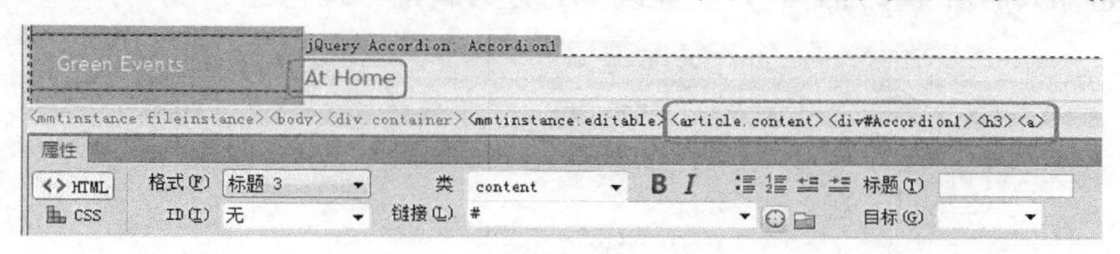

图10-24

如你在前面所学到的，超链接展示 4 种基本行为：链接、已访问、悬停和活动。jQuery 正在利用这些默认状态来应用多种不同的效果。你的工作将是创建多个新规则，它们将重写 jQuery 样式，并代之以应用 GreenStart 主题。第一步是格式化选项卡的默认状态。

2. 如果必要，就切换到“设计”视图。在出现在关闭的内容面板上方的选项卡之一中插入光标。

关闭的面板上方的选项卡被视作是默认状态，因为一次只能打开一个选项卡。

3. 选择关闭的选项卡的 <h3> 标签选择器。在“CSS 设计器”的“源”窗格中，选择 mygreen_styles.css，然后单击“添加选择器”（**+**）图标。

此时将打开一个新的选择器名称框，其中将自动填充以默认选项卡为目标的后代选择器。该选择器还包括 .container 和 .content 类，指示 Accordion 构件出现在 Web 页面的 <article.content> 元素内（如图 10-25 所示）。可以在名称中保留这两个类，使这个选择器比 jQuery 样式表中包含的选择器更具体，但是这有点矫枉过正。

4. 从选择器名称中删除 .container 类（如图 10-26 所示）。一旦编辑完成，可以按下 Esc 键，然后按下 Enter/Return 键关闭名称。

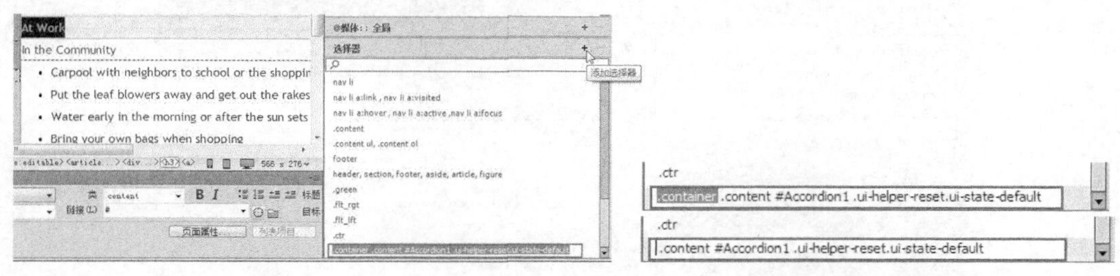

图10-25　　图10-26

可能需要把“CSS 设计器”打开得更宽一些，以显示完整的选择器名称。

5. 在“属性”窗格中创建以下规范（如图 10-27 所示）：

```
font-size:120%
background-color:#090
background-image:background.png
background-position:0% 0%
background-repeat:repeat-x
border-bottom-color:#060
border-bottom-width:3px
border-bottom-style:solid
margin-bottom:0px
```

这种样式将应用于 Accordion 选项卡的默认状态，然后通过继承自动应用于所有其他的状态。通过从这种状态开始，只需对希望通过用户交互改变的行为编排样式。

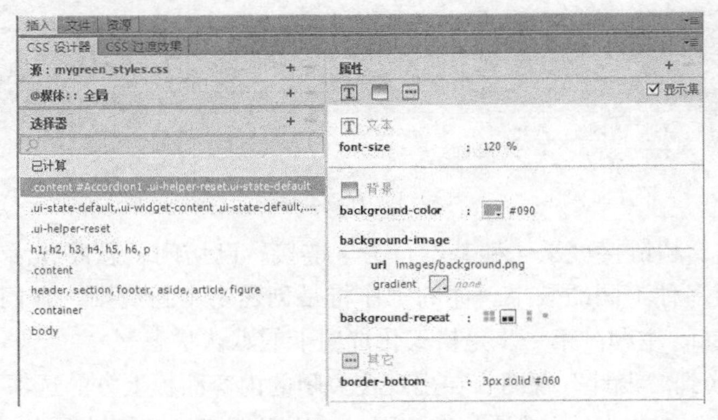

图10–27

像所有的超链接一样，文本颜色是由 <a> 元素控制的。

6. 选择关闭的选项卡的 <a> 标签。在“CSS 设计器”的“源”窗格中，选择 mygreen_styles.css，然后单击“添加选择器”（![]）图标。

出现一个用于 <a> 元素的新选择器名称。

7. 从选择器名称中删除 .container 类。

8. 在“属性”窗格中创建以下规范：color: #FFC。

选项卡中的文本将以淡黄色显示（如图 10-28 所示）。接下来，将处理超链接的 a:hover 状态。

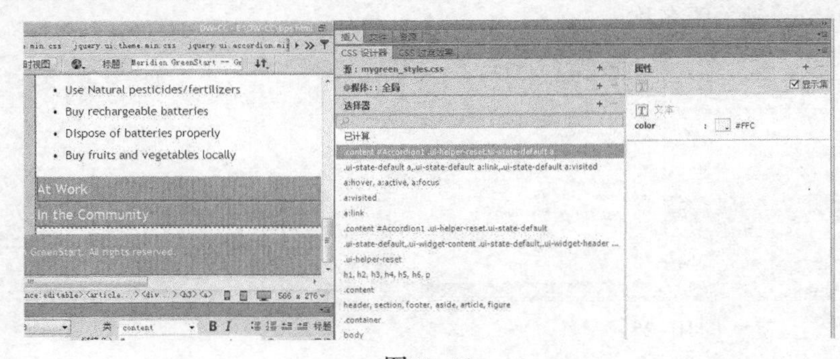

图10–28

9. 在 mygreen_styles.css 中，复制 .content #Accordion1 .ui-helper-reset.ui-state-default a 规则。

10. 编辑选择器名称，给它添加 :hover 状态，比如 : .content #Accordion1 .ui-helper-reset.ui-state-default a:hover。

11. 把颜色规范改为 : color: #0F0（如图 10-29 所示）。

这样就完成了 Accordion 构件的基本设计，现在可以添加一点样式。

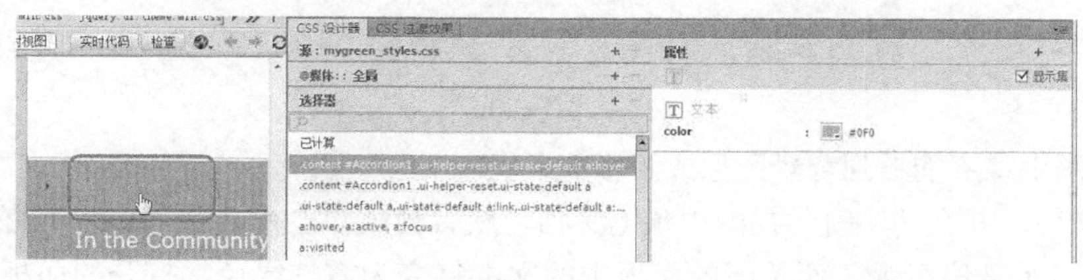

图10–29

12. 在打开的内容面板上方的选项卡中插入光标。

打开的选项卡和关闭的选项卡之间的格式化效果可能有所不同。通过使用不同的背景图形和颜色，用户可以轻松地找到他们正在寻找的信息。

13. 选择打开的选项卡的 <h3> 标签选择器。然后在“源”窗格中选择 mygreen_styles.css，并单击“添加选择器”（■）图标。

出现一个新的选择器名称 : .container .content #Accordion1 .ui-helper-reset.ui-state-default.ui-state-active。

14. 从选择器名称中删除 .container 类。

15. 创建以下规范（如图 10-30 所示）:

```
background-image:background2.png
background-position:0% 0%
background-repeat:repeat-x
```

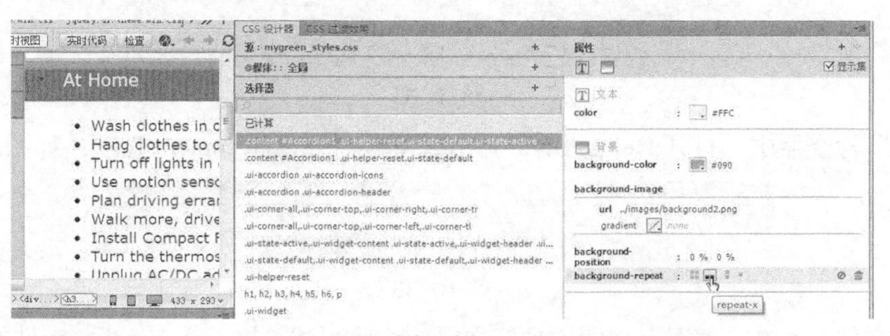

图10–30

最后一步是格式化打开的选项卡的文本颜色，该颜色是由 <a> 元素控制的。

16. 在 Accordion 构件的打开的选项卡中插入光标，并选择打开的选项卡的 <a> 标签选择器。在“源”窗格中选择 mygreen_styles.css，并单击“添加选择器”（■）图标。

出现一个新的选择器名称 : .container .content #Accordion1 .ui-helper-reset.ui-state-default.ui-state-active a。

17. 从选择器名称中删除 .container。

18. 在“属性”窗格中创建以下规范（如图 10-31 所示）：

```
color:#FFF
text-shadow:0px 0px 15px #000
```

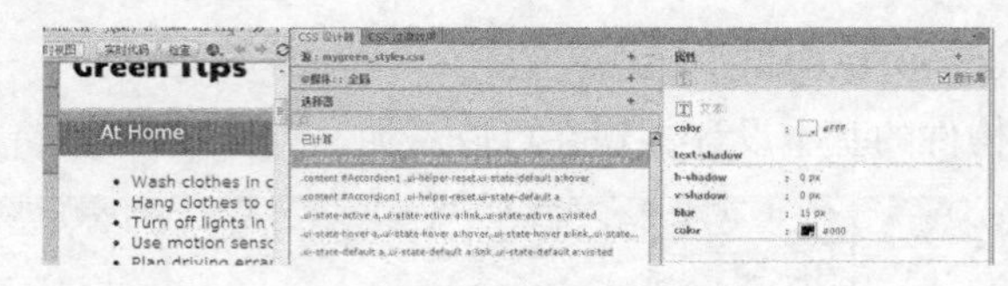

图10-31

在“设计”视图中将不能看到背景图像或阴影效果。

19. 保存所有文件，并在“实时”视图中预览文档。然后测试并检查 Accordion 构件的行为。

水平选项卡将显示悬停行为，而关闭的面板中的文本将变为霓虹绿色。打开的面板中的文本出现在优美的阴影之上，并且不会因为悬停效果而改变，这指示面板已经是打开的。唯一有损于总体效果的是内容窗口都具有相同的大小，使得在其中两个面板中留下了太多的空白空间。在 jQuery 构件中可以轻松地修正这一点。

20. 切换回正常的“设计”视图，并在 Accordion 构件中插入光标，然后选择出现在构件上方的蓝色选项卡。

“属性”检查器将显示 jQuery Accordion 构件的多种规范。在这个界面中，可以轻松地添加新的内容窗口和删除现有的内容窗口以及控制其他重要的属性，而不必访问 HTML 或 CSS 代码。高度样式目前被设置为 auto，这使得每个面板都具有相同的大小（如图 10-32 所示）。

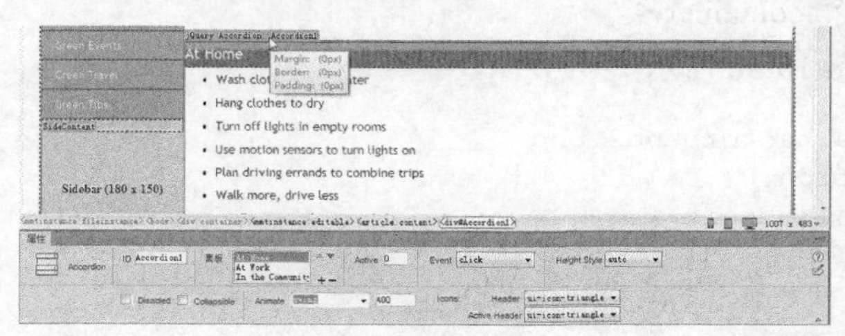

图10-32

21. 在“属性”检查器中，打开 Height Style 弹出式菜单，并选择 content 选项（如图 10-33 所示）。

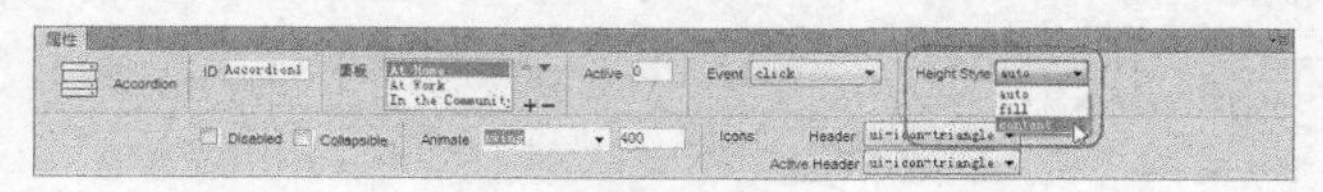

图10-33

22. 保存所有文件，并在“实时”视图中预览文档，然后测试并检查 Accordion 构件的行为。

面板现在将缩放到它们的实际内容的高度。

你成功地对 Accordion 构件应用了格式化效果，使之匹配 Web 站点的配色方案，并且调整了组件的高度，以允许内容更高效地显示。Accordion 构件只是 Dreamweaver 提供的 33 种 jQuery 构件和组件之一，它们允许在网站中纳入高级功能，而几乎或者根本不需要编程技能。所有这些组件都可以通过“插入”菜单或面板访问。在下面的课程中，你将学习如何使用更多的 Dreamweaver 内置的 jQuery 组件。

复习

复习题

1. 使用 Dreamweaver 行为有什么好处？

2. 必须使用哪三个步骤来创建 Dreamweaver 行为？

3. 在应用行为之前给图像分配 ID 的目的是什么？

4. jQuery Accordion 构件可以做什么？

5. 在哪里可以给 jQuery Accordion 构件添加或删除面板？

复习题答案

1. Dreamweaver 行为可以快速、轻松地给 Web 页面添加交互式功能。

2. 要创建 Dreamweaver 行为，需要创建或选择触发元素，选择想要的行为，以及指定参数。

3. 在应用行为的过程中，ID 对于选择特定的图像是必不可少的。

4. jQuery Accordion 构件包括多个可折叠面板，它们在页面上的一个紧凑的区域中隐藏和显示内容。

5. 在文档窗口中使用蓝色选项卡选择构件，然后使用“属性”检查器的 jQuery 界面执行相应的操作。

第11课 使用Web动画和视频

课程概述

在这一课中，将学习如何把 Web 兼容的动画和视频组件纳入 Web 页面中，并执行以下任务：

- 插入 Web 兼容的动画；
- 插入 Web 兼容的视频。

完成本课大约需要 40 分钟的时间。在开始前，请确定你已经如本书开头的“前言”一节中所描述的那样把用于第 11 课的文件复制到了你的硬盘驱动器上。如果你是从零开始学习本课，可以使用“前言”中的“跳跃式学习”一节中描述的方法。

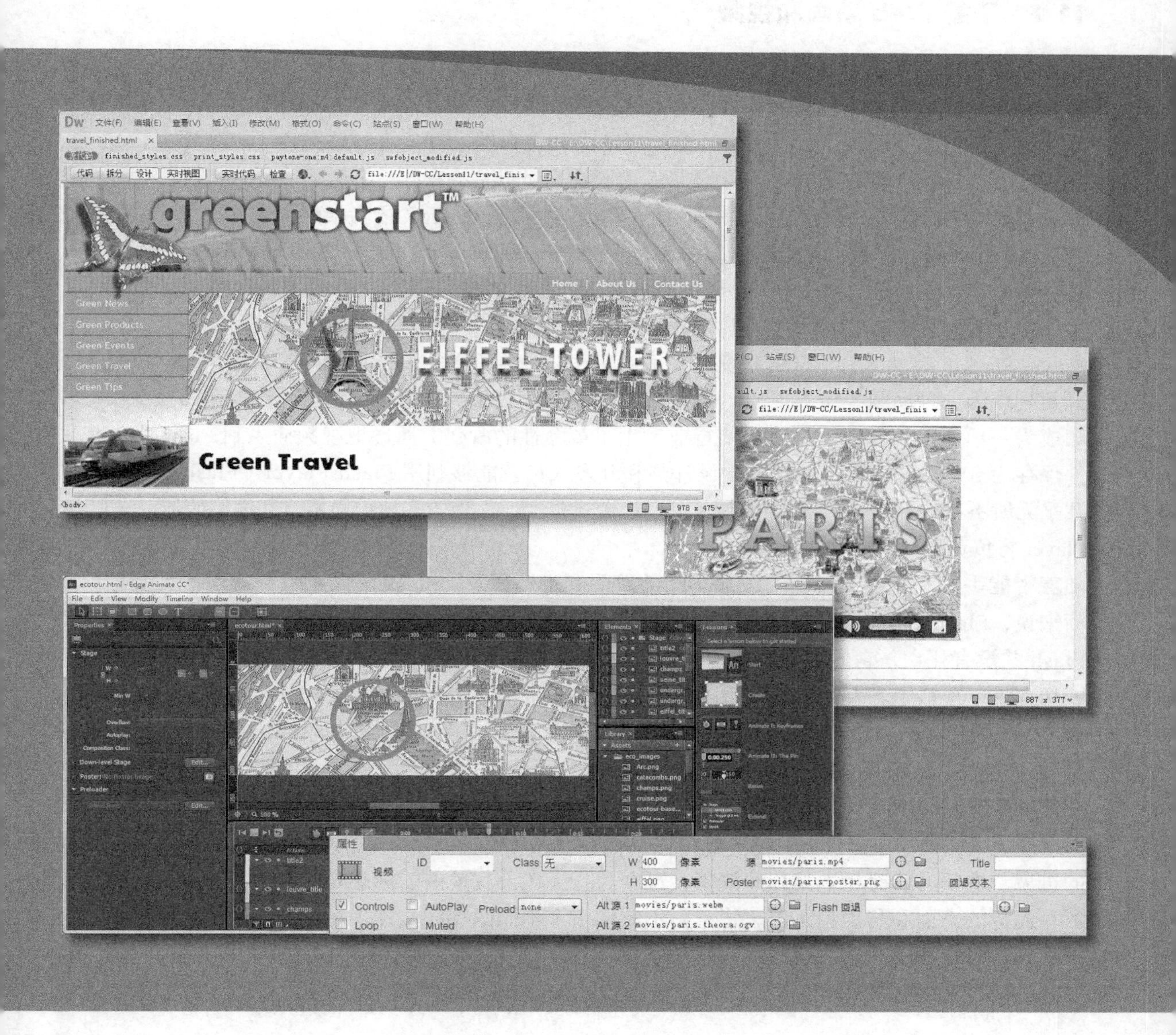

Dreamweaver 允许集成 HTML5 兼容的动画和视频。

> **注意：**如果你还没有把用于本课的文件复制到计算机硬盘上，那么现在一定要这样做。参见本书开头的“前言”中的相关内容。

11.1 了解 Web 动画和视频

Web 给普通用户提供了各种各样的体验。首先，你可以下载并阅读最畅销的小说。接着，你可以收听自己喜爱的无线电台或者欣赏艺术家的演出。然后，你可以观看实时电视新闻报道或者未经删节的电影。在 Adobe Flash 之前，难以将动画和视频纳入网站上。这是由于在发明 HTML 时，甚至连静态图像都难以在 Internet 上使用；视频在当时只是将来的一个遥不可及的梦想。

视频和动画内容最终是使用应用程序、插件和编解码器（codec）的大杂烩以多种格式提供的，它们可以跨 Internet 把数据传输给计算机和浏览器，但这通常伴随有巨大的困难和不兼容性。通常，在一种浏览器中工作的格式与另一种浏览器不兼容，在 Windows 中工作的应用程序不能在 Mac 上工作，大多数格式都需要它们自己专有的播放器或插件。

Adobe Flash 一度给这种混乱的状况带来了秩序。它提供了单个平台用于创建动画和视频。Flash 一开始是作为一种动画程序出现的，并且一直在改变着 Web。几年前，它通过使得向站点中添加视频成为一项简单的任务而再一次使行业发生了革命性的改变。通过把视频插入到 Flash 中并把文件保存为 SWF 或 FLV 文件，Web 设计师和开发人员就能够利用 Flash Player（Flash 播放器）的几乎无所不在的分布——安装在 90% 以上的台式机上。无需更多地担心格式和编解码器——Flash Player 将负责处理所有这些方面。

随着智能手机和平板设备在过去几年间的发明和迅速普及，Flash 陷入了低潮。对于大多数制造商来说，Flash 的威力和能力太难以实现，以至于不能在这些设备为其提供支持，并且放弃了它。Flash 并没有死亡，它的多媒体威力和功能仍然是无与伦比的。但是今天，当涉及动画和视频时，一切都难以预料了。人们重新发明了用于创建基于 Web 的媒体的技术。如你可能猜到的，这种远离 Flash 的趋势在 Web 媒体前线的新混乱时代不绝于耳。有很多的编解码器争相成为用于 Web 的视频分发和播放的“终极”格式。

在这种乱糟糟的局面下，唯一给人们带来一缕阳光的是：在开发 HTML5 时，提供了对动画和视频的内置支持。使用原始的 HTML5 和 CSS 功能替代基于 Flash 的动画的大部分能力已经取得了巨大的进展。视频的状况还不是如此清晰，迄今为止，还没有单一的标准脱颖而出，这意味着要支持所有流行的桌面和移动浏览器，将不得不制作多个不同的视频文件。在这一课中，你将学习如何把不同类型的 Web 动画和视频纳入站点中。

> **注意：**如果你使用的是“跳跃式学习”方法，可以遵循本书开头的“前言”一节中的相关指导。

11.2 预览已完成的文件

要查看你将在这一课中处理的内容，可以在浏览器中预览已完成的页面。这个页面是你在前一课中组装的旅行站点的旅行页面。

1. 启动 Adobe Dreamweaver CC。
2. 如果必要，可以按下 F8 键打开“文件”面板，并从站点列表中选择 DW-CC。
3. 在“文件”面板中，展开 Lesson11 文件夹。
4. 选择 travel_finished.html 文件，并在主浏览器中预览它。

该页面包括两个媒体元素：MainContent 区域顶部的横幅动画以及插入在下面的视频（如图 11-1 所示）。依赖于用于查看页面的浏览器，可能从以下 4 种不同的格式之一生成视频：MP4、WebM、Ogg 或 Flash Video。

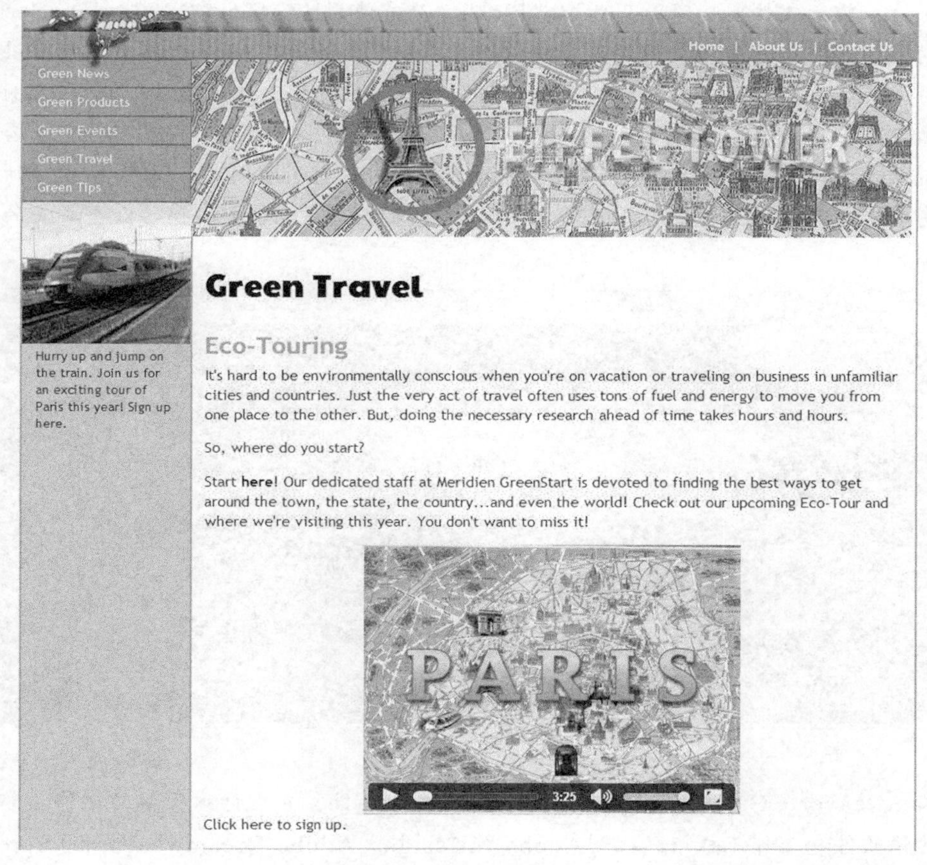

图11–1

5. 注意：当页面加载完成时，就会把横幅广告播放一次。
6. 要查看视频，可以单击“播放”按钮。如果没有看到“播放”按钮，你的浏览器可能正在显示视频的 Flash 备用版本。把光标移到视频上以显示控件外观，并单击“播放”按钮。

不同的浏览器支持不同类型的视频。依赖于浏览器支持的视频格式，你可能注意到：如果把光标移到视频之外，控件就会渐隐，但是一旦再次把光标定位于视频上，它们又会出现。

7. 预览完媒体后，关闭浏览器，并返回到 Dreamweaver。

11.3 向页面中添加 Web 动画

在 Adobe Edge Animate 发布之后，对 Dreamweaver 进行了修改，以提供一种新的内置、简化的工作流程，用于插入 Edge Animate 作品。新的 Dreamweaver 工作流程使得这个过程成为一个移动和单击鼠标的操作。

Adobe Edge Animate简介

本课程中使用的动画是在Edge Animate中构建的（如图11-2所示），它是由Adobe开发的一款新软件——不是用于取代Flash，而是使用HTML5、CSS3和JavaScript自然地创建Web动画和交互式内容。这款软件的Creative Cloud新版本现在可供所有的Creative Cloud订户使用。在编写本书时，计划将Edge Animate作为Creative Cloud上的独立产品来提供。对于后续版本和升级，这种模型可能会改变。名称“Edge”被Adobe用于标记一组正在开发的新的HTML应用程序，以支持设计师和开发人员为现代Web创建Web页面和内容。可以在html.adobe.com上检查所有的新产品。

图11-2

Dreamweaver CC利用了Edge Animate中的一个特性，它设计用于帮助把作品部署到其他软件和工作流程中，比如Adobe InDesign、Adobe Dreamweaver和Apple的iBooks Author。File>Publish命令（如图11-3所示）使你能够导出Edge Animate作品。通过相应地定义Publish设置，可以创建一组完整的与这些应用程序兼容的文件。出于这个练习的目的，我们为你发布了一个OAM文件，它是一种存档文件格式，其中包含在Dreamweaver中支持动画所需的所有成分元素。

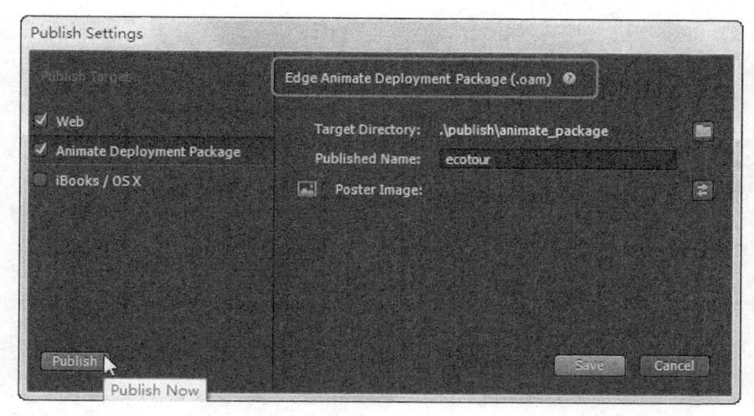

图11-3

1. 从站点的根文件夹中打开 travel.html。或者，如果你在这个练习中是从零开始学习的，可以参见本书开头的“前言”一节中的“跳跃式学习”中的指导。

需要把横幅插入在任何文本元素的外面。

2. 在标题文本“Traveling Green”中插入光标，并选择 <h1> 标签选择器。然后按下向左的箭头键，把光标移到 <h1> 元素的外面。
3. 选择“插入” > “媒体” > “Edge Animate 作品”（如图 11-4 所示）。

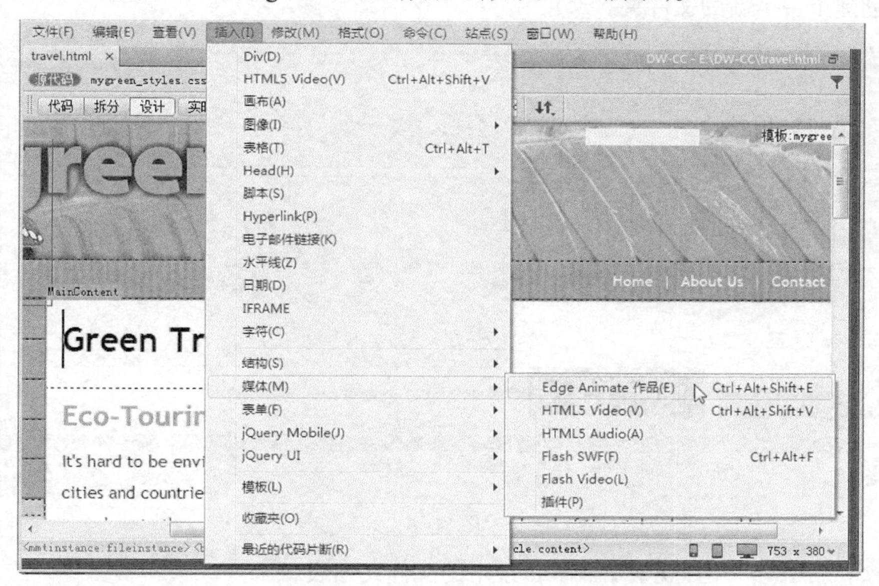

图11-4

4. 导航到站点根文件夹中的文件夹 ecotour > animate package[1]，并选择 ecotour.oam 文件（如图 11-5 所示）。

1 原文为“animate_package”，提供的素材是“animate package”，这是根据素材做的修改。——译者注

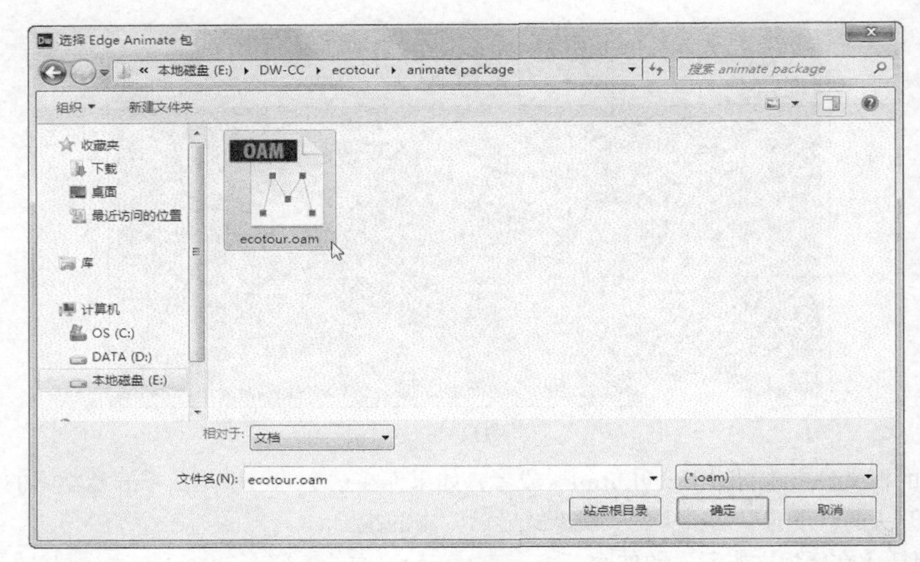

图11-5

5. 单击“确定”/Open 按钮，插入作品。

Edge Animate 横幅出现在页面顶部（如图 11-6 所示），但是你看不到什么，Dreamweaver 只是在站点根目录中创建了一个新的文件夹。

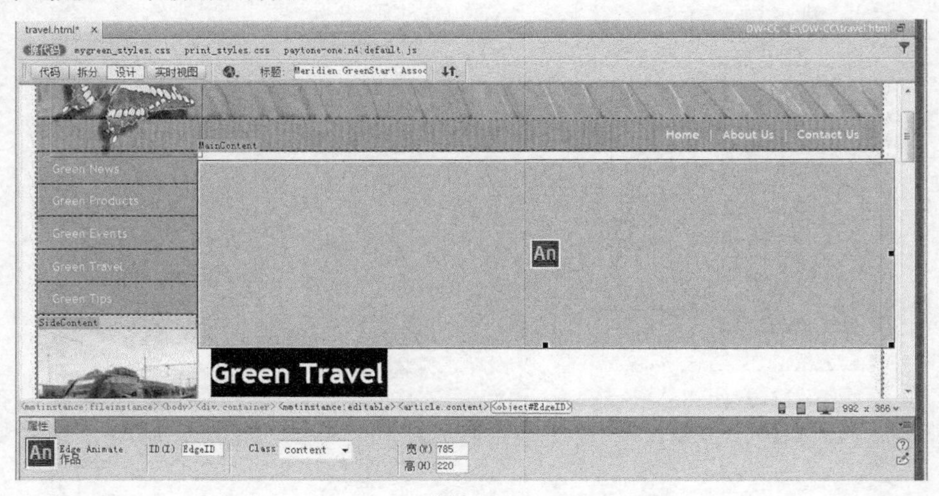

图11-6

6. 打开“文件”面板，并且观察站点根目录中的文件夹列表。

名为 edgeanimate_assets 的文件夹现在出现在根目录中。该文件夹是自动生成的，包含支持作品所需的全部文件。在发布 travel.html 时，必须把整个文件夹上传到 Web 主机上。

> **注意：** Dreamweaver 不会自动上传 Edge Animate 作品所需的所有支持文件。在把站点发布到 Web 上时，一定要上传 edgeanimate_assets 文件夹的全部内容。

7. 保存所有文件，然后选择“实时”视图。

一旦处理了代码，就会在“实时”视图中自动播放横幅动画，但是在动画与水平导航菜单之间具有不想要的间隙。为了确定出现间隙的原因，可以使用“代码浏览器”或者“CSS 设计器”。

8. 把光标定位在横幅动画上，右击它，并从上下文菜单中选择“代码浏览器”。

出现“代码浏览器”窗口，其中列出了影响横幅动画的所有 CSS 规则。

9. 从下往上查找，确定产生间隙的规则。

.content 规则对 div.content 应用了 10 像素的顶部填充（如图 11-7 所示）。

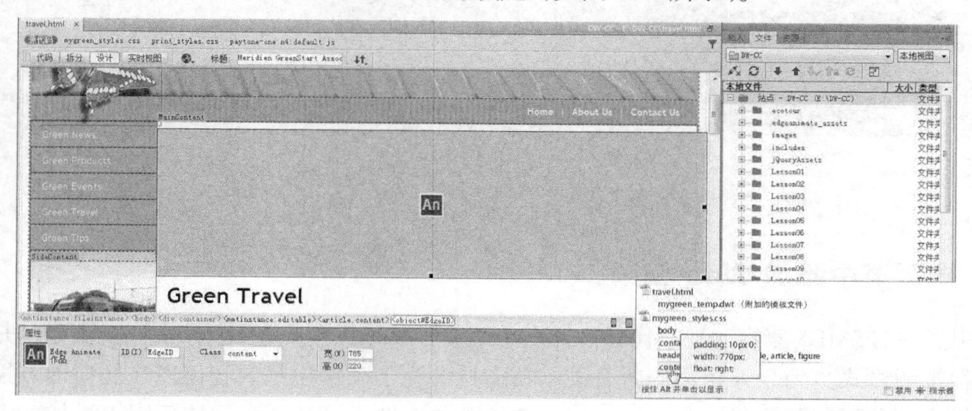

图11–7

10. 在“CSS 设计器”中，在 mygreen_styles.css 中选择 .content 规则。然后在“属性”窗口中，把 padding-top 从 10px 改为 0px。

注意：更改这个规则将会影响所有使用 mygreen_styles.css 的页面，这可能会对站点中的其他页面产生不利的影响。无论何时对站点范围的规则执行全局性更改，复查所有受影响的页面都是一个好主意。

11. 保存所有文件，然后刷新“实时”视图的显示。

横幅动画与页面的内容区域的顶部齐平。祝贺！你成功地在页面上纳入了基于 HTML5 和 CSS3 的动画。

广告代言人

HTML5的广泛的普及性和支持应该意味着你的动画将可以在大多数浏览器和移动设备中运行。但是，有非常小的可能性动画可能与老式的计算机和软件不兼容。在这些情况下，Edge Animate可以包括低级的舞台或者静态的海报或图像以供查看。

要在Animate内创建低级的舞台或海报，可以选择项目舞台，然后使用Properties添加合适的内容（如图11-8所示）。

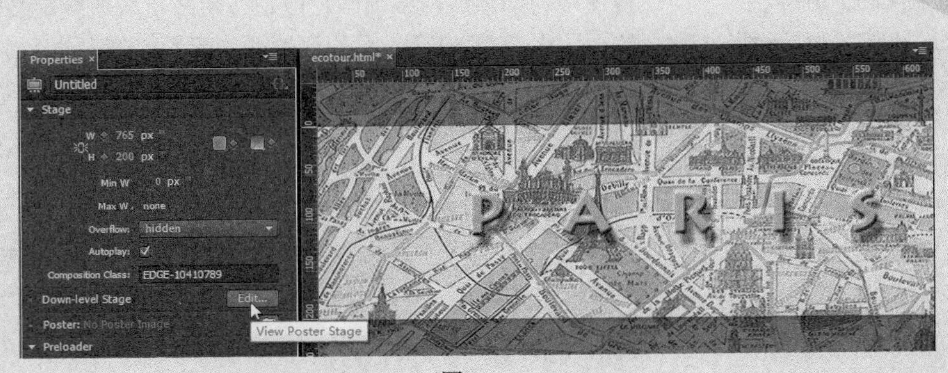

图11-8

11.4 向页面中添加 Web 视频

在站点中实现 HTML5 兼容的视频比只需插入单个基于 Flash 的文件要复杂一点。不幸的是，没有单独一种视频格式受到今天使用的所有浏览器支持。为了确保视频内容可以在任何地方播放，将不得不提供多种不同的格式。Dreamweaver CC 现在提供了一种内置的技巧用于添加多个视频文件，使得你不必自己做所有的编码工作。在下面这个练习中，你将学习如果在站点中的页面上插入 HTML5 兼容的视频。

1. 如果必要，可打开 travel.html。

你将在页面的 MainContent 区域中插入视频。

2. 在段落“Click here to sign up”中插入光标，并单击 <p> 标签选择器。然后按下向左的箭头键，把插入点移到 <p> 开始标签之前。

3. 选择“插入”>“HTML5 Video”。

这一行将创建 HTML5 兼容的视频元素。在页面上将出现一个视频占位符，并且“属性”检查器将显示以视频源文件为目标的新选项。注意：这个界面允许指定最多 3 个视频源文件以及一个 Flash 备用文件。

4. 在“属性”检查器中单击以激活“源”框的“浏览”命令。导航到 movies 文件夹，并选择 paris.mp4 文件（如图 11-9 所示），然后单击“确定”/Open 按钮。

MP4 文件格式将是加载的主要视频格式。MP4（也称为 MPEG-4）是一种基于 Apple 的 QuickTime 标准的视频格式。它天生受 iOS 设备支持，并将加载 MP4 文件，它与 iOS 设备和 Apple 的 Safari 浏览器兼容。许多专家建议先加载 MP4 文件，否则，iOS 设备可能会完全忽略视频元素。

5. 在“属性”检查器中输入以下规范：

```
W: 400
H: 300
```

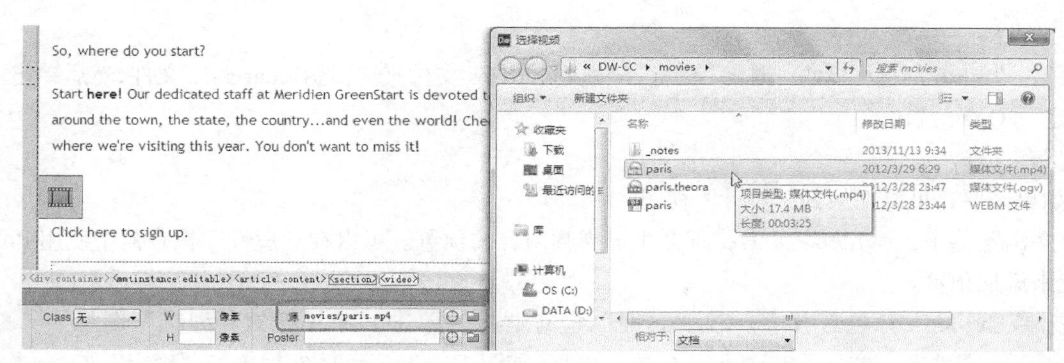

图11-9

如果你不是自己创建视频，通常可以通过以下方式获取 MP4 的宽度和高度：在 Windows 中，在“Windows 资源管理器”中选择属性；在 OS X 中，则在 Finder 中选择 Get Info。

你将加载的下一种格式是 WebM，它是由 Google 倡议的一种开源、免版税的视频格式。它与 Firefox 4、Chrome 6、Opera 10.6 和 Internet Explorer 9 及更高版本兼容。

6. 如果 Dreamweaver 为“Alt 源 1”自动插入了文件（如图 11-10 所示），就转到第 7 步；否则，可单击“Alt 源 1”框的“浏览”图标，导航到视频文件夹，并选择 paris.webm 文件，然后单击“确定”/Open 按钮。

图11-10

> **注意：**Dreamweaver 可能会预计 WebM 的使用，并将其自动插入为“Alt 源 1”。如果它这样做，可继续执行第 7 步。

为了丰富我们的 HTML5 视频选择，你将加载的下一种格式是一种有损的开源多媒体格式：Ogg。它设计用于分发没有版权及其他媒体限制的多媒体内容。

7. 单击“Alt 源 2”框的“浏览”图标，导航到视频文件夹，并选择 paris.theora.ogv 文件（如图 11-11 所示），然后单击“确定”/Open 按钮。

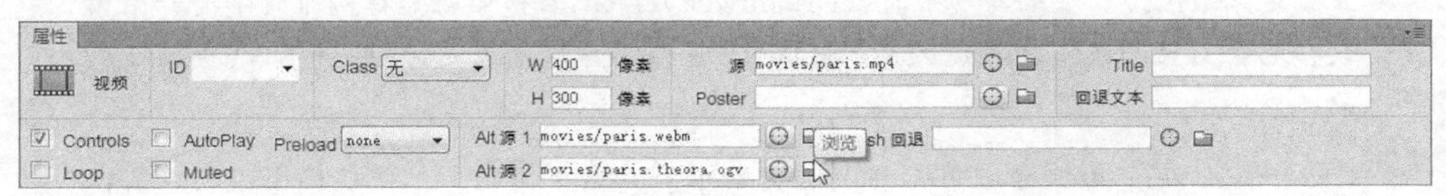

图11-11

这 3 种格式支持所有现代的桌面和移动浏览器。但是，要支持老式的软件和设备，可能需要使用忠实的老朋友——Flash 视频。通过最后添加它，可以确保只有那些不支持另外 3 种格式的浏览器才会加载 Flash 内容。尽管许多人正在放弃 Flash，Dreamweaver 仍然提供了用于插入 FLV 和 SWF

文件的支持。

8. 单击“Flash 回退”框的“浏览”图标，导航到 movies 文件夹，并选择 paris.flv 文件，然后单击“确定”/Open 按钮。

9. 保存文件。

10. 如果必要，可以切换到“设计”视图。

在许多浏览器中，<video> 元素将不会生成视频内容的预览。可以在“属性”检查器中使用 Poster 规范来添加预览。

11. 选择 <video> 标签选择器。在“属性”检查器中，单击 Poster 框的“浏览”图标。导航到 movies 文件夹，并选择 paris-poster.png 文件（如图 11-12 所示），然后单击“确定”/Open 按钮。

图11–12

将预览图像应用于 <video> 元素。在“设计”视图中什么也看不到，但是在浏览器或者“实时”视图中可以看到海报。使用海报的优点是：某些内容总会出现在页面上，甚至在不支持 HTML5 视频格式或者 Flash 视频的浏览器中也是如此。

注意：Travel 页面现在包含两个通知，提示用户签约参加生态旅游：一个在动画中，另一个在文本内。在第 12 课“处理表单”中，将创建一个带有签约表单的新页面，并将该文本链接到它。

12. 保存所有文件，并在“实时”视图中预览页面。

海报出现在布局内；视频控件出现在海报下面，这依赖于显示的是哪种视频格式。Flash 视频控件将出现在视频自身内。在下一个练习中，你将学习如何配置这些控件，以及视频将如何响应用户。

有瑕疵的视频

至此，你通常就完成了任务，并且准备好在多个浏览器中测试你的视频配置。不幸的是，使用FLV源文件的Flash备用版本丢失了一些必不可少的支持文件，并且将不会正确地播放FLV。在编写本书时，Dreamweaver CC的初始版本在发布时带有一个错误，它会对使用本节中描述的新的HTML5视频工作流程来支持FLV和SWF视频造成影响。

Dreamweaver工程师承诺在后续的云更新中修正这个问题，但是在那个时间以前，可以使用遗留的视频工作流程简单地替换新的代码元素，自己校正这个问题，方法如下。

1. 选择<video>标签选择器。
2. 切换到“代码”视图。如果必要，可以在文档窗口顶部的“相关文件”列表中选择“源代码”。
3. 选择整个<embed>元素，其中包含指向paris.flv的引用（如图11-13所示），并删除该元素。

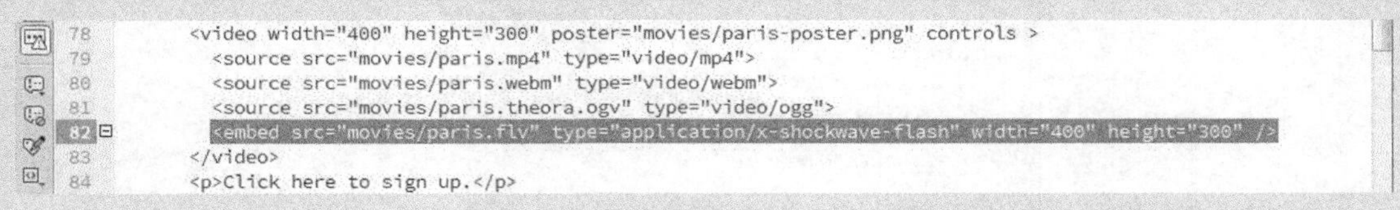

```
78    <video width="400" height="300" poster="movies/paris-poster.png" controls >
79      <source src="movies/paris.mp4" type="video/mp4">
80      <source src="movies/paris.webm" type="video/webm">
81      <source src="movies/paris.theora.ogv" type="video/ogg">
82      <embed src="movies/paris.flv" type="application/x-shockwave-flash" width="400" height="300" />
83    </video>
84    <p>Click here to sign up.</p>
```

图11–13

4. 选择“插入”>“媒体”>Flash Video。
5. 在“插入FLV”对话框中（如图11-14所示），单击“浏览”按钮导航到movies文件夹，并选择paris.flv文件，然后单击“确定”/Open按钮。

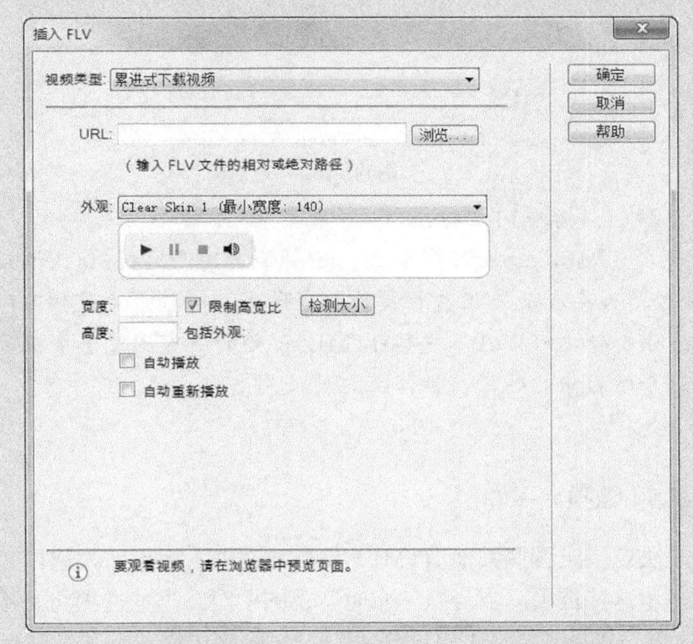

图11–14

文件名paris.flv出现在URL框中。Flash视频通过SWF外观界面提供它自己的控件，可以在这个对话框中选择你自己的外观设计。

6. 从“外观”弹出式菜单中选择“Corona Skin 2”。

在可以插入文件之前，还必须指定视频的尺寸。

7. 单击“检测大小”按钮。

Dreamweaver将在“宽度”和“高度”框中分别插入400和300的尺寸（如图11-15所示）。可以使用这些框下面的选项，指定是否希望视频自动播放和自动重新播放。

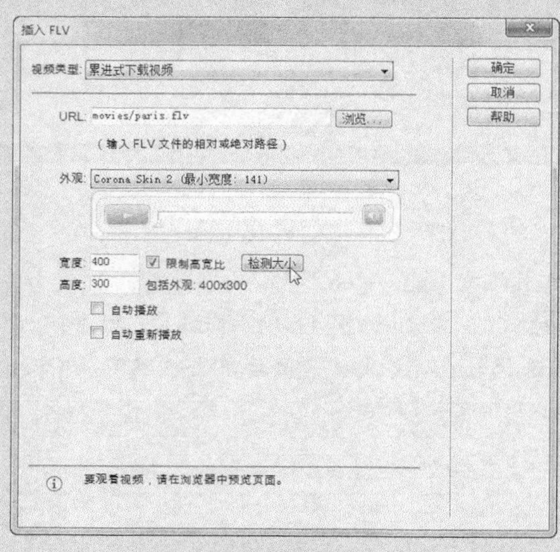

图11-15

8. 单击“确定”按钮，插入 FLV 视频。

<embed>元素现在被<object>标签所取代，还附带有用于运行Flash视频乃至检测所需的Flash播放器是否存在及其版本所需的所有代码。这种方法是插入FLV兼容的视频的最简单的方法，使之可以在不支持HTML5视频的所有浏览器中正确地播放。但是，只应该在这个练习中描述的特性修正之前使用这种方法。

11.4.1 HTML5 视频选项

配置视频的最后一步是决定指定哪些其他 HTML5 支持的选项。无论何时选择 <video> 元素，都会在“属性”检查器内显示这些选项。当身处“实时”视图中时，这些选项将是不可选择的。

1. 返回到“设计”视图。如果必要，可以选择 <video> 标签选择器，并且观察“属性”检查器左边的选项（如图 11-16 所示）。

图11-16

- Controls：显示可见的视频控件。
- AutoPlay：在 Web 页面加载后自动开始播放视频。
- Loop：一旦视频播放完，就使它从头开始重复播放。
- Muted：静音。
- Preload：指定加载视频的方法。

2. 如果必要，可以选中 Controls 复选框，并取消选中 AutoPlay、Loop 和 Muted 复选框，然后把 Preload 设置为 none。

<video> 元素现在就完成了。占位符出现在布局中，并且与 <div.content> 的左边齐平，让我们把它居中显示。

3. 单击视频占位符，并选择 <video> 标签选择器。在“CSS 设计器”面板中，在“源”窗格中选择 mygreen_styles.css，然后单击“添加选择器”图标。

默认情况下，<video> 标签是一个内联元素。通过给它分配 block 属性，可以控制视频在页面上的对齐方式及其与其他元素的关系。

4. 在 mygreen_styles.css 中，创建一个新的 CSS 规则，并把它命名为：.content section video、.content section video object。

5. 创建以下规范（如图 11-17 所示）：

```
display: block
margin-right: auto
margin-left: auto
```

图11-17

注意：这个规则将把插入在 <div.content> 中的所有 <video> 元素居中显示。如果需要把特定的视频作为目标，一种替代方法是创建一个自定义的 CSS 类，并根据需要应用它。

6. 在“实时”视图或者浏览器中预览页面。如果视频控件不可见，可以把光标移到静态图像上以显示它们。单击“播放”按钮即可查看影片（如图 11-18 所示）。

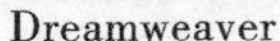
Dreamweaver

Internet Explorer

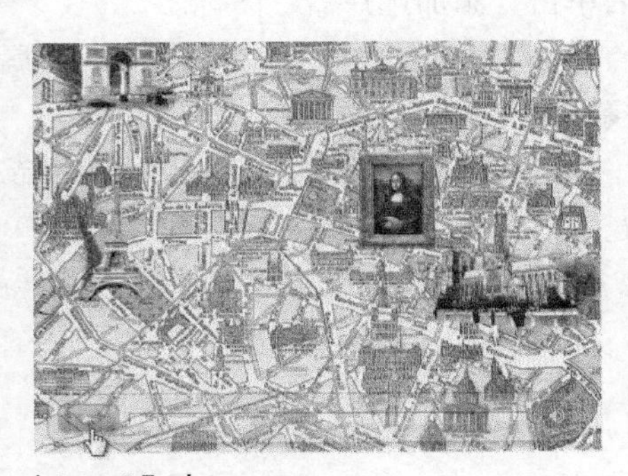

Internet Explorer

> Dw **注意：**当在本地查看影片时，Microsoft Internet Explorer 的一些版本可能会阻止活动的内容，直到给予浏览器运行它的权限为止。如果没有安装Flash播放器，或者如果它不是当前版本，可能会要求你下载最新的版本。

依赖于在哪里预览页面，你将会看到 4 种视频格式之一。例如，在“实时”视图中，将会看到基于 MP4 的视频。依赖于显示的是哪种格式，控件也将以不同的方式显示。这个影片没有声音，但是控件通常会包括一个扬声器按钮，用于调整音量或者设置为静音。

> Dw **注意：**在“实时”视图中，可能不会看到“播放”控件，但是如果单击进度条的左边，将会播放视频。

7. 完成后，切换回“设计”视图。

你嵌入了 3 个 HTML5 兼容的视频和一个 FLV 备用版本，这样就提供了对大多数可以访问 Internet 的浏览器和设备的支持。但是，你只学习了一种可能的技术，用于支持这个不断演进的标准。要了解关于 HTML5 视频以及如何实现它的更多信息，可以检查以下链接：

- http://tinyurl.com/video-HTML5-1
- http://tinyurl.com/video-HTML5-2
- http://tinyurl.com/video-HTML5-3

复习

复习题

1. 就基于 Web 的媒体而言，HTML5 相比 HTML 4 有什么优点?
2. 在本课中使用哪种编程语言来创建 HTML5 兼容的动画?
3. 判断题。为了支持所有的 Web 浏览器，可以选择单独一种视频格式。
4. 在不支持视频的浏览器或设备中，可以做什么给这些用户提供某种形式的内容?
5. 建议使用哪种视频格式来支持老式的浏览器?

复习题答案

1. HTML5 具有对 Web 动画和视频的内置支持。
2. 本课中使用的动画是通过 Adobe Edge Animate 使用 HTML5、CSS3 和 JavaScript 创建的。
3. 错误。单独一种受所有浏览器支持的格式还没有出现。开发人员建立纳入 4 种视频格式来支持主流的浏览器：MP4、WebM、Ogg 和 FLV。
4. 可以在“属性”检查器中通过一个选项来添加一幅静态海报图像（GIF、JPG 或 PNG），以便能够在不受支持的浏览器和设备中预览视频内容。
5. 由于 Flash 播放器的广泛安装，建议将 FLV（Flash 视频）作为老式浏览器的备用格式。

第12课 处理表单

课程概述

在这一课中，将为 Web 页面创建表单，并执行以下任务：

- 插入表单；
- 包括文本字段；
- 插入单选按钮；
- 插入复选框；
- 插入列表菜单；
- 添加表单按钮；
- 纳入域集和图注；
- 创建电子邮件解决方案用于处理数据；
- 利用 CSS 编排表单的样式。

完成本课大约需要 2 小时 15 分钟的时间。在开始前，请确定你已经如本书开头的“前言”一节中所描述的那样把用于第 12 课的文件复制到了你的硬盘驱动器上。如果你是从零开始学习本课，可以使用“前言”中的“跳跃式学习”一节中描述的方法。

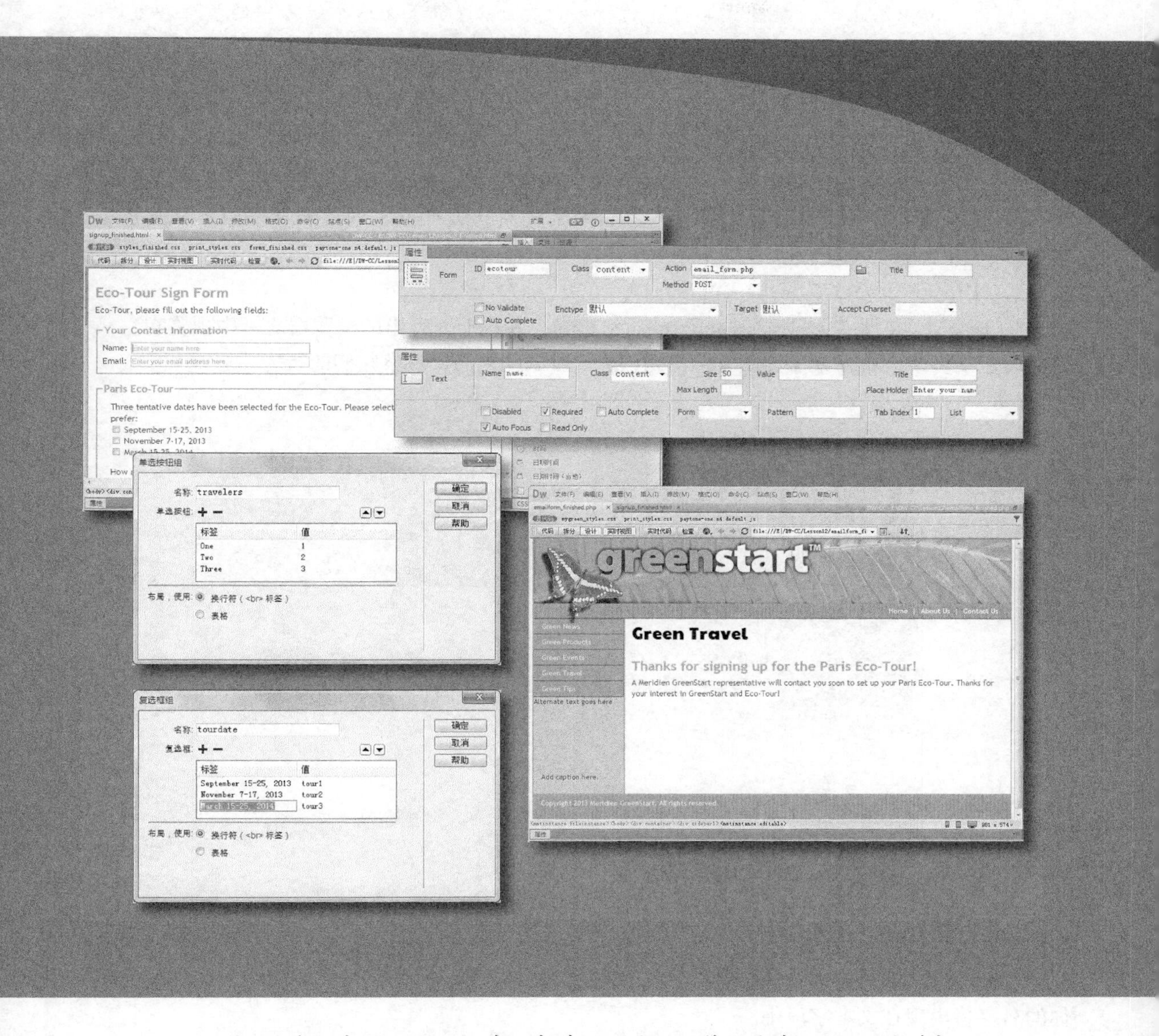

对于许多人来说，当他们填写表单时，是他们第一次在 Web 上遇到交互性。表单是现代 Internet 上必不可少的工具，允许你捕获重要的信息和反馈。

> **注意：**如果你还没有把用于本课的文件复制到计算机硬盘上，那么现在一定要这样做。参见本书开头的“前言”中的相关内容。

> **注意：**如果你在这个练习中是从零开始学习的，可以参见本书开头的“前言”一节中给出的“跳跃式学习”的指导。然后，遵循下面这个练习中的步骤即可。

12.1 预览已完成的文件

为了了解你将在本课程中处理的项目，可以在以下浏览器之一中预览已完成的 Paris Eco-Tour 签约页面：Chrome 10 及更高版本、Firefox 5 及更高版本、Internet Explorer 10 及更高版本、Opera 11 及更高版本或者 Safari 5 及更高版本。如果浏览器的版本低于列出的那些版本，则将不支持 HTML5 表单元素的一些或全部高级特性。

1. 启动 Dreamweaver CC。
2. 从 Lesson12 文件夹中打开 signup_finished.html，并在上面列出的浏览器之一中预览它。

该页面包括多个表单元素（如图 12-1 所示）。可以试试它们，观察它们的行为。

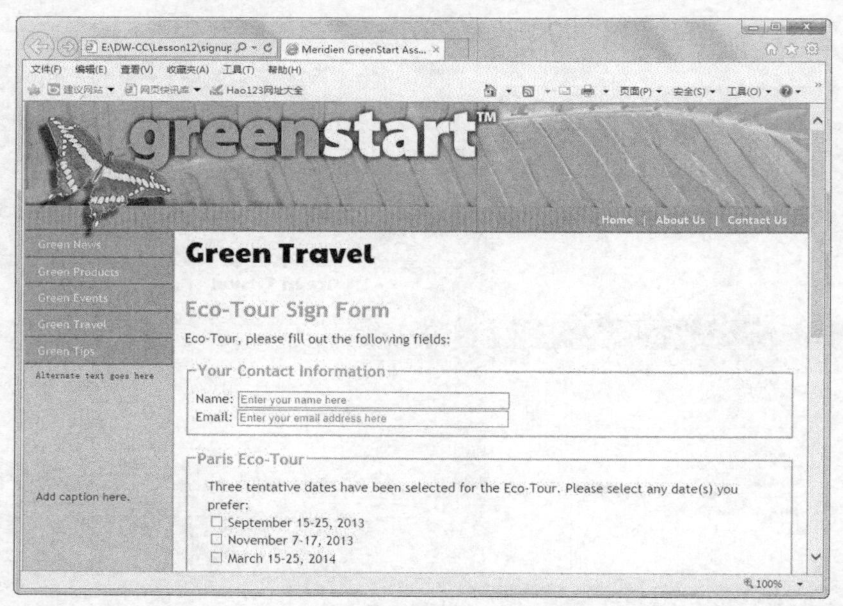

图12–1

3. 在 Name 框中单击，并输入你的名字。然后按下 Tab 键。

你的名字将出现在文本字段中。

4. 在 Email 框中单击，输入“jdoe@mycompany.com”，然后按下 Tab 键。
5. 选择一个或多个选项，指示你计划何时旅行。
6. 使用单选按钮选择旅行者的人数。
7. 在 Requirements and Limitations 框中单击，并输入“I prefer window seats.”。然后按下 Tab 键。

如果在 Web 服务器上加载这个表单，你通常会单击 Email Tour Request 按钮提交表单。此时，将出现一个如图 12-2 所示的感谢页面，它将替换签约页面。

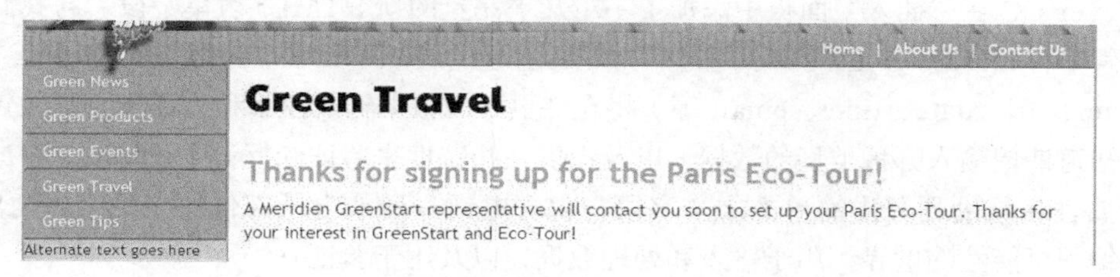

图12–2

8. 完成这些操作后，关闭所有浏览器窗口，并返回到 Dreamweaver。

在开始利用各种表单元素构造你自己的表单之前，让我们先看看 HTML 表单如何工作。

12.2　了解表单

表单，无论是在纸上还是在 Web 上，都是用于收集信息的工具。在这两种情况下，信息都会被输入到交互式表单元素或**字段**（field）中，使得更容易查找和理解该信息。应该清晰地描绘出表单，使它们在 Web 页面的其余内容中显得特别突出。

纸质表单通常是在单独的页面上提供的，或者使用图形边框把它们区分开；而 Web 表单则使用 <form> 标签及其他特定的 HTML 元素指定和收集数据。

与纸质表单相比，在线表单具有决定性的优点，因为用户输入的数据可以自动传输进电子数据表或数据库中，从而减少了与纸质表单关联的人工成本和出错几率。

基于 Web 的表单由一个或多个 HTML 元素组成，其中每种元素都用于特定的目的。

- 文本字段——允许输入文本和数字，如果将文本字段指定为密码字段，则在输入字符时将会把它们遮蔽起来。
- 文本区域——与文本字段相同，但是用于输入更长的文本，比如多个句子或段落。
- 单选按钮——允许用户从一组选项中选择一个选项的图形元素，在每个组中一次只能选择一个选项。在组中选择一个新选项将会取消选择当前所选的任何选项。通常情况下，一旦选择了一个选项，就不能取消选择它，除非重置表单或者选择了同一个组内的另一个选项。
- 复选框——允许用户指定 yes（是）或 no（否）选择的图形元素。可以把复选框组织在一起；不过，与单选按钮不同，它们允许在一组内选择多个选项。同样与单选按钮不同的是，复选框可以根据需要取消选择。
- 列表 / 菜单——以弹出式菜单格式显示条目。列表（也称为**选择列表**（select list））可能强制选择单个元素，或者允许选择多个选项。
- 隐藏域——将信息传递给用户看不到的表单处理机制的预先定义的数据字段。隐藏的表单元素广泛用在动态页面应用中。隐藏的数据可能包含从站点上的前一个页面传递的信息或者在提交前你不希望用户看到的默认数据，比如提交表单的实际日期或时间。
- 按钮——用于提交表单，或者执行某种其他的单一目的的交互，比如清理或打印表单。

12.2.1 HTML5 表单元素

Dreamweaver CC 在“插入”面板中添加了一组几乎完整的新 HTML5 表单字段。与我们使用的语义页面元素一样，HTML5 也提供了超过一打非常有趣的新表单元素、字段类型和属性。新字段类型（比如 tel、url、date、time、email 等）将允许更好的数据输入控制和验证能力。换句话说，字段本身将知道期望输入哪种类型的数据，以及提供一些特性来验证和标记不正确的项。

例如，新属性将帮助划分出简单的文本字段与包含电话号码或电子邮件地址的字段之间的区别。这打开了编程可能性的世界，用于输入和处理数据，以及用于验证它。

HTML5 字段和它们令人惊异的特性还没有受到所有浏览器、手机和移动设备的完全支持。幸运的是，这不应该会阻碍你开始利用其中一些新字段和属性，因为如果浏览器不支持新的功能，那么这些字段将像正常的文本字段那样工作。下面的练习将使用几个新字段和属性，给你提供一些亲自实践的体验。

要了解关于新的 HTML 字段和属性的更多信息，可以检查 www.w3schools.com/html/html5_form_input_types.asp。

12.2.2 表单提交

使用纸质表单，一旦填写完毕，就可以邮寄或者交给某个人来处理，通常会经历高度手工化的过程。Web 表单则是以电子方式进行邮寄或处理。<form> 标签包括一个 action 属性，当提交表单时将触发 action 属性的值。通常，action 是另一个页面的 Web 地址，或者是处理表单的服务器端脚本。

12.3 向页面中添加表单

对于这个练习，你将创建一个新页面，用于签约参加第 11 课“使用 Web 动画和视频”中完成的旅行页面中描述的 Paris Eco-Tour 旅游。

Dw **注意**：如果你使用“跳跃式学习”方法，那么你的模板可能被命名为 mygreen_temp_12.dwt。

1. 打开“资源”面板，并单击“模板”类别图标。右击 mygreen_temp，并从上下文菜单中选择“从模板新建”。
2. 在站点的根文件夹中将文件另存为 signup.html。
3. 在 MainContent 区域中，选取占位符标题“Add main heading here”，并输入“Green Travel”替换该文本。
4. 在 MainContent 区域中，选取占位符标题“Add subheading here”，并输入“Eco-Tour Sign-up Form”替换该文本。
5. 选取占位符段落“Add content here”。输入“To sign up for the 2011 Eco-Tour, please fill out the following fields:”。然后按下 Enter/Return 键，创建一个新段落。

在过去，所有的表单字段都必须包含在 <form> 元素内。在提交和处理表单时，插入在 <form> 元素外面的任何字段都将被忽略。但是，有一个新属性体现了 HTML5 的进步，它允许把字段放在页面上的任意位置，只要它们包括一个 form 属性即可，它把数据属于的表单作为目标。出于我们的目的，我们将在表单内添加所有的字段。

6. 打开“插入”面板,并从类别列表中选择“表单”。在“表单”类别中,单击“表单”( ) 图标。Dreamweaver 将在插入点处插入 <form> 元素，利用红色框线形象地指示它。表单总是应该具有唯一 ID。Dreamweaver 将自动添加一个 ID；如果需要，你也可以自定义它。

7. 如果必要，可以选择 <form> 标签选择器。在“属性”检查器中，选取当前的表单 ID，然后输入“ecotour”，并按下 Enter/Return 键替换它（如图 12-3 所示）。

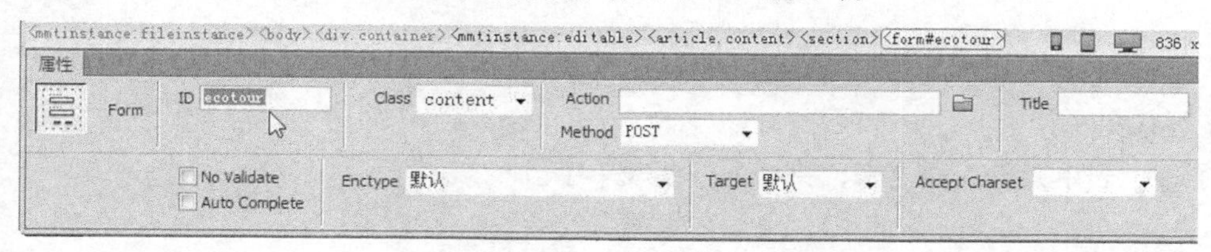

图12–3

标签选择器现在显示 <form#ecotour>。

8. 如果必要,可以打开“CSS 设计器”。在“源”窗格中,选择 mygreen_styles.css。然后选择 .content 规则，并单击“添加选择器”( ) 图标。

选择器 .container .content section #ecotour 将出现在“选择器”窗格中。

9. 编辑规则名称，把它改为 .content section #ecotour。

该规则出现在“选择器”窗格中（如图 12-4 所示）。

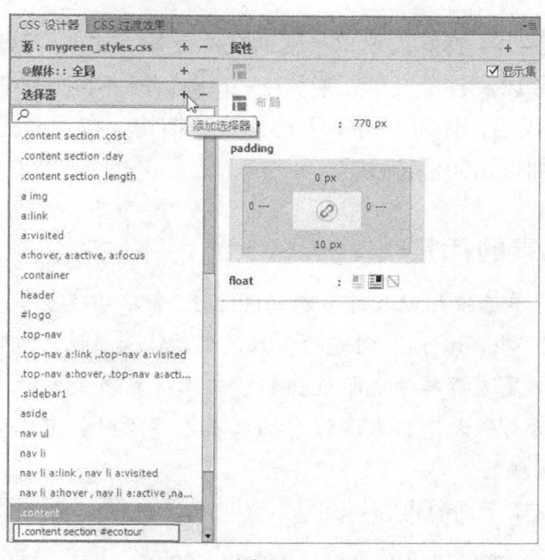

图12–4

10. 创建以下属性：

```
margin-right: 15 px
margin-left: 15 px
```

表单的红色框线从 MainContent 区域的左、右边缘各缩进了 15 像素（如图 12-5 所示）。

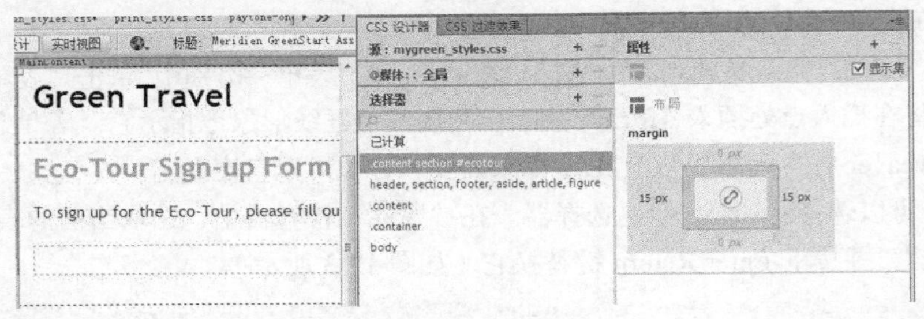

图12–5

11. 保存所有文件。

你创建了一个表单元素，接下来，将插入一些表单字段。

12.4 插入文本表单元素

文本字段是所有表单元素的骨干。文本字段是用于收集非结构化文本和数字数据的基本工具，难以想象如果没有它们表单将会是什么样子。事实上，许多表单只由文本输入字段组成。

在接下来的练习中，将插入一些基本的文本字段和文本区域。不过，在可以开始前，请确认 Dreamweaver 被配置成以其最容易访问的方式添加表单元素。

12.4.1 创建容易访问的表单

可访问性技术对表单元素提出了特殊的要求。辅助技术设备（比如屏幕阅读器）需要精确的代码，以允许它们准确地读取表单以及各个表单元素。Dreamweaver 不再提供一个选项，用于以支持可访问性的格式自动输出表单代码，你将不得不手动构建该结构。在下面的练习中，你将学习怎样在插入表单元素时给它们添加可访问性特性。

一个控制所有元素的标签

文本字段、复选框、单选按钮以及许多新的HTML5表单字段至少具有一点共同之处：它们都是使用HTML <input>标签创建的。只需更改type属性，以及添加一个或多个其他的属性，就可以把复选框转换成单选按钮、文本字段或列表菜单。其他任何HTML元素都没有如此灵活而强大。在本课程中插入表单字段时，可以自由地查看代码，看看这种魔法是怎样实现的。

你可能看到类似于以下示例的内容：

<input type=" text" name=" color" id=" color_0" >

<input type=" checkbox" name=" color" id=" color" value=" red" >

<input type=" radio" name=" color" value=" red" id=" color_0" >

12.4.2 使用文本字段

文本字段可以接受任何字母数字型字符——包括字母、数字和标点符号。除非另外指定，否则文本字段默认可以显示大约 12 ～ 17 个字符。这种限制不会阻止你输入更长的文本，如果输入的字符超过了这个数量，那么文本将在字段内滚动。为了在屏幕上显示更多或更少的字符，可以在“属性”检查器中的“字符宽度”框中设置特定的字段大小。尽管对文本字段元素中可以输入的文本数量没有内在的限制，但是你更可能遇到目标数据应用程序强加的限制。

新的表单工作流程

在添加了新的HTML5表单字段元素之后，Dreamweaver对其表单工作流程进行了重大而彻底的改进。现在，工作流程围绕“属性”检查器进行，它已经被重新设计成支持许多HTML5表单字段属性和功能（如图12-6所示）。

文本字段

文本区域

单选按钮

按钮

图12-6

“属性”检查器将根据需要适应每个表单元素，并为每个表单元素提供许多可用的属性。下面列出了可以通过“属性”检查器访问的一些最重要的属性。

- Auto Complete：指定字段可以由浏览器通过缓存的数据或者其他编程方法（比如说通过 JavaScript）自动完成。
- Auto Focus：指定字段将会在页面加载时被自动选取。
- Disabled：指定字段被禁用，不能被用户修改。
- List：指定可以被用户选择的预先定义的数据选项的列表。
- Name：指定元素的名称。当在“属性”检查器中输入名称时，Dreamweaver 将自动创建匹配的 ID 属性。
- Pattern：指定一个正则表达式，用于检查用户输入，使之匹配想要的数据类型。
- Place Holder：指定在字段内显示的提示文本，用于建议希望用户提供的输入。在提交表单时，将不会把占位符文本提交给数据应用程序。
- Read Only：指定可以被用户查看但是不能被修改的字段数据。
- Required：指定某个字段在可以提交表单前必须完成。
- Size：指定输入字段的宽度（用字符数表示）。
- SRC：指定输入按钮的图像源。
- Tab Index：指定可以使用 Tab 键访问字段的顺序。
- Value：指定输入字段的默认值。在处理表单时，如果用户没有输入他们自己的数据，则会把这个值传递给数据应用程序。

电子数据表和数据库字段往往会限制可以输入的数据量。如果在某个字段中输入太多的数据并提交它,数据应用程序通常会简单地忽略或丢弃超过其最大容量的任何内容。为了防止这种情况发生，如果需要，可以通过使用“属性”检查器中的 Max Length[1] 属性把 HTML 文本字段限制为特定的字符数量。

1. 如果必要，可以从站点的根文件夹中打开 signup.html。

2. 在定义表单边界的红色框线内插入光标。

标签选择器将显示 <form#ecotour>。

3. 在“插入”面板的“表单”类别中单击“文本”（T）图标。

在表单内将出现一个文本字段。如果是在“设计”视图中插入表单字段，Dreamweaver 将创建一个 <label> 元素、一些标签占位符文本以及一个 name 属性。在 Dreamweaver 中，name 属性直接绑定到元素 ID 属性。在大多数情况下，Dreamweaver 将创建 ID 来匹配 name 属性。在表单中，ID 是一个至关重要的属性，因为它唯一地标识字段，这有助于以后处理表单数据。Dreamweaver 将为你创建普通的名称 /ID，如 textfield、textfield2、textfield3 等。由于普通的 ID 难以使用，因此你需要创建描述性的、自定义的名称。

1 原文为“Max Chars”，在译文中根据软件界面做了修改。——译者注

Dw 注意：如果在“代码”视图中插入字段，Dreamweaver 将不会添加 <label> 元素。

Dw 注意：对于大多数表单字段，Dreamweaver 都将使名称和 ID 相同。对于单选按钮组，组中的所有按钮的名称都将是相同的，但是 ID 和值必须是唯一的。

12.4.3 设置表单字段属性

在创建一个新字段时，“属性”检查器将把焦点集中在该字段上，允许添加或更改多种属性，比如名称、大小、最少或最大字符数以及多个可访问性特性。让我们从 name 属性开始。

1. 在“属性”检查器的 Name 框中，输入 name，并按下 Enter/Return 键。

标签选择器现在将显示文本“<input#name>”，它也指示字段的 ID 属性已经改变了。

最初，文本字段的宽度大约是 12 ～ 17 个字符。size 属性允许控制表单内的字段的宽度，让我们使它变得更宽一点。

2. 在“属性”检查器中，在 Size 选项框中输入“50”。然后按下 Enter/Return 键完成更改。

<input#name> 字段现在将显示大约 50 个字符的宽度。Size 框不会限制可以在字段中输入的最大字符数，为了限制字符的数量，将使用 Max Length 选项。

另一个重要的选项用于阻止表单在具有空字段时提交。

3. 在“属性”检查器中，选择 Required 选项。

当选择这个选项时，HTML5 兼容的浏览器将显示一条消息，指示在可以提交表单之前必须填写这个字段。

HTML5 文本字段可以包括占位符文本，提示用户在表单中输入特定的信息。占位符文本的优点是：如果用户不能填写字段，将不会把它连同其余的表单数据一起传送。

4. 如果必要，可以选择文本字段。在“属性”检查器中的 Place Holder 字段中插入光标，并输入“Enter Your Name Here”，然后按下 Enter/Return 键。

占位符文本只会出现在“实时”视图或者 HTML5 兼容的浏览器中。如果浏览器不支持这种特性，字段将保持空白，但是仍将像正常的文本字段那样工作。

接下来，让我们添加一个有用性特性。在 Web 页面加载时，将给用户展示表单，但是在大多数情况下，他们将不得不选择表单的第一个字段，然后才能输入任何文本。新的 HTML5 选项允许跳过这个过程。

5. 在“属性”检查器中，选择 Auto Focus 选项（如图 12-7 所示）。

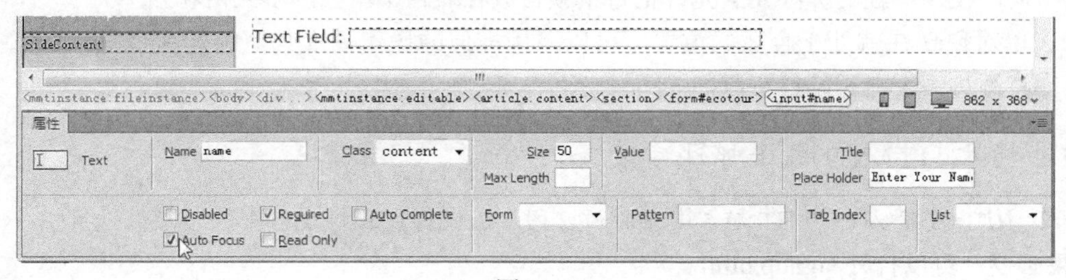

图12-7

一旦加载页面，Auto Focus 就会自动选择字段并插入光标，这允许用户立即开始数据输入。不过，应该只选择一个字段具有自动焦点。

> Dw **注意：**当为任何字段选择 Auto Focus 选项时，占位符文本将不会出现在“实时”视图或者浏览器中，因为在页面加载时将把光标插入在该字段中。

6. 保存文件。

第一个表单字段现在就接近完成了。最后一步是确保将字段正确地标识给用户。

12.4.4 处理字段标签

为每个字段添加标签将使表单更容易使用。可以使用两种方法创建 HTML <label> 元素：一是使标签包着文本字段元素；二是作为单独的元素插入它，并使用一个 for 属性（如图 12-8 所示）。

```
11  <label for="textfield">Text Field:</label>
12  <input type="text" name="textfield" id="textfield">
13
14  <label>Text Field: <input type="text" name="textfield" id="textfield"></label>
```

图12-8

虽然 for 属性对于普通用户不可见，但它允许为具有视觉障碍的访问者标识字段。这个选项为表单设计提供了最大的灵活性，并且还具有额外的好处：符合 Section 508 可访问性法令。

Dreamweaver 为你创建了 <label> 元素，但是“设计”视图不会清楚地显示它是如何构建的。不过，很容易检查它。

1. 选取“Text Field:”标签，并切换到“代码”视图。检查 <label> 元素及其属性，以及它是怎样与 <input#name> 元素相关的（如图 12-9 所示）。

```
52          <label for="name">Text Field:</label>
53          <input name="name" type="text" autofocus required id="name"
54          placeholder="Enter Your Name Here" size="50">
```

图12-9

快速检查“代码”视图，显示标签使用了 for 属性。你只需更改占位符标签文本。

2. 选取占位符标签文本，并输入“Name:”替换它。

3. 保存文件。

这种代码安排方式允许表单设计中具有最大的灵活性。例如，可以把两个元素保持在同一行上、把它们放在两行上，或者使用 CSS 单独格式化每个元素。在一些情况下，你可能希望使用表格创建表单布局。使用单独的标签元素允许把每个项目放在表格中单独的单元格和列中。

第一个表单对象现在就处于合适的位置。可以采用类似的操作插入其他的标准字段。在下一个练习中，你将添加一个电子邮件字段。

12.4.5 插入 HTML5 电子邮件字段

在这个练习中，将插入一个 HTML5 电子邮件字段，以确保用户提交一个电子邮件地址。

1. 如果必要，可以打开 signup.html。

2. 在前一个练习中插入的 Name 文本字段末尾插入光标，并按下 Shift+Enter/Shift+Return 组合键，插入一个强制换行符。这将把光标移到下一行上，但是不会创建一个新段落。直到创建了下一个字段之后，可能才会看到光标。

3. 在“插入”面板的“表单”类别中，单击“电子邮件”字段（@）图标。

一个新的表单字段出现在布局中。就像前一个字段一样，Dreamweaver 自动添加了 <label> 和一个 HTML 名称属性（显示在“属性”检查器中）。在这种情况下，标签和属性保持原样就很好。让我们添加一些占位符文本。

> Dw **注意**：如果插入多个相同类型的字段，Dreamweaver 将自动递增它们的名称和 ID，比如 email2、email3 等。

4. 在“属性”检查器的 Place Holder 框中，输入“Enter your email address here”，并按下 Enter/Return 键。

5. 在“属性”检查器中，选择 Required 选项，并把 Size 设置为“50”。

另一个有帮助的 HTML5 特性是：能够使用以前的 Internet 会话中缓存在浏览器中的数据自动完成字段内容。

6. 在“属性”检查器中，选择 Auto Complete 选项。

这样就完成了新字段（如图 12-10 所示）。

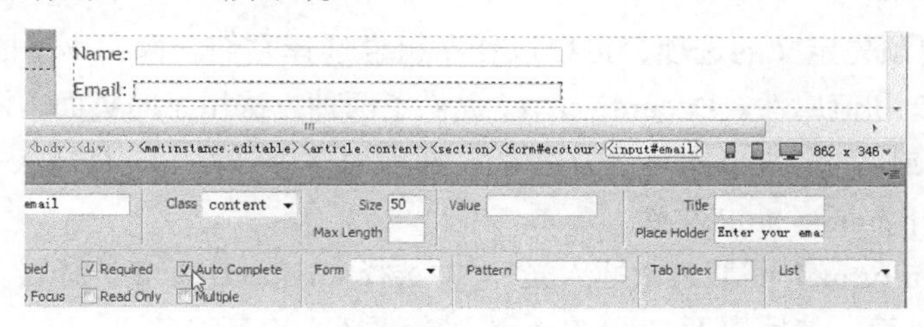

图12-10

7. 保存文件。

这就完成了表单的第一个区域。

12.4.6 创建域集

使表单对用户更友好的一种方式是把字段组织进逻辑组（称为域集）中。HTML <fieldset> 元素就设计用于此目的，并且它甚至还带有一个有帮助的描述元素，称为**图注**（legend）。

1. 如果必要，可打开 signup.html 文件。

要创建域集，可以在“代码”视图或者“设计”视图中工作。如果在“设计”视图中工作，那么正确地选取代码将是至关重要的第一步。最佳的技巧是利用标签选择器。

2. 在“Name:”标签中插入光标，并选择 <label> 标签选择器。按住 Shift 键，并在 Email 文本字段末尾单击，选取这两个字段及其关联的标记。

通过使用标签选择器，Dreamweaver 将选取整个代码块。

3. 在“插入”面板的“表单”类别中，单击“域集”（▢）图标。

将把所选的代码插入到 <fieldset> 元素中。

4. 在“标签”框中，输入“Your Contact Information”（如图 12-11 所示），然后单击“确定”按钮。

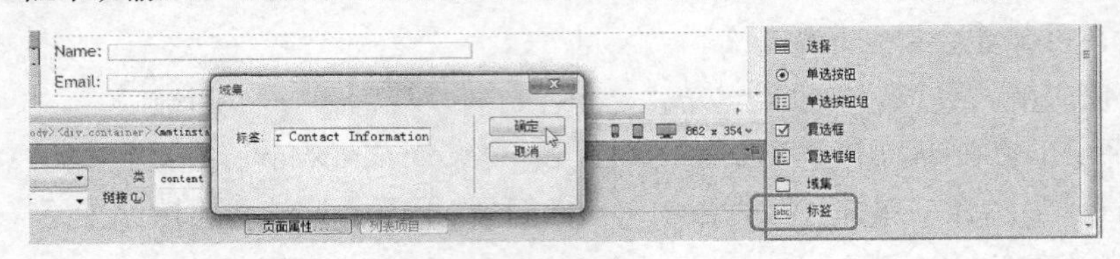

图12–11

在“设计”视图中不会准确地呈现域集，不过，它确实清楚地显示了图注。

5. 保存所有文件，并在“实时”视图中预览页面。

域集把两个字段整洁地封装在一个带有标签的容器中。注意 Name 字段是怎样高亮显示的，并且光标已经插入在该字段中(如图 12-12 所示)。

6. 切换回“设计”视图。

在下一个练习中，将学习如何创建复选框表单字段。

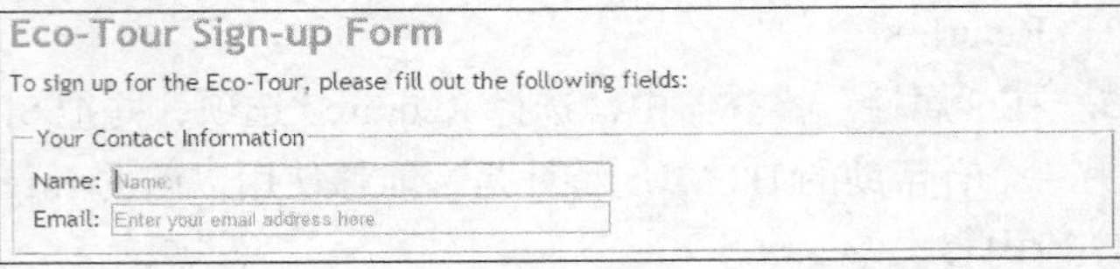

图12–12

12.5 插入复选框

复选框提供了一系列预先定义的选项，可以以任意组合选择它们。像文本字段一样，每个复选框都有它自己的唯一 ID 和值属性。Dreamweaver 提供了两种方法用于向页面中添加复选框。可以单独插入每个复选框，或者一次插入整个复选框组。在下面这个练习中，将插入一个“复选框组”。

1. 如果必要，可打开 signup.html 文件。
2. 在“Your Contact Information”域集中插入光标，并选择 <fieldset> 标签选择器。按下向右的箭头键，把光标移到元素外面。然后按下 Enter/Return 键，插入一个新段落。
3. 输入“Three tentative dates have been selected for the Eco-Tour.Please select any date(s) you prefer:”
4. 按下 Shift+Enter/Shift+Return 组合键，插入一个换行符。
5. 在“插入”面板的“表单”类别中，单击“复选框组”（ ）图标。

出现“复选框组”对话框，显示两个预先定义的选项（如图 12-13 所示）。

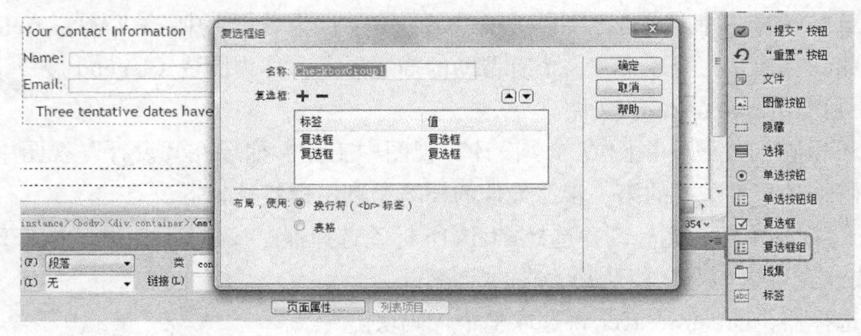

图12–13

6. 把“名称”框改为“tourdate”。

注意对话框怎样提供两列：“标签”和“值”。与文本字段不同，复选框提供了预先定义的选项，其中的标签可能不同于实际提交的值。这种方法提供了几个超过用户可填写的字段的优点。

首先，预先定义的选项可以传送想要的特定值，它们可能对用户没有任何意义。例如，标签可以显示产品的名称，而值可以传递库存单位（或 SKU）数量。其次，复选框和其他预先定义的字段极大地减少了许多形式的常见的用户输入错误。

7. 在“复选框组”对话框中输入以下值：

标签 1：September 15-25, 2013　　值 1：tour1

标签 2：November 7-17, 2013　　值 2：tour2

该对话框使得很容易插入额外的值。

> **提示**：可以按下 Tab 键，在标签与值之间快速移动，以填写整个列表。

8. 在“复选框组”对话框中，单击文本“复选框”旁边的“添加”（+）按钮，在列表中创建第三个项目（如图 12-14 所示）。

9. 在新行中输入以下值：

标签 3：March 15-25, 2014　　值 3：tour3

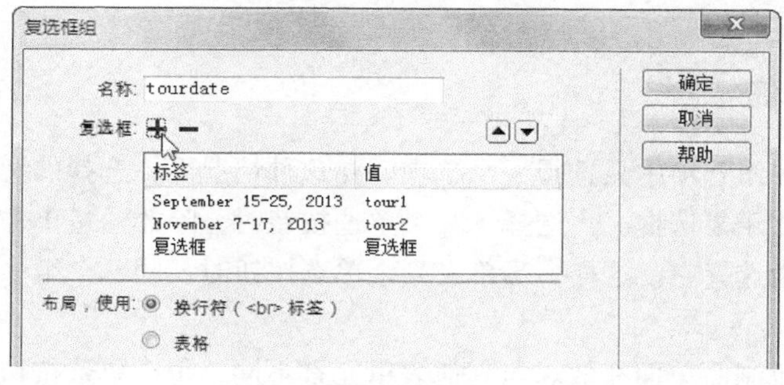

图12-14

10. 对于“布局，使用”选项，可选择“换行符（
 标签）”。然后单击“确定”按钮。

复选框组出现在文档中在第 3 步中输入的文本下面。使用复选框组消除了在“属性”检查器中输入任何设置的需要。快速查看一下代码，它展示了使用复选框组的优点。

> **注意**：默认情况下，用于复选框和单选按钮的标签出现在元素后面。

11. 在任何复选框标签中插入光标，并切换到“拆分”视图。检查相关的 <input> 元素的代码。

组中的每个复选框都显示 name="tourdate" 属性。注意 ID 属性是怎样自动递增的，比如 tourdate_0、tourdate_1 和 tourdate_2（如图 12-15 所示）。使用复选框组特性，Dreamweaver 通过自动执行添加多个复选框元素的过程，节省了你的许多时间。

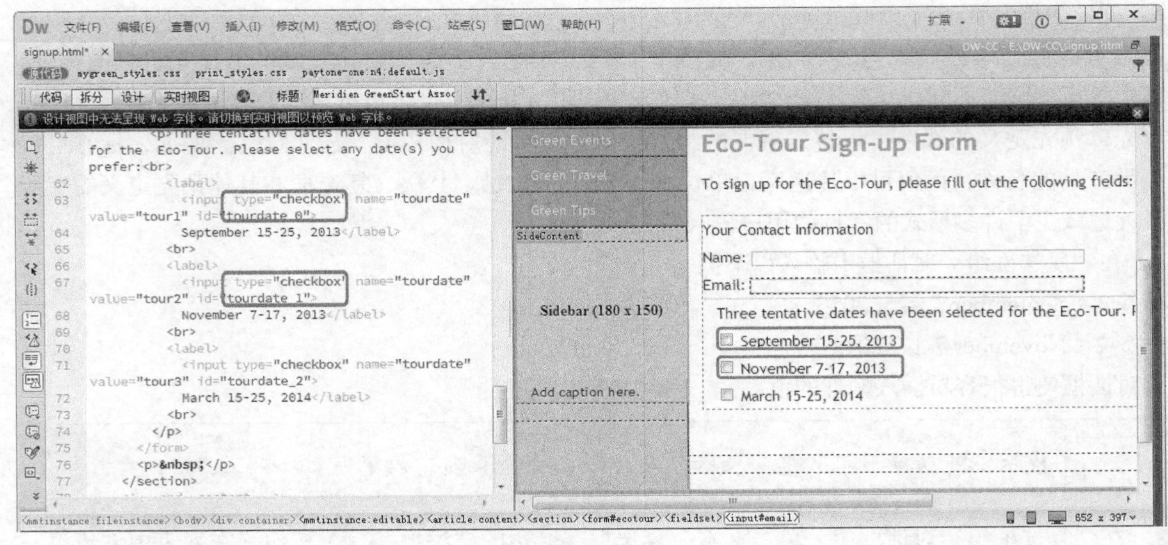

图12-15

12. 保存所有文件。

你创建了一个复选框组。可以在一个组中选择多个复选框。在下一个练习中，你将学习如何使用单选按钮。

12.6 创建单选按钮

有时，你希望用户从一组选项中只选择一个选项。在这种情况下，选择的元素就是单选按钮。单选按钮在两个方面不同于复选框。当选择了某个单选按钮时，除非通过单击组中的另外一个单选按钮，否则将不能取消选择它。这样，当单击一个单选按钮时，同一个组中的任何其他选项都会自动被取消选择。

这种行为背后的支持机制简单而有效。与其他表单元素不同，每个单选按钮并没有唯一的名称和 ID；相反，同一组中的所有单选按钮都具有相同的名称和 ID。为了区分同一组中的不同单选按钮，给每个单选按钮赋予一个与众不同的值。

与复选框一样，可以使用两种方法向页面中添加单选按钮。可以单独插入每个单选按钮，或者一次插入整个单选按钮组。如果选择单独插入单选按钮，你将完全负责手动插入并命名每个单选按钮。如果选择单选按钮组，Dreamweaver 将自动负责所有的命名任务。

1. 如果必要，可打开 signup.html 文件，并切换到“设计”视图。

2. 在最后一个复选框标签中插入光标。选择 <p> 标签选择器，并按下向右的箭头键。然后按下 Enter/Return 键插入一个新段落。

3. 输入“How many people will be traveling?”，并按下 Shift+Enter/Shift+Return 组合键，插入一个换行符。

4. 在“插入”面板的“表单”类别中，单击“单选按钮组”（ ）图标。

5. 把“名称”框更改为“travelers”。

与复选框一样，可以输入不同于标签的值。

6. 在“单选按钮组”对话框中输入以下值：

标签 1：One　　　　　　值 1：1

标签 2：Two　　　　　　值 2：2

7. 单击 3 次“单选按钮”旁边的“添加”（+）按钮，总共创建 5 个单选按钮。

> **注意：**复选框和单选按钮使用完全相同的代码标记。要把单选按钮转换为复选框，只需给每个项目提供唯一的名称即可。要把复选框更改为单选按钮，可以给每个项目提供相同的名称，但是要提供唯一的值。

8. 在新行中输入以下值：

标签 3：Three　　　　　值 3：3

标签 4：Four　　　　　值 4：4

标签 5：More　　　　　值 5：contact

9. 可以使用向上和向下的箭头正确地对选项排序（如图 12-16 所示）。对于“布局，使用”选项，可选择“换行符（
 标签）”。然后单击“确定”按钮。

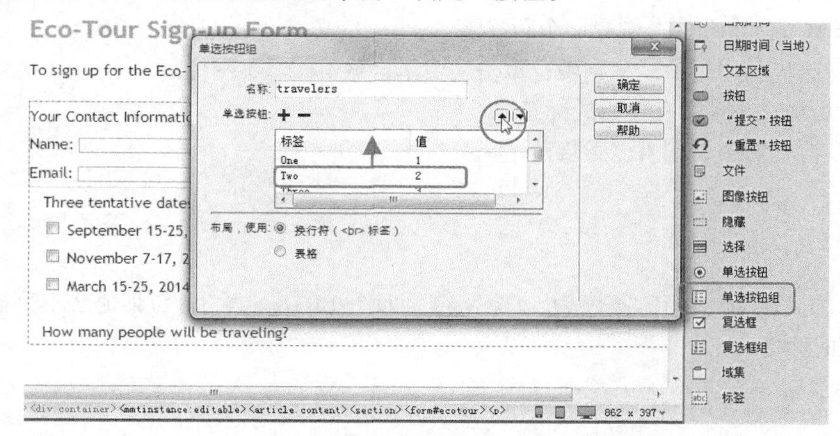

图12–16

> **提示：**如果想在这个对话框中重排单选按钮的顺序，可以使用向上和向下的箭头。

单选按钮组出现在第 3 步中输入的文本下面。注意标签是由 Dreamweaver 自动添加的。

10. 选择其中一个单选按钮元素。然后在“属性”检查器中，选择 Required 选项。

你必须只选择一个单选按钮，以应用 Required 选项。由于所有的单选按钮都使用相同的名称和 ID，因此将把属性应用于整个组（如图 12-17 所示）。

11. 保存所有文件。

你已经创建了一组单选按钮。通过使用单选按钮组，可以轻松地使这个元素成为必需的表单字段。

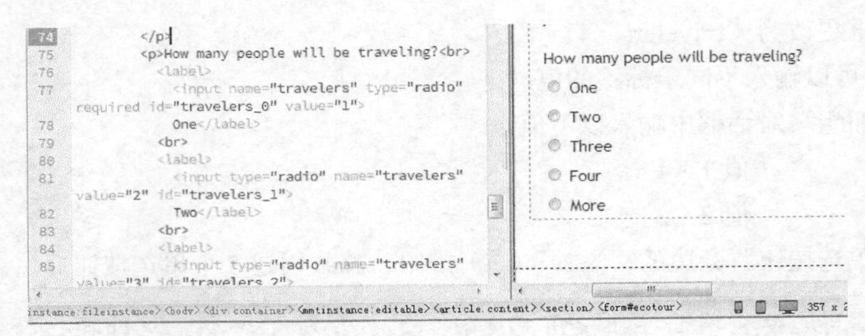

图12-17

12.7 纳入文本区域

你可能常常希望给用户提供机会以输入大量的信息，文本区域就提供了这种能力。文本区域允许输入多行文本，并且允许单词换行。如果输入的文本超过了页面上文本区域的物理空间，就会自动出现滚动条。

1. 如果必要，可打开 signup.html 文件，并切换到“设计”视图。

2. 在单选按钮组内单击。选择 <p> 标签选择器，并按下向右的箭头键，把光标移到该元素之后。然后按下 Enter/Return 键，创建一个新段落。

3. 在“插入”面板的“表单”类别中，单击“文本区域”（ ）图标。

出现文本区域元素，并且带有普通的标签。

4. 在“属性”检查器中，输入以下规范：

```
Name:requirements
Rows:10
Cols:50
```

文本区域显示的高度为 10 行，宽度为 50 个字符（如图 12-18 所示）。与其他文本字段一样，必须手动更改默认的标签。

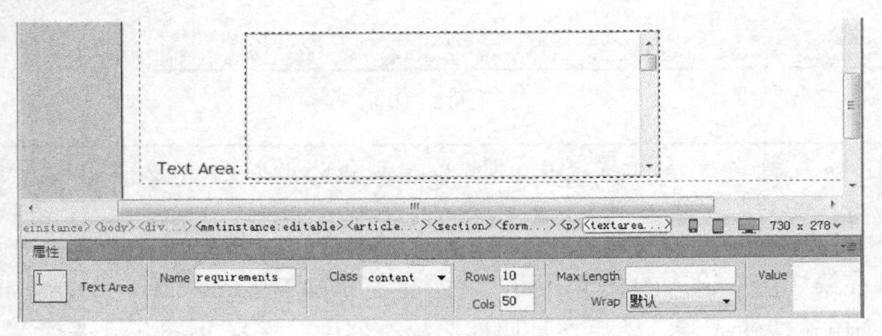

图12-18

5. 选取文本区域标签，并输入“Requirements and Limitations:”：

标签出现在与注释文本区域相同的行上，并且对齐到底部。这看起来不是非常吸引人，让我们把文本区域移到它自己的行上。

6. 在标签文本“Requirements and Limitations:”中插入光标。选择 <label> 标签选择器，并按下向

右的箭头键。然后按下 Shift+Enter/Shift+Return 组合键创建一个换行符。

文本区域标签“Requirements and Limitations:”的意思十分模糊，需要更多一点的说明以产生想要的响应。让我们使用新的 Place Holder 属性提示正确的响应。

7. 单击 <textarea> 元素本身。在“属性”检查器中的 Place Holder 框中，输入“Please enter any personal travel requirements or limitations in this space”。

尽管“属性”检查器中的 Place Holder 框太小，以至于无法显示所有的文本，它还是会保留你希望输入的大量文本。如果需要查看或编辑文本，可以在“代码”视图中看到全部文本。当 Web 站点用户开始在这个框中输入内容时，占位符文本将自动消失，但是由于它不是存储在字段本身中，如果用户没有在框中输入任何内容，则不能把它传递给数据应用程序。

8. 如果必要，可取消选择 Required 选项。

要查看最终的效果，需要使用“实时”视图。

9. 激活“实时”视图。

最终的文本区域将显示占位符文本（如图 12-19 所示）。

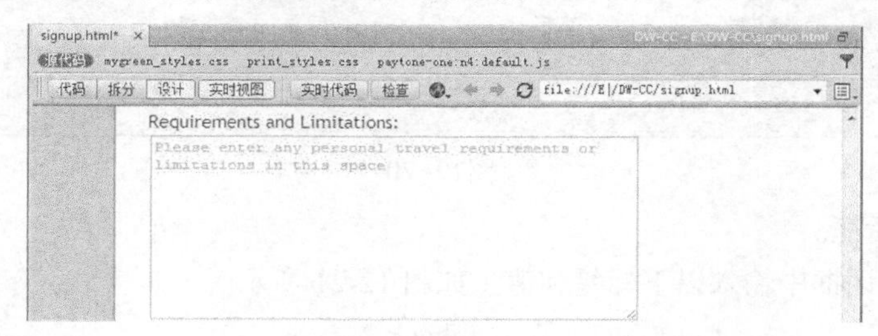

图12-19

10. 保存所有文件。

你添加的文本区域允许 Web 站点用户输入较长的注释，它不限制于单独一行或者复选框。另一个重要的表单元素也允许给访问者提供多种选择，但这是在更紧凑的空间中实现的。

12.8 使用列表

选择元素可以非常方便地在 Web 页面上的微小空间里给用户提供预先定义的选项列表，比如全部 50 个州的名称。使用一条数据库连接，可以动态填充列表选项，甚至可以在管理员或其他用户创建新条目时即时进行更新。

选择表单元素可以用两种不同的格式展示多个选项：菜单或列表。当显示为菜单时，元素像一组单选按钮一样工作。当显示为列表时，元素就表现得像一组复选框一样，允许用户选择多个选项。在下面这个练习中，将插入带有 3 个选项的选择菜单。

1. 如果必要，可打开 signup.html 文件，并切换到“设计”视图。
2. 选择文本区域，然后选择包含它的 <p> 标签选择器，并按下向右的箭头键。然后按下 Enter/Return 键。
3. 输入“How would you like to pay?”，并按下 Shift+Enter/Shift+Return 组合键。

4. 在“插入”面板的“表单”类别中，单击“选择”（ ）图标。

“选择”元素出现在布局中。与其他表单字段一样，给字段提供一个自定义的名称，并使之与可能使用它的任何数据应用程序兼容。如果将在数据库中使用该信息，可以把字段名称和 ID 写成一个单词，并且不要使用空格或特殊字符。

5. 在“属性”检查器中，创建以下规范：

```
Name:paymenttype
```

与复选框和单选按钮不同，Dreamweaver 不会自动为 <select> 元素打开一个选项对话框。但是可以在“属性”检查器中单击“列表值”按钮，为它创建值。

6. 在“属性”检查器中，单击“列表值”按钮（如图 12-20 所示）。

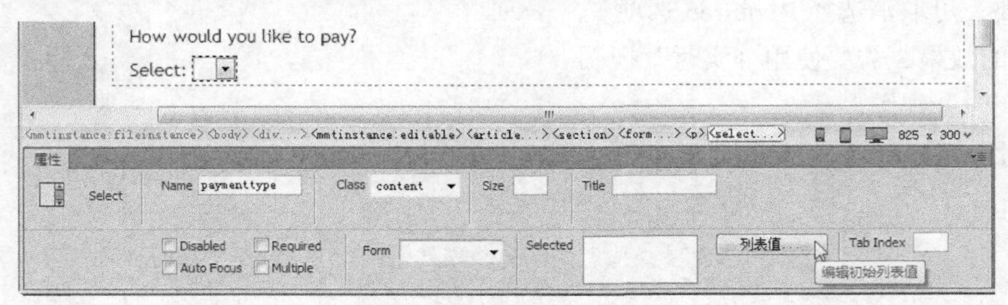

图12-20

出现“列表值”对话框。

7. 在“列表值”对话框中输入以下标签和值（如图 12-21 所示）。

标签 1：Check　　　　值 1：check

标签 2：Credit Card　　　　值 2：credit

标签 3：Electronic Funds Transfer　　　　值 3：eft

然后单击“确定”按钮。

图12-21

> **提示：** 列表不必是按字母排序的，但是这样做将使得选项更容易阅读和查找，尤其是在较长的列表中。

选项出现在“属性”检查器的 Selected 框中。一旦完成了列表菜单，就可以选择在要列表中默认显示的项目之一。

8. 在“属性”检查器中，从 Selected 列表中选择“Credit Card”选项（如图 12-22 所示）。

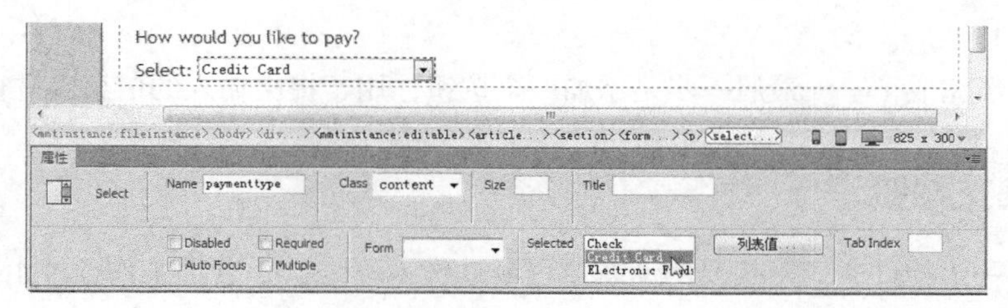

图12-22

> **提示：**一些开发人员喜爱的一种策略是：默认选择你最喜欢的选项进行显示。换句话说，如果你喜欢由信用卡提供的方便性和安全性，默认就应该预先选择信用卡选项。

允许多项选择

默认情况下，HTML5“选择”元素被格式化为菜单，允许用户从列表中只选择一个选项。为了允许多项选择，可以在“属性”检查器中选择Multiple属性，并且指定Size属性，它用于在列表中显示期望的选项数量（如图12-23所示）。如果没有指定大小，列表默认会进行扩展，以显示所有的选项。

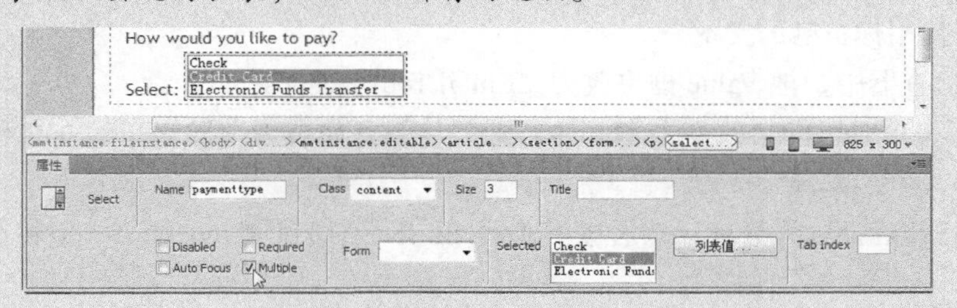

图12-23

注意：在大多数浏览器中，要选择多个选项，首先必须按住Ctrl/Cmd键。当使用选择元素作为列表时，可能需要为用户添加一些指导说明，解释如何执行多项选择。

9. 把标签“Select:”改为“Payment Type:”。

让我们把最后4种组件封装在它们自己的域集中。

10. 选取介绍性段落和你创建的最后4个表单元素。然后在“插入”面板中的“表单”类别中，单击“域集”按钮，并把新的域集命名为“Paris Eco-Tour”。

11. 在“实时”视图中预览表单（如图12-24所示）。

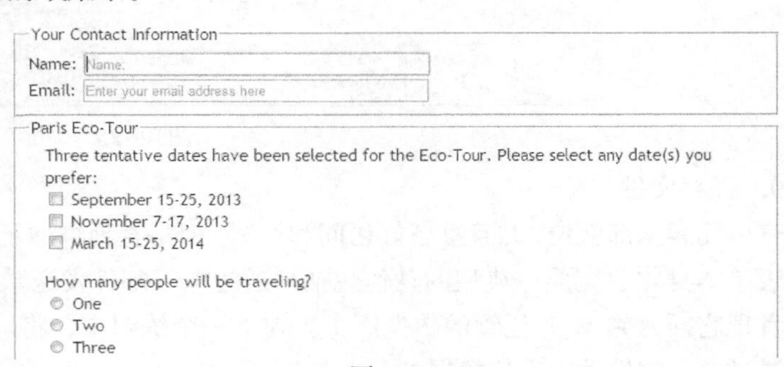

图12-24

12. 保存所有文件。

你的表单几乎已经完成了——最后一步是添加一个按钮，用于提交输入的信息以进行处理。

12.9　添加提交按钮

每个表单都需要一个控件来调用想要的动态过程或**动作**（action），这项工作通常由**提交**（Submit）按钮来完成，单击该按钮时，它将发送整个表单以进行处理。Dreamweaver 现在提供了 4 个按钮元素。一个只是普通的按钮，没有给它指定特定的行为。然后，有标准的“提交”按钮，设计用于处理表单字段数据。第三个按钮设计用于把表单字段重置为它们的默认或初始状态。最新的按钮是“图像”按钮，它允许把按钮行为指定给任何 Web 兼容的图形。

1. 如果必要，可以在“设计”视图中打开 signup.html 文件。
2. 在“Paris Eco-Tour”域集中的任何表单元素中插入光标，并选择 <fieldset> 标签选择器。

将在最后一个域集外面插入“提交”按钮，但它仍然位于表单自身内。

3. 按下向右的箭头键，把光标移到所选的域集之后。然后按下 Enter/Return 键，为按钮创建一个新段落。
4. 在“插入”面板的“表单”类别中，单击“‘提交’按钮”（ ）图标。

“提交”按钮出现在最后一个域集下面。尽管许多按钮使用文字“提交”，但这不是必需的，可以根据需要代之以使用你自己的文本。

5. 在“属性”检查器中，把 Value 框更改为“Email Tour Request”。

一些用户在填写表单时可能会改变主意，并且希望从头开始或者清除表单。在这种情况下，还需要在表单中添加一个“重置”按钮。

6. 在“提交”按钮后面插入光标，然后按下 Ctrl+Shift+ 空格键 /Cmd+Shift+ 空格键，插入一个非间断空格。
7. 在“插入”面板的“表单”类别中，单击“‘重置’按钮”（ ）图标。

“重置”按钮出现在布局中。

8. 在“属性”检查器中，把 Value 框更改为“Clear Form”（如图 12-25 所示）。

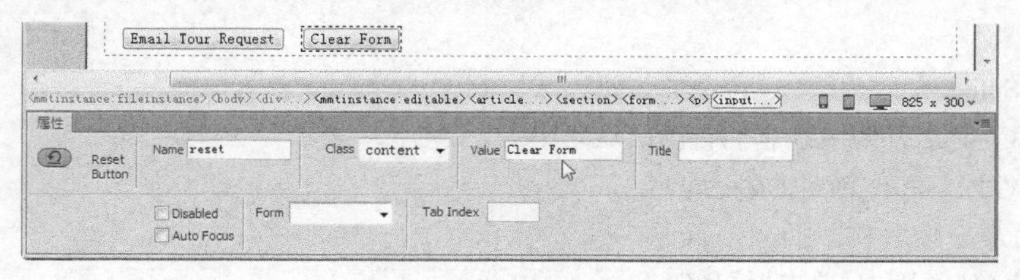

图12–25

9. 保存文件。

表单元素全部就位，并且准备好访问和填写，但是直到添加了一个动作以指定将如何处理数据之后，表单本身才会完成。典型的动作包括：通过电子邮件发送数据、把它传递给另一个 Web 页面，或者把它插入到 Web 托管的数据库中。在下一个练习中，将应用一个动作，并且创建支持代码以便通过电子邮件发送表单数据。

使用Tab键的相关知识

在线填写表单时，你曾经按过Tab键以从一个表单字段移到下一个表单字段但是什么都没发生吗？或者，更糟糕的是，焦点没有按期望的顺序移到另外某个字段上吗？按Tab键经过表单的能力是在Web站点上应该支持的默认过程。在一些情况下，在Section 508可访问性法令下，甚至要求这种能力是必需的。

按下Tab键移到你创建的不同表单字段上在大多数浏览器中是应该自动发生的，但是一些浏览器可能没有自动或者以你期望的顺序支持每种字段类型。在过去，不得不在插入元素时设置按Tab键的顺序，或者求助于“代码”视图并在以后手动设置它。幸运的是，Dreamweaver现在直接在“属性”检查器内为所有的表单元素提供了Tab Index属性（如图12-26所示）。

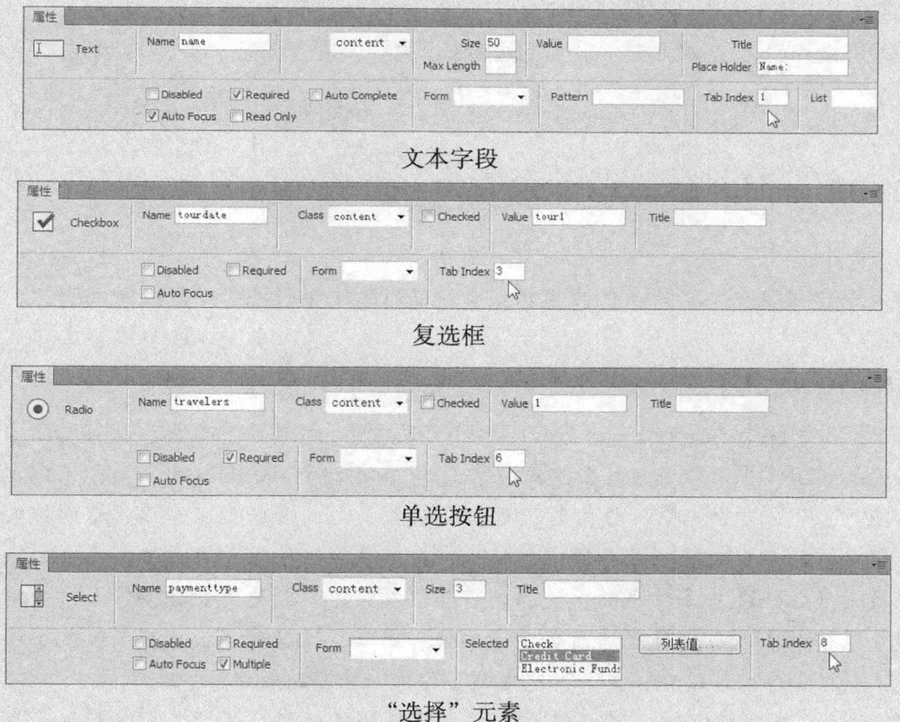

文本字段

复选框

单选按钮

“选择”元素

图12-26

给每个字段元素添加Tab键索引号，用以建立你认为用户将选择字段的顺序。通常，你将希望从表单的顶部开始并向下进行。对于复选框组，可以给每个复选框添加Tab键索引，因为每个复选框都需要依次被选择到。对于单选按钮组，则只需给第一个项目添加Tab键索引，因为只会选择一个答案。要小心的是，对于相同的编号不要使用两次。

12.10 指定表单动作

如第 9 课“处理导航”中的“建立电子邮件链接”这个练习中所述，发送电子邮件并不像在“动作”框中插入 mailto 命令并且添加电子邮件地址那样简单。许多 Web 访问者没有使用他们的计算机上安装的电子邮件程序；他们使用 Web 托管的系统，比如 AOL、Gmail 和 iCloud。为了保证你可以接收到表单响应，将需要使用基于服务器的应用程序，比如你将在这个练习中创建的应用程序。第一步是设置将传递数据以生成电子邮件的表单动作。

1. 如果必要，可打开 signup.html 文件。
2. 在表单中插入光标，并选择 <form#ecotour> 标签选择器。

“属性”检查器将显示表单的设置和规范。

3. 在“属性”检查器的 Action 框中，输入“email_form.php”。如果必要，可以从 Method 弹出式菜单中选择 POST（如图 12-27 所示）。

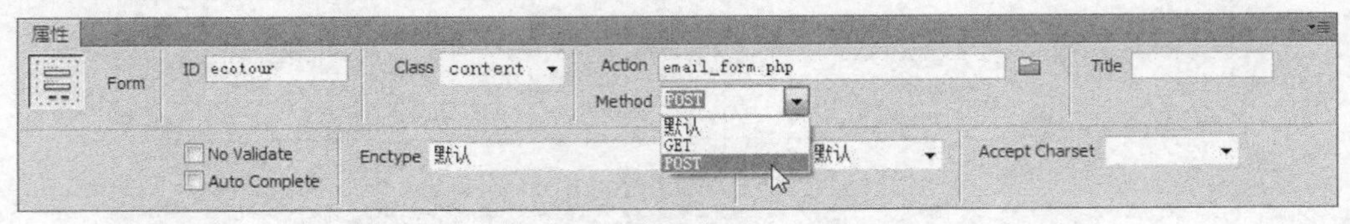

图12–27

4. 保存所有文件。

签约表单现在就完成了。下一步是创建脚本，它将通过电子邮件把表单数据发回给你。

GET和POST

HTML提供了两个内置的方法——GET和POST，用于处理表单数据。GET方法通过把数据追加到URL中来传递它。在搜索引擎（如Google和Yahoo）中经常可以看到这种方法的使用。下一次执行Web搜索时，可以在结果页面上检查URL，你将看到搜索项出现在域名后的某个位置，并且通常用特殊字符括住它。使用GET方法有两个缺点。第一，搜索项在URL中是可见的，这意味着其他人可以看到你正在搜索什么，并将能够从浏览器缓存/历史记录中检索你的搜索内容。第二，URL的最大长度为2000个字符多一点（包括文件名和路径信息），这限制了你可以传递的数据总量。

POST方法没有使用URL。作为替代，它在幕后传递数据，并且不会对数据量施加任何限制。POST方法也不会缓存数据，因此没有人可以从浏览器历史记录中恢复敏感信息，比如你的信用卡号或者驾驶员的驾驶证编号。这种方法是被大多数高端数据应用程序和在线存储使用的首选方法。使用POST方法的唯一缺点是：不能像使用GET方法那样看到数据是怎样传递给下一个页面的，在查找应用程序错误时，这将是有帮助的。

Web程序设计语言

HTML具有许多能力定义页面和页面内容，但它受限于主要显示静态的信息和Web图形。在创建运动效果、动画或动态应用程序时，必须求助于JavaScript或者另一种第三方脚本语言。在Web的发展史中开发并使用了多种脚本语言，但是今天绝大多数开发人员只依赖于3种最流行的程序设计语言之一，即ASP、ColdFusion或PHP。

- ASP（Active Server Pages）：由 Microsoft 开发，主要使用在基于 Windows 的 Web 服务器中。要了解关于 ASP 的更多信息，参见 http://tinyurl.com/asp-defined。
- ColdFusion：由 Jeremy 和 JJ Allaire 于 1995 年开发，在 2001 年被 Macromedia 收购，又在 2005 年被 Adobe 收购。要了解关于 ColdFusion 的更多信息，参见 http://Adobe.com/ColdFusion。
- PHP（Hypertext Preprocessor）：由 Rasmus Lerdorf 于 1995 年开发，首字母缩写词最初代表“个人主页”（Personal Home Page）的意思。作为一种免费且基本上开源的开发环境，它现在是今天使用的最流行的 Web 脚本语言之一。它目前归 PHP Group 所有，并由其进行开发。要了解关于 PHP 的更多信息，参见 http://tinyurl.com/php-defined。

12.11 通过电子邮件发送表单数据

作为表单动作的目标的 email_form.php 文件还不存在，因此需要从头开始创建它。尽管 GreenStart 模板是一个 HTML 文件，也可以使用它创建基于 PHP 的表单邮件程序。

1. 通过站点模板创建一个新页面。

2. 将页面另存为 email_form.php。

文件扩展名 .php 用于使用基于服务器的脚本语言 PHP 的动态页面。这个扩展名通知浏览器需要以不同于基本 HTML 页面的方式处理页面。如果文件没有使用合适的扩展名，一些浏览器可能会忽略 ASP、ColdFusion 和 PHP 脚本。

3. 选取文本“Add main heading here”，并输入“Green Travel”替换所选的文本。

4. 选取文本“Add subheading here”，并输入“Thanks for signing up for the Paris Eco-Tour!”替换所选的文本。

5. 选取文本“Add content here”，并输入“A Meridien GreenStart representative will contact you soon to set up your 2011 Eco-Tour. Thanks for your interest in GreenStart and Eco-Tour!”替换所选的文本。

6. 切换到“代码”视图。

该页面目前与基于 HTML 的模板完全相同，并且没有 PHP 标记。用于处理数据并生成基于服务器的电子邮件的脚本将插入在页面上的所有其他代码之前，甚至位于开始 HTML 代码的 <!doctype> 声明之前。

> **注意：** 在这个练习中，我们将使用基于 PHP 的代码来生成电子邮件表单。要建立用于 ASP 或 ColdFusion 编码的动作，只需为目标应用程序添加合适的扩展名（.asp 或 .cf）。

7. 在“代码”视图中的第 1 行开始处插入光标。然后输入“<?php”，并按下 Enter/Return 键创建一个新段落（如图 12-28 所示）。

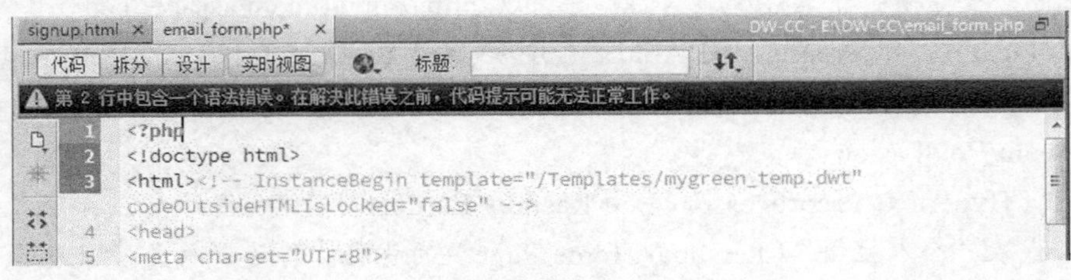

图12-28

Dreamweaver 的“代码提示”窗口可以帮助你输入代码，但是你很快将意识到这种特性不像对 HTML 和 JavaScript 那样支持 PHP，因此如果你喜欢手工编码 PHP，就可以自行编码。

8. 输入“$to = "info@green-start.org";”，并按下 Enter/Return 键，创建一个新行（如图 12-29 所示）。

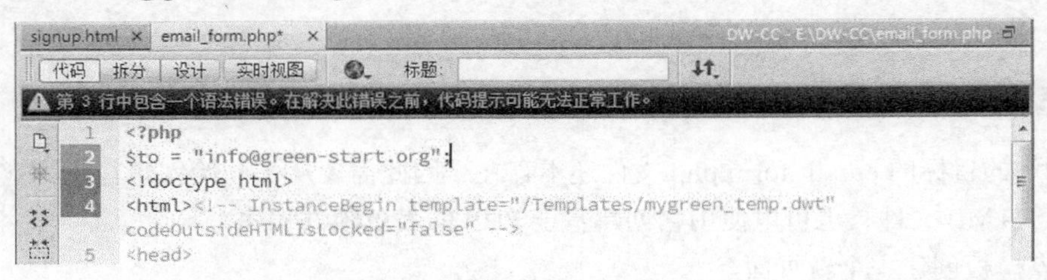

图12-29

> **注意：** 这个电子邮件地址用于虚拟的 GreenStart Association。对于你自己的 Web 站点，可以插入一个你的服务器支持的电子邮件地址。

美元符号（$）在 PHP 中声明一个变量。变量是一份将在代码内创建或者从另一个源（比如表单）接收的数据。在这种情况下，$to 变量声明一个电子邮件地址，所有的表单数据都将发送到这里。如果你想试验 PHP，可以自由地用你自己的个人电子邮件替换示例地址。

9. 输入“$subject = "Paris Eco-Tour Sign Up Form";”，并按下 Enter/Return 键，创建一个新行。

这一行创建用于电子邮件主题的变量。$subject 变量在 PHP 代码中是必需的，但是可以把它保持为空白（" "），尽管主题可以帮助你快速组织和过滤邮件。

10. 输入“$message =”，并按下 Enter/Return 键，创建一个新行。

这个变量用于开始电子邮件的主体。接下来输入的代码元素将列出你希望校正的所有表单字段，以及使电子邮件更容易阅读的一点结构上的技巧。注意代码引用了每个字段的 ID 属性。尽管你可以以你想要的任意顺序列出字段（并且可以列出多次），但是在这个练习中，将以与它们在表单中的相同顺序输入它们。回忆可知，签约表单中的第一个字段是 Name。

11. 输入“"Customer name: " . $_POST['name'] . "\r\n".”（如图 12-30 所示）。

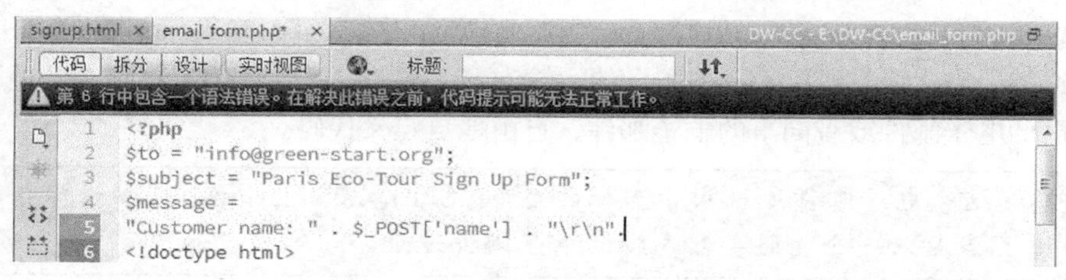

图12-30

这个条目的第一部分是我们刚才提到的“技巧”的一部分。文本“"Customer name: "”与表单完全无关。把它添加到电子邮件中只是为了标识由 $_POST['name'] 变量插入的原始顾客数据。句点（.）字符把文本和数据变量连接或结合成一个字符串。代码元素 "\r\n" 在顾客名字后面插入一个新段落。在每个表单变量后面都插入这段代码，从而把每一份数据都放置在它自己的那一行上。

12. 通过输入以下代码，完成电子邮件的主体。在冒号（:）后面插入空格，缩进变量语句，使得它们对齐同一个位置（一些行将获得比其他行更多的空格）。

```
"Email: " . $_POST['email'] . "\r\n" .
"Requested tour: " . $_POST['tourdate_0'] . "\r\n" .
"Requested tour: " . $_POST['tourdate_1'] . "\r\n" .
"Requested tour: " . $_POST['tourdate_2'] . "\r\n" .
"Total travelers: " . $_POST['travelers'] . "\r\n" . "\r\n" .
"Requirements: " . $_POST['requirements'] . "\r\n" . "\r\n" .
"Payment type: " . $_POST['paymenttype'];
```

完成后，代码应该如图 12-31 所示。

图12-31

当把表单数据插入到消息中时，在变量前添加空格应该使它们对齐。注意某些行如何显示两个段落回车符的代码（"\r\n" . "\r\n"）。把额外的行放在特定的数据元素之间有助于使电子邮件更容易阅读。

13. 按下 Enter/Return 键，输入“$from = $_POST['email'];”，并按下 Enter/Return 键。

这段代码创建一个变量，它将使用顾客在表单中输入的信息来填充发件人的电子邮件地址。

14. 输入“$headers = "From: $from" ."\r\n";”，并按下 Enter/Return 键。

这一行将使用第 13 步中的变量，创建电子邮件的“From”（发件人）头部。

15. 输入“$headers = "Bcc: lin@green-start.org" . "\r\n";”，并按下 Enter/Return 键。

这一行是可选的。它生成发送给 GreenStart 的运输专家 Lin 的电子邮件的复写副本。可以通过在这里添加你自己的电子邮件或者同事的电子邮件，自由地自定义代码。

Dw **注意**：这个电子邮件地址用于虚拟的 GreenStart Association。可以为你自己的 Web 站点插入一个受服务器支持的电子邮件地址。

16. 输入“mail($to,$subject,$message,$headers);”，并按下 Enter/Return 键。

这一行创建电子邮件，并使用支持 PHP 的服务器发送它。

注意：这段代码只能在支持 PHP 的 Web 服务器上工作。它可能不会在本地 Web 服务器上工作。这里使用的一些特定的命令可能不受你的服务器类型支持。可以与你的 Internet 主机提供商协商，以获得你的服务器支持的代码项目的列表。

17. 输入“?>”，关闭并完成 PHP 表单电子邮件功能。

像 HTML 一样，PHP 需要一个封闭标签表示法（如图 12-32 所示）。

```
12  "Payment type:      " . $_POST['paymenttype'];
13  $from = $_POST['email'];
14  $headers = "From: $from" . "\r\n";
15  $headers = "Bcc: lin@green-start.org" . "\r\n";
16  mail($to,$subject,$message,$headers);
17  ?>
18  <!doctype html>
```

图12–32

18. 按下 Enter/Return 键，插入最后一个段落回车符。然后保存所有文件。

你已经完成了基于 PHP 的脚本，它将发送包含表单数据的电子邮件。

支持其他脚本语言

在每种主要的脚本语言中也提供了你刚才创建的基于服务器的功能。尽管Dreamweaver没有开包即用地提供这种功能，通过快速搜索Internet，往往可以找到你所需的准确的代码结构。只需输入短语“form data to email”或“web form mail”，你将获得数千个选项。可以把你喜爱的脚本语言添加到搜索短语中（比如form data to email+ASP），以确定搜索目标或者缩小搜索范围。

下面列出了几个示例：

- ASP：tinyurl.com/asp-formmailer
- ColdFusion：tinyurl.com/cf-formmailer
- PHP：tinyurl.com/php-formmailer

12.12 编排表单样式

虽然你在本课程中设计的表单和电子邮件应用程序现在已经可以工作了，但是它基本上没有编排样式。样式良好的表单可以增强可读性和理解力，因此更容易使用。在下面的练习中，将通过创建新的自定义的样式表来编排表单样式。

1. 如果必要，可以打开或切换到 signup.html 文件。
2. 打开“CSS 设计器”。

将只为表单样式创建一个新的样式表；这样就可以把它附加到这个页面及其他表单页面上，但是不需要附加到整个站点上。通过把用于表单的 CSS 规则与主样式表分隔开，就可以限制必须下载的代码量，并且创建整体上更高效的站点。更少的代码意味着更快的下载速度和更好的用户体验。

3. 在“CSS 设计器”中，单击“添加 CSS 源”（ ）图标，并从弹出式菜单中选择“创建新的 CSS 文件”命令。

出现“创建新的 CSS 文件”对话框。

4. 在“文件 /URL”框中输入“forms.css”，并选择“添加为：链接”选项。
5. 打开“有条件使用”菜单，并选择“media：screen”选项。然后单击“确定”按钮。

名称 forms.css 出现在“相关文件”界面中，星号指示该文件还没有保存。

6. 在图注文本“Your Contact Information”中插入光标。
7. 在“源”窗格中，选择 forms.css，并单击“添加选择器”（ ）图标。

选择器名称出现在“选择器”窗格中，它以 <form#ecotour> 的域集中的图标为目标。

8. 把选择器名称编辑为“#ecotour fieldset legend”。
9. 为 #ecotour fieldset legend 规则输入以下属性（如图 12-33 所示）：

```
font-size:120%
font-weight:bold
color:#090
```

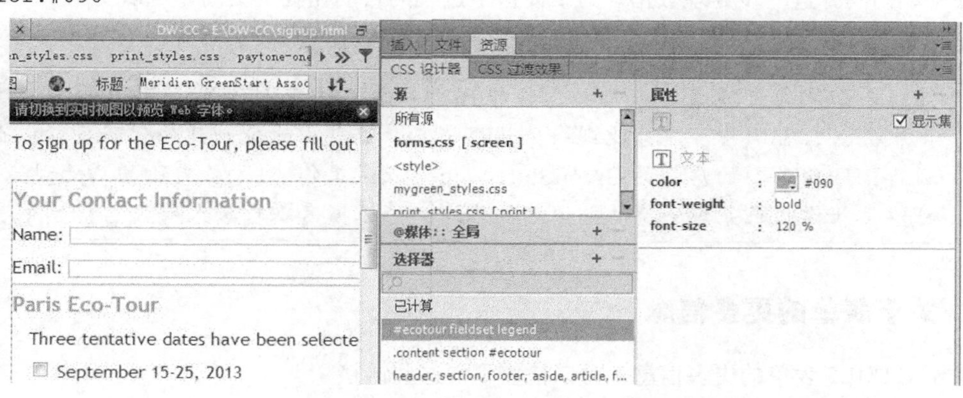

图12–33

10. 在 forms.css 中创建一个新的 CSS 规则，并把它命名为“#ecotour fieldset”。
11. 为 #ecotour fieldset 输入以下属性（如图 12-34 所示）：

```
margin-bottom:15px
padding:10px
border:solid 2px #090
```

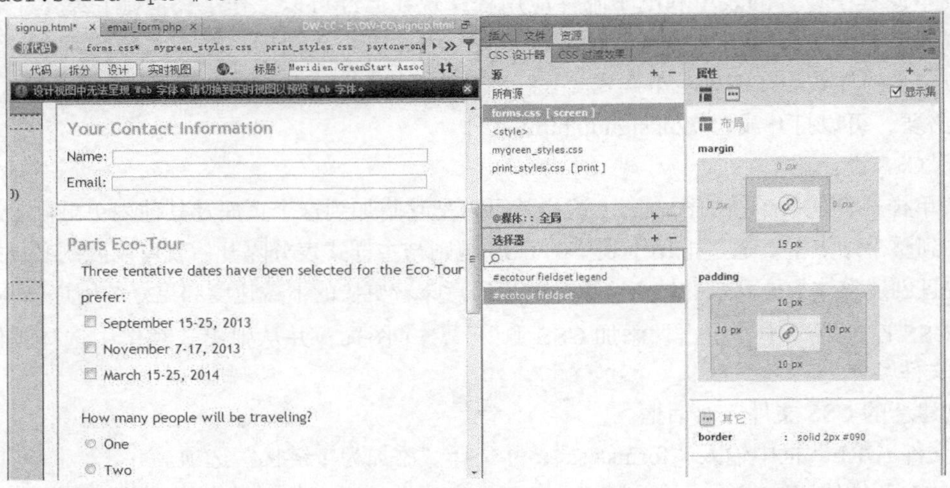

图12-34

12. 保存所有文件。

13. 在主浏览器中预览页面。

在这一课中，你利用多种 HTML 表单元素构建了一个用户可填写的表单。你创建并附加了自定义的样式表，使其外观显得有生气。在浏览器中，你将能够测试所有的表单字段。当单击 Email Tour Request 按钮时，将把表单数据传递给 email_form.php 文件。如果在支持 PHP 的系统中预览页面，就会生成一封电子邮件，并把它发送给在 PHP 代码中指定的电子邮件地址。

此时，这个表单只能简单地收集数据，并把它作为标准的、基于文本的电子邮件进行处理。收件人仍然必须手动访问并进一步处理数据。为了使这个过程的自动化程度更高，可以使用 Dreamweaver 修改 signup.html，使得它将直接在 Web 托管的数据库中插入信息。

注意：如果尝试提交这个页面，除非把所有的文件都上传到了 PHP 兼容的测试服务器，否则将可能接收到一条错误消息。这是由于你创建的代码设计成在运行 PHP 服务器的虚拟的 GreenStart Web 站点上工作。对于你自己的 Web 站点，可以插入你的服务器支持的电子邮件地址，并根据需要修改代码。

12.13 关于表单的更多信息

要获得关于 HTML5 表单的更多信息，可以检查下面这些链接：

- http://tinyurl.com/html5forms1
- http://tinyurl.com/html5forms2
- http://tinyurl.com/html5forms3

复习

复习题

1. <form> 标签的用途是什么？
2. for 属性在表单设计中有什么优点？
3. 相比标准的复选框和单选按钮元素，复选框组和单选按钮组有什么优点？
4. 标准的文本字段与文本区域之间的区别是什么？
5. 单选按钮与复选框之间的主要区别是什么？
6. 如何指定单独的单选按钮属于某一个组？
7. <fieldset> 标签有什么作用？

复习题答案

1. <form> 包围所有的表单元素，并且包括一个 action 属性，它定义了将用于处理表单及其数据的文件或脚本。
2. 它通过匹配 ID 和 for 属性，把 <label> 标签连接到表单字段。
3. 复选框组和单选按钮组通过自动完成元素属性，使得可以更容易地同时创建多个表单元素。
4. 标准的文本字段旨在用于名称或短语，而文本区域则可以存放更大量的文本。
5. 单选按钮只允许从多个选项中选择一个选项，而复选框则允许用户根据需要选择许多选项。
6. 所有具有相同名称和 ID 的单选按钮都将位于同一个单选按钮组中。
7. <fieldset> 元素用于形象地把相关的表单字段组织在一起，与之配套的 <legend> 标签则用于标识这个组。它还有助于组织表单的布局以及阐明多个表单字段的用途。

第13课 发布到Web上

课程概述

在这一课中，将把 Web 站点发布到 Internet 上，并且执行以下任务：

- 定义远程站点；
- 定义测试服务器；
- 把文件放到 Web 上；
- 遮盖文件和文件夹；
- 在站点范围内更新过时的链接。

完成本课大约需要 1 小时 15 分钟的时间。在开始前，请确定你已经如本书开头的“前言”一节中所描述的那样把用于第 13 课的文件复制到了你的硬盘驱动器上。如果你是从零开始学习本课，可以使用“前言”中的“跳跃式学习”一节中描述的方法。

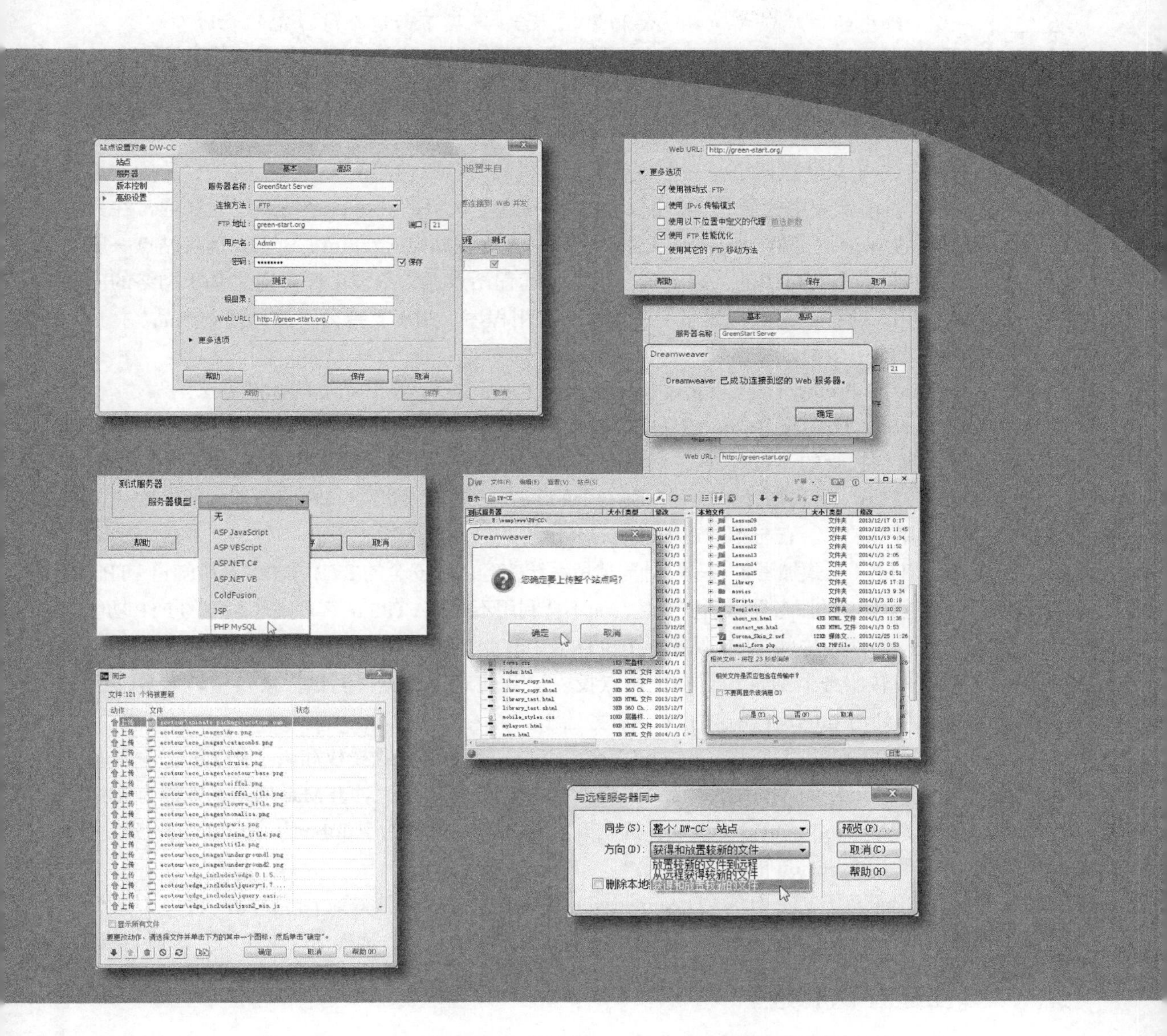

前面各课的目标是为远程Web站点设计、开发和构建页面。但是Dreamweaver并没有就此止步，它还提供了一些功能强大的工具，用于随着时间的推移上传和维护任意规模的Web站点。

Dw 注意：如果你还没有把用于本课的文件复制到计算机硬盘上，那么现在一定要这样做。参见本书开头的“前言”中的相关内容。

Dw 注意：如果你在这个练习中是从零开始学习的，可以参见本书开头的“前言”一节中给出的“跳跃式学习”的指导。然后，遵循下面这个练习中的步骤即可。

13.1 定义远程站点

Dreamweaver 基于一个双站点系统。一个站点是计算机的硬盘驱动器上的一个文件夹，称为**本地站点**（local site），以前课程中的所有工作都是在本地站点上执行的。另一个站点建立在通常在另一台计算机上运行的 Web 服务器上的一个文件夹中，称为**远程站点**（remote site）。远程站点一般连接到 Internet，并且是公共可用的。在大型公司中，远程站点通常只能由雇员通过基于网络的**内联网**（intranet）使用。这样的站点提供了一些信息和应用程序，用于支持公司的计划和产品。

Dreamweaver 支持使用多种方法连接到远程站点。

- FTP（File Transfer Protocol，文件传输协议）——连接到托管 Web 站点的标准方法。
- SFTP（Secure File Transfer Protocol，安全文件传输协议）——这种协议提供了一种方法用于以更安全的方式连接到托管的 Web 站点，以阻止未经授权的访问或者在线内容截获。
- FTP over SSL/TLS（隐式加密）——一种安全的 FTP 方法 ，需要 FTPS 服务器的所有客户都知道将在对话上使用的 SSL。它与不知道 FTPS 的客户不兼容。
- FTP over SSL/TLS（显式加密）——一种与遗留系统兼容的、安全的 FTP 方法，其中知道 FTPS 的客户可以利用知道 FTPS 的服务器激活安全性，而不会利用不知道 FTPS 的客户破坏总体的 FTP 功能。
- 本地 / 网络——当使用中间 Web 服务器（也称为**中转服务器**（staging server））时，经常使用本地或网络连接。中转服务器通常用于在把站点投入运营前对它们进行测试。来自中转服务器的文件最终将会被发布到与 Internet 相连的 Web 服务器上。
- WebDav（Web Distributed Authoring and Versioning，Web 分布式授权和版本化）——一种基于 Web 的系统，对于 Windows XP 用户来说，也将其称为 Web 文件夹；对于 Mac 用户，则称为 iDisk。
- RDS（Remote Development Services，远程开发服务）——是由 Adobe 为 ColdFusion 开发的，主要用在使用基于 ColdFusion 的站点时。

在 Adobe CC 中完全重建了 FTP 引擎。Dreamweaver 现在可以更快、更高效地上传更大的文件，从而允许更快地返回到工作上来。在下面的练习中，将使用两种最常用的方法建立远程站点：FTP 和“本地 / 网络”。

13.1.1 建立远程 FTP 站点

绝大多数 Web 开发人员都依靠 FTP 来发布和维护他们的站点。FTP 是一个定义良好的协议，在 Web 上使用了该协议的许多变体，其中大多数都受到 Dreamweaver 的支持。

1. 启动 Adobe Dreamweaver CC。

2. 选择“站点”>“管理站点”。

3. 当“管理站点”对话框出现时，将会看到你可能定义的所有站点的列表。如果显示了多个站点，确保选择了当前站点“DW-CC”。然后单击“编辑”( )图标。如果使用的是“跳跃式学习”方法，可以选择基于“Lesson 13”的站点名称。

4. 在“站点设置对象 DW-CC”对话框中，单击“服务器”类别。

“站点设置”对话框允许建立多个服务器，以便可以根据需要测试多种类型的安装。

5. 单击“添加新服务器”图标（ ）图标。在“服务器名称”框中，输入“GreenStart Server”。

6. 从“连接方法”弹出式菜单中，选择 FTP（如图 13-1 所示）。

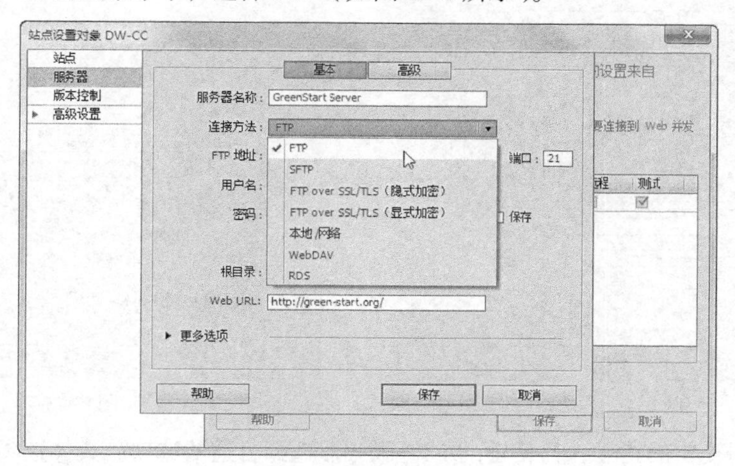

图13–1

> **警告**：要完成下面的练习，必须已经建立了远程服务器。远程服务器可以由你自己的公司托管，或者是通过与第三方 Web 托管服务提供商签约而获得的。

7. 在“FTP 地址”框中，输入 FTP 服务器的 URL 或 IP（Internet Protocol，网际协议）地址。

如果签约第三方服务作为 Web 主机，将给你分配 FTP 地址。这个地址可能是以 IP 地址的形式提供的，比如 192.168.1.000。把这个数字完全按照发送给你的原样输入到这个框中。FTP 地址往往是站点的名称，比如 ftp.green-start.org。Dreamweaver 不要求在框中输入“ftp”。

8. 在“用户名”框中，输入 FTP 用户名。在“密码”框中，输入 FTP 密码。

用户名可能是区分大小写的，而密码框则几乎总是如此，因此一定要正确地输入它们。

9. 在“根目录”框中，输入文件夹的名称，其中包含可供 Web 公共访问的文档（如果有的话）。

有些 Web 主机允许对可能包含非公共文件夹（比如 cgi-bin，用于存储 CGI（Common Gateway Interface，公共网关接口）或二进制脚本）的根目录级别的文件夹以及公共文件夹进行 FTP 访问。在这些情况下，可以在“根目录”框中输入公共文件夹名称，比如：public、public_html、www 或 wwwroot。在许多 Web 主机配置中，FTP 地址与公共文件夹相同，并且“根目录”框应该保持为空。

> **提示**：可以与你的 Web 托管服务提供商或者 IS/IT 经理协商，以获得根目录名称（如果有的话）。

10. 如果不希望在 Dreamweaver 每次连接到站点时重新输入用户名和密码，可以选中“保存”复选框。

11. 单击“测试”按钮，验证 FTP 连接工作正确。

Dreamweaver 将会显示一个告警，通知你连接是否成功（如图 13-2 所示）。

12. 单击“确定”按钮，消除告警。

如果接收到一条错误消息，Web 服务器可能需要额外的配置选项。

13. 单击“更多选项”图标，展示额外的服务器选项（如图 13-3 所示）。

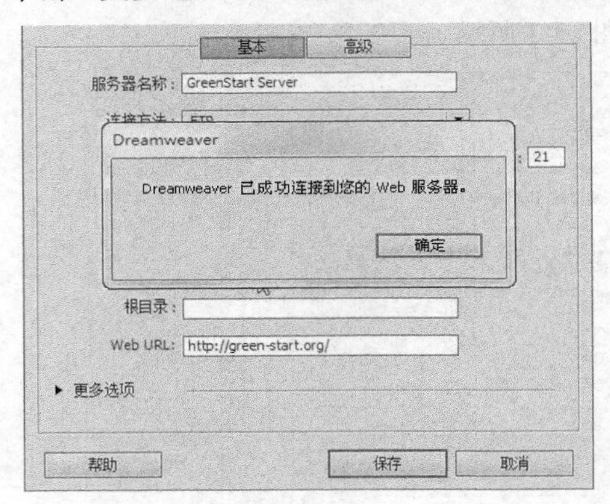

图13–2

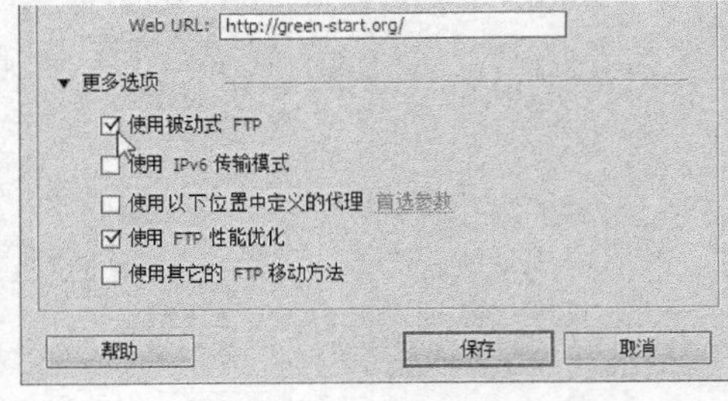

图13–3

可以参考托管公司提供的指导，为特定的 FTP 服务器选择合适的选项。具体选项如下。

- “使用被动式 FTP”——允许计算机连接到主机，并且绕过防火墙限制。许多 Web 主机都需要这种设置。
- “使用 IPv6 传输模式”——允许连接到基于 IPv6 的服务器，这种服务器利用了最新版本的 Internet 传输协议。
- “使用以下位置中定义的代理”——确定在 Dreamweaver 首选参数中定义的次级代理主机连接。
- “使用 FTP 性能优化”——优化 FTP 连接。如果 Dreamweaver 不能连接到服务器，则取消选中该复选框。
- “使用其他的 FTP 移动方法”——提供一种额外的方法用于解决 FTP 冲突，尤其是在启用回滚或者移动文件时。

查找FTP连接错误

在第一次尝试连接到远程站点时可能会受挫。你可能会经历众多的陷阱，其中许多陷阱不受你的控制。下面列出了在你遇到连接问题时可以采取的几个措施。

- 如果不能连接到 FTP 服务器，首先要检查用户名和密码，并且仔细地重新输入它们。记住，用户名可能是区分大小写的，而大多数密码往往也是这样（这是最常见的错误）。
- 然后，选中“使用被动式 FTP”复选框，并再次测试连接。

• 如果仍然不能连接到FTP服务器，可以取消选中“使用FTP性能优化”选项，并再次单击“测试”按钮。

• 如果上面这些措施都不能让你连接到远程站点，可以与你的IS/IT经理或者远程站点管理员协商。

一旦建立了可以工作的连接，就可能需要配置一些高级选项。

14. 单击“高级”选项卡。选择以下选项，以使用远程站点（如图13-4所示）。

• “维护同步信息”——自动注明本地和远程站点上已经改变的文件，以便可以轻松地同步它们。这种特性有助于跟踪所做的改变，如果在上传前更改了多个页面，它可能就是有用的。你可能想利用这种特性来使用遮盖功能，在下一个练习中将了解该功能。默认情况下，通常会选择这种特性。

• “保存时自动将文件上传到服务器”——当保存文件时，将它们从本地站点传输到远程站点。如果你经常保存但是还没有准备好公开页面，这个选项就可能变得令人讨厌。

• “启用文件取出功能”——在工作组环境中构建协作式Web站点时，可以启动“存回/取出”系统。如果选择这个选项，将需要为取出目的输入一个用户名，并且可以选择输入一个电子邮件地址。如果是你自己一个人在工作，就不需要选择文件取出选项。

保持所有这些选项都不选择是可以接受的，但是出于本课程的目的，要启用“维护同步信息”选项。

15. 在打开的对话框中单击“保存”以完成设置。

将显示一个对话框，指示将重建缓存，因为你改变了站点设置（如图13-5所示）。

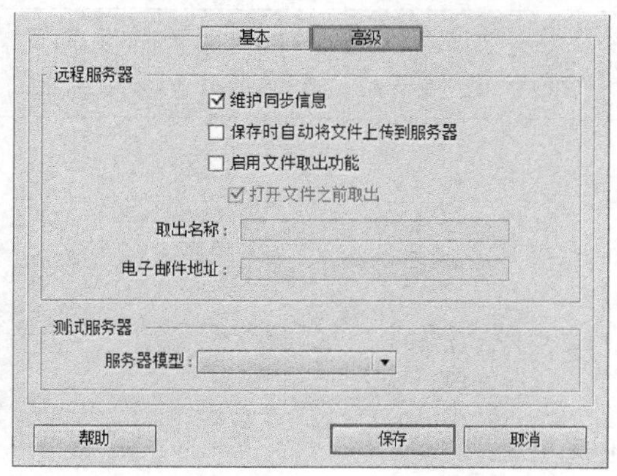

图13-4

图13-5

16. 单击“确定”按钮构建缓存。当Dreamweaver更新完缓存后，单击“完成”按钮，关闭“管理站点”对话框。

你已经建立了对远程服务器的连接。如果你目前没有远程服务器，可以代之以使用本地测试服务器作为远程服务器。

安装测试服务器

在创建带有动态内容的站点时，在把页面上传到Internet上之前，需要测试功能。测试服务器可以非常好地满足这种要求。依赖于需要测试的应用程序，测试服务器可以仅仅只是实际的Web服务器上的一个子文件夹，或者可以使用本地Web服务器，比如Apache或者Microsoft的IIS（Internet Information Services，Internet信息服务）。

有关安装和配置本地Web服务器的详细信息，可以检查下面的链接：

- Apache/ColdFusion——http://tinyurl.com/setup-coldfusion
- Apache/PHP——http://tinyurl.com/setup-apachephp
- IIS/ASP——http://tinyurl.com/setup-asp

一旦建立了本地Web服务器，就可以使用它上传完成的文件以及测试远程站点。在大多数情况下，将不能从Internet访问本地Web服务器，或者不能宿主实际的Web站点。

13.1.2 在本地或网络 Web 服务器上建立远程站点

如果你的公司或组织使用中转服务器作为 Web 设计师与活动 Web 站点之间的“中间人”，那么很可能需要通过本地或网络 Web 服务器连接到远程站点。本地 / 网络服务器通常用作测试服务器，用于在把页面上传到 Internet 之前测试动态功能。

> **警告**：要完成下面的练习，必须已经安装和配置了本地或网络 Web 服务器。

> **注意**：如果你在这个练习中是从零开始学习的，可以参见本书开头的“前言”一节中给出的“跳跃式学习”的指导。然后，遵循下面这个练习中的步骤即可。

1. 启动 Adobe Dreamweaver CC。
2. 选择“站点”>“管理站点”。
3. 在“管理站点”对话框中，确保选择了当前站点 DW-CC。然后单击“编辑”（ ）图标。
4. 在“站点设置对象 DW-CC”对话框中，选择“服务器”类别。
5. 如果已经在对话框中建立了测试服务器，可选择“远程”选项（如图 13-6 所示）。

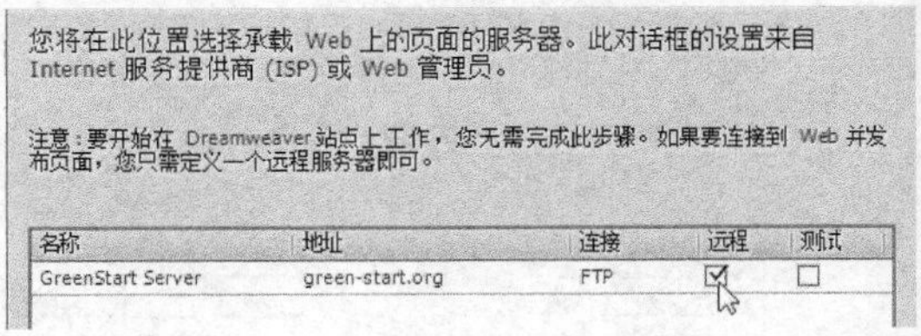

图13-6

6. 单击“添加新服务器”（ ）图标。在“服务器名称”框中输入“GreenStart Local”。
7. 从“连接方法”弹出式菜单中，选择“本地 / 网络”。
8. 在“服务器文件夹”框中，单击旁边的“浏览”（ ）图标。然后选择本地 Web 服务器的 HTML 文件夹，比如 C:\wamp\www\DW-CC。

注意：你在这里输入的路径因你安装本地 Web 服务器的方式而定，并且可能与显示的不同。

9. 在 Web URL 框中，为你的本地 Web 服务器输入合适的 URL。如果使用 WAMP 或 MAMP 本地服务器，那么 Web URL 将类似于 http://localhost:8888/DW-CC 或 http://localhost/DW-CC（如图 13-7 所示）。必须输入正确的 URL，否则 Dreamweaver 的 FTP 和测试功能可能不会正确地工作。

图13-7

10. 单击"高级"按钮，与实际的 Web 服务器一样，为使用远程站点选择合适的选项："维护同步信息"、"保存时自动将文件上传到服务器"和/或"启用文件取出功能"。

尽管保持所有这些选项都不选择是可以接受的，但是出于本课程的目的，要选择"维护同步信息"选项。

11. 如果你也喜欢把本地 Web 服务器用作测试服务器，可以在对话框的"高级"区域中选择服务器模型（如图 13-8 所示）。如果你正在使用特定的编程语言（比如 ASP、ColdFusion 或 PHP）创建动态站点，那么将能够正确地测试站点的页面。

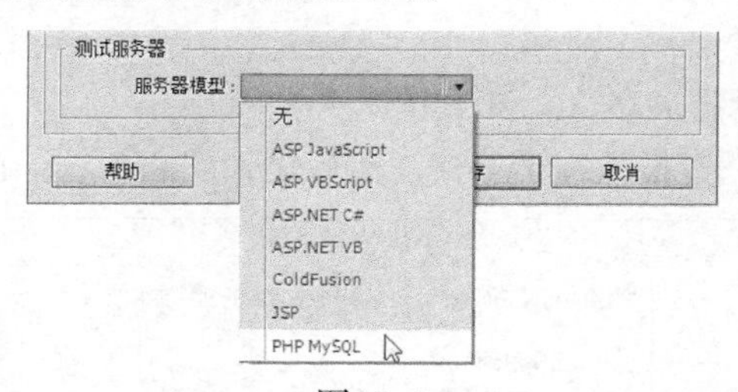

图13-8

12. 单击"保存"按钮，完成远程服务器设置。

13. 在"站点设置对象 DW-CC"对话框中，选择"远程"选项。如果你也想把本地服务器用作测试服务器，可选择"测试"选项（如图 13-9 所示）。然后单击"保存"按钮。

图13-9

14. 在"管理站点"对话框中，单击"完成"按钮。如果必要，可单击"确定"按钮重建缓存。

在同一时间只能有一个远程服务器和一个测试服务器是活动的，但是可以定义多个服务器。如果需要，可以把一个服务器同时用于这两种角色。在为远程站点上传文件之前，可能需要遮盖本地站点中的某些文件夹和文件。

13.2 遮盖文件夹和文件

可能不需要把站点根目录中的所有文件都传输到远程服务器上。例如，利用将不会被访问或者将保持对 Web 站点用户不可访问的文件填充远程站点是没有意义的。把存储在远程服务器上的文件减至最少还可能会带来经济上的好处，因为许多托管服务是基于你的站点占据了多大的磁盘空间来收取它们的一部分费用的。如果为使用 FTP 或网络服务器的远程站点选择了“维护同步信息”选项，就可能想**遮盖**（cloak）一些本地材料，以阻止它们上传。遮盖是 Dreamweaver 的一种特性，允许指定某些文件夹和文件将不会被上传，或者不会与远程站点进行同步。

你不希望上传的文件夹包括 Template 和 Library 文件夹。用于创建站点的其他一些非 Web 兼容的文件类型（比如 Photoshop 文件（.psd）、Flash 文件（.fla）或者 Microsoft Word 文件（.doc））也不需要传输到远程服务器上。尽管遮盖的文件将不会自动上传或同步，仍然可以根据需要手动上传它们。

在“站点设置”对话框中开始遮盖过程。

1. 选择“站点”>“管理站点”。
2. 在站点列表中选择 DW-CC，并单击“编辑”（ ）图标。
3. 展开“高级设置”类别。在“遮盖”类别中，选中“启用遮盖”和“遮盖具有以下扩展名的文件”这两个复选框。

复选框下面的框中应该会显示扩展名 .fla 和 .psd。

4. 在“.psd”后面插入光标，并插入一个空格。然后输入“.doc .txt .rtf”（如图 13-10 所示）。

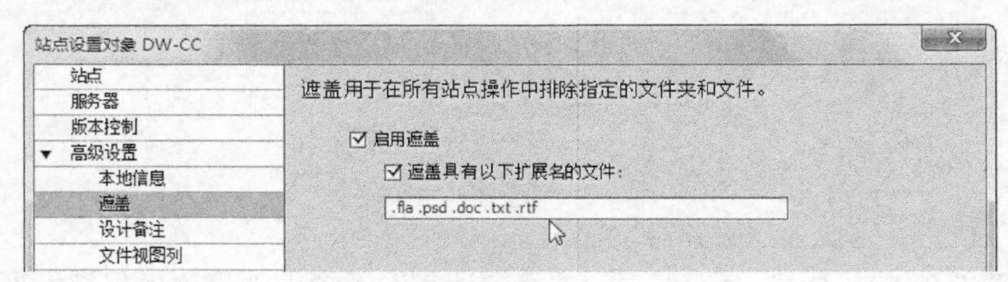

图13-10

一定要在每个扩展名之间插入一个空格。由于这些文件类型不包含任何想要的 Web 内容，在这里添加它们的扩展名将阻止 Dreamweaver 自动上传和同步这些文件类型。

5. 单击“保存”按钮。如果 Dreamweaver 提示你更新缓存，可单击“确定”按钮。然后单击“完成”按钮，关闭“管理站点”对话框。

也可以手动遮盖特定的文件或文件夹。

6. 打开“文件”面板，并单击“展开”（ ）按钮以填充工作区。如果你使用“跳跃式学习”方法，可以跳过第 7 步和第 8 步。工作流程中应该没有任何课程文件夹。

注意所有的课程文件夹。这些文件夹包含大量重复的内容，远程站点上不需要它们。

> Dw **注意：**如果你使用“跳跃式学习”方法，可以跳过第 7 步和第 8 步。

7. 右击 Lesson01 文件夹，并从上下文菜单中选择“遮盖”>“遮盖”。

8. 为其余的每个课程文件夹重复执行第 7 步的操作。

在远程站点上不需要 Template 和 Library 文件夹，因为你的 Web 页面将不会以任何方式引用这些资源。但是，如果在团队环境中工作，上传和同步这些文件夹可能是有用的，使得每个团队成员都在他们自己的计算机上具有每个文件夹的最新版本。对于这个练习，让我们假定你是单独一个人工作。

9. 对 Template 文件夹应用遮盖（如图 13-11 所示）。

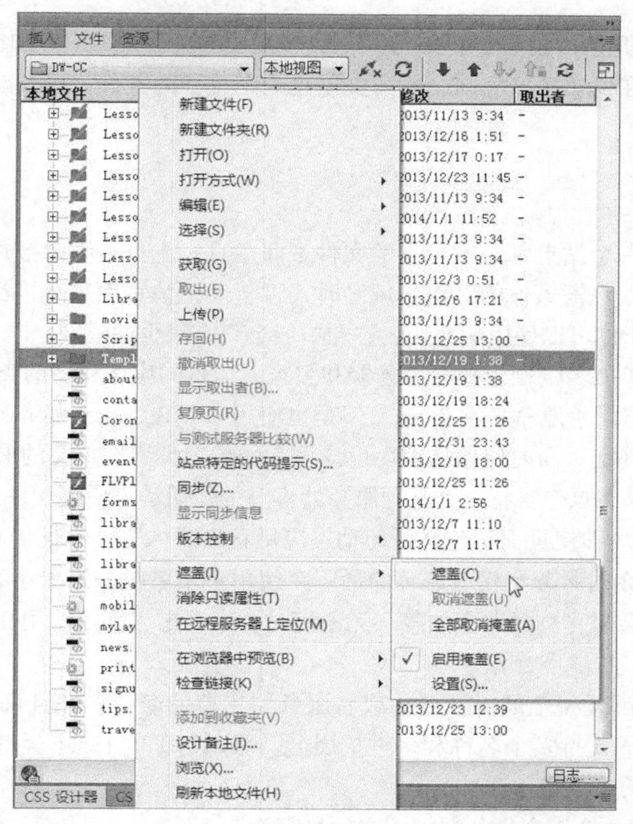

图13–11

> **Dw** | **注意**：必须把服务器端包括（SSI）上传到服务器上才能让它们起作用。

10. 在出现的警告对话框中，单击“确定”按钮（如图 13-12 所示）。

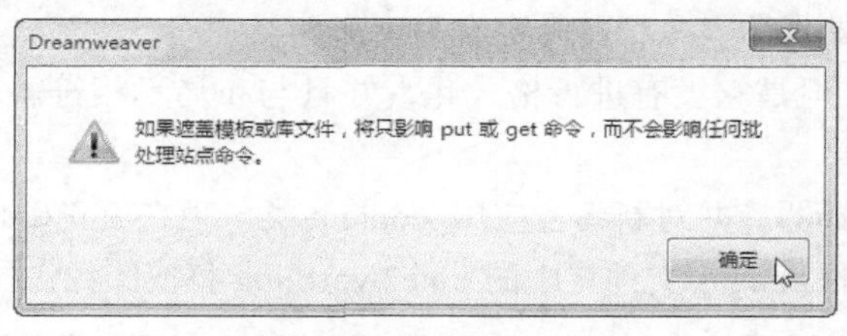

图13–12

11. 重复执行第 9 步和第 10 步的操作，遮盖 Library 文件夹。

使用“站点设置”对话框和“遮盖”上下文菜单，可以遮盖文件类型、文件夹和文件。同步过程将会忽略这些遮盖的项目，并且不会自动上传或下载它们。

13.3 完善 Web 站点

在前 12 课中，你从头开始构建了整个 Web 站点，包括文本、图像、影片和交互式内容，但是有几处还需要完善一下。在发布站点之前，将需要创建一个重要的文件，以及对站点导航执行一些至关重要的更新。

13.3.1 创建主页

你需要创建的文件是每个站点都必不可少的文件：即主页。主页是大多数用户将在你的站点上查看的第一个页面。当用户输入你的站点的域名时，将自动把该页面加载进浏览器窗口中。由于页面是自动加载的，对于你可以使用的文件名称和扩展名只有很少的限制。

实质上，文件名称和扩展名依赖于托管服务器和主页上运行的应用程序的类型（如果有的话）。在大多数情况下，主页将简单地命名为 index，但是也使用 default、start 和 iisstart。

你以前学过，扩展名确定页面内使用的程序设计语言的特定类型。正常的 HTML 主页将使用扩展名 .htm 或 .html。如果主页包含特定于某种服务器模型的任何动态应用程序，则需要像 .asp、.cfm 和 .php 这样的扩展名。即使页面不包含任何动态应用程序或内容，你也仍有可能使用其中一种扩展名——如果它们与你的服务器模型兼容的话。在使用扩展名时一定要小心，在一些情况下，使用错误的扩展名可能会阻止页面完全加载。无论何时心存疑虑，都可使用 .html，因为在所有的环境中都支持它。

通常由服务器管理员配置特定的主页名称或者服务器支持的名称，并且可以根据需要更改它们。大多数服务器被配置成支持多个名称和多种扩展名。可以与你的 IS/IT 经理或 Web 服务器支持团队协商，以确定主页的建议名称和扩展名。

1. 通过站点模板创建一个新文件，并把该文件另存为 index.html。或者，使用与你的服务器模型兼容的文件名和扩展名。
2. 打开 Lesson13 > resources > home.html 文件。
3. 把光标插入在内容中的任意位置，并选择 <article> 标签选择器，复制所有的内容。
4. 切换到 index.html，在文本“Add main heading here”中的任意位置插入光标。然后选择 <article.content> 标签选择器，并粘贴内容。

新内容出现在页面中心，但是它没有进行格式化，并且与布局不相符。这是由于还没有利用正确的类对内容编排样式。

5. 选择 <article> 标签选择器，并对新元素应用 .content 类。现在就正确地格式化了主要内容。
6. 在侧栏中，利用站点的 images 文件夹中的 bike2work.jpg 替换图像占位符。
7. 利用“GreenStart has launched a new program to encourage Meridien residents to leave their cars at

home and bike to work. Sign up and tell a friend.” 替换文字说明占位符。

8. 把页面标题编辑为“GreenStart Association - Welcome to Meridien GreenStart”。

注意 MainContent 区域中的超链接占位符（如图 13-13 所示）。

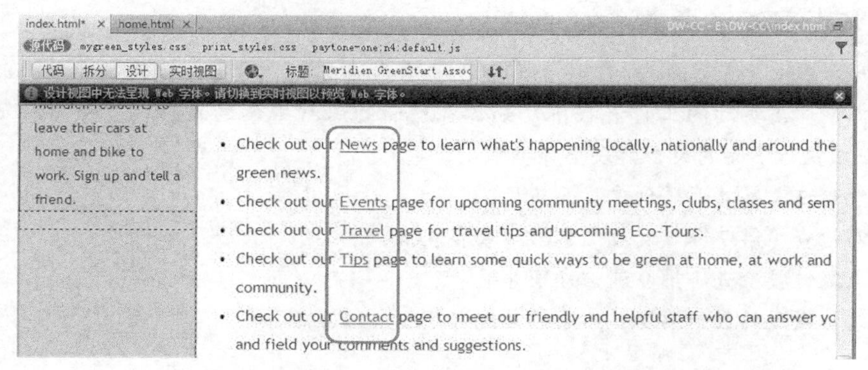

图13–13

9. 在“News”链接中插入光标。然后在“属性”检查器中，浏览并把链接连接到 news.html。

10. 对每个链接都重复执行第 9 步的操作。把这些链接都连接到站点根文件夹中的合适页面。

11. 保存并关闭所有文件。

这样就完成了主页。让我们假定你想以其当前的完成状态上传站点，即使一些页面尚未创建。在任何站点开发的过程中都会发生这种情况。将随着时间的推移添加和删除页面；并在以后某个时间完成和上传遗漏的页面。

在这种方案中，除了当前导航系统中的一个链接（“Green Products”）之外，你为所有其他的链接都创建了页面。如果到站点运行时还不能完成这个页面，那么总是可以从垂直菜单中临时删除它，并在以后需要时可以再把它添加回来。在可以把站点上传到实时服务器之前，总是应该更新任何过时的链接，并删除无效的链接。

13.3.2 更新链接

所有过时的链接都包含在垂直菜单中，它们目前是站点模板的一部分。可以通过编辑模板并保存所做的更改，来更新整个站点。

1. 从“资源”面板中打开默认的站点模板。

这个模板控制所有的当前站点页面。

2. 在“Green Products”链接中插入光标，它链接到 products.html，这个页面还不存在。单击用于这个链接的 <li> 标签选择器，并删除它。

以后当开发了这些页面时，可以重新创建这些链接。

3. 保存模板，Dreamweaver 将提示你更新站点，单击“更新”按钮。

出现“更新页面”对话框，报告哪些页面被更新以及哪些页面没有被更新。如果没有看到报告，可单击“显示记录”选项。

4. 单击“关闭”按钮，关闭“更新页面”对话框，然后关闭模板。

在整个站点中更新了垂直导航菜单，并且现在几乎已经准备好上传页面。

发布站点前的检查表

在发布站点的所有页面之前，要利用这个机会检查它们，看看它们是否为黄金时段做好了准备。在实际的工作流程中，如你在前面的课程中学过的，在上传单个页面之前，应该执行下面的大多数或全部步骤：

- 代码验证（第 4 课“创建页面布局”）；
- 拼写检查（第 7 课“处理文本、列表和表格”）；
- 站点级链接检查（第 9 课“处理导航”）。
- 修复你发现的任何问题，然后继续进行下一个练习。

侧栏的界线

在为站点构建页面时，你主要关注的是主要内容和应用程序，并且会忽略一些页面上的侧栏内容。这些页面永远都不会完成。由于这些练习只打算用于培训目的，因此无需完成这些页面。不过，如果你的设计鉴赏力阻止你把这些页面保持在它们当前的未完成状态中，现在就要花几分钟时间完成它们。下面提供了一些建议，但是可以自由地采取你想要的任何创造性的行为来完成侧栏内容。在站点默认的images文件夹中提供了图13-14中绘制的图像。

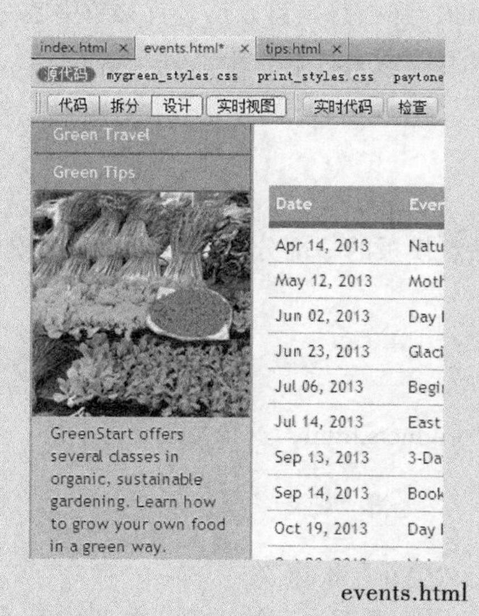

events.html

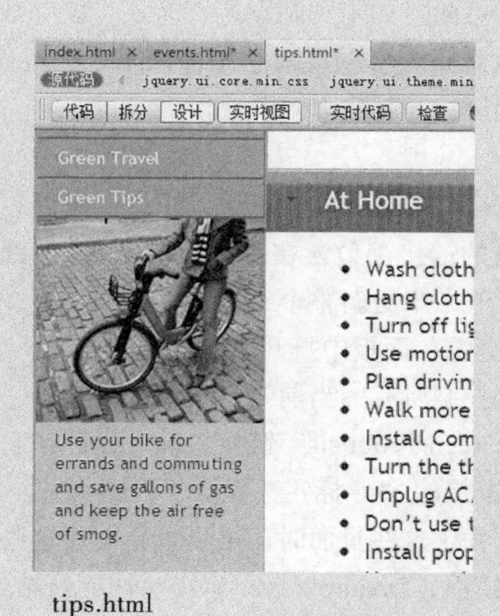

tips.html

图13-14

13.4　在线上传站点

在很大程度上，本地站点和远程站点是相互之间的镜像，并在完全相同的文件夹结构中包含相同的HTML 文件、图像和资源。当把 Web 页面从本地站点传输到远程站点上时，就是在发布或**上传**（put）那个页面。如果上传一个存储在本地站点的文件夹中的文件，Dreamweaver 就会把该文件传送到远程站点上对应的文件夹中。如果需要，它甚至会自动创建远程文件夹，在下载文件时也是如此。

使用 Dreamweaver，用一个操作即可发布从单个文件到整个站点的任何内容。在发布 Web 页面时，默认情况下 Dreamweaver 会询问你是否还想上传相关文件。相关文件可以是图像、CSS、HTML5 影片、JavaScript 文件、服务器端包括，以及完成页面所需的所有其他文件。

警告：Dreamweaver 做了良好的工作，来尝试确定特定工作流程中的所有相关文件。在一些情况下，它可能会遗漏对动态或扩展过程至关重要的文件。你自己必须确定这些文件，并且确保上传它们。

可以一次上传一个文件，或者同时上传整个站点。

1. 如果必要，可以打开“文件”面板，并单击“展开”（ ）图标。

2. 单击“连接到远程服务器”（ ）图标，连接到远程站点（如图 13-15 所示）。

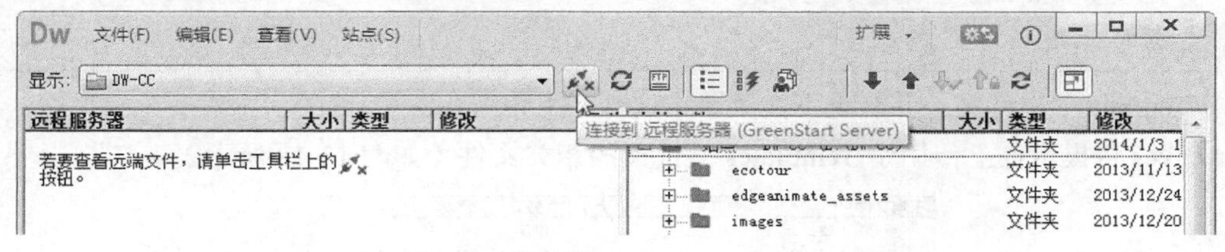

图13–15

如果正确地配置了远程站点，“文件”面板将连接到站点并在“文件”面板的左半部分显示其内容。在第一次上传文件时，远程站点应该是空的或者大部分是空的。如果连接到 Internet 主机，可能会显示由托管公司创建的特定文件和文件夹。不要删除这些项目，除非你检查过它们对于服务器或你自己的应用程序的运行是否必要。

3. 在本地文件列表中，选择 index.html。在“文档”工具栏上，单击“上传”（ ）图标。

默认情况下，Dreamweaver 将提示你上传相关文件。如果相关文件在服务器上已经存在并且所做的更改不会影响它，就可以单击“否”按钮。否则，对于新文件或者做了大量修改的文件，应该单击“是”按钮。Dreamweaver 然后将上传正确呈现所选 HTML 文件所需的图像、CSS、JavaScript、服务器端包括（SSI）以及其他的相关文件。

注意：如果 Dreamweaver 没有提示你上传相关文件，就可能是禁用了这个选项。要启用这种特性，可以在 Dreamweaver 的“首选项”面板中的“站点”类别中访问该选项。

也可以上传多个文件或整个站点。

4. 选择本地站点的站点根文件夹，然后在“文件”面板中单击“上传”图标（如图 13-16 所示）。

出现一个对话框，要求你确认你想上传整个站点（如图 13-17 所示）。

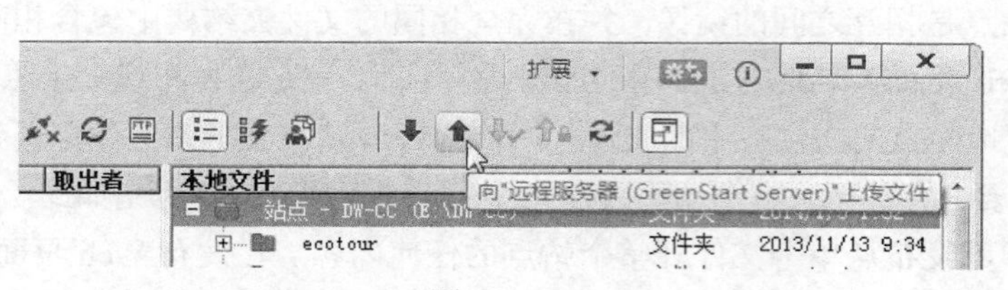

图13–16

图13–17

5. 单击“确定”按钮。

Dreamweaver 开始上传站点，它将在远程服务器上重建本地站点结构。在完成时，注意将不会上传任何遮盖的课程文件夹。在上传文件夹或整个站点时，Dreamweaver 将会自动忽略所有遮盖的项目。如果需要，可以单独手动选取并上传遮盖的项目。

> **警告**：在你上传的页面当中，有几个页面可能纳入了使用 JavaScript 和 jQuery 资源的动态内容。Dreamweaver 将会确定其中许多资源，但是不会把它们都查找出来。你可能不得不手动定位并上传这些文件和文件夹。无论如何，一定要知道在这些动态内容可以正确地工作之前，可能需要在远程服务器和数据库上进行额外的配置。

6. 右击 Templates 文件夹，并从上下文菜单中选择“上传”。

Dreamweaver 将提示你上传用于 Templates 文件夹的相关文件（如图 13-18 所示）。

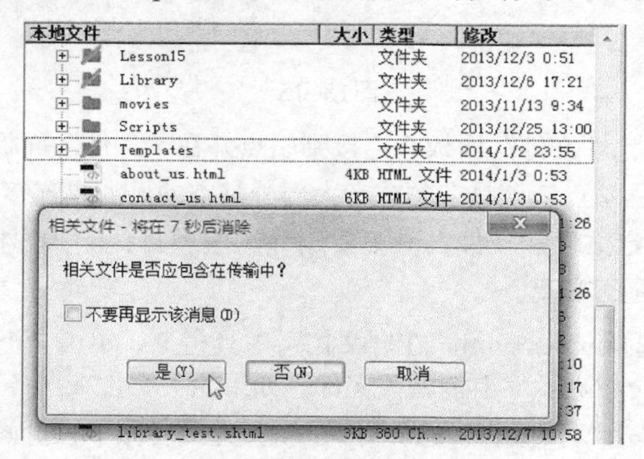

图13–18

7. 单击“是”按钮，上传相关文件。

将把 Templates 文件夹上传到远程服务器。注意远程 Templates 文件夹显示了一根红色斜杠，指示它也被遮盖。有时，你将希望遮盖本地和远程文件夹，以阻止这些项目被替换或者被意外地重写。被遮盖的文件将不会自动上传或下载。你将不得不手动选取任何特定的文件并执行动作。

> **注意**：上传或下载的文件将自动覆盖目标站点上的同名文件的任何版本。

与“上传”命令相对的是“获取”命令。“获取”命令用于把任何所选的文件或文件夹下载到本地站点。可以在“远程”或“本地”窗格中选择任何文件并单击“获取”(⬇)图标，从远程站点获取任何文件。此外，也可以把文件从“远程”窗格拖到“本地”窗格中。

> Dw **注意：**在访问“上传”和“获取”命令时，你是使用“文件”面板的“本地”窗格还是“远程”窗格是无关紧要的。“上传”总会上传到“远程”站点，“获取”则总会下载到“本地”站点。

8. 使用浏览器连接到 Internet 或者你的网络服务器上的远程站点。在 URL 框中输入合适的地址，这依赖于你是连接到本地 Web 服务器还是实际的 Internet 站点，比如 http://localhost/DW-CC 或 http://www.green-start.org。

GreenStart 站点将出现在浏览器中。单击以测试超链接，查看站点的每个完成的页面。一旦上传到站点，就可以轻松地使之保持最新状态。在文件改变时，可以一次一个地上传它们，或者把整个站点与远程服务器进行同步。在工作组环境中，文件会被多个人单独更改和上传，此时同步就特别重要。很容易就会下载或上传较旧的文件，并且覆盖较新的文件，而同步可以确保处理的只是每个文件的最新版本。

13.5 同步本地站点与远程站点

Dreamweaver 中的同步功能用于使服务器和本地计算机上的文件保持最新状态。当你在多个位置工作或者与一位或多位同事协作时，它就是一种必不可少的工具。通过正确地使用它，可以阻止意外地上传或处理过时的文件。

此时，本地站点和远程站点是完全相同的。为了更好地说明同步的能力，让我们更改其中一个站点页面。

1. 打开 about_us.html。
2. 在主标题中，选取名称“GreenStart”中的文本“Green”，并对该文本应用 CSS 类 .green。
3. 对在页面上的任意位置出现的每个单词“green”都应用 CSS 类 .green。
4. 保存并关闭页面。
5. 打开并展开“文件”面板，然后单击“文档”工具栏中的“同步”(🔄)图标。

出现“与远程服务器同步”对话框。

6. 从“同步”菜单中，选择“整个‘DW-CC’站点”选项。

从“方向”菜单中，选择“获得和放置较新的文件”选项（如图 13-19 所示）。

在该对话框中选择满足你的需要和工作流程的特定选项。

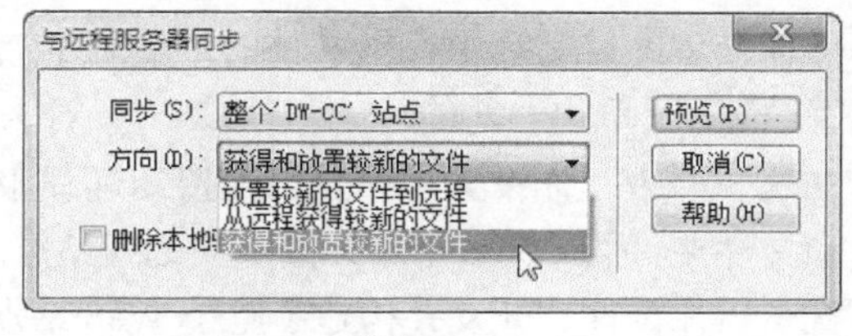

图13-19

> Dw **注意：**采用“跳跃式学习”方法的用户将在框菜单中看到当前站点文件夹的名称。

7. 单击“预览”按钮。

将出现“同步”对话框，报告更改了什么文件，以及你是需要获取还是上传它们。由于你刚才上传了整个站点，应该只有 about_us.html 文件出现在列表中，这指示 Dreamweaver 想把它上传到远程站点。

8. 单击“确定”按钮上传文件。

同步选项

在同步期间，可以选择接受建议的动作，或者通过在对话框中选择其他选项之一来覆盖它（如图13-20所示）。一次可以对一个或多个文件应用选项。

“获取”（ ）——从远程站点下载所选的文件。

“上传”（ ）——把所选的文件上传到远程站点。

“删除”（ ）——标记所选的文件以便删除。

“忽略”（ ）——在同步期间忽略所选的文件。

“同步”（ ）——把所选的文件标识为已同步。

“比较”（ ）——使用第三方实用程序比较所选文件的本地版本与远程版本。

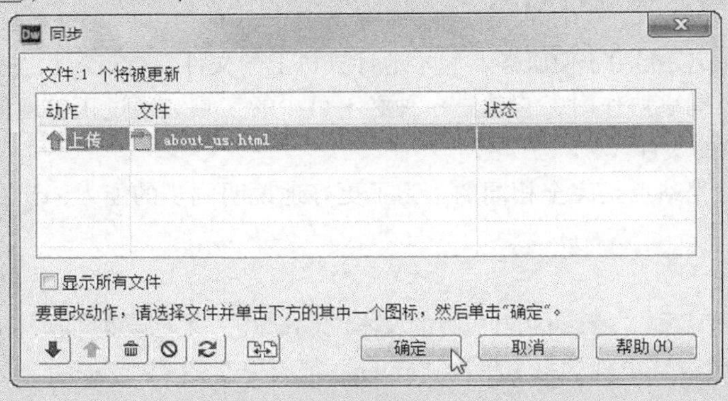

图13-20

如果其他人在你的站点上访问和更新了文件，那么在你处理任何文件之前要记住运行同步，以确保你处理的是站点中每个文件的最新版本。另一种技术是在服务器的设置对话框的高级选项中设置“存回 / 取出”功能。

在这一课中，你设置了站点以连接到远程服务器，并且把文件上传到该远程站点。还遮盖了文件和文件夹，然后同步了本地站点与远程站点。

祝贺！你设计、开发并构建了整个 Web 站点，并把它上传到远程服务器。通过完成本书中的所有练习，你获得了设计和开发与桌面电脑兼容的标准 Web 站点的各个方面的经验。现在，你准备好构建并发布自己的站点。在下一课中，你将探索与 Internet 上最近的动向相关的技巧和技术：响应性 Web 设计或者为智能手机和移动设备进行设计。

复习

复习题

1. 什么是“舞台”？
1. 什么是远程站点？
2. 指出 Dreamweaver 中支持的两种文件传输协议。
3. 如何配置 Dreamweaver，使得它不会把本地站点中的某些文件与远程站点进行同步？
4. 判断题。你必须手动发布每个文件以及关联的图像、JavaScript 文件和链接到站点中的页面的服务器端包括。
5. 同步会执行什么服务？

复习题答案

1. 远程站点通常是本地站点的实时版本，它存储在连接到 Internet 的 Web 服务器上。
2. FTP（File Transfer Protocol，文件传输协议）和“本地 / 网络”是两种最常用的文件传输方法。Dreamweaver 中支持的其他文件传输方法包括：安全 FTP、WebDav 和 RDS。
3. 遮盖文件或文件夹，可以阻止它们进行同步。
4. 错误。Dreamweaver 可以根据需要自动传输相关文件，包括：嵌入或引用的图像、CSS 样式表及其他链接的内容，尽管可能会遗漏一些文件。
5. 同步将自动扫描本地站点与远程站点，比较两个站点上的文件，以确定每个文件的最新版本。它会创建一个报告窗口，建议获取或上传哪些文件以使两个站点保持最新状态，然后它将执行更新。

第14课 为移动设备设计Web站点

课程概述

在这一课中，将在 Dreamweaver 中为移动设备修改和构建层叠样式表（cascading style sheet，CSS），并且执行以下任务：

- 为移动和手持设备创建媒体查询，比如平板电脑和手机；
- 配置页面成分以使用移动设备；
- 在屏幕上和移动设备上预览这些页面。

完成本课大约需要 2 小时的时间。在开始前，请确定你已经如本书开头的“前言”一节中所描述的那样把用于第 13 课的文件复制到了你的硬盘驱动器上。如果你是从零开始学习本课，可以使用“前言”中的“跳跃式学习”一节中描述的方法。

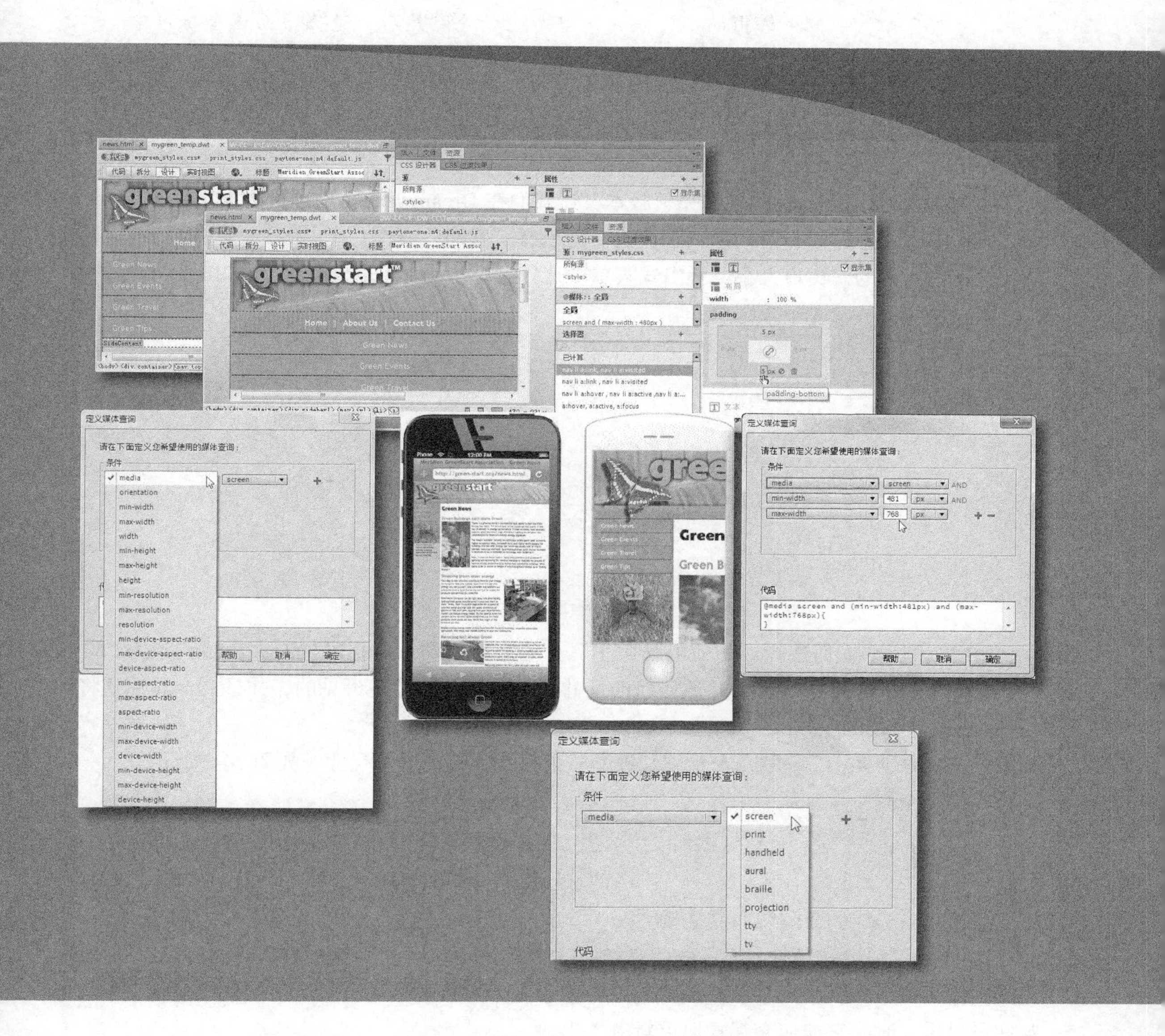

Web 上的最新趋势是设计 Web 站点以自动响应智能手机和移动设备。Dreamweaver 具有强大的工具可以使你的站点为移动做好准备。

注意：如果你还没有把用于本课的文件复制到计算机硬盘上，那么现在一定要这样做。参见本书开头的“前言”中的相关内容。

注意：如果你是独立于本书中的其余各课来学习本课程的，可以参见本书开头的“前言”一节中给出的“跳跃式学习”的指导。然后，遵循下面这个练习中的步骤即可。

14.1 预览已完成的文件

要查看你将在本课程中创建的文件的完整版本，让我们在 Dreamweaver 中预览页面。

1. 在“设计”视图中打开 news_finished.html，并选择“实时”视图。
2. 从文档窗口底部的“窗口大小”弹出式菜单中选择“768 × 1024 平板电脑”（如图 14-1 所示）。

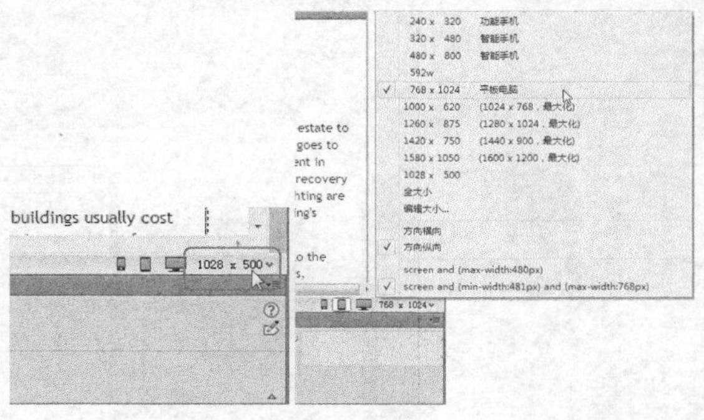

图14–1

注意在文档窗口底部如何选择“平板电脑大小”分辨率切换器。文档窗口的大小将调整为 768 像素 × 1024 像素。内容将会改变，并适应新的尺寸。新的标题图像是可见的，并且文本和标题将调整大小，以适应可用的空间。

3. 单击“平板电脑大小”（[图标]）分辨率切换器，返回到原始的屏幕尺寸（如图 14-2 所示）。

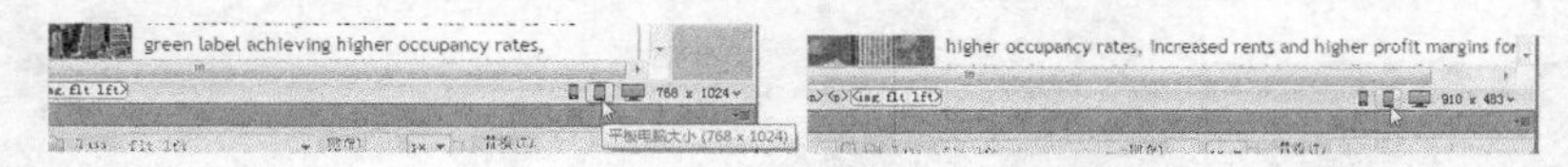

图14–2

4. 把文档窗口右边缘的分隔线向左拖动。

注意“窗口大小”弹出式菜单中显示的信息如何改变，以显示“设计”视图窗口当前的高度和宽度。

5. 把文档窗口的大小从全尺寸调整到大约 300 像素宽，并且观察当页面调整到桌面电脑、平板电脑和手机尺寸时，它如何交互式地重新格式化。

注意页面成分的设计和外观是怎样基于窗口的大小改变的。

6. 在浏览器中预览页面。
7. 把浏览器窗口从全尺寸调整到大约 300 像素宽，并且观察浏览器窗口如何模仿 Dreamweaver 中的显示（如图 14-3 所示）。

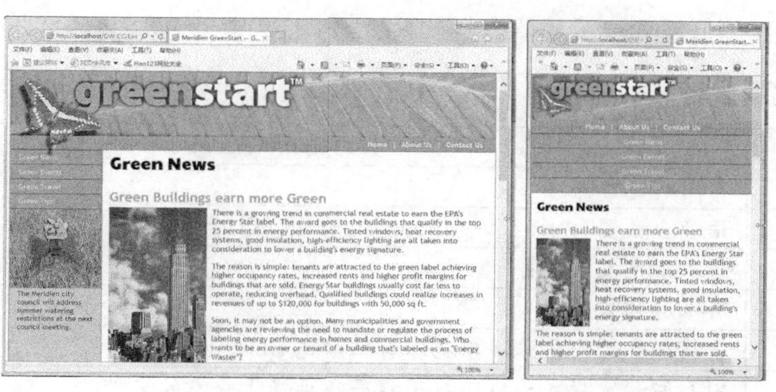

图14-3

> **Dw** **注意**：一些浏览器不能缩小到最小尺寸以下。

浏览器显示将模仿你在 Dreamweaver 中看到的相同行为。

8. 关闭浏览器，并关闭 news_finished.html。

这个练习演示了可以使 Web 设计适应智能手机和其他移动设备环境的一些方式。

14.2 为移动设备设计 Web 站点

Internet 从来不是为智能手机和平板电脑构思的。在前十年，程序员或开发人员不得不担心的最糟糕的情况是 13 英寸显示器与 15 英寸显示器之间的差别。多年来，分辨率和屏幕大小与时俱进。事实上，到 2007 年，在记录的所有使用 Internet 的计算机中，有超过 80% 的计算机使用的屏幕分辨率大于 1024 像素 × 768 像素。但是，这只是古老的历史。

今天，你的一些或全部访问者使用智能手机或平板电脑访问你的站点的机会正日复一日呈指数级增长。两个基本工具——**媒体类型**（media type）和**媒体查询**（media query）——有助于使站点和内容适应这种变化的情景；它们使浏览器能够感知是哪种类型的设备在访问 Web 页面，然后加载相应的样式表（如果存在这样的样式表的话）。

14.2.1 媒体类型属性

媒体类型属性被添加到 CSS2 规范中，并于 1998 年采纳。它旨在应对在当时能够访问 Web 和基于 Web 的资源的越来越多的非计算机设备。就像所看到的基于打印的样式表一样，自定义的格式化效果可用于为不同的媒体或输出重新格式化或优化 Web 内容（如图 14-4 所示）。

图14-4

总之，CSS2 包括 10 种单独定义的媒体类型。

表 14.1　媒体类型属性

属性	打算的应用
all	与所有设备兼容
aural	语音合成器
braille	盲人触觉反馈设备
embossed	盲人打印机
handheld	手持设备（小屏幕、单色、有限带宽）
print	以打印预览模式为打印应用程序在屏幕上查看的文档
projection	放映的演示文稿
screen	主要用于彩色计算机屏幕
tty	使用固定间距的字符网格的媒体，比如电传打字机、终端或便携式设备
tv	电视类型的设备（低分辨率、彩色、能够有限滚动的屏幕，可以使用声音）

在第 5 课中，你创建了 Web 站点的总体设计，就像它基于 screen 媒体类型显示在标准的桌面电脑上一样。然后，你学习了如何修改现有的屏幕样式，构建替代的样式表，以用于使用 print 媒体类型属性的打印应用程序。

虽然媒体类型属性非常适合于屏幕和打印，但它从未真正吸引住在手机和其他移动设备上使用的浏览器。问题的一部分在于各类设备的形状和大小没有限制。除此之外，还具有各种各样、变化多端的硬件和软件能力，这样就为现代 Web 设计师造就了一个噩梦般的环境，但是所有这些问题都是可以解决的。

14.2.2　媒体查询

媒体查询是一种更新的 CSS 功能，不仅允许 Web 页面中的代码交互式地确定哪种设备正在显示页面，而且允许确定它使用的是什么尺寸和方向。一旦媒体查询知道它遇到的是哪种类型的设备或大小，它将指示浏览器加载特定的资源，格式化 Web 页面和内容。这个过程比较流畅和连续，就像精确的舞蹈程序一样，允许用户在会话期间切换方向，并且可以无缝地调整页面和内容，而无需其他任何干预。这种技术的关键是开发样式表，并为特定的浏览器、特定的设备或者它们二者进行优化。

你的站点如何处理智能手机和移动设备将依赖于你是在修改现有的站点，还是在从头开始开发一个新站点。对于现有的站点，首先将不得不创建一个基本的方法，处理站点的主要成分的底层设计。然后，将不得不一次一个地处理每个页面，单独访问现有的成分（比如图像和表格），它们本质上不会适应特定的环境。

对于新的 Web 站点，典型的方法是在创建总体设计时构建可适应性，然后构建每个页面，以实现最大的灵活性。在任何一种情况下，要真正支持移动设计，可能需要替换掉一些站点成分、完全忽略最终的设计，或者通过 JavaScript 或媒体查询本身换出实时内容。

由于 GreenStart 站点已经完成了，我们选择第一种方法。在 Dreamweaver CC 中，你可以几种方式执行下面的任务。可以首先创建样式表，然后通过媒体查询附加它们；也可以首先创建媒体查询，然后创建样式表；或者可以在 Dreamweaver 内执行处理时构建设计。为了帮助演示媒体查询如何工作，在这个练习中，我们将交互式地构建样式。

1. 在“设计”视图中打开 news.html。

这个页面包含 GreenStart 站点中最典型的内容。你应该从一个代表 Web 站点上的大多数内容的页面开始入手。当完成基本设计时，将不得不修改在移动环境中不能很好工作的内容，比如表格、Web 视频和动画。要查看页面如何对移动环境做出反应（或者不做出反应），可以简单地调整 Dreamweaver 文档窗口的宽度。程序被配置成使用媒体查询来响应文档窗口尺寸的变化。换句话说，你所看到的在“设计”视图中发生的事情应该就是在使用相同尺寸的实际设备上所发生的事情。

2. 把文档窗口的边缘向左拖动，使之变窄一些（如图 14-5 所示）。

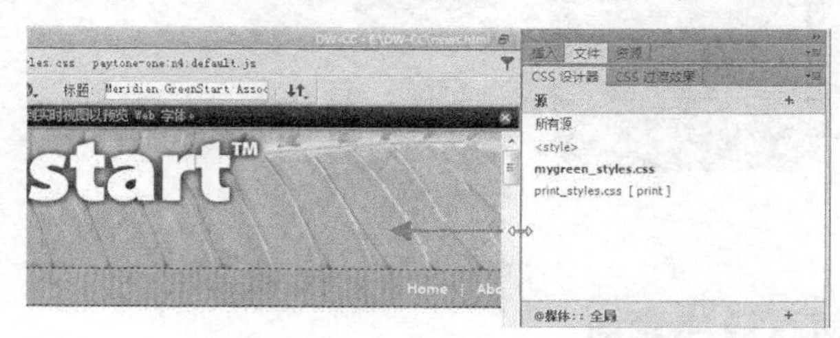

图14-5

Dreamweaver 还提供了一种内置的特性，可以把文档窗口调整为精确的尺寸。

3. 单击“平板电脑大小（768 × 1024）”（[平板图标]）分辨率切换器。

窗口大小调整为 768 像素 × 1024 像素，并且“窗口大小”弹出式菜单将交互式地显示窗口尺寸，可以观察到这个尺寸基于你所做的选择而改变（如图 14-6 所示）。

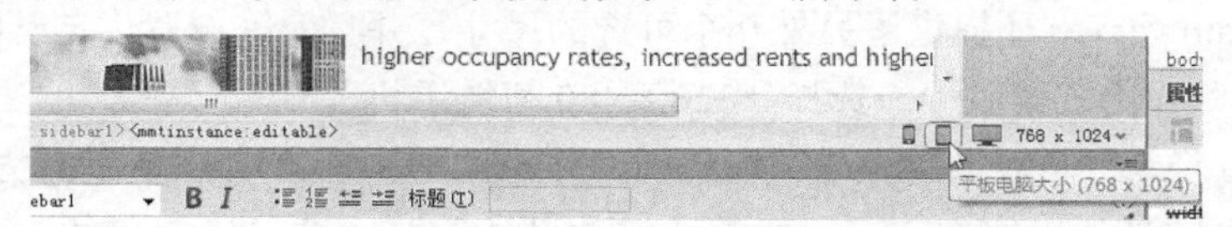

图14-6

4. 单击“手机大小（480 × 800）”（[手机图标]）分辨率切换器。

窗口大小将调整为 480 像素 × 800 像素。随着窗口变得更小，屏幕上唯一改变的是窗口底部显示的尺寸（如图 14-7 所示）。

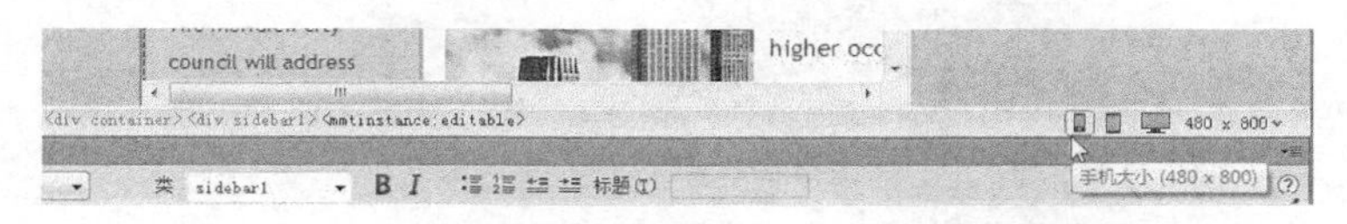

图14-7

由于 GreenStart 页面被设计成使用固定宽度，更改文档窗口将不会对设计造成影响。文档将不会调整以适应更小的窗口，而只会显示滚动条，可以使用它们查看被遮盖的内容。

在 Dreamweaver 内显示的内容可能不会准确描述在移动设备上将会发生的事情。在实际的手机或平板电脑上，显示的结果依赖于设备的制造商或者使用的软件（如图 14-8 所示）。有时，设备将缩小页面以容纳它，从而会显示它的小型版本，或者可能像在 Dreamweaver 中那样查看它：全尺寸显示，并且带有滚动条。在任何一种情况下，体验都不是最理想的。一种更好的选择是开发一个样式表，使内容更合理的适应新环境，从而使之更容易阅读和访问。幸运的是，在 Dreamweaver CC 中很容易做到这一点。

智能手机和移动设备可能以不同的方式显示没有为移动做好准备的Web页面

图14-8

14.3 为智能手机创建媒体查询

第一步是把特定设备的屏幕尺寸作为目标。如果不知道你想支持的设备的大小，通常可以通过多种途径获取该信息：在 Web 上、直接从制造商那里、通过各种公共论坛或者从支持 Web 开发人员社区的站点那里获取。

一旦知道了设备大小，然后就可以在 Dreamweaver 内调整显示的内容以匹配它。除了 3 个媒体预设选项之外，Dreamweaver 还提供了另外几个可选的尺寸，并且允许设置你自己的大小。

1. 从“窗口大小”弹出式菜单中，选择“320 × 480 智能手机”。

文档现在将在 320 像素 × 480 像素的窗口中显示（如图 14-9 所示），这是垂直方向的 iPhone 的标准尺寸。要创建自定义的媒体查询，需要在“CSS 设计器”中访问“@ 媒体”窗格。可以向现有的样式表中添加一个媒体查询，或者为每种设备或类别创建一个全新的样式表，比如手机、平板电脑和桌面电脑。出于我们的目的，我们只将向现有的基于屏幕的样式表中添加媒体查询。

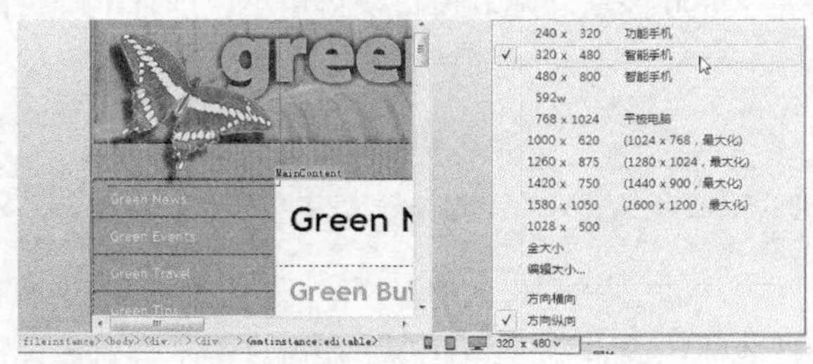

图14-9

> **注意**：尽管新款 iPhone 具有高分辨率的 Retina 显示屏，手机还是应该把较小的屏幕不扩大一些以容纳内容。

2. 在“源”窗格中，选择 mygreen_styles.css。

3. 在“@媒体”窗格中，单击“添加媒体查询”（![+]）图标。

“定义媒体查询”对话框允许交互式地构建查询。你将构建的第一个查询用于把智能手机的样式编排成 480 像素宽以及更小的宽度。

4. 单击以打开第一个弹出式“条件”菜单（如图 14-10 所示）。

这个菜单提供了一份条件列表，比如媒体类型或者最小或最大宽度，它们是在可以应用查询前必须满足的。

5. 打开第二个弹出式菜单（如图 14-11 所示）。

这个菜单提供了每个条件的选项列表。例如，如果在第一个菜单中选择 media，第二个菜单就会提供可以使用的有效的媒体类型，比如 screen、handheld、print 等。当从其中一个菜单中选择一个选项时，就会把它添加到查询语句中，它显示在对话框底部的“代码”窗口中。单击“确定”按钮后，将把媒体查询表示法添加到两个位置之一。如果选择创建单独的链接样式表，就会把媒体查询添加到 Web 页面的 <head> 区域中。如果选择把媒体查询添加到现有的样式表中，则将把媒体查询插入到样式表自身内。

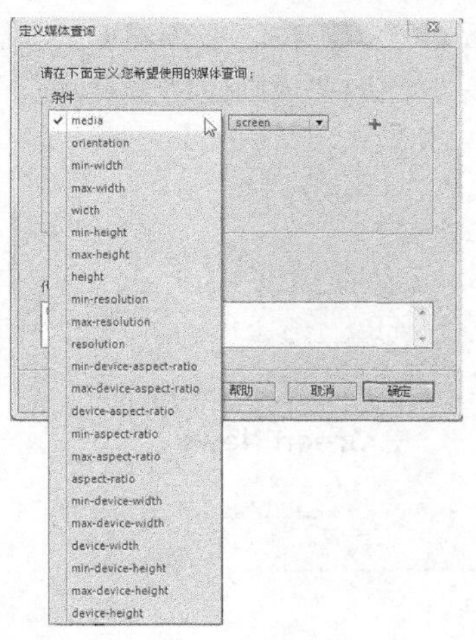

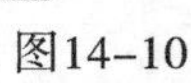

图14-10

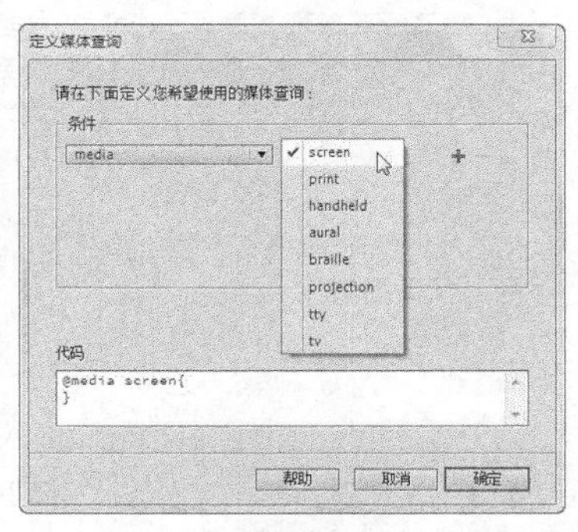

图14-11

可以看到，Dreamweaver 已经创建了第一个条件：media screen，这意味着只会把样式表应用于符合“screen”媒体类型的设备和浏览器。接下来，将指定设备的宽度。

6. 把光标移到第二个条件菜单的右边。

出现一个加号图标，使你能够添加新的条件（如图 14-12 所示）。

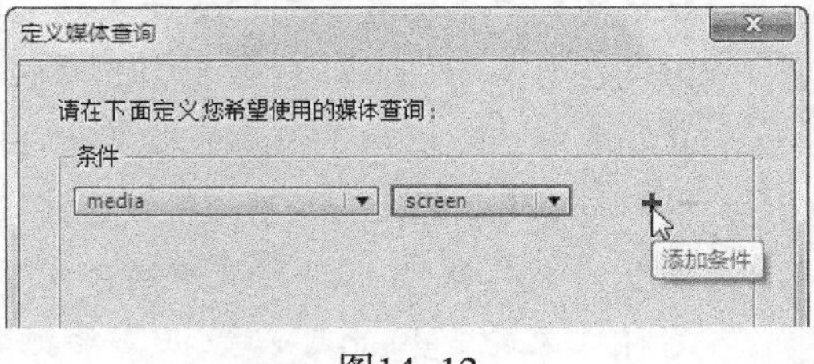

图14-12

7. 单击“添加条件”（![+]）图标。

出现一组新的条件弹出式菜单。注意在第一个条件之后添加了单词“AND”，这指示在应用查询之前第一个和第二个条件都必须得到满足。

8. 从第一个菜单中选择 max-width。

出现一个文本框，可以在其中输入这个查询支持的最大宽度。

9. 输入“480px”。

如果打算为较小的设备创建单独的媒体查询，还可以为这个查询输入最小的宽度。作为替代，我们只将使用这个查询把所有设备都格式化为 480 像素宽以及更小的宽度。

10. 单击“确定”按钮。

查询语句“screen and (max-width:480px)”现在出现在“@ 媒体”窗格中，它反映了添加了实际样式表中的标记。

11. 在文档窗口顶部的“相关文件”列表中，选择 mygreen_styles.css。

这将会拆分文档窗口，并在左侧显示样式表的内容（如图 14-13 所示）。

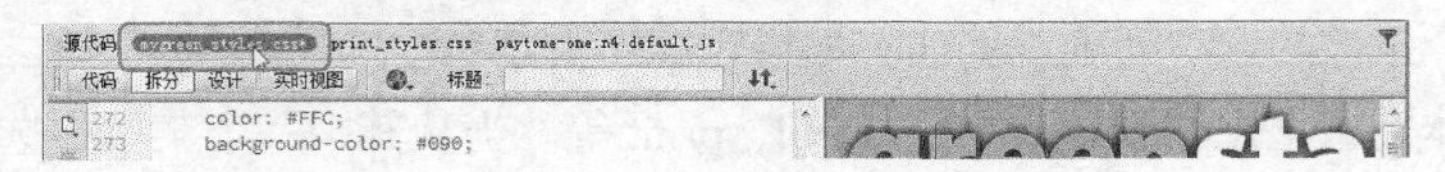

图14-13

12. 向下滚动到样式表底部，并且检查媒体查询语句。

文本“@media screen and (max-width:480px){ }”出现在样式表底部（如图 14-14 所示）。对于每种媒体查询，必须把适用的规则添加到查询末尾的大括号“{ }”内。在创建 CSS 规则为智能手机编排样式时，一定要先选择合适的媒体查询；否则，将一般性地把规则应用于页面。在下一个练习中，你将学习如何把 CSS 规则添加到媒体查询中。

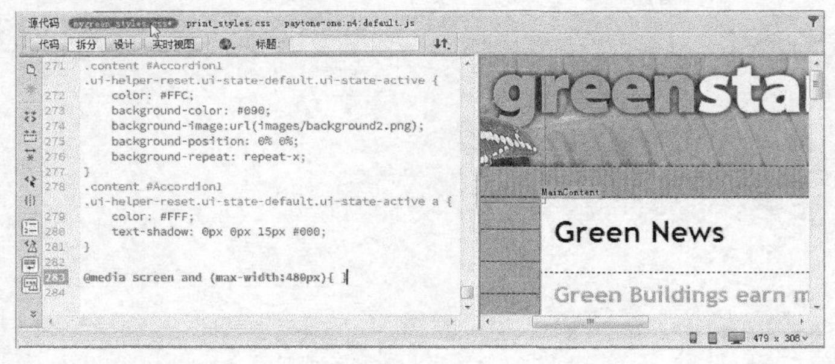

图14-14

媒体查询的来龙去脉

媒体查询告诉浏览器或设备使用什么CSS资源来编排Web页面的样式。媒体查询可以出现在页面的<head>区域中，其中它可以加载单独的、外部链接的（或嵌入的）样式表。或者，可以把查询添加在现有的样式表自身内。那么，哪种方法更好/更受人青睐呢？与Web上的大多数事物一样，答案是：视情况而定。

把查询添加到<head>区域中通常用于链接的CSS文件。由于查询位于<head>中而不是样式表中，因此可以根据需要把它添加到一些页面上，而不添加到另一些页面上。它允许更轻松地自定义设计，并且保持样式表独立，使得更容易进行维护。但是，它也意味着浏览器在可以呈现Web页面之前，必须等待多个文件下载完成。如果所有的样式表都使用媒体查询，那么样式表之间将没有继承关系。每个样式表都将不得不包括格式化页面的每个部分所需的所有样式。

在单个CSS文件内部添加媒体查询可以简化工作流程以及缩短下载时间（只有一个文件）。它也可以从总体上减少CSS占用的内存空间，因为页面可以从不受媒体查询控制的规则继承样式，你只需创建一些规则，用于重置页面上需要改变的方面。

没有哪种方法是完美的，它们都有各自的优缺点。目前如何使用媒体查询可能完全取决于个人偏好。

14.4 给媒体查询添加规则

既然已经在 mygreen_styles.css 中添加了媒体查询表示法，现在就准备好开始创建你的第一批移动 CSS 规则。从调整过大小的文档窗口可以看出，确实没有足够的空间用于存放使用现有样式的页面成分。用户习惯于上下滚动文档窗口，但是不习惯左右滚动。我们需要调整页面成分的大小，以适应更狭窄的空间，并给设计添加一点不同的风味。

在我们可以执行所需的更改之前，第一步是确定控制页面的基本结构的规则，比如标题、脚注、侧栏和主要内容区域。在一些情况下，将不得不创建一些新规则，但是更常见的是需要重置由主样式表应用的规则。你可以利用“CSS 设计器”以及在整本书中使用的技术确定这些规则。

1. 在 news.html 文件中，在“Green News”标题中插入光标，并且检查在“CSS 设计器”的“选择器”窗格和文档底部的标签选择器中显示的规则。

“CSS 设计器”显示的规则负责格式化标题，标签选择器则呈现底层的 HTML 结构。<h1> 元素包含在 <article.content> 内，后者又出现在由默认的站点模板控制的一个可编辑区域内。用于页面主要成分的其余的标签选择器实际上是灰显的，指示它们被锁定并且不可编辑。可以通过简单地把光标定位在标题或者水平或垂直菜单上，确认页面的顶部是不可编辑的，在这些位置将会看到锁定（⃠）图标。

尽管 Dreamweaver 会限制你编辑 HTML，但是仍然可以只使用“代码”视图利用任何基于模板的站点页面创建和编辑任何 CSS 规则。但是，最初在站点模板中工作，可以更快、更容易地构建移动样式并查找错误。

2. 在“拆分”视图中打开 Template 文件夹中的 mygreen_temp.dwt，并从“窗口大小”弹出式菜单中选择“320 × 480 智能手机”。

出现在文档窗口中的模板大小将调整为 320 像素 × 480 像素。在模板中，所有的样板内容都没有被锁定，你将能够在文档 <header> 中插入光标，并选择布局内的任何元素。

Dw **注意**：如果使用“跳跃式学习”方法，模板可能被命名为 mygreen_temp_14.dwt。

3. 在 <header#top> 元素中插入光标，并在“CSS 设计器”中检查显示的选择器列表。注意为每个规则显示的规范，尤其是任何应用宽度、高度和定位命令的规则（如图 14-15 所示）。

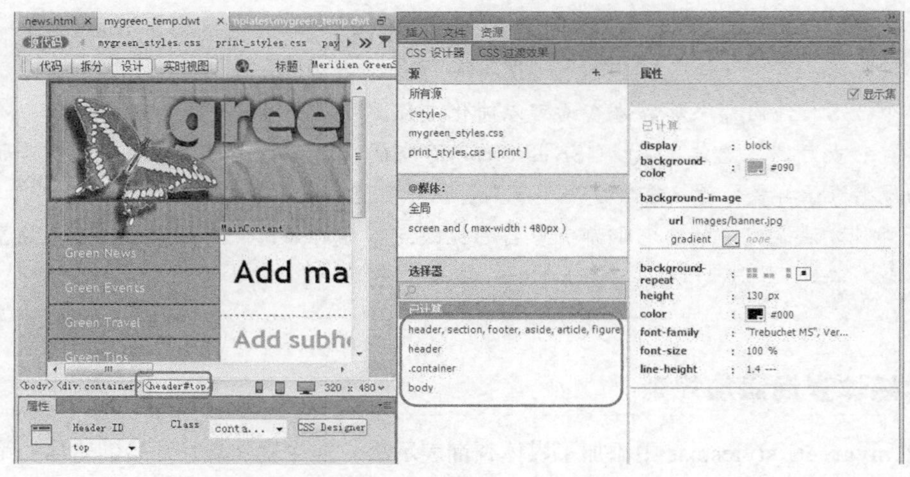

图14-15

> **Dw** 提示：你可能需要使用“代码”视图，以便正确地选择某些元素。

4. 对水平菜单、垂直菜单、主要内容和页面的脚注区域重复上述过程。

在构建站点并添加页面时，应该会越来越熟悉对总体设计起作用的基本结构和CSS规则，尤其是主要成分。使用“CSS设计器”或“代码浏览器”，确定格式化这些成分的规则是一件轻而易举的事情，它们包括（但不仅限于）以下规则：

- .container
- header
- #logo
- .top-nav
- .sidebar1
- nav li a:link, nav li a:visited
- .content
- footer

创建适用于多种环境的样式表的技巧的一部分是决定你希望如何在具有不同大小的屏幕上显示文本和图形，以及决定你希望显示哪些元素和隐藏哪些元素。例如，当前的页面具有一种多列设计，以手机的小屏幕上将难以查看和使用它。一种选择是通过从主要元素中删除 float 属性并调整到合适的宽度，简单地线性化布局，创建单独一个长列来代替两列。

让我们从整个页面的宽度开始入手，然后处理构成页面的子成分。至此，你应该知道页面的总宽度是通过 .container 规则设置的。

5. 在“源”窗格中，选择 mygreen_styles.css。

在“@ 媒体”窗格中，选择 screen and (max-width:480px)。

在“选择器”窗格中，单击“添加选择器”（+）图标。

.container 选择器出现在“CSS 设计器”中，它也会添加到媒体查询表示法内的样式表中。

> **提示：**如果没有在“CSS 设计器”中先选择样式表名称，然后选择媒体查询，那么也许不能为媒体查询添加选择器。

6. 按下 Enter/Return 键，完成选择器名称。然后在“属性”窗格中，创建以下规范：width: 100%。通过使用基于百分比的度量标准，页面将自动缩放，以适应 480 像素及更小的宽度，允许它利用单个媒体查询适应多种设备。

.container 规则还会格式化模板上的伪列。由于手机设计将只有一列，将不需要背景图像，并且可以关闭它。

7. 给 .container 规则添加以下属性：background-image: none（如图 14-16 所示）。

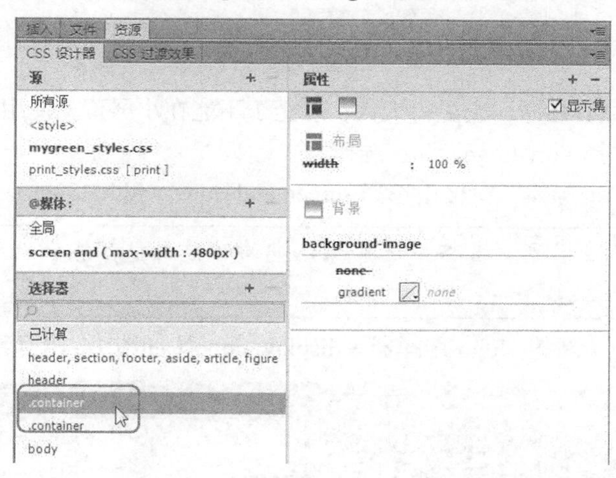

图14-16

当完成新规则时，它将立即应用于页面及其成分。你可能注意到刚才创建的 .container 规则是一个已经在主样式表中的 .container 规则的副本。通常，如果把一个完全相同的规则插入到样式表中，就必须要考虑与现有样式的冲突，或者其他意想不到的后果。但是，媒体查询阻止了这种冲突。仅当浏览器或设备满足查询建立的条件时，才会使用新样式。但是把规则都保存在一个样式中将来带来一些额外的好处：当样式在设备之间保持相同时，仍然可以使用继承。这意味着不必每次都提供整个样式表，而可以为特定的设备或浏览器只提供所需的规则。

在更改宽度后，你可能注意到出现在 <article.content> 中的标题的占位符和文本下移到 <sidebar1> 中显示的内容下方（如图 14-17 所示）。新规则把页面的大小重置为 100% 的屏幕宽度。在不使用 950 像素的预定义宽度的情况下，将没有空间容纳 <article> 元素或其内容，因此它将在页面上向下移动，直至它可以找到可以显示的空间为止。

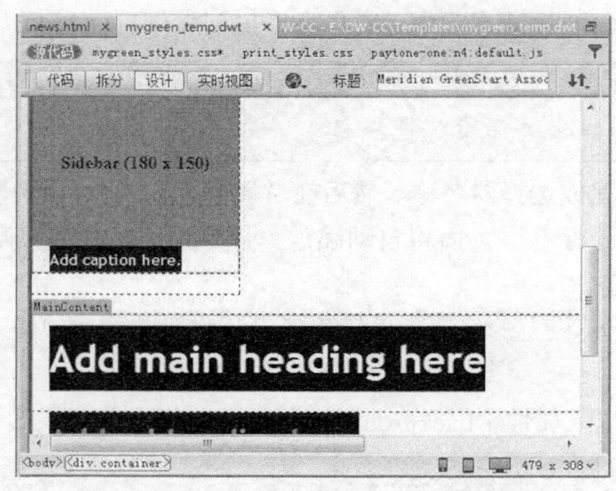

图14–17

要处理的下一个成分是蝴蝶标志，它显得太大，以至于不能在小屏幕上使用，因此让我们隐藏它。

8. 选取蝴蝶图像，并选择 <div#logo> 标签选择器。
9. 如果必要，可以在“@ 媒体”窗格中选择 screen and (max-width:480px)。

> Dw **注意**：当在“@ 媒体”窗格中选择媒体查询时，文档可能会调整大小，以符合其中列出的规范。

10. 利用以下规范创建一个新的 #logo 选择器：display: none（如图 14-18 所示）。

图14–18

<div#logo> 将从布局中消失。接下来，让我们在 <header> 元素中加载一幅不同的背景图像。

11. 在移动媒体查询中，创建一个新的 header 选择器，并添加以下属性：

```
background-image: banner-phone.jpg
height: 90px
```

新的背景图像将占据比正常的图像少得多的空间。

14.5 使 CSS 导航适应移动环境

现在，让我们重新格式化水平和垂直菜单。仍然应该在“设计”视图中打开和显示模板。

1. 在“About Us”链接中插入光标。

可以通过“CSS 设计器”查看哪些规则格式化水平菜单，其中最重要的是：.top-nav。

2. 在移动媒体查询中创建一个新的 .top-nav 选择器，并添加以下属性（如图 14-19 所示）：

```
text-align: center
padding-top: 5 px
padding-right: 0 px
padding-bottom: 5 px
padding-left: 0 px
```

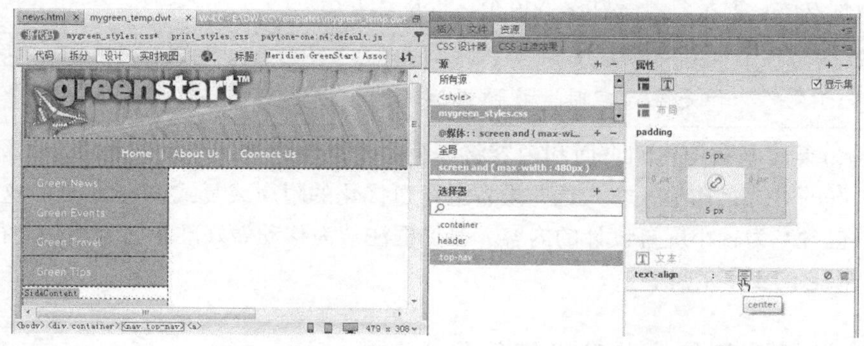

图14–19

我们必须修改的下一个重要成分是垂直菜单，该菜单是 <div.sidebar1> 的一部分。为了使菜单在这种环境中工作，将不得不调整侧栏和菜单本身。在使元素变得更宽时，总是要从父元素开始入手。

3. 在移动媒体查询中，创建一个新的 .sidebar1 选择器。
4. 添加以下属性：

```
width: 100%
float: none
```

你可能注意到侧栏进行了扩展以适应屏幕，但是菜单具有它自己的宽度规范，仍将保持原始的大小。

5. 在垂直菜单内的任何链接中插入光标，并且检查“CSS 设计器”中显示的信息，确定控制菜单宽度的规则。

nav li a:link, nav li a:visited 规则应用 180 像素的固定宽度。

6. 添加一个新的 nav li a:link, nav li a:visited 规则，并且设置以下属性（如图 14-20 所示）。

```
width: 100%
text-align: center
padding-top: 5 px
padding-right: 0 px
padding-bottom: 5 px
padding-left: 0 px
```

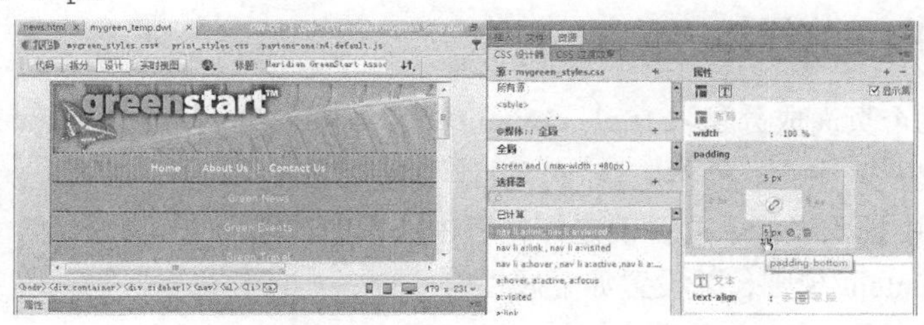

图14–20

文本将居中显示，并且菜单现在能够很好地适应较小的屏幕。侧栏中保存图片和文字说明的剩余空间不是必要的，可以隐藏起来。这些内容包括在 <aside> 元素中。

7. 添加一个新的 aside 规则，并且设置属性 display: none。

图像占位符和文字说明将会消失。不要被这种基于 CSS 的手法弄糊涂了；尽管元素没有出现在屏幕上，仍然会把代码下载到手机上。替换背景图形和隐藏内容是应对智能手机和平板电脑的较小屏幕的唯一两种方法，但是有一些开发人员不认可这些方法。

> Dw **注意：**当隐藏 <aside> 元素时，“可编辑区域”标签在“设计”视图中可能仍然是可见的，但是在“实时”视图或浏览器中这些内容将无迹可循。

他们相信下载为桌面电脑构建的页面和内容将不公平地加重这些设备的带宽和存储能力的负担，许多人认为更好的方式是构建一个为这些设备进行过优化的附属或复式 Web 站点。这样为移动优化过的站点只包含专为较小屏幕设计的内容。参见框注“为移动做好准备与为移动进行优化”，了解关于这两个概念的更多信息。

为移动做好准备与为移动进行优化

在各种情况下，隐藏元素都不是一种理想的解决方案。即使元素没有显示出来，也会下载它们及关联的代码。如果发现自己隐藏了非常多的内容或者看到有大量访问者通过手机和平板电脑访问你的站点，那么你可能想要考虑创建单独的为移动进行优化的站点。

为移动进行优化的站点通常宿主在子域上，比如mobile.yourdomain.com，并且包含专门为移动设备设计的页面。这些站点不仅减小了页面大小，它们还可能会选择或筛选出适合于特定设备的内容。例如，一些站点删除了所有的图像、表格，以及其他不能非常好地缩小尺寸的大元素。

显然，制作两个或者更多完全不同的站点可能会显著增加设计和维护成本，尤其是当内容会定期改变时。因此，一个良好的选项是基于在线数据库或内容管理系统（content management system，CMS）创建Web站点，比如Drupal、Joomla或WordPress。

CMS可以基于模板和样式表根据需要动态创建页面，而不会引入额外的工作量。只需创建新的模板并且决定在每个站点上显示什么内容，就可以针对多种屏幕大小为普通站点和为移动进行优化的站点分别创建页面。

14.6 编排主要内容的样式

需要格式化的最后几个页面成分是 <article.content> 和 <footer>。<article.content> 元素保存页面的主要内容，需要引起一些注意。仍然应该在“设计”视图中打开和显示模板。

1. 在 <div.content> 中插入光标，并且确定样式表中适用的规则。

2. 添加一个新的 .content 规则，并设置如下属性。

```
width：100%
```

```
float：none
```

文本和标题被设计成在全尺寸的屏幕上查看，它们在小屏幕上看起来太大了。

3. 添加以下规则和属性：

```
.content h1 { font-size: 150%; padding-left:10px; }
.content section h2 { font-size: 130%; padding-left:10px; }
.content section h3 { font-size: 110%; padding-left:10px; }
.content section p { padding-left:10px; }
```

字体和颜色仍然继承自主样式表，但是这些规则最大化了可以出现在主要内容区域中的文本数量，而不会浪费手机上的空间（如图 14-21 所示）。此外，我们还可以调整 <footer> 元素的内容。

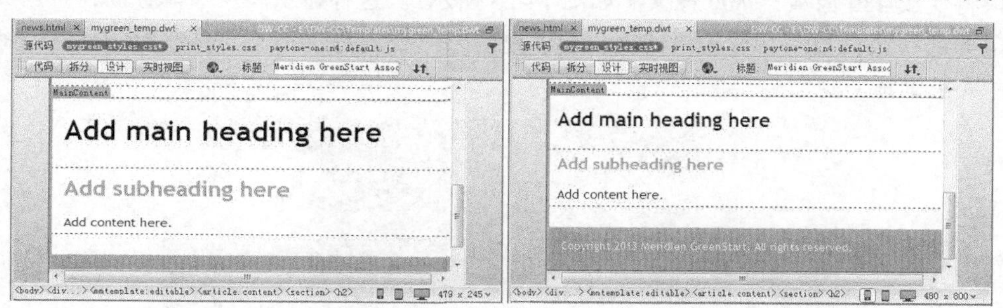

图14–21

4. 向媒体查询中添加以下规则和属性：

```
footer { font-size: 80%; padding-left:10px; }
```

这样就完成了媒体查询的基本设计。

5. 保存所有文件。如果必要，可更新子页面。

所有的改变都是针对外部 CSS 文件 mygreen_styles.css 进行的，而不是针对模板进行的。因此，在创建媒体查询之后保存文件时，应该不会出现“更新页面”对话框。但是，在提示时允许 Dreamweaver 更新子页面是一种良好的实践，以免遗漏了对模板的一些必要的修改。

你现在就准备好测试新的媒体查询。

14.7 测试媒体查询

在 Dreamweaver 中可以轻松地测试媒体查询。事实上，可以在“设计”视图中准确地查看大多数 CSS 样式。仍然应该在“设计”视图中打开和显示模板。

1. 单击“桌面电脑大小（1000 宽）”（ ）分辨率切换器。

文档窗口将变成 1000 像素宽。媒体查询不再起作用，并且页面将恢复为原始设计，应该不会看到任何更改的痕迹。

2. 单击“平板电脑大小（768 × 1024）”（ ）分辨率切换器。

文档窗口将变成 768 像素 × 1024 像素（如图 14-22 所示）。由于页面大于 480 像素，媒体查询将开始起作用。

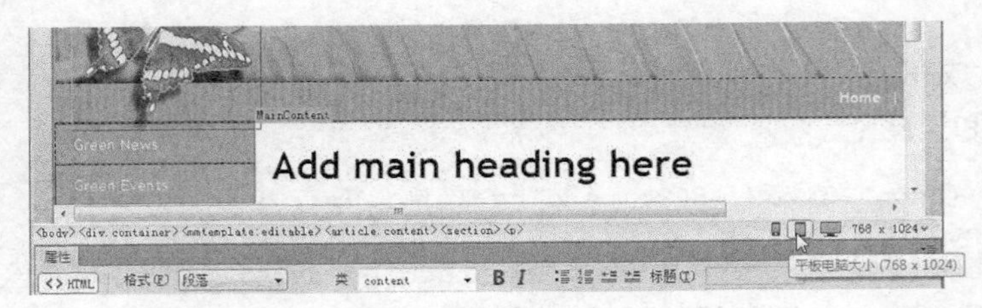

图14–22

3. 单击“手机大小（480 × 800）”（ ）分辨率切换器。

文档窗口将变成 480 像素 × 800 像素（如图 14-23 所示）。这种显示涉及媒体查询，并且页面成分将按指定的那样调整大小和重新格式化。为了查看媒体查询在较小的屏幕上如何工作，将不得不使用一些人工干预。

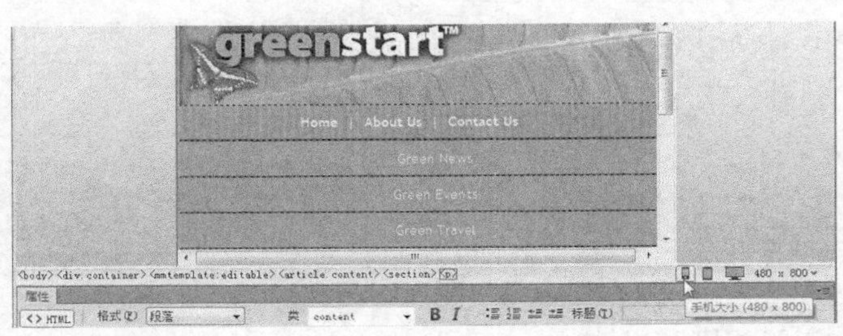

图14–23

4. 再次单击“手机大小（480 × 800）”图标。

第二次单击该图标将关闭“手机大小”屏幕预览模式。文档窗口的大小将调整为软件界面的全部尺寸，允许手动调整窗口大小。

5. 把文档窗口右边缘的分隔线向左拖动，使之变窄一些（如图 14-24 所示）。观察“窗口大小”弹出式菜单显示的内容，它将显示“设计”视图窗口的当前大小。保持拖动分隔线，直到宽度变得比 480 像素更窄为止。

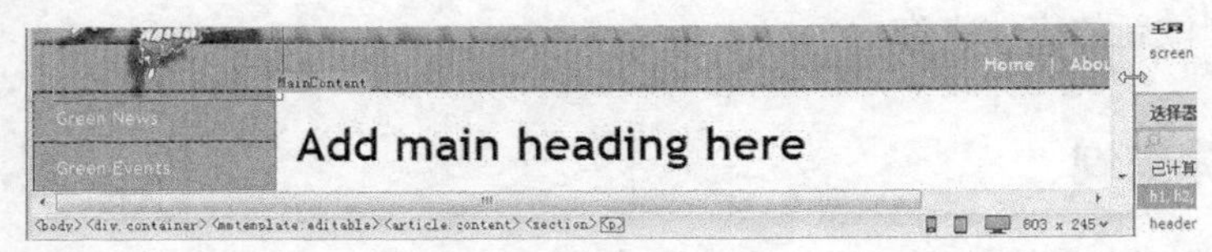

图14–24

当屏幕大小达到 480 像素时，页面的预览将切换成由媒体查询应用的设计，它控制着宽度为 480 像素及以下的所有屏幕的基本设计（如图 14-25 所示）。

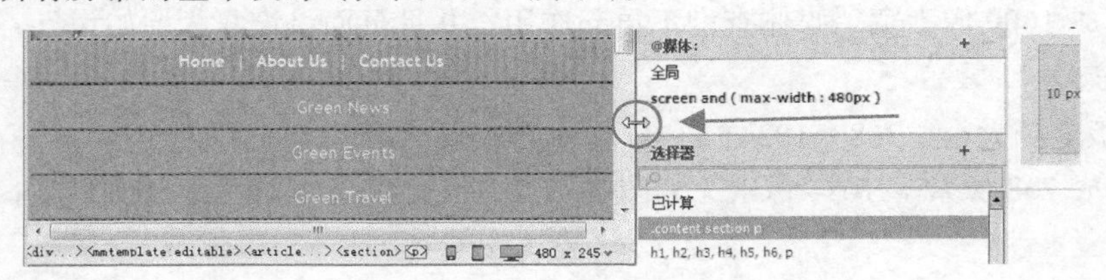

图14–25

6. 把分隔线向右拖动，使窗口的宽度超过 480 像素。

只要屏幕触及 481 像素的宽度，显示将恢复为默认的样式表规范。

所有主要页面成分的基本设计和格式化都是由媒体查询控制的。但是，要查看 Web 字体及其他类型的动态功能，就必须切换到“实时”视图。

7. 单击“实时视图”按钮，并重复第 5 步和第 6 步，测试媒体查询。测试当页面在 480 像素或更小的宽度中显示时垂直和水平菜单的交互性，并且寻找所有成分和占位符的行为或格式化中的任何不一致性。

背景图像和 Web 字体将正确地显示，页面将像以往那样调整大小和重新格式化，并且菜单像正常的大小那样做出反应。

祝贺，你完成了第一个媒体查询。不幸的是，任务还没有完成。一旦为新媒体修改了基本的布局，将需要测试站点中的每个页面，以确定是否还有任何页面成分或内容需要通过特定的 CSS 规则修改。例如，在为移动环境修改 Web 站点时，图片和表格特别容易出问题。通常，图片和表格在桌面浏览器中显示时，被设计成具有固定的宽度和高度。固定的尺寸不会自动缩放或者适应视窗中的变化。显然，指定固定的大小将不适合于多种环境，但是有什么替代办法呢？

14.8 响应性设计

一种趋势是转向**响应性**（responsive）Web 设计，它是由波士顿一位 Web 设计师和开发人员 Ethan Marcotte 创造的术语。他在他的同名图书 *Responsive Web Design*（A Book Apart，2011）中描述了这种新技术。要获取他的革命性图书的副本，可以访问 www.abookapart.com/products/responsive-web-design。

实质上，他不提倡对图像应用固定的尺寸，而是基于图像与其包含元素的关系来设置它们的宽度。这样的话，如果包含元素被设置成适应不同的设备，那么图像也将如此。这种方法的主要缺点是它需要一些数学知识。

1. 关闭模板，保存任何更改，并更新子页面。

2. 如果必要，可切换到或者打开 news.html。切换到“设计”视图，并在文档窗口中显示完全大小的页面。

3. 在 article.content 元素中，选取第一幅图像（city.jpg），并且注意它的当前尺寸：200 像素 × 335 像素。

4. 在“属性”检查器中，选取尺寸并删除它们（如图 14-26 所示）。

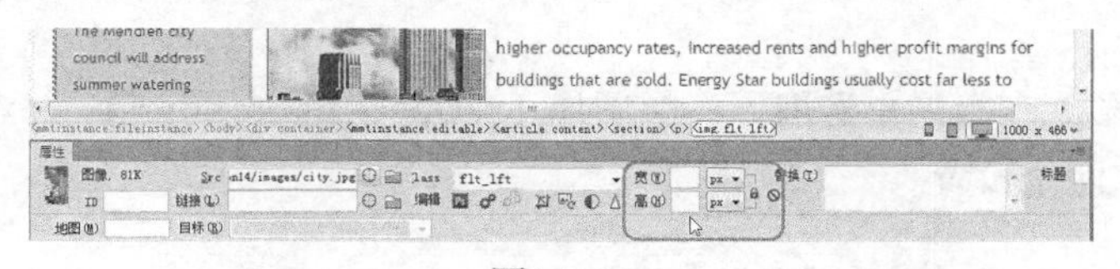

图14-26

不要担心，Dreamweaver 和所有现代浏览器都可以确定图像的实际大小，并且正确地显示它，甚至没有通过代码提供尺寸也也如此。

5. 选取图像，并且注意标签选择器的名称和顺序。

这幅图像插入在一个 <p> 元素中，它是 <section> 的一部分，后者又出现在 <article.content> 内。为了给图像应用一种响应性属性，首先必须确定其中哪些元素（如果有的话）具有格式化的宽度。

6. 检查 CSS 规则，确定包含图像的最近的父元素的宽度。从 <p> 元素开始，然后朝着 <body> 向左挨个检查。

没有对 <p> 或 <section> 应用宽度。元素 <article.content> 具有 770 像素的宽度，现在要处理数学部分的操作。

7. 用图像的宽度除以父元素的宽度：

200 ÷ 770 = 0.25974026

得到的结果也是图像的宽度，因为它与完全尺寸的父元素的宽度相关。由于把图像的宽度指定为一个百分比，每当容器适应新的媒体时，浏览器都可以自动正确地缩放图像。应用这个新尺寸的一种方式是通过内联 CSS 样式。

8. 如果必要，可以在“设计”视图中选择 city.jpg，然后切换到“代码”视图。

在“代码”视图中将选取图像元素。

9. 定位图像的 <img> 开始标签，并在最后一个属性后面插入光标。

10. 按下空格键，插入一个新空格，并输入“style="width:25.974026%"”（如图 14-27 所示）。

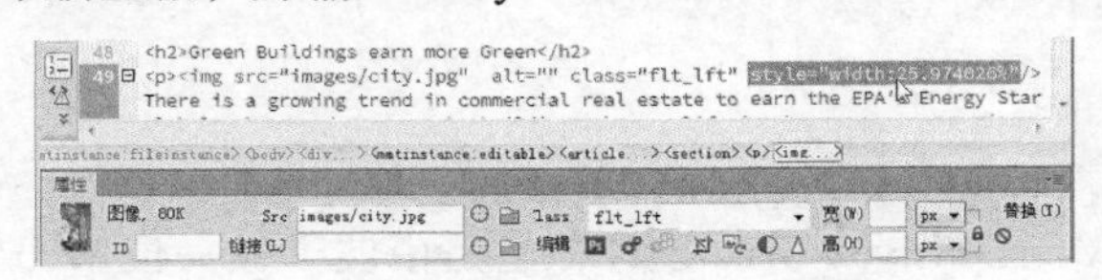

图14–27

通过使用完整的小数，可以强制这种关系具有最高的精度。不要担心，浏览器可以处理数学运算。

11. 切换回“设计”视图。如果必要，可以在“设计”视图窗口中单击，以刷新显示的内容。

显示的内容在“设计”视图中看起来可能比较怪异，但是不要担心，它在“实时”视图中并且更重要的是在浏览器中将正确地显示。

12. 选择“实时”视图。

图像现在以正确的宽度显示，高度则将由它自己解决。由于大多数元素没有特定的高度，因此无法创建这个尺寸——并且幸运的是，不需要这样做。

13. 从“窗口大小”弹出式菜单中选择“320 × 480 智能手机”。

图像将缩小到新窗口的大约 25%（如图 14-28 所示），并且最好的是，新设置可以在媒体查询所支持的任何尺寸下工作。

14. 关闭“实时”视图。在布局中选取下一幅图像（farmersmarket.png），并观察它的尺寸：300 × 300。然后删除这两个设置。

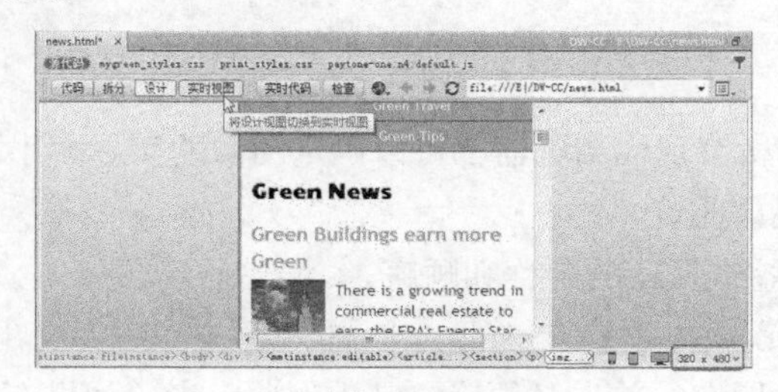

图14–28

15. 与以前一样，用图像的宽度除以容器的宽度：

300 ÷ 770 = 0.38961039

16. 切换到“代码”视图，并以图像引用内插入以下代码：

```
style="width:38.961039%"
```

图像将调整大小。

17. 对 recycling.jpg 图像重复第 14 ～ 16 步。

18. 保存所有文件。

新闻页面这样就完成了，并且具有完全的响应性，但是这仅仅只是开始。你将不得不检查整个站点，并使用相同的方法修改所有的图像。在处理了图像之后，还必须修改其他页面成分，比如表格、视频、动画，甚至包括交互式元素，比如 jQuery Accordion。

14.8.1 修改页面成分

修改页面成分鱼龙混杂，一些成分比另外一些成分更容易修改。在一些情况下，最容易的方法是简单地完全隐藏成分。

1. 在“设计”视图中打开 travel.html，并以完全尺寸显示页面。

该页面中包含 Edge Animate 横幅广告、Web 视频和表格，所有这些成分都是为桌面环境设计的。

2. 从“窗口大小”弹出式菜单中选择“320 × 480 智能手机”。

文档窗口将调整为所选的尺寸。

3. 选择“实时”视图，并且观察每个页面元素，查看它们在文档窗口中是怎样显示的。

任何成分都不适应较小的屏幕。动画和视频正常播放，但是由于窗口大小，访问者将错失大部分内容（如图 14-29 所示）。

尽管可以创建动画，使之响应性地缩放以适应屏幕，但是必须在 Edge Animate 自身中完成它。在 Dreamweaver 内除了做许多不必要的工作之外，对于修改这种动画将束手无策。如果不能获得新的响应性动画以进行替换，那么最好的做法是完全隐藏动画。

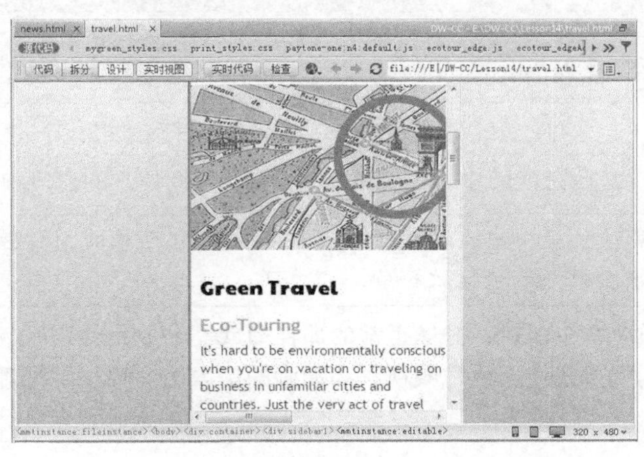

图14–29

4. 关闭“实时”视图，并选择 <object#EdgeID> 标签选择器。

文档窗口将保持 320 像素 × 480 像素的尺寸。

5. 在“源”窗格中，选择 mygreen_styles.css。在“@ 媒体”窗格中，选择 screen and (max-width:480px)。

6. 创建一个 .content #Edge 规则，并设置以下属性：display: none。

动画将从文档窗口中消失。

7. 从“窗口大小”弹出式菜单中选择“全大小”。

动画将出现在完全大小的布局中。媒体查询将在较小的屏幕上隐藏动画，但是会在台式计算机上正确地显示它。

下一个要处理的项目是 HTML5 视频成分。在大多数情况下，可以用与修改图像相同的方式处理视频。

8. 在布局中选取视频占位符，并且观察视频元素的尺寸。

如果用视频的宽度（400 像素[1]）除以 <article.content> 的宽度，结果将是 0.51948052。

9. 删除 <video> 元素的宽度和高度规范，并添加以下属性：style="width: 51.948052%"（如图 14-30 所示）。

> Dw | **注意**：由于它与手机和平板电脑不兼容，因此无需修改嵌入式 Flash 回退代码内列出的宽度和高度规范。

10. 保存所有文件。

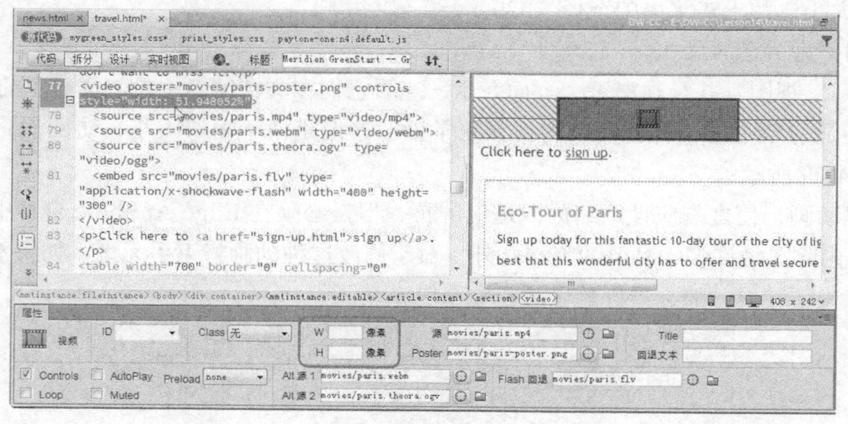

图14-30

11. 选择“实时”视图，并在完全尺寸的窗口和 320 像素 × 480 像素的窗口中测试视频。

> Dw | **提示**：在“实时”视图中，在视频上可能不会看到可见的播放控件，但是如果单击进度条的左则，就会播放视频。

视频将会进行缩放以适应两个窗口，并像正常的那样播放。缩放是处理视频的唯一方法。设计师仍然在试验和开发以响应方式使用或隐藏视频和动画的新方法。要了解处理视频的更多思想，可以检查下面这些链接：

1　原文为 300 像素，这是根据实际文件及后面的计算结果所做的修改。——译者注

- http://tinyurl.com/fluid-video-1
- http://tinyurl.com/fluid-video-2
- http://tinyurl.com/fluid-video-3

需要处理的最后一个成分是表格。

14.8.2 创建响应性 HTML 表格

表格本质上不是响应性设计。表格是利用存放文本和图像的行和列构建的，对于想要成为响应性设计师的人提出了令人生畏的挑战。不幸的是，没有一种简单、巧妙和简洁的解决方案用于处理这个问题。不能总是缩放表格以适应或隐藏内容，每个表格都必须单独处理。并且，解决方案可能并不总是想要的。通过处理旅游页面的表格，可以知道你将需要解决哪些问题。

该表格有 5 行、2 列。在第二列中，把 4 行合并到一个单元格中，以容纳一幅宣传 GreenStart Eco-Tour of Paris 的图像。在第 10 课中，你为每个链接都创建了极好的交互式翻转效果，用于交换宣传旅行中的 4 站的特定图像。图像的宽度是 250 像素，表格则具有 700 像素的格式化宽度。单独缩放表格将不会在智能手机上产生在较大的显示屏上看到的相同效果，并且翻转效果无论如何也不能在触摸屏上正确地工作，因为没有鼠标移到链接上。在像这样的情况下，需要准备好专门用一个设计元素为移动用户产生更有效的体验。

1. 如果必要，可以在“设计”视图中打开 travel.html。

单击“手机大小（480 × 800）”（ ）分辨率切换器。

2. 向下滚动到视频元素下方，并在表格中插入光标。

选择 <table> 标签选择器。

首先，应该处理元素的总宽度。为了给控制表格样式的工作提供帮助，可以给每个表格分配一个 ID 或类属性。ID 允许单独把表格作为目标，而类属性则可用于同时控制多个表格。

3. 在“属性”检查器的 ID 框中插入光标，输入“travel”，并按下 Enter/Return 键。

标签选择器现在是 <table#travel>。

4. 在 screen and (max-width:480px) 媒体查询中，创建一个 #travel 规则。

5. 添加以下属性：

```
width:90%
```

现在，我们将处理包含图像的第二列。由于在移动设备上不需要翻转效果，最好的做法将是完全隐藏该列即可。

6. 在 screen and (max-width:480px) 媒体查询中，创建一个 .hide 规则。

像这样创建一个具有普通名称的规则将允许随时使用它，来隐藏媒体查询内及别处的成分。

7. 添加以下属性：

display：none

8. 在表格右边的列中选取图像，然后选择 <td> 标签选择器。

9. 在“属性”检查器中，从“类”菜单中选择 hide。

标签选择器将显示 <td.hide>，但是图像仍然显示在“设计”视图中。在这种情况下，要查看最终的效果，将不得不在“实时”视图中查看页面。

10. 保存所有文件，并选择“实时”视图，观察整个页面的内容。

表格中的第二列和图像消失了，它现在只显示单独一列文本（如图 14-31 所示）。

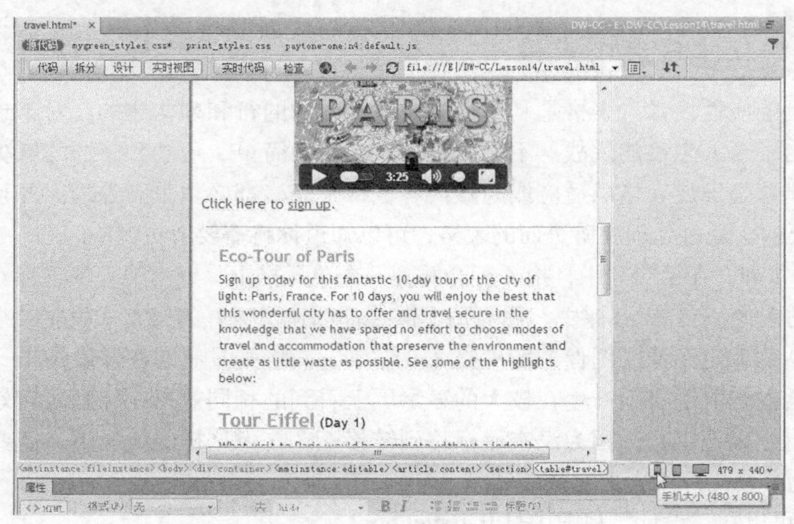

图14–31

你学习了如何为响应性设计修改或隐藏多种类型的 HTML 内容，比如图像、视频、动画和表格。目前还要修改的唯一成分是 jQuery Accordion 构件。

14.8.3　为响应性设计修改 jQuery Accordion 构件

利用 Dreamweaver 的多种 jQuery 构件，可以在站点内容中创建令人惊异的交互性。由于这些构件是利用标准的 HTML 代码和 JavaScript 构建的，它们甚至在智能手机和平板电脑上也可以很好地工作。你可能必须要做的唯一一件事是修改特定成分的宽度和高度，或者重新格式化内容本身。

1. 在“设计”视图中打开 tips.html，并从“窗口大小”弹出式菜单中选择“320 × 480 智能手机”。

jQuery Accordion 构件本身在适应较小的文档大小时没有任何问题，但是文本的大小似乎有点大，并且项目列表中的文本被缩进得太远了。

2. 在“源”窗格中选择 mygreen_styles.css，然后在“@ 媒体”窗格中选择 screen and (max-width:480px)，并创建一个新规则：.content Accordion1。

3. 添加以下属性：

font-size：80%

4. 创建一个新规则 .content Accordion1 ul，并添加以下属性：

padding-left：15px

padding-right：15px

Accordion 构件内的项目列表将会扩展，以更有效地填充内容窗格（如图 14-32 所示）。

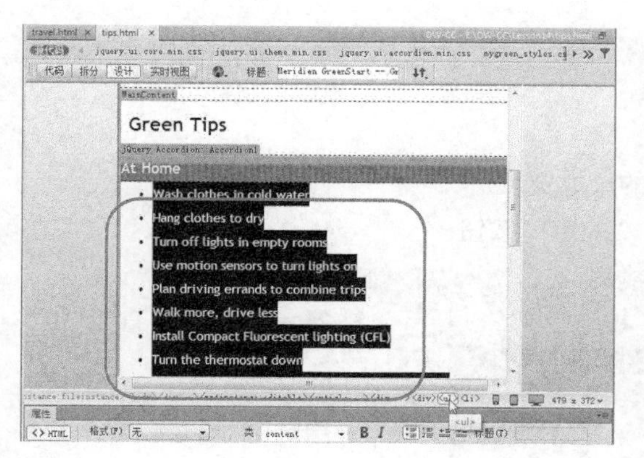

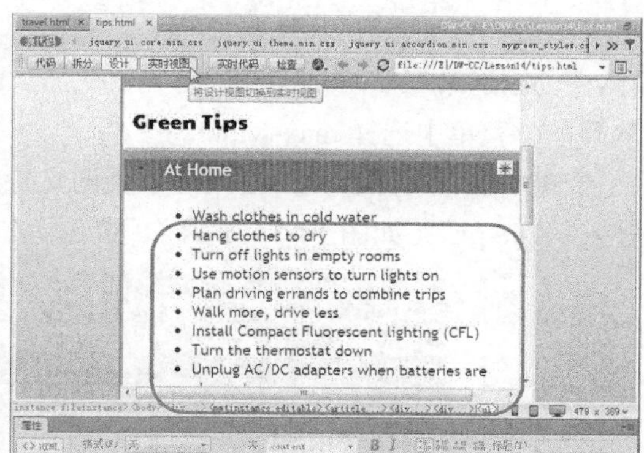

图14-32

> **提示：**填充属性可能不会正确地出现在“设计”视图中。可以使用“实时”视图或者在浏览器中预览效果。

5. 保存所有文件。

现在已经为新的媒体查询修改了基本设计和主要内容元素。依赖于你想要钻研多少细节，还可以处理设计的其他方面。一些建议包括删除过大的边距和填充、减小文本和标题的大小、把所有文本的颜色都改成黑色（或者另一种清晰可辨的颜色），等等。完成这些操作后，一定要保存所有的相关文件，并且使用“窗口大小”界面在所有合适的屏幕尺寸中测试新的样式表。

14.9 为平板电脑创建样式表

为平板电脑创建优化过的样式表的过程与为智能手机创建样式表的过程完全相同，只有几处微小的例外。主要的例外是：平板电脑的更大的屏幕意味着可能不得不做许多工作来修改当前的页面设计。事实上，大多数平板电脑尺寸都足够大，而你可能只想创建现有设计的较小版本。

第一步是为平板电脑设计建立设计界面。

1. 如果必要，可以打开 news.html。

2. 单击“平板电脑大小（768 × 1024）”（ ）分辨率切换器。

屏幕将调整大小，以显示第一代 iPad 的默认尺寸。

3. 在“源”窗格中，选择 mygreen_styles.css。然后在“@ 媒体”窗格中，单击“添加媒体查询”（ ）图标。

打开“定义媒体查询”对话框，其中已经选择了 screen 条件。

4. 单击“添加条件”（ ）图标。

在 media: screen 条件下面出现一个新行。

5. 从第一个条件的弹出式菜单中选择 min-width。

6. 输入“481 px”。

这个条目将允许平板电脑媒体查询格式化大于 480 像素的设备。

7. 再次单击“添加条件”（ + ）图标。

给媒体查询添加第三 个条件。

8. 从第一个菜单中选择 max-width。

出现一个文本框，可以在其中输入这个查询支持的最大宽度。

9. 输入“768 px”（如图 14-33 所示），然后单击“确定”按钮。

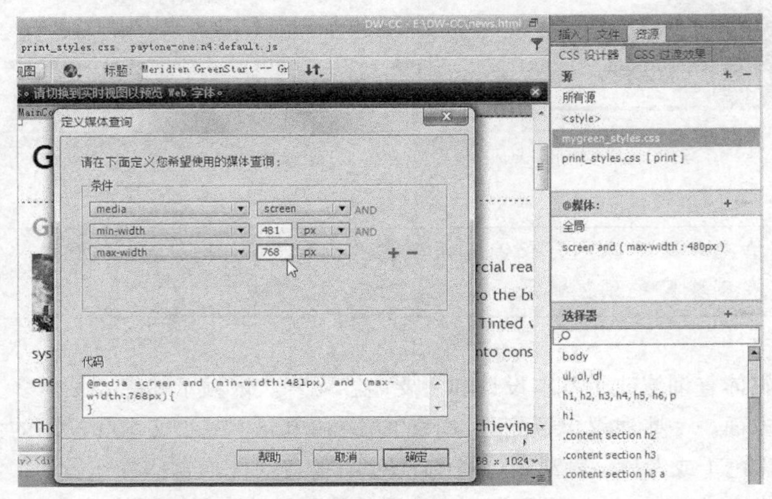

图14-33

接下来，确定平板电脑设计的宽度就是一个好主意，因为其他任何事情都是基于它的。与基本设计一样，让我们使用固定宽度。这不是一个理想的决定，但是有少数几种设备介于这些尺寸之间。这种媒体查询确实打算作为一个包罗万象的样式表，用于格式化以纵向模式握持的平板电脑设备，尽管它适合于所支持的分辨率在 481 ～ 768 像素之间的任何设备。

10. 创建一个新的 .container 规则，并添加以下属性：

width：750 px

11. 创建一个新的 .content 规则，并添加以下属性：

width：570 px

12. 创建一个新的 header 规则，并添加以下属性：

background-image：banner-tablet.jpg

height：90 px

13. 保存所有文件，并像以前所描述的那样在“实时”视图和你喜爱的浏览器中测试新样式表。

这就完成了平板电脑样式表的纵向版本。由于我们不必修改 <div.sidebar1>，可以根据需要自由地调整平板电脑样式表的设计。当把平板电脑旋转成横向模式时，标准的台式计算机样式表将开始起作用。由于没有预先定义的样式表用于宽度超过 768 像素的屏幕，设备应该使用默认的样式表，并且只会缩小页面以适应屏幕。横向屏幕应该能够支持默认的样式，但是可以根据需要，为尽可能多的分辨率自由地创建和修改自定义的媒体查询。

14.10 Edge Inspect

测试移动设计的另一种方式是使用一个称为 Adobe Edge Inspect 的程序，它是只能通过 Adobe Creative Cloud 使用的新型 Web 设计工具家族中的一员。在 http://html.adobe.com/edge/inspect/ 上可以获悉关于 Edge Inspect 的更多信息（如图 14-34 所示）。

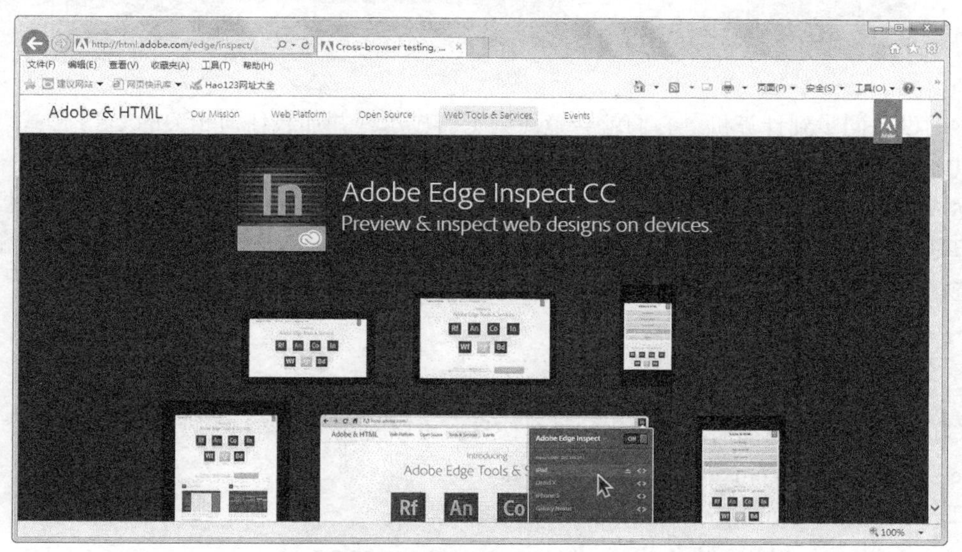

图14–34

> Dw | **注意：**在编写本书时，Edge Inspect 只能在 Google Chrome（www.google.com/chrome）中工作。

Edge Inspect 被设计成通过各种移动设备上的 Bluetooth（蓝牙）来镜像笔记本计算机或台式计算机的屏幕显示。只需把 Edge Inspect 下载到你的计算机上并安装应用程序即可。此外，还提供了一个免费的配套应用程序用于智能手机和平板电脑，在开始前必须在每个设备上都安装它。然后，可以检查移动 Web 设计如何响应实际的手机或平板计算机，而不必把任何文件上传到 Internet 上。

只需在台式计算机或笔记本计算机上启动 Adobe Edge Inspect 和 Google Chrome，然后在一个或多个移动设备上启动 Edge Inspect，并且使用 Chrome 插件通过 Bluetooth 把它们都同步到你的计算机。切换到 Dreamweaver，并打开你想测试的文件。选择“文件”>“在浏览器中预览”，并从列表中选择 Google Chrome。激活 Inspect 浏览器（In）插件，接下来就会看到在所有移动设备上镜像的示例页面（如图 14-35 所示）。

图14-35

一旦把移动设备同步到计算机，它们就会镜像浏览器显示，并加载任何相关的 CSS 样式。如果旋转设备以改变宽度，相应的媒体查询就会起作用，并像指定的那样改变显示的内容。

祝贺，你成功地开发了一种支持移动的 Web 站点设计。尽管难以想象还会出现什么令人惊异的新功能，但是 Dreamweaver 显然将继续保持在 Web 开发的最前沿。由于对媒体查询和其他响应性技术的支持，该软件将继续不断地创新。

14.11 更多信息

要获取关于媒体查询以及如何使用它们的更多信息，可以检查以下链接：

- Adobe：http://tinyurl.com/adobe-media-queries
- W3C 联盟：http://tinyurl.com/w3c-media-queries
- Smashing Magazine：http://tinyurl.com/media-queries-smashing

复习

复习题

1. 什么是媒体查询？
2. 媒体查询怎样把特定的设备或屏幕大小作为目标？
3. 利用屏幕分辨率切换器可以做什么？
4. 在使用媒体查询时，必须关心 CSS 继承吗？
5. 如果旋转设备，Web 页面显示会发生什么事情？
6. Edge Inspect 有什么作用？

复习题答案

1. 媒体查询是一种用于交互式地加载样式表的 CSS3 规范，它是基于查看 Web 页面的设备的大小和其他特征来执行此操作的。
2. 媒体查询包括一个逻辑表达式，基于屏幕和设备特征指示浏览器加载哪个样式表。
3. 可以即时把 Dreamweaver 文档窗口切换为手机、平板电脑和台式计算机显示屏的大小，以测试特定的媒体查询。
4. 是的。如果所有的样式表都不受媒体查询控制，就可能继承样式。
5. 媒体查询是一种实时功能，它基于浏览器和设备的恒定查询来加载合适的样式。
6. Edge Inspect 是一个新的 Creative Cloud 应用程序，允许通过 Bluetooth 把台式计算机连接到多种移动设备，即时测试移动样式表。

附录 A 短 URL

表 A.1 短 URL

页码	短 URL	完整的 URL
第 4 课		
	http://tinyurl.com/html-differences	http://www.w3.org/TR/html5-diff/
	http://tinyurl.com/html-differences-1	http://www.htmlgoodies.com/html5/tutorials/Web-DeveloperBasics-Differences-Between-HTML4-And-HTML5-3921271.htm
	http://tinyurl.com/html-differences-2	http://en.wikipedia.org/wiki/HTML5
第 11 课		
	http://tinyurl.com/video-HTML5-1	http://www.w3schools.com/html/html5_video.asp
	http://tinyurl.com/video-HTML5-2	http://www.808.dk/?code-html-5-video
	http://tinyurl.com/video-HTML5-3	http://www.htmlgoodies.com/html5/client/how-to-embed-video-using-html5.html
第 12 课		
	http://tinyurl.com/asp-defined	http://msdn.microsoft.com/en-us/library/aa286483.aspx
	http://tinyurl.com/php-defined	http://php.net/manual/en/intro-whatis.php
	http:// tinyurl.com/asp-formmailer	http://www.devarticles.com/c/a/ASP/Sending-Email-From-a-Form-in-ASP
	http:// tinyurl.com/cf-formmailer	http://www.dreamincode.net/forums/topic/16363-sending-content-in-email-form
	http:// tinyurl.com/php-formmailer	http://www.html-form-guide.com/email-form/php-form-to-email.html
	http://tinyurl.com/html5forms1	http://html5doctor.com/html5-forms-introduction-and-new-attributes
	http://tinyurl.com/html5forms2	http://www.wufoo.com/html5
	http://tinyurl.com/html5forms3	http://www.html5rocks.com/en/tutorials/forms/html5forms
第 13 课		
	http://tinyurl.com/setup-coldfusion	http://www.adobe.com/devnet/dreamweaver/articles/setup_cf.html
	http://tinyurl.com/setup-apachephp	http://www.adobe.com/devnet/dreamweaver/articles/setup_php.html
	http://tinyurl.com/setup-asp	http://www.adobe.com/devnet/dreamweaver/articles/setup_asp.html
第 14 课		
	http://tinyurl.com/fluid-video-1	http://css-tricks.com/NetMag/FluidWidthVideo/Article-FluidWidthVideo.php
	http://tinyurl.com/fluid-video-2	http://zurb.com/word/responsive-video
	http://tinyurl.com/fluid-video-3	https://themeid.com/complete-breakdown-of-responsive-videos
	http://tinyurl.com/adobe-media-queries	http://www.adobe.com/devnet/dreamweaver/articles/introducing-media-queries.html
	http://tinyurl.com/w3c-media-queries	http://www.w3.org/TR/css3-mediaqueries
	http://tinyurl.com/media-queries-smashing	http://mobile.smashingmagazine.com/2010/07/19/how-to-usecss3-media-queries-to-create-a-mobile-version-of-your-website